Anja Ballis, Nazli Hodaie (Hrsg.)
Perspektiven auf Mehrsprachigkeit

DaZ-Forschung

Deutsch als Zweitsprache, Mehrsprachigkeit und Migration

Herausgegeben von
Bernt Ahrenholz
Christine Dimroth
Beate Lütke
Martina Rost-Roth

Band 16

Perspektiven auf Mehrsprachigkeit

Individuum – Bildung – Gesellschaft

Herausgegeben von
Anja Ballis und Nazli Hodaie

DE GRUYTER

ISBN 978-3-11-073743-1
e-ISBN (PDF) 978-3-11-053533-4
e-ISBN (EPUB) 978-3-11-053338-5
ISSN 2192-371X

Library of Congress Control Number: 2018946201

Bibliografische Information der Deutschen Nationalbibliothek
Die Deutsche Nationalbibliothek verzeichnet diese Publikation in der Deutschen Nationalbibliografie; detaillierte bibliografische Daten sind im Internet über http://dnb.dnb.de abrufbar.

© 2020 Walter de Gruyter GmbH, Berlin/Boston
Dieser Band ist text- und seitenidentisch mit der 2019 erschienenen gebundenen Ausgabe.
Druckvorlage: Carmen Preißinger
Druck und Bindung: CPI books GmbH, Leck

www.degruyter.com

Inhalt

Anja Ballis, Nazli Hodaie
MehrSpracheN —— 1

Mark Häberlein
Fremdsprachenlernen in der Frühen Neuzeit: Bildungsverläufe, Lehrende und Lernende —— 9

Annemarie Saxalber
Was bedeutet sprachliche Grundbildung in einem mehrsprachigen Bildungskontext? —— 23

Tanja Angelovska, Claudia Maria Riehl
Zum Panel *MehrSpracheN und Erwerbsprozesse:* Dynamik, Individualität und Variation —— 41

Nikolas Koch, Till Woerfel
Der Einfluss konstruktioneller Gebrauchsmuster in L1 und L2 auf die Verbalisierung intransitiver Bewegung bilingualer türkisch-deutscher Sprecher(innen) —— 61

Anja Steinlen, Thorsten Piske
Deutsch- und Englischleistungen von Kindern mit und ohne Migrationshintergrund im bilingualen Unterricht und im Fremdsprachenunterricht: Ein Vergleich —— 85

Nazli Hodaie, Monika Raml
Von ‚Sprachverfall' und Sprachwandel: Zum Panel *MehrSpracheN als Varietäten des Deutschen* —— 99

Doris Grütz
Diglossie in der Deutschschweiz. Standardsprache versus Mundart – ein Problem in der Schule? —— 113

Ute Hofmann
geil, krass oder porno, alder? Veränderungen kommunikativer Strategien und Handlungskompetenz —— 133

Jürgen Joachimsthaler, Wendelin Sroka
Zum Panel *MehrSpracheN im historischen Wandel* —— 151

Anna Maria Harbig
Kulturelle Wiedergeburt. Die mehrsprachigen Lehrbücher der griechisch-katholischen Pfarrschulen in Galizien 1815–1848 —— 165

Blaise Extermann
Handel, Technik und Mehrsprachigkeit. Fremdsprachenlernen in der Schweiz in der Zeit der zweiten industriellen Revolution 1880–1914 —— 181

Monika Angela Budde
Zum Panel *MehrSpracheN im Fach* —— 197

Monika Angela Budde, Maike Busker
Fach-ProSa: Ein Modell zur *fach*bezogenen *P*rofessionalisierung zur *S*prachförderung in der Lehramtsausbildung der Fächer Chemie und Deutsch —— 209

Christina Keimes, Volker Rexing
Textrezeptive Anforderungen in der Ausbildung. Eine Studie zur Bedeutung von Lesekompetenz in gewerblich-technischen Ausbildungsberufen —— 227

Susanne Becker, Doris Fetscher
Zum Panel *MehrSpracheN im Zeichen von Migration*. Die Verhandlung von Migration und Mehrsprachigkeit im Diskursfeld Schule —— 247

Séverine Behra, Rita Carol, Dominique Macaire
Wie weit ist der Weg von der *superdiversity* zur Anerkennung der frühen Mehrsprachigkeit im französischen Vorschulkontext? —— 261

Edina Krompák, Luca Preite
Legitime und illegitime Sprachen in der Migrationsgesellschaft —— 279

Kurzbiographien —— 297

Anja Ballis, Nazli Hodaie
MehrSpracheN

1 MehrSpracheN in einem spannungsreichen Umfeld

Vorliegender Band ist im Anschluss an die Tagung „MehrSpracheN" entstanden, die im Februar 2016 an der LMU München stattgefunden hat. Ausgangspunkt war, Forscher(innen), Nachwuchswissenschaftler(innen) sowie in der Bildungsarbeit tätige Personen zusammenzubringen, um über Rolle und Funktion von Sprache(n) für das Individuum und seine Entwicklung sowie für bildungspolitische Kontexte zu diskutieren. Schon bei der Formulierung des Call for Papers ist uns bewusst geworden, dass die einzelnen Disziplinen, die zur Mehrsprachigkeit arbeiten und forschen, spezifische Erkenntnisinteressen verfolgen sowie von jeweils fachlichen Vorstellungen und Begrifflichkeiten geprägt sind – oft in Abgrenzung zu anderen Disziplinen; damit einher gehen verschiedene Methoden und Ansätze der Forschung, die sowohl linguistische Analysen als auch quantitative und qualitative Verfahren der Sozialforschung umschließen; des Weiteren ist deutlich geworden, dass spezifische Normen an die Auseinandersetzung mit Mehrsprachigkeit – je nach Disziplin und Nähe zur schulischen Praxis – herangetragen werden. Um diese Gemengelage aufzunehmen, haben wir das Kunstwort „MehrSpracheN" gewählt: Darin drückt sich aus, dass Mehrsprachigkeit als zum Menschsein gehörig zu denken ist und ihre Sichtbarkeit zentrales Anliegen von Gesellschaft bzw. Ausdruck von Kultur sein sollte. Während der Münchner Tage sollte eine Art „Dritter Raum" entstehen (vgl. Bhabha 2000), in dem verschiedene Positionen aufeinander treffen, zu etwas „Neuem" geformt und mit Blick auf gesellschaftliche Gegebenheiten weiter gedacht werden (Rösch 2017: 107).

Durch die Tagung im Februar sind wir diesem Anliegen lediglich einen kleinen Schritt nähergekommen: Die Vernetzung der einzelnen Beiträge und Disziplinen ist nur ansatzweise gelungen, zu vielfältig war das Angebot, zu umfangreich und heterogen waren die Fragestellungen, zu kurz die Zeit. Die Tagung hat offengelegt, dass die Denkfigur eines „Dritten Raumes" – verstanden als „ein Schwellenraum zwischen festen Identifikationen, eine Bewegung des Hin und Her, ein Übergang zwischen Polaritäten, der überdies auch noch das Denken von Ursprünglichkeit, Vorgängigkeit und Hierarchisierungen hinter sich lässt" (Struve 2013: 123) – möglicherweise in dem von uns gewählten Format wenig ergiebig ist. Die Lektüre vorliegender Beiträge wirft Fragen zum Erwerbskontext und zur Vermittlungspraxis von Sprache(n) auch mit Blick auf das Scheitern von Lernen und Lehren auf. Dabei könnte es sich für Forschung und Unterrichtspraxis zielführend erweisen, über ein Unbehagen nachzudenken, das in der Mehrsprachigkeitsforschung kaum mehr geäußert wird: Seit von Gogolin (1994) der Blick auf den *Monolingualen Habitus der multilingualen Schule* gerichtet wurde, wird gebetsmühlenartig Kritik am Topos des Aufwachsens in einem monolingualen, nationalstaatlich geprägten Umfeld und eines im schulischen Kontext bereits vorausgesetzten, für alle gültigen sprachlichen Standards geäußert: „Das Bildungswesen muss zunehmend Lernenden Bedeutung schenken, die verschiedene Sprachen und Sprechweisen oft gleichzeitig und ungesteuert im Kontakt erwerben." (Busch 2013: 171) Dynamische Prozesse des Lernens und Lehrens von Sprache(n) prägen in weiten Teilen die Auseinandersetzung mit Mehrsprachigkeit (Riehl 2014: 100). Allerdings sollten darüber nicht Vorstellungen eines sog. Negativen Wissens vergessen werden, die gleichermaßen konstitutiv für Lernen und somit keinesfalls apologetisch aufzufassen sind. Wichtig ist für die folgenden Überlegungen, dass Negatives Wissen eine Facette von Wissen darstellt, die dialektisch in einem spannungsreichen Umfeld von Lehren und Lernen zu denken ist: Wissensaufbau ist ohne Fehler, ohne Kritik, ohne Nachdenken nicht zu haben.

Was ist hier mit Negativem Wissen gemeint? Unter Negativem Wissen versteht man in Anlehnung an Oser & Spychiger all jene Aspekte des Erkennens, die eine bisher erworbene kognitive Struktur ins Wanken bringen oder ihr aber eine unerschütterliche Sicherheit verleihen:

> Wenn Negatives Wissen das Gegenteil von dem ist, was eine Sache konstituiert, dann muss die Erkenntnis von jedem Begriff und jedem Konzept, die im Lernprozess erworben werden, genau dieses Negative Wissen als Konstituente mit einbeziehen. (Oser & Spychiger 2004: 11)

Die Rolle, die Negatives Wissen für das Individuum im Umgang mit Sprache(n) und ihrem Erwerb spielt, könnte vergegenwärtigen, dass Lernprozesse mühsam und oft gebrochen und risikoreich sind (Oser & Spychiger 2004: 18): Fehler können eine produktive Kraft entfalten, können Verwirrung stiften und Erkenntnisse generieren. Vielfach zeigt die wissenschaftliche Debatte um Mehrsprachigkeit, dass einem Optimismus gehuldigt wird, mit dem gesellschaftliche Problemlagen und schulische Schwachstellen behoben werden sollten. Vielfach zeigt die wissenschaftliche Debatte um Mehrsprachigkeit, dass gefordert wird, ein falsches Verhalten durch ein richtiges zu ersetzen. In Studien zum Umgang von Lehrkräften mit Schüler(inne)n im Kontext der Mehrsprachigkeit wird beispielsweise betont, welche Formen und Konstellationen der Interaktion abzulehnen sind. So wichtig und richtig solche Studien sind, ist es aus unserer Sicht wiederum überlegenswert, ob ein Fokus nicht auch auf die Spannung zwischen Polaritäten – Richtig vs. Falsch, Mehr- vs. Einsprachig – gelegt werden könnte (Oser & Spychiger 2004: 18). Grundlage eines spannungsreichen Lernens bildet ein Vertrauensverhältnis zwischen Lehrenden und Lernenden, das den einzelnen nicht beschämt und das dem Grundsatz huldigt, dass Fehler einen unverzichtbaren Dienst für die Erkenntnis des Richtigen leisten. Vielleicht könnte aus diesen Überlegungen ein „Dritter Raum" entstehen, in dem über Sprache(n) und ihre Vermittlung nachgedacht wird?

Gerade in Zeiten von Kompetenzorientierung, die Lernen durch Produkte und Output fassbar machen möchte, sollte ein solches Spannungsverhältnis nicht leichtfertig ad acta gelegt werden. Vielmehr ist (Negatives) Wissen als lebendig zu klassifizieren, wenn es für Personen subjektiv bedeutungsvoll und gebrauchsrelevant ist. Seine Wissensstruktur ist in vier Typen beschreibbar: Wissen ist als negativ deklarativ zu klassifizieren, wenn Wissen als Abgrenzungswissen fungiert; des Weiteren zeigt sich eine prozedurale Dimension, die sich darauf bezieht, was nicht getan werden soll. In diesem Sinne werden unter negativ strategisch all diejenigen Strategien verstanden, die nicht zum Ziel führen; schließlich bezeichnet negativ schemaorientiertes Wissen all diejenigen Gründe und Gesetzmäßigkeiten, die nicht angebracht sind und denen nicht Folge zu leisten ist. Ein probates Mittel, ein solches Wissen aufzubauen, ist das „Machen" von Fehlern, das heißt, der Protagonist baut ein solches Wissen auf, das genau dann zum Tragen kommt, wenn er in einer Situation nach Handlungsoptionen sucht. Im Anschluss an Oser & Spychiger (2004) könnte für Mehrsprachigkeit in schulischen Kontexten relevant werden, dass Negatives Wissen – auf Lehrer(innen)- und Schüler(innen)seite – nicht gelöscht, geopfert oder verdrängt werden darf: „Es muss dem positiven zur Seite gegeben werden, und es hat dieses in Gleichzeitigkeit und Gleichwertigkeit zu begleiten." (Oser & Spychiger 2004: 27)

Die Hoffnung, die wir mit dieser Gleichzeitigkeit und Gleichwertigkeit verbinden, zielt auf Transformationen im Sektor Bildung ab: Seit über 40 Jahren wird an vielen Stellen im Bildungssystem über sprachliche Vermittlung im Kontext von Migration und Zuwanderung nachgedacht, doch lediglich Begründungskontexte scheinen sich zu ändern. Wissenschaftlich haben die dekonstruktivistischen Studien im Umkreis von Mecheril & Dirim einen Anstoß gegeben, Positionierungen im Bildungsbereich stärker zur reflektieren (vgl. Dirim 2015; Schnitzer 2017). So gelten Differenz(-linien) als soziale Ordnungskategorien, entlang derer Individuen sozial positioniert werden bzw. sich selbst positionieren: „Den Einzelnen stoßen Zuschreibungen nicht einfach zu. Sie verhalten sich vielmehr auch aktiv, affirmativ wie kritisch, zu den an sie herangetragenen Differenzkategorien." (Arens, Fegter & Hoffarth 2013: 15) Eingedenk dieser Einsicht ist es unser Wunsch, dass eine Atmosphäre entsteht, in der sich Akteurinnen und Akteure in Wissenschaft und Praxis über Zuschreibungen, über lieb gewonnenes didaktisches Brauchtum sowie über die Relevanz empirischer Studien und theoretischer Modellbildungen austauschen.

2 Struktur des Tagungsbandes

Den Rezipient(inn)en unseres Bandes soll eine spannungsreiche Lesart ermöglicht werden; sie werden ermuntert, bei der Lektüre jeweils Negatives bzw. Positives Wissen zu ergänzen. Eingangs reflektieren die Keynotespeaker Mark Häberlein und Annemarie Saxalber Perspektiven von Mehrsprachigkeit bezogen auf Raum und Zeit: Einen eher informellen Zugang zum Erlernen von Sprachen zeichnet Mark Häberlein in seinem Beitrag zum „Fremdsprachenlernen in der Frühen Neuzeit: Bildungsverläufe, Lehrende und Lernende" nach. Am Beispiel von Bildungsbiografien setzt sich der Historiker mit der Bedeutung von Fremdsprachenlernen im 18. Jahrhundert auseinander; Häberlein bezieht sich auf eine eher informelle Praxis des Sprachenlernens, die im 18. Jahrhundert ein kaum reguliertes Gewerbe darstellte. In ihrem Beitrag „Was bedeutet sprachliche Grundbildung in einem mehrsprachigen Bildungskontext" führt die Deutschdidaktikerin Annemarie Saxalber in zentrale Fragestellungen der Sprachvermittlung am Beispiel der mehrsprachigen Region Südtirol ein; dabei werden die Begriffe Wissen, Kompetenz und Bildung mit Blick auf mehrsprachige Erwerbskontexte entfaltet und im formellen Vermittlungskontext Schule verortet. Mit diesen Überlegungen aus Sicht der Geschichtswissenschaft zur Frühen Neuzeit und der Fachdidaktik Deutsch zu Südtirol werden die nachfolgenden Kapitel dieses Bandes gerahmt, die zwischen aktuellen Debatten und vergangenen Diskursen changieren.

Die weitere Struktur des Bandes nimmt die thematischen Schwerpunkte der Panels der Tagung auf: Es wird über sprachliche Erwerbsprozesse ebenso nachgedacht wie über Varietäten des Deutschen, historische Bildungsmedienforschung, Sprache im Fach sowie über Fragen der Migration. Dabei sind die thematischen Einheiten jeweils so strukturiert, dass in der Regel ein Überblick über den aktuellen Stand der Wissenschaft und über die Diskussion im Panel gegeben wird; Verfasser(innen) dieser Kapitel sind die Moderator(inn)en der Panels. Je zwei weitere Beiträge schließen sich an, die von den Moderator(inn)en vorgeschlagen worden sind. Diese Beiträge stehen entweder prototypisch für die Diskussion im jeweiligen Panel oder sind aufgrund neuerer Forschungsergebnisse ausgewählt worden. Um Doppelungen zu vermeiden, werden die von den Moderator(inn)en ausgewählten Beiträge in den jeweiligen Überblicksdarstellungen verortet. Im Folgenden werden Informationen zum fachlichen Hintergrund der ausgewählten Themengebiete dargelegt: Die Linguistinnen Tanja Angelosvka (Englische Sprachwissenschaft und ihre Didaktik) und Claudia Maria Riehl (Deutsch als Fremdsprache) fokussieren in ihrem Beitrag „MehrSpracheN und Erwerbsprozesse: Dynamik, Individualität und Variation" Mehrsprachigkeit als dynamisches System; sie stellen empirische Studien und theoretische Modelle vor, die den Spracherwerbsprozess insbesondere in der Zweit- und Drittsprache beleuchten. Ihrem Beitrag schließt sich ein Text zum „Einfluss konstruktioneller Gebrauchsmuster in L1 und L2 auf die Verbalisierung intransitiver Bewegung bilingualer türkisch-deutscher Sprecher(innen)" von Nikolas Koch und Till Woerfel (beide Deutsch als Fremdsprache) an. Der zweite Text, zu „Deutsch- und Englischleistungen von Kindern mit und ohne Migrationshintergrund im bilingualen Unterricht und im Fremdsprachenunterricht: Ein Vergleich", stammt von den Englischdidaktiker(inne)n Anja Steinlen und Torsten Piske.

Fragen zu „MehrSpracheN als Varietäten des Deutschen" werden von den Didaktikerinnen Nazli Hodaie (Literaturdidaktik Deutsch und Germanistische Literaturwissenschaft) und Monika Raml (Sprachdidaktik Deutsch und Germanistische Literaturwissenschaft) gestellt. Sie zeigen auf, welche Rolle sprachliche Variationen beim Lehren und Lernen des Deutschen spielen können. Texte der Sprachdidaktikerin Doris Grütz – „Diglossie in der Deutschschweiz: Standardsprache versus Mundart – ein Problem in der Schule?" – und der Germanistischen Linguistin Ute Hofmann – „*geil, krass* oder *porno, alder*? Veränderungen kommunikativer Strategien und Handlungskompetenz" – erweitern den thematischen Schwerpunkt um Diglossie und Jugendsprache.

Die thematische Einheit „MehrSpracheN im historischen Wandel" wird von Jürgen Joachimsthaler (Germanistische Literaturwissenschaft) und Wendelin Sroka (Historische Bildungsmedienforschung) verantwortet. Sie geben einen fundierten Einblick in eine historisch akzentuierte Forschung zu Mehrsprachigkeit, die erst in ihren Anfängen steckt und stark von jeweiligen Werturteilen ihrer Zeit geprägt ist. Aufschlussreich sind die Quellen, insbesondere Bildungsmedien, die Eingang in den Forschungsdiskurs gefunden haben. So schreibt Anna Maria Harbig (Germanistische Literaturwissenschaft) in ihrem Beitrag „Kulturelle Wiedergeburt" über die mehrsprachigen Lehrbücher der griechisch-katholischen Pfarrschulen in Galizien 1815–1848; Blaise Extermann (Deutsch als

Fremdsprache) befasst sich mit „Handel, Technik und Mehrsprachigkeit. Fremdsprachenlernen in der Schweiz in der Zeit der zweiten industriellen Revolution 1880–1914".

Nach dem Ausflug in die Geschichte folgt eine aktuelle Debatte zu „MehrSpracheN im Fach": Monika Angela Budde (Sprachdidaktik Deutsch) zeichnet Gemeinsamkeiten und Unterschiede hinsichtlich des Lernens von Fach-, Fremd- und Bildungssprache nach. Insbesondere die Auseinandersetzung mit sprachlichen Fähigkeiten im Unterricht sowie mit Fachsprache als Unterrichtssprache prägt die Diskussion in diesem Panel. Dazu werden zwei Beiträge exemplarisch ausgewählt: Gemeinsam mit der Chemiedidaktikerin Maike Busker stellt Monika Angela Budde Ergebnisse ihres Projektes „Fach-ProSa: Ein Modell zur *fach*bezogenen *Professionalisierung* zur *Sprachförderung* in der Lehramtsausbildung der Fächer Chemie und Deutsch" vor; Christina Keimes und Volker Rexing (beide Fachdidaktik Bautechnik) referieren empirische Forschungsergebnisse zu „Textrezeptiven Anforderungen in der Ausbildung. Eine Studie zur Bedeutung von Lesekompetenz in gewerblich-technischen Ausbildungsberufen".

Abschließend folgt „Die Verhandlung von Migration und Mehrsprachigkeit im Diskursfeld Schule" durch Susanne Becker (Soziologie) und Doris Fetscher (Interkulturelle Germanistik). In ihrem Beitrag zeigt sich „Verhandlung" durchaus doppeldeutig: Einerseits werden Diskurslinien offengelegt, die die Moderatorinnen in der Debatte nicht nur in München wahrgenommen haben; andererseits fällen sie Urteile über wissenschaftliche Positionen, die ebenfalls kennzeichnend für die Auseinandersetzung mit Mehrsprachigkeit sind. Die Sprachdidaktikerinnen Séverine Behra, Rita Carol und Dominique Macaire geben mit „Wie weit ist der Weg von der *superdiversity* zur Anerkennung der frühen Mehrsprachigkeit im französischen Vorschulkontext?" einen Einblick in Forschungen auf der Elementarstufe; der Band wird mit dem Text „Legitime und illegitime Sprachen in der Migrationsgesellschaft" von der Erziehungswissenschaftlerin Edina Krompák und dem Soziologen Luca Preite beschlossen.

Wie deutlich geworden sein dürfte, umfasst der Band ein weites inhaltliches und methodisches Spektrum, auch wenn Literatur bzw. Medien und Mehrsprachigkeit nur ansatzweise gestreift worden sind. In diesem Band kann keine einheitliche Position zu MehrSpracheN entfaltet werden. Vielmehr steht das Kunstwort dafür, sich über Positionen und Facetten der Diskussion sowie über gemachte und zu machende Fehler zu verständigen und die daraus resultierende Kraft für Individuum, Gesellschaft und Bildung zu reflektieren und zu nutzen.

3 Dank

Dieser Band hätte – ebenso wie die Tagung im Februar 2016 – nicht ohne vielfältig erfahrene Unterstützung entstehen können. Bevor wir unseren Dank abstatten, möchten wir an Jürgen Joachimsthaler erinnern, der zu Beginn des Jahres 2018 verstorben ist. Für sein Engagement als Panelleiter sowie für die Fertigstellung des Beitrages unter schwierigen Bedingungen werden wir ihm ein ehrendes Andenken bewahren.

Unser Dank gilt sowohl treuen Besucher(inne)n der Tagung als auch zuverlässigen Beiträger(inne)n dieses Bandes. Dass der Text in dieser Form vorliegen konnte, verdanken wir Dr. Mirjam Burkard; Prof. Dr. Klaus Maiwald wissen wir uns durch eine kritische Tagungsbeobachtung und Begleitung des Bandes verbunden. Ebenfalls zu großem Dank verpflichtet sind wir Dr. Carmen Preißinger, die die redaktionelle Fertigstellung des Bandes verantwortete. Den Herausgeber(inne)n der Reihe – Bernt Ahrenholz, Christine Dimroth, Beate Lütke und Martina Rost-Roth – statten wir unseren herzlichen Dank für die Aufnahme in die „DaZ-Forschungen" ab. Auch sei Veronika Nies, der Lektorin des De Gruyter Verlages, herzlich gedankt.

Für finanzielle Förderung fühlen wir uns der Münchener Universitätsgesellschaft e.V., dem Münchener Zentrum für Lehrerbildung und der Friedrich Stiftung verbunden.

So bleibt, diesem Band eine interessierte und kritische Leser(innen)schaft zu wünschen.

4 Literatur

Arens, Susanne; Fegter, Susann & Hoffarth, Britta (2013): Wenn „Differenz" in der Hochschullehre thematisch wird. Einführung in die Reflexion eines Handlungszusammenhangs. In Mecheril, Paul; Arens, Susanne; Fegter, Susann; Hoffarth, Britta; Klingler, Birte; Machold, Claudia; Menz, Margarete; Plößler, Melanie & Rose, Nadine (Hrsg.): *Differenz unter Bedingungen von Differenz. Zu Spannungsverhältnissen universitärer Lehre*. Wiesbaden: Springer VS, 7–28.
Bhabha, Homi K. (2000): *Die Verortung der Kultur*. Tübingen: Stauffenburg.
Busch, Brigitta (2013): *Mehrsprachigkeit*. Wien: facultas.
Dirim, Inci (2015): Umgang mit migrationsbedingter Mehrsprachigkeit in der schulischen Bildung. In Leiprecht, Rudolf & Steinbach, Anja (Hrsg.): *Schule in der Migrationsgesellschaft. Ein Handbuch. Bd. 2*. Schwalbach/Ts: debus Pädagogik, 25–48.
Gogolin, Ingrid (1994): *Der monolinguale Habitus der multilingualen Schule*. Münster, New York: Waxmann.

Oser, Fritz & Spychiger, Maria (2004): *Lernen ist schmerzhaft. Zur Theorie des Negativen Wissens und zur Praxis der Fehlerkultur*. Weinheim, Basel: Beltz.
Riehl, Claudia M. (2014): *Mehrsprachigkeit. Eine Einführung*. Darmstadt: WBG.
Rösch, Heidi (2017): *Deutschunterricht in der Migrationsgesellschaft. Eine Einführung*. Stuttgart: Metzler.
Schnitzer, Anna (2017): *Mehrsprachigkeit als soziale Praxis. (Re-)Konstruktionen von Differenz und Zugehörigkeit unter Jugendlichen im mehrsprachigen Kontext*. Weinheim, Basel: Beltz.
Struve, Karen (2013): *Zur Aktualität von Homi K. Bhabha. Einleitung in sein Werk*. Wiesbaden: Springer VS.

Mark Häberlein
Fremdsprachenlernen in der Frühen Neuzeit: Bildungsverläufe, Lehrende und Lernende

1 Drei exemplarische Bildungsverläufe

Paul von Stetten der Jüngere (1731–1808) war im späten 18. Jahrhundert die prägende Gestalt im politischen und kulturellen Leben der Reichsstadt Augsburg (vgl. Merath 1961; Bátori 1983). Der aus einer angesehenen evangelischen Familie stammende Patrizier hat eine umfangreiche Autobiografie hinterlassen, die Einblicke in seinen Werdegang, sein öffentliches Wirken und seinen geistigen Horizont gewährt. Da er darin auch Fragen des Fremdsprachenlernens thematisiert, ermöglicht dieses Selbstzeugnis eines wohlhabenden, in zahlreichen städtischen Ämtern engagierten Bürgers einen guten Einstieg in das Thema dieses Beitrags, den Stellenwert lebender Fremdsprachen in Bildungs- und Lebensverläufen sowie die Situation von Fremdsprachenlehrer(inne)n in der Frühen Neuzeit (vgl. zum Folgenden auch Glück, Häberlein & Schröder 2013: 131–135).

Paul von Stetten erhielt zunächst Privatunterricht von Fremdsprachenlehrern in seiner Heimatstadt Augsburg. Seit 1743 erteilte ihm der aus Hohenlohe stammende Johann Ludwig Seybold Französischunterricht; dieser wurde anschließend bei einem gewissen Monsieur des Roseaux fortgesetzt, der sich offenbar nur vorübergehend in der schwäbischen Reichsstadt aufhielt. Im Sommer 1749 wurde der mittlerweile 18-Jährige zum Studium nach Genf geschickt, nachdem sein gleichnamiger Vater sich nach negativen eigenen Erfahrungen in Altdorf gegen eine deutsche Hochschule als Studienort für seinen Sohn entschieden hatte. „Mein Herr Vater", berichtet Paul von Stetten, „hatte einigen Abscheu vor der rohen LebensArt, die damals noch auf deutschen Universitäten herrschte. Er wollte mich vorher noch an einem gesitteten Orte erstarken laßen, ehe er mich den Gefahren aussezte, denen auf hohen Schulen so manche Jünglinge unterliegen." Die Entscheidung für Genf fiel auf Anraten eines Onkels, dem zufolge die calvinistische schweizerische Stadt „wegen guter Policey und Sitten, wie auch wegen guten Gelegenheiten zu lernen in Ansehen war" (Stetten 2009: 11f.).

Im September 1749 kam Paul von Stetten in Begleitung eines Dieners, doch „ohne die geringste Bekantschaft und ohne selbst die Sprache wohl zu verstehen" in Genf an. Dort fühlte er sich als Mieter und Kostgänger eines „gewißen

Mr. Albrecht" allerdings zunächst recht unwohl: „Außer einem Baron v. Kurzrock und seinem Hofmeister, die bald hinweg giengen, war niemand da als Engländer, deren Aufwand ich weder nachmachen konnte noch wollte, und die mir, da sie sich beständig in ihrer LandsSprache unterhielten, wenig Nuzen schaften." Nach zwei Monaten bezog der Augsburger Student daher ein neues Quartier im Haus des Architekten Jean Michel Billon, „bey welchem ich die übrige Zeit mit beßerm Nuzen aushielte". Neben Unterricht in Naturrecht und bürgerlichem Recht ließ Stetten sich von seinem Vermieter in der Architektur, von einem Monsieur Aubert im Tanzen und von dem Sprachmeister Constantini in der italienischen Sprache unterweisen. „Große Bekanntschaften", räumt Stetten allerdings in seiner Biografie ein, „machte ich eben nicht oder meistens mit deutschen". Daher betrachtete der Augsburger Patrizier auch den Ertrag seines Auslandsstudiums als recht bescheiden: „Durch diese Eingezogenheit wurde ich zwar vor Verführung verwahrt, allein der Nuzen des kostbaren Aufenthalts war auch nicht so groß als man sich Hofnung gemacht hatte." Nach ungefähr sechs Monaten verließ er Genf daher und kehrte über Lyon und Straßburg nach Augsburg zurück. Von 1750 bis 1752 setzte er sein Studium in Altdorf fort, wo er einen Teil seiner freien Zeit der Pflege seiner Fremdsprachenkenntnisse widmete: „Eine wochentliche französische Gesellschaft, in welche[r] wir wechsels weise selbst Ausarbeitungen machten, und eine wochentl[iche] Musick Gesellschaft waren mir angenehm." (Stetten 2009: 12f., 16)

Obwohl Paul von Stetten weder von der Qualität des Französischunterrichts, den er in Augsburg erhalten hatte, noch vom praktischen Nutzen seines Studienaufenthalts im Ausland sonderlich überzeugt war, befasste er sich in seinem späteren Leben intensiv mit der französischen Literatur und Kultur. Im Jahre 1766 publizierte er eine Übersetzung aus dem Französischen. Fremdsprachige Zitate, die Stetten in seine Selbstbiografie einfügte, spiegeln seine Vertrautheit mit Rousseaus *Nouvelle Héloise*, Montesquieus *Esprit des Loix*, Jacques Neckers *Compte rendu à roi* und den auf Französisch verfassten Werken König Friedrichs II. von Preußen wider. Zudem gilt er als einziger Augsburger, der das Schlüsselwerk der französischen Aufklärung besaß, die *Encyclopédie ou Dictionnaire raisonné des sciences, des arts et des métiers* von Jean-Baptiste le Rond d'Alembert und Denis Diderot (Stetten 2009: 21, 30, 76, 98, 115, 198, 293, 306, 317, 390–394, 516). Seine Affinität zur praktischen Seite der Aufklärung tritt auch in Stettens Engagement für die Reform des Unterrichts in der führenden protestantischen Schule Augsburgs, dem Gymnasium bei St. Anna, zutage. Er wurde 1769 Mitglied einer städtischen Schulkommission, die den Unterricht praktischer und „gemeinnütziger" zu gestalten suchte (Stetten 2009: 42f., 262, 265ff.).

Paul von Stettens Biografie vermittelt den Eindruck, dass das Erlernen lebender Fremdsprachen im 18. Jahrhundert wenig formalisiert war und der Lernerfolg stark von persönlichen Interessen und individuellen Umständen abhing. Dieser Eindruck verstärkt sich bei der Lektüre der Autobiografie eines Zeitgenossen des Augsburger Patriziers, des aus dem Siegerland stammenden Augenarztes, Ökonomen und Schriftstellers Johann Heinrich Jung-Stilling (1740–1817; vgl. zu ihm Merk 2014). Dieser berichtet, dass er in den frühen 1760er-Jahren zur Vorbereitung auf eine Stelle als Hauslehrer in der Gemeinde Dornfeld von einem ehemaligen Soldaten Französischunterricht erhalten habe. Der Sprachlehrer Heesfeld, den Jung-Stilling als „einen sehr seltsamen originellen Menschen" bezeichnet, „war in seiner Jugend in Kriegsdienste gegangen; wegen seiner Geschicklichkeit wurde er von einem hohen Officier in seine eigene Dienste genommen, der ihn in allem hatte unterrichten lassen, wozu er nur Lust gehabt hatte; mit diesem Herrn war er durch die Welt gereist". Obwohl ihn die kauzige Gestalt und die nachlässige Kleidung dieses Sprachlehrers zunächst abschreckten, suchte Jung-Stilling sich ein Quartier und begann bei ihm Unterricht zu nehmen. Diesen schildert er folgendermaßen: „Des Vormittags von acht bis elf Uhr wohnte er [= Jung-Stilling] der ordentlichen Schule bei, des Nachmittags von zwei bis fünf auch, er saß aber mit Heesfeld an einem Tisch, sie sprachen immer und hatten Zeitvertreib zusammen, wenn aber die Schule aus war, so gingen sie spazieren." Dieser bemerkenswert egalitäre und intensive Sprachunterricht war nach Jung-Stillings Angaben ausgesprochen effektiv:

> [E]r studirte recht fleißig, denn in neun Wochen war er fertig; es ist unglaublich, aber doch gewiß wahr; er verstand diese Sprache nach zwei Monaten hinlänglich, er las die französische Zeitung teutsch weg, als wenn sie in letzterer Sprache gedruckt wäre, auch schrieb er schon damalen einen französischen Brief ohne Grammaticalfehler, und las richtig, nur fehlte ihm noch die Uebung im Sprechen. Den ganzen Syntax hatte er zur Genüge inne; so daß er nun selbst getrost anfangen konnte, in dieser Sprache zu unterrichten. (Jung-Stilling 1835: 236f., 239)

Der fließende, durch keinerlei formale Qualifikation oder Eingangsprüfung reglementierte Übergang vom Lernenden zum Lehrenden einer fremden Sprache, den Jung-Stilling beschreibt, findet sich auch in der Selbstbiografie des Thüringers Johann Kaspar Steube (1747–1795), welche ein überaus bewegtes, von zahlreichen Orts- und Berufswechseln sowie biografischen Wechsellagen geprägtes Leben schildert. Der Sohn eines Gothaer Fleischers war im Dienst einer Ostindienkompanie bis nach Malakka gereist, er hatte in Italien als Schuster gearbeitet, als Soldat an der habsburgischen Militärgrenze im Banat gedient und eine Gastwirtschaft in Temesvar geführt. Nach der Rückkehr in seine Heimatstadt Gotha übte Steube zunächst das Schusterhandwerk aus. Er spürte aber bereits nach kurzer Zeit, „daß die so gekrümmte Schuhmacherstellung sehr nachteilig auf meine Gesundheit würkte, so, daß mir jeder Tag, den ich mit anhaltendem Sitzen zubrachte, schmerzhafte Krämpfe verursachte" und die Arztrechnungen sein karges Einkommen aufzehrten. Da er in Italien die Landessprache gelernt hatte, ergriff er nach eigenem Bekunden „den Sprachunterricht als ein der Beschaffenheit meines Körpers angemesseneres Geschäfte" (Steube 1969: 219f.).

Steube zufolge hätten „sich anfänglich viele Liebhaber der italienischen Sprache" bei ihm eingefunden, so dass er „den ganzen Tag beschäftigt und imstande war, [s]ein Hauswesen sehr gut zu führen". Diese Konjunktur flaute allerdings schon bald wieder ab: „Hätte ich mich mehr auf den Gang der Moden verstanden, so würde ich mir freilich leicht haben sagen können, daß die Erlernung der italienischen Sprache nur Liebhaberei und der Verdienst folglich vorübergehend sei." Er habe sich jedoch dem Irrglauben hingegeben, „daß ein sehr frugal lebender italienischer Sprachmeister in der Residenzstadt Gotha sein kümmerliches Auskommen finden würde". Aber daraus wurde nichts: „[N]ach einigen Jahren verschwanden die Lernlustigen fast ganz, ich hatte nichts zu dozieren." Auch Steubes Versuch, gleichsam auf die Schnelle Französisch – „die Modesprache, ohne welche in Deutschland mancher Deutsche keinen Deutschen verstehen würde" – zu erlernen und damit seinen Broterwerb zu bestreiten, endete abrupt, als sein Lehrer ihm eröffnete, dass er die Sprache allenfalls mittelmäßig beherrsche. „[D]er ganze Erfolg war, daß ich die Modesprache im Kopfe und ein Dutzend Louisdor weniger im Beutel hatte." (Steube 1969: 220ff.) So leicht einerseits der Einstieg in das Fremdsprachenlehren als Profession laut Jung-Stilling und Steube angesichts fehlender formaler Voraussetzungen gewesen zu sein scheint, so schwierig war es offenbar andererseits, in diesem Metier ein angemessenes Einkommen zu erwirtschaften.

2 Heterogene Akteursgruppen: Lehrende und Lernende

Fremdsprachenunterricht, so lässt sich aus diesen Selbstzeugnissen des späten 18. Jahrhunderts folgern, war in der Vormoderne ein weitgehend freies, kaum reguliertes Gewerbe. In einem Zeitalter, in dem ständische Zugehörigkeit, obrigkeitliche Regulierung und das Zunftsystem von zentraler Bedeutung waren, war dies durchaus ungewöhnlich. Für Sprachlehrer(innen) gab es noch keine geregelte Ausbildung, keine allgemein verbindlichen und überprüfbaren Eintrittsqualifikationen in den Beruf und so gut wie keine korporativen Zusammenschlüsse in Zünften, Gilden oder Gesellschaften. In der Regel waren Sprachmeister(innen) demnach Personen, die sich selbst für hinreichend befähigt hielten, lebende Fremdsprachen zu unterrichten, und die Kund(inn)en fanden, die dafür bezahlten (vgl. Zürn 2010; Schöttle 2010; Glück, Häberlein & Schröder 2013: 137–208; Häberlein 2015).

Gerade am Ende des 18. Jahrhunderts war die Gruppe der Sprachmeister zudem heftiger Kritik ausgesetzt. Ein zeitgenössisches Lexikon, die *Deutsche Encyclopädie oder Allgemeines Real-Wörterbuch aller Künste*, ordnet die Fremdsprachenlehrenden gar den niederen Dienstboten zu: „Mit Geld, sagt Monta[i]gne, belohnt man einen Knecht, einen Courier, einen Tanzmeister, einen Sprachmeister, eine Kuplerin, eine Beyschläferin, eine Verrätherin und alle übrige geringe Dienste, so uns jemand thun kann." (Köster 1783: 1034) Dieses harsche Urteil berücksichtigt allerdings nicht, dass Kenntnisse lebender Fremdsprachen – insbesondere Französisch, daneben Italienisch und gegen Ende des Jahrhunderts Englisch – damals bereits zum Bildungskanon der höheren Stände gehörten. Außerdem hatte sich bereits im Barockzeitalter innerhalb der Gruppe der Fremdsprachenlehrenden eine Elite herausgebildet, die als Hof- und Universitätssprachmeister durchaus über soziales Prestige verfügte und deren Mitglieder mitunter sogar in den Professorenrang aufstiegen oder zu korrespondierenden Mitgliedern wissenschaftlicher Akademien gewählt wurden (vgl. Krapoth 2001; Schöttle 2016).

Die eingangs vorgestellten Beispiele Paul von Stettens, Johann Heinrich Jung-Stillings und Johann Kaspar Steubes legen die Vermutung nahe, dass das Erlernen von Fremdsprachen im 18. Jahrhundert bereits einen festen Bestandteil der Bildungs- und Lebensläufe zahlreicher Menschen darstellte und dementsprechend eine ausgeprägte Nachfrage nach Fremdsprachenkenntnissen bestand. Zweifellos war dies vorrangig ein Phänomen der höheren Stände: Für Angehörige des Adels bildeten Sprachkenntnisse einen wichtigen Aspekt gesellschaftlicher Distinktion und gehörten unabdingbar zu einer Standeserziehung, die eine möglichst vielseitige körperliche und geistige Bildung sowie die Teilhabe an den Leistungen fremder Kulturen anstrebte. Darüber hinaus versetzten Fremdsprachen Adelige in die Lage, mit ausländischen Besucher(inne)n in deren Landessprache zu kommunizieren und sich auf Reisen in andere europäische Länder ohne die Vermittlung von Dolmetschern zu verständigen. Einen besonders hohen Stellenwert genoss im 16. Jahrhundert das Italienische, während im folgenden Jahrhundert das Französische zur Hof- und Adelssprache *par excellence* avancierte (Glück 2002: 132f.; Kuhfuß 2014: 30, 72–89, 151–155, 219, 277–301, 339ff., 628, 644).

Die Prinzenreise bzw. die Kavalierstour, die sich im Laufe der Frühen Neuzeit zum integralen Bestandteil der Fürsten- und Adelserziehung entwickelten, dienten vor diesem Hintergrund auch der Vermittlung von Fremdsprachenkenntnissen. Fürsten-, Adels- und Patriziersöhne erhielten bereits vor Antritt ihrer Bildungsreise Sprachunterricht von Präzeptoren und Hofmeistern, der während der Reise durch private Lektionen sowie den Besuch von Universitäten und Akademien vervollkommnet wurde. Neben Reit-, Fecht- und Tanzunterricht spielte das Fremdsprachenlernen eine zentrale Rolle bei der Einübung eines höfisch-adeligen Habitus (Stannek 2001: 33f.; Glück 2002: 132–140; Leibetseder 2004: 123ff., 153, 172; Bender 2011: 45, 57, 239; Kuhfuß 2014: 98–102, 153, 224–230, 392–402). An Ritterakademien und Hofschulen, an denen die Adelsausbildung im 17. und 18. Jahrhundert institutionalisiert wurde, gehörten Französisch- und Italienischunterricht zum Curriculum (vgl. Töpfer 2010; Kuhfuß 2014: 157–172, 371f., 402–411; Schöttle 2016).

Während für den Adel kulturelle Interessen und das Streben nach sozialer Distinktion im Vordergrund standen, lernten Fernhandelskaufleute primär aus kommerziellen Interessen Fremdsprachen. In den großen süddeutschen Handelsstädten war es bereits seit dem Spätmittelalter üblich, Kaufmannssöhne im jugendlichen Alter zur Ausbildung in europäische Handelszentren wie Venedig, Antwerpen und Lyon zu schicken, wo sie neben den Techniken der kaufmännischen Buchhaltung und Rechnungsführung sowie den lokalen Handelsusancen auch die Landessprache erlernten. Dabei wurden die angehenden Kaufleute zumeist in den Haushalten von *native speakers* untergebracht, wo sie die fremde Sprache durch Immersion möglichst rasch verstehen und sprechen lernen sollten (Glück, Häberlein & Schröder 2013: 55–92; Pfotenhauer 2016: 81–85).

Eine weitere soziale Gruppe, in der Mehrsprachigkeit weit verbreitet war, waren Militärangehörige. Da frühneuzeitliche Armeen häufig multinational zusammengesetzt waren, bestand schon aus pragmatischen Gründen die Notwendigkeit, sich innerhalb dieser Verbände verständigen zu können; insbesondere mussten Offiziere in der Lage sein, Kommandos zu geben, die ihre Untergebenen auch verstanden. Im Zuge der Verwissenschaftlichung der militärischen Ausbildung gewann im Jahrhundert der Aufklärung das Ideal des gebildeten Offiziers an Bedeutung, zu dessen Anforderungsprofil neben genuin militärwissenschaftlichen, historischen, geografischen und mathematisch-naturwissenschaftlichen Kenntnissen auch Fremdsprachenkompetenz gehörte. Dementsprechend nahmen die im 18. Jahrhundert entstehenden Kadettenkorps und Militärschulen Fremdsprachen in ihr Unterrichtsprogramm auf und beschäftigten Sprachlehrer (Furrer 2002: 493–544; Erlich 2007: 115, 123, 224, 272; Glück & Häberlein 2014).

Während Adelige, Kaufleute und Offiziere die Kerngruppe der mehrsprachigen Bevölkerung Mitteleuropas in der Frühen Neuzeit bildeten, ist für Handwerker zumindest vereinzelt belegt, dass sie auf ihrer Wanderschaft Fremdsprachen lernten oder aus eigener Initiative Sprachunterricht nahmen – Johann Kaspar Steube ist ein Beispiel dafür. Fuhrleute, die Waren über weite Distanzen beförderten, und Gastwirte an Fernstraßen oder in großen Handelsstädten leisteten mitunter Dolmetscherdienste (Glück 2002: 105, 253). Im 18. Jahrhundert fanden Fremdsprachenkenntnisse darüber hinaus in der bürgerlichen Beamtenschaft und im entstehenden Bildungsbürgertum zunehmend Verbreitung, da sie nicht nur soziales Prestige verliehen, sondern auch den Zugang zu Kultur- und Bildungsgütern erleichterten und die Beteiligung am öffentlichen Informations- und Meinungsaustausch ermöglichten (zum Stellenwert der Bildung für das Bürgertum dieser Zeit vgl. Maurer 1996: 439–517).

Die wichtigste Gruppe, die in der Vormoderne Fremdsprachenkenntnisse vermittelte, waren die auch bei Stetten, Jung-Stilling und Steube erwähnten freiberuflichen Sprachmeister (vgl. Häberlein 2015). Auffallend viele von ihnen waren Glaubensflüchtlinge: Starke Impulse erhielt der Französischunterricht in Deutschland durch den Exodus der Hugenotten nach der Rücknahme des Edikts von Nantes durch König Ludwig XIV. im Jahre 1685. Insbesondere reformierte Geistliche, Juristen, Sekretäre und Notare suchten im Exil häufig ein Auskommen als Präzeptoren oder Sprachlehrer (vgl. Rjéoutski & Tchoudinov 2013; Kuhfuß 2014: 301–308). In Berlin prägten hugenottische Schulen im 18. Jahrhundert maßgeblich die Bildungslandschaft (vgl. Roosen 2008; Kuhfuß 2014: 439–442). Die Emigrationsbewegung, welche die Französische Revolution auslöste, führte ebenfalls zu einem Anstieg des Fremdsprachenangebots in deutschen Städten (Winkler 2010: 120–132; Kuhfuß 2015: 169ff.). Ferner schlug sich die Mehrsprachigkeit frühneuzeitlicher Truppenverbände auch in der sozialen Herkunft der Fremdsprachenlehrer nieder: Jung-Stillings Lehrer Heesfeld steht exemplarisch für eine durchaus namhafte Zahl abgedankter Offiziere und Soldaten, die nach dem Ende ihrer militärischen Karriere ihren Lebensunterhalt als Sprachmeister zu verdienen suchte (vgl. Glück & Häberlein 2014).

Darüber hinaus ist vor allem die geografische wie auch soziale Heterogenität der Gruppe der vormodernen Fremdsprachenlehrenden zu betonen. Von den knapp 100 von der Mitte des 16. bis zum Beginn des 19. Jahrhunderts in Augsburg nachweisbaren Personen – darunter einige wenige Frauen –, die Fremdsprachen lehrten, stammte weniger als ein Drittel aus dem deutschsprachigen Raum und kaum eine aus Augsburg selbst. Gut zwei Fünftel kamen aus Frankreich, knapp ein Zehntel aus der romanischen Schweiz und sieben Prozent aus Italien. In Nürnberg war der Anteil deutschstämmiger Fremdsprachenlehrer-

(innen) mit 38 Prozent etwas höher als in Augsburg, aber auch hier kam die Mehrheit aus dem Ausland, insbesondere aus Frankreich, Italien und den südlichen Niederlanden. Was den sozialen Hintergrund anbelangt, so finden sich unter den in den beiden Reichsstädten aktiven Sprachmeistern ehemalige Kleriker, verarmte Adelige, angehende Mediziner und Juristen sowie Handwerker, die einschlägige Kenntnisse erworben hatten. Viele Sprachmeisterkarrieren sind durch geografische Mobilität und biografische Brüche – Glaubenswechsel, Flucht und Vertreibung, berufliche Sackgassen oder gescheiterte Ehen – geprägt (Glück, Häberlein & Schröder 2013: 144–148, 162–169, 189ff., 198ff.; Zürn 2010: 107–113; Kuhfuß 2014: 176ff., 237–240). Und obwohl die große Mehrheit der frühneuzeitlichen Fremdsprachenlehrenden männlich war, übte auch eine Reihe von Frauen diesen Beruf aus (vgl. Schröder 2015).

Nur eine Minderheit der Sprachmeister(innen) fand eine dauerhafte Anstellung an einem Fürstenhof, einer Universität oder höheren Schule. An kleineren Fürstenhöfen wurden sie häufig eingestellt, wenn die Söhne und Töchter des regierenden Fürsten das für die Erteilung von Fremdsprachenunterricht passend erscheinende Alter erreicht hatten, und nach Beendigung des Unterrichts wieder entlassen. Auch viele Hochschulen boten lebende Fremdsprachen noch um die Mitte des 18. Jahrhunderts nur sporadisch als Wahlfächer an. Die Universitätssprachmeister waren im Regelfall keine Mitglieder der akademischen Korporation und erhielten keine oder nur eine geringe Besoldung; sie mussten sich selbst darum bemühen, unter den Studenten interessierte Sprachschüler zu finden. Häufig kam es zudem zu Konflikten um die Unterrichtszeiten sowie um die Nutzung von Universitätsgebäuden. Neuere Universitäten wie Göttingen, wo dem Gründungsprivileg von 1734 zufolge neben Reit-, Fecht- und Tanzmeistern auch „Engelländische, Frantzösische und Italiänische Sprach-Meister" beschäftigt werden sollten, knüpften an die Tradition der Adelserziehung an. Bis zum Ende des 18. Jahrhunderts wirkten in Göttingen rund 80 Fremdsprachenlehrer – etwa 50 für Französisch, rund 20 für Italienisch, acht für Englisch und zwei für Spanisch. Innerhalb dieser Gruppe bestanden jedoch erhebliche Unterschiede zwischen besoldeten Lektoren und unbesoldeten Sprachmeistern, welche lediglich die Erlaubnis hatten, gegen Gebühr Sprachunterricht zu erteilen. Die Aufenthaltsdauer der Sprachmeister in Göttingen belief sich in manchen Fällen nur auf wenige Monate, während sie sich in anderen über Jahrzehnte erstreckte (Krapoth 2001: 59–62).

Im Laufe des 18. Jahrhunderts führten die allmähliche Integration der modernen Fremdsprachen in die Lehrpläne von Gymnasien sowie die Gründung von Fachschulen für Offiziere, Bergbauspezialisten, Kaufleute und Verwaltungsbeamte zu einer deutlichen Ausweitung der Arbeitsmöglichkeiten (Kuhfuß 2014: 413–445). Dennoch spricht alles dafür, dass auf dem Arbeitsmarkt für Fremdsprachenlehrer(innen) das Angebot weitaus größer blieb als die Nachfrage; für das späte 18. Jahrhundert hat Walter Kuhfuß (2015: 166–169) sogar von einer „akademischen Überfüllungskrise" gesprochen. In den Reichsstädten Augsburg und Nürnberg ließen sich keine Anhaltspunkte dafür finden, dass sich die Stadtmagistrate aktiv um die Rekrutierung qualifizierten Personals bemüht hätten; vielmehr waren es dort stets die Sprachlehrer(innen) selbst, die um Aufenthalts- und Arbeitsgenehmigungen nachsuchten. In einigen Fällen versuchten sie ihren Gesuchen dadurch Nachdruck zu verleihen, dass sie Empfehlungsschreiben oder Unterrichtspläne vorlegten und die Unterstützung potenzieller Interessenten mobilisierten. Die Stadträte versuchten ihrerseits, Informationen über Leumund und Qualifikation der antragstellenden Personen einzuholen, und konsultierten dabei auch die bereits am Ort etablierten Sprachmeister. Wenig überraschend waren deren Stellungnahmen nicht nur von Sachverstand, sondern auch von dem Wunsch geprägt, unerwünschte Konkurrenz fernzuhalten (Glück, Häberlein & Schröder 2013: 160–189).

3 Der dynamische Bildungsmarkt des 18. Jahrhunderts

Dass sich ein Großteil der Fremdsprachenlehrer(innen) im Jahrhundert der Aufklärung auf einem freien Bildungsmarkt bewegte (vgl. Krampl 2013, 2014), zeigt auch die Tatsache, dass die damals in zahlreichen Städten entstehenden Intelligenzblätter – Periodika, die sowohl Kennzeichen der modernen Tageszeitung als auch des Anzeigenblatts aufweisen (vgl. Blome 2008) – als Stellenbörsen für diese Berufsgruppe fungierten. Im Sommer 1784 etwa wurde im *Leipziger Intelligenzblatt* „ein unverheyratheter französischer Sprachmeister [...] gesucht, welcher nicht allein die Aussprache rein und natürlich deutlich habe, sondern auch deren Regeln und die feinen Wendungen genau kenne, und die Gabe solches mitzutheilen besitze". Eine gewisse Skepsis hinsichtlich der Qualifikation potenzieller Bewerber spricht allerdings aus dem Zusatz, man werde „Bedenken tragen, anders, als auf sehr glaubhafte Beglaubigungs- und Empfehlungsschreiben sich mit einem Unbekannten weiter einzulassen" (Gnädigst privilegirtes Leipziger Intelligenz-Blatt 1784: 307).

Wesentlich häufiger begegnen in Zeitungen und Intelligenzblättern des 18. Jahrhunderts Annoncen, in denen Männer eine Anstellung als Hofmeister, Sekretär oder Diener suchten oder (wesentlich seltener) Frauen sich um eine Tätigkeit als Gouvernante bewarben und dabei ihre Fremdsprachenkenntnisse – teilweise in Kombination mit anderen Fähigkeiten – anführten. In der *Münchner Zeitung* bewarb sich beispielsweise im Jahre 1781 „[e]in honneter Mensch, welcher frisiren und barbiren kann, auch die teutsche, französische, italienische und änglische Sprache verstehet" um eine Anstellung als Kammerdiener (Münchner Zeitung 1781: Anhang). Vier Jahre später tat in derselben Zeitung „[e]ine Demoiselle von guter Konduit, welche in der französischen Sprache besonders wohl versiret, und in Unterrichtung der Kinder sehr geschikt ist", ihren Wunsch kund, „als Gubernantin aufgenommen zu werden" (Münchner Zeitung 1785: Anhang). Ein „junger Weltpriester", der 1785 über eine Annonce in der *Münchner Zeitung* eine Stelle als Hofmeister suchte, verfügte ebenfalls über ein vielseitiges Qualifikationsprofil: Demnach hatte er „seine Studien mit auszeichnendem Fortgange zurückgelegt", verstand „nebst der deutschen auch die französische Sprache" und hatte sich „durch nüzliche Lektüre klassischer und neuerer Schriften mit den Maximen bildender Jugend so viel nur möglich bekannt gemacht" (Münchner Zeitung 1785: Anhang).

Ferner nutzten auch die im späten 18. Jahrhundert entstehenden privaten Bildungseinrichtungen und Fachschulen die periodische Publizistik, um auf ihr Unterrichtsangebot aufmerksam zu machen. Eine Handelsakademie in Elberfeld beispielsweise warb 1798 in der in Nürnberg erscheinenden *Allgemeinen Handlungs-Zeitung* damit, dass dort „alle diejenigen Sprachen, Wissenschaften und Künste gelehrt [würden], welche dem Jüngling für seinen künftigen Beruf als Kaufmann und als gebildeter Mann unentbehrlich sind; z.B. die Französische, die Deutsche, die Englische und die Italiänische Sprache; das Buchhalten, Rechnen und Schönschreiben; die Geographie, die Geschichte und die Moral" (Kaiserlich-privilgirte allgemeine Handlungs-Zeitung 1798: 733f.). In privaten Mädchenschulen gehörten Fremdsprachen ebenfalls zum Fächerkanon. In einem 1785 von zwei Franzosen gegründeten „Erziehungshaus [...] für junge Frauenzimmer" sollte unter anderem „die französische Sprache gründlich und durch eine immerwährende Uibung" unterrichtet werden (Münchner Wochenblatt 1785).

Die Ausweitung des Angebots an Fremdsprachenunterricht ging mit der Produktion einer stetig wachsenden Zahl einschlägiger Lehrmaterialien – Lerngrammatiken, Wörterbücher, Gesprächsbücher und Aussprachehilfen – einher. Für das 18. Jahrhundert wurden im deutschen Sprachraum mehr als 400 Französisch-Lehrwerke gezählt (Spillner 1985: 135–138; Kuhfuß 2014: 350). Dabei handelte es sich häufig um Bearbeitungen, Kompilationen oder schlichte Plagiate älterer Lehrwerke. Klagen über eine wahre Flut an hastig zusammengestoppelten Französisch-Wörterbüchern und -Grammatiken finden sich immer wieder in Vorworten und Rezensionen und entwickelten sich zu einem regelrechten

Topos. Viele Sprachlehrer – darunter auch einzelne Sprachlehrerinnen – sahen in der Veröffentlichung eigener Lehrmaterialien eine zusätzliche Einnahmequelle, und einige besonders produktive und geschäftstüchtige Lehrwerksautor(inn)en publizierten eine ganze Palette an Lehrmaterialien, um einen möglichst breiten Kundenkreis anzusprechen. Sie erweiterten ihr Angebot um Werke für Kinder und Jugendliche, Frauen und einzelne Berufsgruppen oder stellten den Benutzern durch verbesserte oder angeblich neu entwickelte Lehrmethoden einen schnellen Lernerfolg in Aussicht (Spillner 1985: 136f., 144ff.; Glück, Häberlein & Schröder 2013: 287–300).

Ferner brachten Drucker und Verleger Lehrwerke in unterschiedlichen Ausstattungen und Formaten auf den Markt. Anspruchsvolle Lehrwerke für die höheren Stände, welche die zeitgenössischen Ideale der *civilité* und des *honnête homme* sowie die damit einhergehenden Spielregeln galanter und geistreicher Konversation vermittelten (vgl. Ehler & Mulsow 1995; Kuhfuß 2014: 365–370), waren oft als umfangreiche Quartbände mit grafisch anspruchsvollen Titelblättern und Frontispizen gestaltet. Weniger vermögende Sprachschüler konnten hingegen einfache, günstig produzierte Oktavbände erwerben. Das in der zweiten Hälfte des 18. Jahrhunderts stark expandierende Rezensionswesen (vgl. Habel 2007) bot Orientierung auf dem Markt für Sprachlehrwerke, indem es zwischen genuin neuen Werken, Neubearbeitungen und Plagiaten unterschied und die besprochenen Titel nach ihrer Methodik und ihrem didaktischen Ansatz beurteilte.

4 Ergebnisse

Zusammenfassend lässt sich festhalten, dass Kenntnisse lebender Fremdsprachen und die Fähigkeit zur mehrsprachigen Konversation in vormodernen Bildungs- und Lebensläufen – insbesondere in den höheren Ständen – eine wichtige Rolle spielten. Der Stellenwert des Sprachenlernens wird in Selbstzeugnissen des 18. Jahrhunderts eingehend beschrieben und reflektiert. Im Verlauf der Frühen Neuzeit entwickelte sich zudem ein dynamischer Markt für einschlägige Bildungsangebote, der durch eine signifikante Ausweitung des institutionalisierten, vor allem aber des freien Sprachunterrichts sowie durch eine starke Expansion des Angebots an Lehrmaterialien gekennzeichnet war. Nur eine Minderheit der Fremdsprachenlehrer(innen) und Lehrwerksautor(inn)en scheint in diesem Metier allerdings auf Dauer eine gesicherte rechtliche und materielle Existenz erlangt zu haben, während die Mehrzahl unter prekären Umständen lebte.

5 Literatur

Bátori, Ingrid (1983): Paul von Stetten der Jüngere. Augsburger Staatsmann in schwieriger Zeit. *Zeitschrift des Historischen Vereins für Schwaben* 77: 103–124.
Bender, Eva (2011): *Die Prinzenreise. Bildungsaufenthalt und Kavalierstour im höfischen Kontext gegen Ende des 17. Jahrhunderts*. Berlin: Lukas.
Blome, Astrid (2008): Wissensorganisation im Alltag. Entstehung und Leistungen der deutschsprachigen Regional- und Lokalpresse im 18. Jahrhundert. In Blome, Astrid & Böning, Holger (Hrsg.): *Presse und Geschichte. Leistungen und Perspektiven der historischen Presseforschung*. Bremen: edition lumière, 179–208.
Ehler, Karin & Mulsow, Martin (1995): Gespräche über Grammatik und Civilité. Multifunktionalität von sprachdidaktischen Dialogen bei François de Fenne (1690) und Pierre François Roy (1693). *Romanische Forschungen* 107/3-4: 314–342.
Erlich, Horst (2007): *Die Kadettenanstalten. Strukturen und Ausgestaltung militärischer Pädagogik im Kurfürstentum Bayern im späteren 18. Jahrhundert*. München: Utz.
Furrer, Norbert (2002): *Die vierzigsprachige Schweiz. Sprachkontakte und Mehrsprachigkeit in der vorindustriellen Gesellschaft (15.–19. Jahrhundert)*. Bd. 1. Zürich: Chronos.
Glück, Helmut & Häberlein, Mark (Hrsg.) (2014): *Militär und Mehrsprachigkeit im neuzeitlichen Europa*. Wiesbaden: Harrassowitz.
Glück, Helmut (2002): *Deutsch als Fremdsprache in Europa vom Mittelalter bis zur Barockzeit*. Berlin, New York: de Gruyter.
Glück, Helmut; Häberlein, Mark & Schröder, Konrad (2013): *Mehrsprachigkeit in der Frühen Neuzeit. Die Reichsstädte Augsburg und Nürnberg vom 15. bis ins frühe 19. Jahrhundert*. Wiesbaden: Harrassowitz.
Gnädigst privilegirtes Leipziger Intelligenz-Blatt [...] vom 28. August 1784, Nr. 37.
Habel, Thomas (2007): *Gelehrte Journale und Zeitungen der Aufklärung. Zur Entstehung, Entwicklung und Erschließung deutschsprachiger Rezensionszeitschriften des 18. Jahrhunderts*. Bremen: edition lumière.
Häberlein, Mark (Hrsg.) (2015): *Sprachmeister. Sozial- und Kulturgeschichte eines prekären Berufsstandes*. Bamberg: University of Bamberg Press.
Jung-Stilling, Johann Heinrich (1835): *Sämmtliche Schriften*. Bd. 1. Hrsg. von J.H. Grollmann. Stuttgart: Fr. Henne.
Kaiserlich-privilegirte allgemeine Handlungs-Zeitung vom 14. November 1798, 5. Jg., 46. Stück.
Köster, Heinrich Martin Gottfried (Hrsg.) (1783): *Deutsche Encyclopädie oder Allgemeines Real-Wörterbuch aller Künste und Wissenschaften* [...]. Bd. 7. Frankfurt a. M.: Varrentrapp Sohn.
Krampl, Ulrike (2013): Bildungsgeschichte jenseits der Schule. Soziale Situationen der Sprachvermittlung im Paris des 18. Jahrhunderts. *Frühneuzeit-Info* 24: 19–28.
Krampl, Ulrike (2014): Fremde Sprachen, Adelserziehung und Bildungsmarkt im Frankreich der zweiten Hälfte des 18. Jahrhunderts. In Glück, Helmut & Häberlein, Mark (Hrsg.): *Militär und Mehrsprachigkeit im neuzeitlichen Europa*. Wiesbaden: Harrassowitz, 97–112.
Krapoth, Hermann (2001): Die Beschäftigung mit romanischen Sprachen und Literaturen an der Universität Göttingen im 18. und frühen 19. Jahrhundert. In Lauer, Reinhard (Hrsg.): *Philologie in Göttingen. Sprach- und Literaturwissenschaft an der Georgia Augusta im 18. und beginnenden 19. Jahrhundert*. Göttingen: Vandenhoeck & Ruprecht, 57–90.

Kuhfuß, Walter (2014): *Eine Kulturgeschichte des Französischunterrichts in der frühen Neuzeit. Französischlernen am Fürstenhof, auf dem Marktplatz und in der Schule in Deutschland.* Göttingen: v & r unipress.
Kuhfuß, Walter (2015): Sprachlehrer zwischen akademischer Überfüllungskrise, politischer Immigration und staatlichem Schulfach. In Häberlein, Mark (Hrsg.): *Sprachmeister. Sozial- und Kulturgeschichte eines prekären Berufsstandes.* Bamberg: University of Bamberg Press, 163–175.
Leibetseder, Mathis (2004): *Die Kavalierstour. Adelige Erziehungsreisen im 17. und 18. Jahrhundert.* Köln u.a.: Böhlau.
Maurer, Michael (1996): *Die Biographie des Bürgers. Lebensformen und Denkweisen in der formativen Phase des deutschen Bürgertums.* Göttingen: Vandenhoeck & Ruprecht.
Merath, Siegfried (1961): *Paul von Stetten der Jüngere. Ein Augsburger Patrizier am Ende der reichsstädtischen Zeit.* Augsburg: Rösler.
Merk, Gerhard (2014): *Jung-Stilling. Ein Umriß seines Lebens.* Siegen: Jung-Stilling-Gesellschaft.
Münchner Wochenblatt vom 3. August 1785.
Münchner Zeitung vom 1. Dezember 1781, Nr. CXC.
Münchner Zeitung vom 5. März 1785, Nr. XXXVI.
Pfotenhauer, Bettina (2016): *Nürnberg und Venedig im Austausch. Menschen, Güter und Wissen an der Wende vom Mittelalter zur Neuzeit.* Regensburg: Schnell & Steiner.
Rjéoutski, Vladislav & Tchoudinov, Alexandre (Hrsg.) (2013): *Le précepteur francophone en Europe (XVIIe–XIXe siècles).* Paris: L'Harmattan.
Roosen, Franziska (2008): *„Soutenir note Église". Hugenottische Erziehungskonzepte und Bildungseinrichtungen im Berlin des 18. Jahrhunderts.* Bad Karlshafen: Deutsche Hugenotten-Gesellschaft.
Schöttle, Silke (2010): Sprachunterricht. In Jaeger, Friedrich (Hrsg.): *Enzyklopädie der Neuzeit.* Bd. 12. Stuttgart: Metzler, 479–482.
Schöttle, Silke (2016): *Männer von Welt. Exerzitien- und Sprachmeister am Collegium Illustre und an der Universität Tübingen 1594–1819.* Stuttgart: Kohlhammer.
Schröder, Konrad (2015): Fremdsprachenlehrerinnen der Frühen Neuzeit. Zur Physiognomie der frühen Stadien eines modernen Frauenberufs. In Häberlein, Mark (Hrsg.): *Sprachmeister. Sozial- und Kulturgeschichte eines prekären Berufsstandes.* Bamberg: University of Bamberg Press, 19–60.
Spillner, Bernd (1985): Französische Grammatik und französischer Fremdsprachenunterricht im 18. Jahrhundert. In Kimpel, Dieter (Hrsg.): *Mehrsprachigkeit in der deutschen Aufklärung.* Hamburg: Meiner, 133–155.
Stannek, Antje (2001): *Telemachs Brüder. Die höfische Bildungsreise des 17. Jahrhunderts.* Frankfurt a. M., New York: Campus.
Stetten, Paul von (der Jüngere) (2009): *Selbstbiographie. Die Lebensbeschreibung des Patriziers und Stadtpflegers der Reichsstadt Augsburg (1731–1808).* Bd. 1: Die Aufzeichnungen zu den Jahren 1731 bis 1792. Bearb. von Barbara Rajkay und Ruth von Stetten. Hrsg. von Helmut Gier. Augsburg: Wißner.
Steube, Johann Kaspar (1969 [1791]): *Von Amsterdam nach Temiswar. Wanderschaften und Schicksale.* Hrsg. von Jochen Golz. Berlin: Rütten & Loening.
Töpfer, Thomas (2010): Ritterakademie. In Jaeger, Friedrich (Hrsg.): *Enzyklopädie der Neuzeit.* Bd. 12. Stuttgart: Metzler, 286–288.

Winkler, Matthias (2010): *Die Emigranten der Französischen Revolution in Hochstift und Diözese Bamberg*. Bamberg: University of Bamberg Press.
Zürn, Martin (2010): Unsichere Existenzen. Sprachmeister in Freiburg i. Br., Konstanz und Augsburg in der Frühen Neuzeit. In Häberlein, Mark & Kuhn, Christian (Hrsg.): *Fremde Sprachen in frühneuzeitlichen Städten. Lernende, Lehrende und Lehrwerke*. Wiesbaden: Harrassowitz, 103–120.

Annemarie Saxalber
Was bedeutet sprachliche Grundbildung in einem mehrsprachigen Bildungskontext?

1 Hinführung zum Thema

Schulische Expert(innen)enarbeit fußt auf dem Zusammenspiel von bildungswissenschaftlichen, sprachwissenschaftlichen und sprachdidaktischen Erkenntnissen und vor diesem interdisziplinären Hintergrund ist auch das Anliegen zu verstehen, dem in dem Beitrag nachgegangen wird. Es geht darum zu erörtern, welche Aspekte in einer sprachlichen Bildung im mehrsprachigen Kontext als essentiell angesehen werden und deshalb als gemeinsame Anliegen in Lehrer(innen)bildung und Schulentwicklung angestrebt werden sollten. Dahinter steht die Annahme, dass gemeinsame Unterrichtsprinzipien und das Ernstnehmen von Einflussfaktoren und transversalen Komponenten beim Spracherwerb und -lernen in der primären, sekundären und tertiären Ausbildungsstufe die Chance erhöhen, dass Lehren und Lernen strukturell kohärenter, effektiver und nachhaltiger erfolgt. Die mehrsprachige Region Südtirol, in der neben den verschiedenen sprachlichen und kulturellen Lebensbiografien der Ausbildenden und Auszubildenden auch eine große Diversität in den Bildungsstrukturen gegeben ist und in der neben der alten, historischen Mehrsprachigkeit eine neue, zuwanderungsbedingte gegeben ist, ist besonders gefordert, sich der Thematik immer wieder von Neuem zu stellen. Einige diesbezügliche Beobachtungen und auch Einschätzungen werden hier zur Veranschaulichung herausgezogen; sie können auf den ersten Blick nur bedingt auf andere Bildungsregionen übertragen werden, in einem zweiten Moment aber die Diskussion zu Entwicklungsläufen in anderen Bildungsräumen beleben.

Beginnend mit „Bildung und Grundbildung im sozialen, pädagogischen und didaktischen Diskurs" wird disziplinübergreifend reflektiert, was Bildung und Grundbildung heute ausmacht und welche Aspekte vor dem Hintergrund einer kognitiv basierten Lernforschung den Anforderungen des lebenslangen Lernens, eines mehrsprachigen Kontexts und mit Blick auf eine neue Normendiskussion konstitutiv sein können.

In der Schlussbemerkung wird die Diskussion auf vier pädagogisch-didaktische Aspekte zugespitzt, die in dem mehrsprachigen Bildungskontext, und ein solcher ist mehr oder weniger in vielen Bildungslandschaften zu verorten, von grundlegender Bedeutung sind. Das gilt für das Lernen wie für das

Lehren. Hervorgehoben wird dabei, dass es sich nicht nur um Maßnahmen handelt, die, auch wenn sie innovativ sind, nicht genügen, die Ausbildenden und Auszubildenden zu erreichen, sondern dass sie Haltungen für Lernen und Lehren präsentieren, die für die Grundbildung essentiell sind. Sie sind zudem auf ein systemisches Zusammenwirken von Schulentwicklung, Unterricht sowie Aus- und Weiterbildung angewiesen.

2 Bildung und Grundbildung im sozialen, pädagogischen und didaktischen Diskurs

2.1 Bildung und Grundbildung – eine Annäherung an die Begriffe

Bildung ist einem ständigen Wandel unterworfen, sie ist stark an gesellschaftliche Werthaltungen und Bedingungen wie an wissenschaftliche und pädagogische Erkenntnisse der jeweiligen Zeit gebunden. So steckt zum Beispiel für Lenzen auch schon in der „Bildungsvorstellung" des Bildungsbürgertums des 19. Jahrhunderts Doppeltes, nämlich „daß jemand gebildet wird", aber vor allem auch der Gedanke, „daß der Mensch sich selbst bildet" (Lenzen 1999: 177). Bildung ist also mehr als institutionelle Ausbildung. In den 70er-Jahren des vorigen Jahrhunderts prägte vor allem Adorno die wissenschaftliche Definition:

> In einer modernen Definition lässt sich unter Bildung die Förderung der Eigenständigkeit und Selbstbestimmung eines Menschen verstehen, die durch die intensive sinnliche Aneignung und gedankliche Auseinandersetzung mit der ökonomischen, kulturellen und sozialen Lebenswelt entsteht. (Adorno 1971, zit. nach Raithel, Dollinger & Hörmann 2009: 36)

Adornos Definition schwingt auch in den heutigen Diskussionen mit. Bildung ist heute vor allem eine „pädagogische Grundkategorie" (Gudjons 2012: 207), die argumentativ verschieden unterlegt wird. Laut Gudjons (2012: 207) soll Allgemeinbildung – wenn eher konservativ und ordnungspolitisch orientiert – einem „Abbau gemeinsamer Anschauungen, Werthaltungen und Verhaltensweisen" entgegenwirken. Tenorth (1994) hebt in allgemeiner Bildung das Einlösen eines „Bildungsminimum[s] für alle" und die „Kultivierung von Lernfähigkeit" hervor (zit. nach Gudjons 2012: 208). Dieses Bildungsminimum wird auch in Verbindung mit dem Ziel der Chancengerechtigkeit für alle gesehen. Chancengerechtigkeit lässt sich leichter erreichen, wenn die vorhandenen Ressourcen von gesellschaftlichen Teilhaber(inne)n wertgeschätzt werden, auch um selbstgehemmtes Verhalten zu minimieren (vgl. think-difference 2017).

Der Begriff Grundbildung wird ebenso wie Bildung multifunktional verwendet. Er ist in der Ausbildung eine wichtige Konstante, ebenso in der Erziehung in der Familie (siehe z.B. in Familienleitbildern), in Förderprojekten für Menschen mit Migrationshintergrund und wird dort mit Begriffen wie Bildungsferne, Analphabetismus (vgl. Tröster 2008) verknüpft. In der pädagogischen Literatur wird er mit Basiskompetenzen oder Mindeststandards in Verbindung gebracht. Der Begriffsumfang weitet sich zunehmend, dies ist in institutionellen Dokumenten wie z.B. Leitbildern und Curricula gut nachvollziehbar. So wurden letzthin in der Diskussion um Bildungsferne und Analphabetismus die Basiskompetenzen zu Lesen, Schreiben und Rechnen um die Informations- und Medienkompetenz erweitert (Grotlüschen, Bonna, Euringer & Heinemann 2015: 18).

Bei Grundbildung handelt es sich um eine wichtige Konstante; sie ist z.B. im schulischen Zusammenhang für die Ausgestaltung von Schultypen (z.B. Grundschule) oder auch von Lehrplänen (Kernbereich, Erweiterungsbereich) konstitutiv. Sie beschränkt sich immer weniger nur auf Bildungsinhalte im Sinne eines tradierten kulturellen Kanons. Schon in den deutschen Bildungsdiskussionen der 70er- und 80er-Jahre des 20. Jahrhunderts, die wesentlich von der lernzielorientierten (curricularen) Didaktik bzw. von der kritisch-konstruktiven Didaktik (vgl. Klafki 1985/2007) geprägt waren, nahmen Ziele wie die Auseinandersetzung mit Schlüsselproblemen oder der Umgang mit Kulturtechniken und Arbeitshaltungen (Eder 2008: 27f.) breiten Raum ein. Die in der curricularen Didaktik von oben nach unten implementierten Bildungsmaßnahmen griffen aber nur unzureichend, sie waren wie Fixsterne am Himmel, das Streben nach ihnen vermochte beim Lernenden wenig Nachhaltigkeit zu erzeugen, wie Eder (2008: 23) feststellt.

Die daraus entstehende Gefahr von Beliebigkeit schulischer Arbeit trug dazu bei, dass sich um die Jahrhundertwende standardisierte internationale Qualitätsüberprüfungen wie PISA, IGLU/PEARLS usw. durchzusetzen begannen (vgl. Schwantner & Schreiner 2010; Bos, Tarelli, Bremerich-Vos & Schwippert 2012). Die dahinterstehenden Konzepte befeuerten die Etablierung von sog. Bildungsstandards in den Bildungsinstitutionen.

Eine wichtige Rolle in der Bildungsdiskussion spielt die Definition der Bedeutung des Wissens und der Wissensaneignung beim Heranwachsen. Liessmann (2006: 146) fordert, dass Wissen zwingend eingebettet in den Kontext des Bildungsprozesses gesehen wird: „Das Wissen wird [dabei] zu einem Moment im Kontext des Bildungsprozesses, der ethisch relevant ist, weil überhaupt erst dieser Bildungsprozess das mündige und verantwortungsfähige Subjekt formieren soll." Nach Sloterdijk (2008) sollen die Bildungsinstitutionen aufhören, die Vermittlung von Wissen mit dem Prinzip der Übertragbarkeit und dem Einflößen zu verbinden; er spricht sich dagegen aus, den jungen Menschen als unfertig zu sehen, und erwartet von der Schule, dass sie im Schüler bzw. in der Schülerin die Lust auf Eigenleistung weckt.

In Zeiten wirtschaftlicher Rezession, wie zum Beispiel nach der Finanzkrise 2008, wird noch ein anderer Verwendungszusammenhang deutlich: Grundbildung ist nicht mehr unbedingt ein Garant für eine Berufskarriere; Bildungsabschlüsse verlieren mitunter ihren Wert und Bildung hat nicht mehr eine eindeutige soziale Zuweisungsfunktion (Wolf 2009: 132). Es stellt sich deshalb die Aufgabe, wie Bildung auch bei Berufsentkopplung und sozialer Unsicherheit ein Garant für die Vergewisserung des Selbst oder aber ein Gegengewicht zur Abwesenheit von Bildung im Beruf sein kann.

Zusammenfassend lässt sich festhalten: Bildung ist in der Wissens- und Informationsgesellschaft zu einem sich wandelnden, ständig präsenten Begriff im Erziehungsprozess geworden. Sie ist auf lebenslanges Lernen angelegt, zielt auf informelle, familiäre Bildung, auf schulische Bildung, auf die Erwartungen des Arbeitsmarktes wie ggf. auf die Nach(aus)bildung zugewanderter Menschen ab (vgl. Euringer 2015).

Grundbildung definiert sich aus jenen Schlüsselkompetenzen (bzw. führt zu diesen hin), die Wissenszusammenhänge verstehen helfen, zu sozialem Handeln und erfolgreichem Lernen befähigen, zur Identitätsfindung des Lernenden in der flexiblen, globalisierten Welt beitragen. Insofern Bildung über Sprache vermittelt wird, kann sie über jede (Form von) Sprache erreicht werden. Sprachen bilden, und Bildung eint die Sprachen.

2.2 Grundbildung vor dem Hintergrund kognitivistischer, konstruktivistischer und kompetenzorientierter Lernkonzepte

Die Sicht auf Bildung, die neben der Wissensaneignung auch den Faktor Lernfähigkeit inkludiert, wird durch die Ergebnisse aktueller Lehr- und Lernforschung unterstützt.

Dem kognitivistischen Ansatz zufolge sind Individuen in der Lage, Impulse und Lernangebote selbstständig zu verarbeiten, so dass neues Wissen entstehen kann. Lernen, so auch literarisches Lernen, basiert auf dem Operieren mit „mentalen Modellen" (Rosebrock & Nix 2011: 79), hat mit persönlichen Erarbeitungsprozessen, weiter mit strategischem Lernen und der Stabilisierung von

Handlungsroutinen (vgl. Klippert 2004) zu tun. Der konstruktivistische Ansatz plädiert für ein offenes, entdeckendes, vernetztes und handlungsorientiertes Lernen. In didaktischen Texten und Lehrer(innen)handreichungen wird vielfach von einem „ganzheitlichen Ansatz" geschrieben, in dem Kommunikation und Interaktion, das Einbeziehen von authentischen Lernsituationen, der ästhetisch-emotionalen Aspekte wie der Motivationsförderung als von zentraler Bedeutung gesehen werden (Saxalber 2008: 18).

Die Sicherung von Basiskompetenzen wird demzufolge besonders durch das Umsetzen von Lernkonzepten unterstützt, die den sprachlich Agierenden und den Prozess des Handelns stärker in den Fokus nehmen. Grundbildung beinhaltet also auch die methodischen Kompetenzen zum Sichern, Verarbeiten und Anwenden von Wissen.

Das Zusammenwirken von Grundfähigkeiten und Fertigkeiten mit der Absicht, (eigene) Ziele zu erreichen, um am gesellschaftlichen Leben teilhaben zu können, wird auch als Kompetenz bezeichnet, der Umgang mit ihr als kompetenzorientiertes Verhalten (vgl. Eder 2008 mit Bezug auf den Kompetenzbegriff in der PISA-Studie). Die fachübergreifende wie die disziplinbezogene Kompetenzforschung hat zu verschiedenen Kompetenzmodellen geführt, auf die aufbauend in der Folge Rahmenrichtlinien, Prüfungsformate neu aufgestellt und Schulbücher umgestaltet wurden. Kompetenzmodelle sind outputorientiert, damit einher geht die Formulierung von Standards, die die Niveaustufe der jeweiligen allgemeinen Leistungserwartung benennt.

Beim Kompetenzerwerb spielen kognitive und sprachliche Strategien, oft auch Operatoren genannt, eine große Rolle, sie sind – so Feilke (2012: 12) – „Ankerpunkte für einen kompetenzorientierten Unterricht". Sie sind „fächerübergreifend, ja möglicherweise sogar sprach- und kulturübergreifend" (Feilke 2012: 12) und sie werden allgemein drei unterschiedlich anspruchsvollen Anforderungsgruppen zugeordnet: Operatoren, die auf „Reproduktion" zielen, die „Reorganisation und Transfer" organisieren und solche, die „Reflexion und Problemlösung" verlangen (Abraham & Saxalber 2012: 39). Die hierarchieniedrigeren und -höheren Operatoren erfordern für die Lernenden gezielte und gut abgestimmte Aufgabenformulierungen.

Die kognitive Entwicklung und die Sprachentwicklung eines Menschen sind stark miteinander verbunden, dies lässt sich auch anhand neurolinguistischer Forschung diskutieren (siehe z.B. Videsott, Della Rosa & Franceschini 2015). Bezogen auf die Didaktikkonzepte kann in neueren interdisziplinären Untersuchungen im Bereich der Schreibkompetenzforschung nachgewiesen werden, dass kognitiv basierte Faktoren zu bestimmten Texteigenschaften, wie z.B. Kohärenzbildung oder Perspektivenübernahme, (auch) durch fachfremde Aufgaben gefördert werden können (Becker-Mrotzek et al. 2014: 40f.).

2.3 Bildung, Bildungssprache und Normerwartungen

Das Spannungsfeld zwischen der Standardisierung von Bildungsinhalten einerseits und der Individualisierung von Lernprozessen und -ergebnissen andererseits sowie die Neugewichtung von Wissen entfachen die Diskussion um Enge oder Weite von normativen Vorgaben in bildenden Institutionen von Neuem (siehe z.B. das Thema des Symposions Deutschdidaktik in Basel 2014). Neu ist, dass es nicht nur um Ziele oder um normative Inhalte geht, sondern auch um Aspekte, die das didaktische Prozedere betreffen. Didaktische Normen, von Feilke (2015: 122) „transitorische Normen" genannt,

> sind im Sinne von Vorgaben zu verstehen, die in der lernerbezogenen Vermittlung und Aneignung der Outputkompetenzen als notwendig erachtet werden, sie beruhen auf Konventionen mit idealtypischem Charakter, die als Vorgaben ein transparenteres und übertragbareres Lehren und Lernen erlauben, im gesellschaftlichen Leben von den Nutzerinnen dann aber oft auch wieder überwunden werden. (Saxalber & Witschel 2016: 178, mit Bezug auf Feilke 2015)

Im Hinblick auf die Vermittlung von Grundbildung sind solche transitorisch-didaktischen Normen hilfreich, sie sind mit einem Gerüst zu vergleichen, das allen Schüler(inne)n und Lernenden zugutekommt. Zugutekommen sollen sie besonders solchen Schüler(inne)n, die wegen der fehlenden Unterstützung zu Hause darauf angewiesen sind, dass sie innerhalb der Bildungsinstitutionen mit den gesellschaftlichen und sprachlichen Konventionen vertraut gemacht werden. Bezüglich der Bildungssprache gilt dies für alle Lerner(innen)gruppen (L1-, L2-Schüler[innen], Quereinsteiger[innen] oder nachzubildende Erwachsene). Sie üben innerhalb der Institutionen die kulturell gewachsene, an der Schriftlichkeit und den schulischen Inhalten entwickelte Sprache als Medium beim Hören, Sprechen, Lesen und Schreiben ein; sie lernen sie in situiert formulierten Lernaufgaben, im Umgang mit authentischen wie mit Texten aus Lehrbüchern usw. rezeptiv und produktiv zu verwenden.

Bildungssprachliche Kompetenz beschränkt sich also z.B. nicht auf deklaratives Wissen, auf einen differenzierten Wortschatz oder eine verdichtete Syntax, sondern schließt ebenso sprachliche Handlungskompetenz ein, die vor dem Hintergrund von kognitiven Handlungsschemata und prozeduralem Wissen aufgebaut wird (Thürmann 2011: 5).

Die heutigen Erkenntnisse um Bildungssprache und den Umgang damit basieren in weiten Teilen auf Überlegungen des Kognitionsforschers Cummins (1991), der bereits 1979 den Begriff von CALP (*Cognitive Academic Language Proficiency*) eingeführt und später weiterentwickelt hat. Die sprachbezogenen kognitiven Fertigkeiten gehen mit dem auf eine längere Erwerbszeit angelegten Schriftspracherwerb einher und entwickeln sich im Laufe der schulischen Bildung weiter. Die Referenz auf bzw. Auseinandersetzung mit CALP und BICS (*Basic Interpersonal Communicative Skills*) nach Cummins ist heute in der wissenschaftlichen Forschung um Bildungssprache und Mehrsprachigkeitsdidaktik weit verbreitet.

Ein weiterer Aspekt, der im Zusammenhang von Norm und Bildungssprache mit zu berücksichtigen ist, ergibt sich vor dem Hintergrund, dass Mehrsprachigkeit immer häufiger als „dynamischer Prozess" gesehen wird (Riehl 2014: 14). In Momenten des Sprachkontakts bzw. der mehrsprachigen Konversation kann beobachtet werden, dass es zu Formen von Sprachmischung (sog. *Code-Switching* oder *Code-Mixing*) oder des sprachlichen Transfers (von einer in die andere Sprache) kommt (vgl. Riehl 2014), die personen-, themenbezogen oder situativ variieren oder aber auch routiniert eingesetzt werden können. In erster Linie betreffen solche Praktiken die gesprochene Sprache und sie variieren oft nach sozialen und Berufsgruppen. In mehrsprachigen Gesellschaften können diese Phänomene mit der Zeit einen mehr oder weniger akzeptierten Gebrauchsstatus erhalten. In der wissenschaftlichen Literatur wird mit Blick auf sprachdidaktische Reflexion und Förderung betont, sich an der Schule auch mit den mehrsprachigen Diskursmodi zu befassen (vgl. z.B. Saxalber i.Dr.). Die Sprachkompetenzen und auch die Einstellung zur Norm sind aber auch vom Alter abhängig, wie die Sprachbiografieforschung zeigt (vgl. z.B. Franchescini & Miecznikowski 2004).

Zu beobachten ist, dass es in regionalen und sozialen Räumen heute zu Akzeptanzverschiebungen kommt, was bezüglich der sprachlichen Korrektheit zu neuen Normerwartungen führen kann. Die Akzeptanzverschiebungen können Phänomene auf der sprachsystematischen wie sprachpragmatischen Ebene betreffen. Dies führt langfristig zu einer veränderten Sicht auf die Referenzpunkte von sprachlicher Norm hin; so können plurizentrische Aspekte des Deutschen die monozentrische Sicht aufweichen, oder es werden Normangemessenheit und situative Passung von Sprachverwendung über Sprachrichtigkeit gestellt usw. In einem von sprachlicher und kultureller Diversität geprägten Umfeld ist für effektives und erfolgreiches Sprachhandeln unumgänglich, Besonderheiten des Sprachkontakts zu kennen, sie einordnen und mit ihnen umgehen zu lernen. Daraus folgt, dass die bewusste Auseinandersetzung mit den genannten Faktoren zum Bildungsauftrag gehört.

Die Normfrage ist mit dem Thema dieses Beitrags eng verbunden. Sie tangiert dabei nicht nur die sprachsystematisch-sprachpragmatische, sondern ebenso die kommunikativ-(inter)kulturelle Ebene wie auch die didaktisch-transitorische Ebene beim Sprachenlernen.

Sprachdidaktische Forschungen zur Frage, wie Bildungsinstitutionen und Lehrpersonen mit Normen der verschiedenen Ebenen umgehen, sind notwendig, will man die Wirksamkeit der kompetenzorientierten Konzepte überprüfen. Der Forschungsüberblick allein in Südtirol zeigt, dass bei der Überprüfung der Kompetenzen unter sprachsystematisch-sprachpragmatischen Gesichtspunkten vor allem empirische Untersuchungen mit computergestützten Analyseverfahren im Vordergrund stehen (vgl. Abel & Glazniek 2017; Abel, Vettori & Wisniewski 2012). Untersuchungen auf der transitorisch-reflexiven normativen Ebene verlangen ein Hinterfragen der Unterrichtspraxis und der didaktischen Zielvorstellungen der Lehrpersonen, wobei diese von didaktischem Brauchtum oder von Haltungen abzugrenzen sind. In diesem Zusammenhang sei exemplarisch auch auf eine österreichische begleitende Studie zur Einführung der standardisierten Reife- und Diplomprüfung Deutsch an den österreichischen Schulen (SRDP) verwiesen. In dieser – empirisch angelegten – Arbeit wurden über eine Fragebogenerhebung (Lehrer[innen], Schüler[innen]) die schreibdidaktischen Ziele und Methoden in der Sekundarstufe II erhoben und der Umgang mit etwaigen Normvorstellungen diskutiert (vgl. Saxalber & Witschel 2014, 2016).

Bildungssprachliche Kompetenzen aufzubauen bedarf einer differenzierten Sicht auf Spracherwerbsprozesse und sprachdidaktische Modulation. Es reicht nicht aus, gegebenes „didaktisches Brauchtum" um neue Textsorten, Prüfungsformate o.a. zu ergänzen. Eine neue Normdiskussion zu führen ist angesagt, sie verlangt aber danach, die Erkenntnisse über sprachliche Entwicklung und Gebrauch in der von Diversität geprägten Gesellschaft stärker miteinzubeziehen.

2.4 Sprachliche Bildung in einem mehrsprachigen Umfeld

Schulen sind heute durch eine große Heterogenität der Schüler(innen)schaft geprägt. Die Unterschiede werden u.a. durch soziographische oder soziolinguistische Faktoren, aber auch durch eventuell gegebene bildungspolitische Vorgaben geschaffen. So beeinflusst z.B. die äußere Differenzierung in Bildungssystemen wie in Österreich und Deutschland die Schüler(innen)zusammensetzung in der Sekundarstufe I und II auf andere Weise als in Italien, wo die Schüler(innen) bis zur achten Schulstufe in einer gemeinsamen Schule unterrichtet werden.

Die vielschichtige Heterogenität gehört heute zur institutionellen Normalität, auch wenn diese nicht immer als solche wahrgenommen wird. Derzeit sind die Bewusstheit, Sensibilität und Professionalität der Schulen und Lehrer(innen) noch sehr unterschiedlich ausgeformt (vgl. think-difference 2017). Die Bildungsinstitutionen sind gefordert, mit der gegebenen und steigenden Pluralisierung besser umzugehen, von abwertenden und ausgrenzenden Haltungen zu einbindenden Stadien zu finden, in denen Akzeptieren, Anpassen, Integrieren bestimmend sind (vgl. think-difference 2017). Dies erfordert von Institutionen, dass sie sich als „lernende Organisation" (Krainz-Dürr 1999: 11) verstehen, was herausfordernd ist, zumal der autonome Spielraum der Schulen in der Vergangenheit oft nicht groß war und Haltungen sowie Maßnahmen eher fremdbestimmt waren. Auch historisch bedingte Verhaltensformen können dabei eine Rolle spielen, wie man z.B. in Minderheitenregionen beobachten kann.

Das inklusive Schulsystem, das in Italien und Südtirol gilt und das Respektieren und Fördern der heterogen Schüler(innen)schaft gesetzlich, also normativ, verankert hat, kann positiv dazu beitragen, die „inklusionsorientierte Diversitätskompetenz" (vgl. think-difference 2017) in den Institutionen zu stabilisieren, Menschen mit Migrationshintergrund in die Gemeinschaft besser einzubinden und Bildungsungerechtigkeit (vgl. Wegner & Dirim 2015) zu minimieren. Trotz Erfahrung in innerer und äußerer Mehrsprachigkeit und mit Zu- und Abwanderung wird aber auch das Bildungssystem in Südtirol den Umgang mit den sozio-kulturell diversen Schulen und der Plurikulturalität immer wieder reflektieren und weiterentwickeln müssen. Die – einerseits verständliche – Fokussierung auf die schriftliche Standardsprache Deutsch brachte andererseits mit sich, dass sich über lange Zeit eine an sprachsystematischen Normen orientierte Sicht eben auf das Deutsche hielt und dass Spracherwerbsmechanismen, wie z.B. sprachbezogener Wechsel im innersprachlichen wie mehrsprachigen Diskurs im Sinne einer funktionalen Sprachbeherrschung, zu wenig zum Gegenstand unterrichtlicher Ziele gemacht wurden. Zwar sind für die Schulsysteme in Südtirol[1] umfangreiche und ajourierte Maßnahmenpakete zur Förderung der Mehrsprachigkeit für alle Schüler(innen)gruppen (vgl. z.B. für die deutsche Schule: Autonome Provinz Bozen – Südtirol 2015) entwickelt und kontinuierli-

---

1 In Südtirol gibt es eigenständige Schulsysteme, in denen das muttersprachliche Prinzip gilt. Es gibt Schulen mit deutscher und mit italienischer Unterrichtssprache; für die kleine ladinische Sprachminderheit gibt es ein sog. paritätisches Schulsystem (deutsch-italienisch), in dem das Ladinische als Sprachfach und Behelfssprache in den Sachfächern verwendet wird.

che Kompetenzüberprüfungen bei der Schüler(innen)schaft (z.B. PISA, KOLIPSI) eingeführt worden.[2] Empirische Erhebungen zur Wirksamkeit der Lehrer(innen)arbeit im sprachdidaktischen Bereich, der die Schulen unterstützenden Sprachenzentren, der Kulturmittler(innen), des zusätzlichen Personalangebots an den Schulen gibt es bislang aber wenige. Ebenso gibt es keine Studie, die belegt, wie effizient die kumulative Organisation der Maßnahmen, verteilt auf alle drei Bildungssysteme, ist.

Bewegung in die sprachliche Bildungskonzeption dürfte mittelfristig durch die pädagogische Ausbildung kommen. Ähnlich wie in Österreich (vgl. Schmölzer-Eibinger 2014) war die bisherige Kindergärtner(innen)- und Grundschullehrer(innen)ausbildung hauptsächlich auf die Erstsprache Deutsch oder Italienisch konzentriert. Mit der Überarbeitung der Ausbildung der Kindergärtner(innen) und Grundschullehrer(innen) an der Bildungswissenschaftlichen Fakultät der Freien Universität Bozen (beginnend mit dem akademischen Jahr 2017/18) gewinnt die Ausbildung in den inhaltlichen Bereichen Interkulturalität, Inklusion, Spracherwerb, Deutsch als Zweitsprache und Mehrsprachigkeitsdidaktik eindeutig an Gewicht (Freie Universität Bozen 2017).

Das Beispiel Südtirol zeigt, wie sehr Bedarf und Bedürfnis von Grundbildung von den historischen, soziologischen, bildungspolitischen Bedingungen und wissenschaftlichen Erkenntnissen, sofern sie in das Bildungssystem Eingang finden, abhängig sind. Das Respektieren von Heterogenität ist ein basaler Anspruch und impliziert eine Haltung, die innerhalb der Bildungsinstitutionen nicht zur Disposition stehen kann, sondern von normierender Relevanz ist. Für die Weiterentwicklung der Bildungssysteme wie der Einzelschulen ist es erforderlich, vermehrt wissenschaftliche Erkenntnisse und Strategien aus der Sozialpädagogik, der Soziolinguistik und der Organisationsentwicklung zu nutzen. Sprachliche Grundbildung muss in das Konzept der Schulentwicklung einer jeden Schule eingebettet werden.

---

2 Alle drei Schulsysteme in Südtirol beteiligen sich seit 2003 mit einer eigenen Stichprobe an der PISA-Studie der OECD (vgl. Autonome Provinz Bozen – Südtirol 2014). Die KOLIPSI-Studie überprüft periodisch die Zweitsprachkenntnisse Italienisch an der deutschen wie Deutsch an der italienischen Schule (vgl. Abel, Vettori & Wisniewski 2012; Vettori & Abel 2017).

2.5 Relevante lerntheoretische und sprachdidaktische Aspekte für eine mehrsprachige Bildung

Ausgegangen wird davon, dass das Anrecht auf Grundbildung allen Bevölkerungsschichten zusteht; damit ist es eine gesellschaftliche Verpflichtung, mehr Bildungsgerechtigkeit zu schaffen; Grundbildung bezieht sich auf die basalen Fertigkeiten zur gesellschaftlichen Teilhabe, damit gemeint sind u.a. die „diskursive Qualifikation" (Ehlich 2012: 3) und die Fähigkeit, sich „schnell in neue kommunikative Anforderungen einzuarbeiten" (Ehlich 2012: 5) aber ebenso auch kognitiv und lernpsychologisch basierte Strategien, die ein autonomes und ressourcennutzendes Lernen ausmachen. Eingedenk dieser Festlegungen lassen sich didaktische Schwerpunkte herausarbeiten, die für jeden mehrsprachigen Bildungsraum gelten können.

2.5.1 Lernbiografien reflektieren

In Gebieten mit Mehrsprachigkeit, welcher Form auch immer, haben wir es mit den unterschiedlichsten Sprachbiografien zu tun; diese Vielfalt ist im Klassenzimmer besonders zu beobachten. Unter den oben genannten Prämissen macht Heterogenität die Verständigung über Individualisierung als pädagogisches Postulat einerseits wie die Verständigung auf zu erreichende gemeinsame Kompetenzen andererseits notwendig. Im italienischen Schulsystem, das die Gesamtschule bis zur neunten Schulstufe und nichts anderes kennt und ebenso die Inklusion von Kindern mit Lernbehinderung oder Bildungsbenachteiligung bis zur Maturaklasse vorsieht, sind an sich gute Voraussetzungen für Individualisierung gegeben. Eine Schwachstelle ist aber, dass bei den jungen Lehramtsstudierenden der Anteil an Studierenden mit Migrationshintergrund und so auch mit zweisprachigem Hintergrund (Deutsch, Italienisch) gering ist und deshalb diese Erfahrungsressource im Beruf nicht genutzt werden kann. Die Schere zwischen der biografischen Sozialisation der Lehrenden und der Lernenden ist groß. Terkessidis spricht provokativ von der Lehrer(innen)schaft als der eigentlichen „Parallelgesellschaft" im Schulhaus (vgl. Der Standard 2013). Diese Differenz gilt es, durch gezielte Maßnahmen bei der Studierendenrekrutierung für die pädagogischen Berufe zu verringern. Die reflexive Arbeit an der eigenen Bildungsbiografie in der Ausbildung befähigt die zukünftigen Pädagog(inn)en, auch die Sprachbiografie der Kinder und Heranwachsenden ernst zu nehmen. Die Sprachbiografieforschung streicht die Bedeutung von Emotion und Motivation beim Sprachenlernen in- und außerhalb der Bildungsinstitutionen hervor.

2.5.2 Das mehrsprachige Labor im regionalen Raum nutzen

Der mehrsprachige soziale Raum, einerlei, ob Bildungsregion oder schulisches Klassenzimmer, ist mit einem Labor zu vergleichen, in dem sich der gesteuerte wie ungesteuerte Umgang mit Sprachen sehr gut beobachten lässt. Die Nähe verschiedener Sprachen in diglossischer und funktional unterschiedlicher Verwendung ist Gegenstand und Ziel von Regionalsprachenforschung, von soziolinguistischen Untersuchungen wie von Spracherwerbsforschung. Der mehrsprachige Raum bietet viele authentische Texte und Kommunikationssituationen, auf die im Unterricht und in Projekten Bezug genommen werden kann. Dies gilt auch für den Deutschunterricht, der Mehrsprachigkeit im Alltag thematisch aufgreifen soll. Der alltägliche Sprachkontakt auf der inhaltlichen, kommunikativen wie funktionalen Ebene führt zu einem oft sprachpragmatischen Umgang mit den Einzelsprachen, zu Sprachkontaktphänomenen, zu informellen Vereinbarungen, besonders in der schnellen, vorwiegend mündlichen oder digital vermittelten Kommunikation. Mit ihm einher geht aber auch eine Form von Sprachbewusstheit, die es an der Schule mithilfe aller Sprachenfächer, durch Sprachvergleiche, Mediation, kreative Spracharbeit zu vertiefen gilt. Reflektiertes kommunikatives Verhalten in der mehrsprachigen Situation ist eine wichtige Ressource für die kulturelle Verständigung in beide Richtungen.

2.5.3 Basale Grundkompetenzen sicherstellen

Um in die kulturellen Besonderheiten eines Bevölkerungsteils mit einer anderen Sprache eintauchen, Vergleiche anstellen und gesellschaftlich handelnd tätig sein zu können, ist es unabdingbar, die basalen Fertigkeiten des Lesens, Schreibens, Sprechens usw. zu beherrschen. Bei der Vermittlung basaler Kompetenzen wie Lesen und Schreiben gilt es, eine prozessorientierte und strukturierte Vermittlung und Förderung von Lese- und Schreibstrategien zu verfolgen und die verschiedenen Anforderungsdimensionen im didaktischen Prozess zu beachten (vgl. Rosebrock & Nix 2011; Schwantner & Schreiner 2010). Schreibstrategien z.B. dienen dazu, „einen komplexen Prozess in einzelne Portionen zu unterteilen, um ihn bewältigen zu können. Gerade schwächere Schreibende wenden aber kaum solche Strategien an, sondern schreiben einfach drauflos" (Bildungsdirektion Kanton Zürich. Volksschulamt 2014: 7).

Lese- und Schreibkompetenz sind sprachübergreifend, besonders auch in den Sprachfächern, zu vermitteln. An Anforderungsstufen orientierte Aufgabenstellungen in allen Sprachfächern potenzieren die Übungsmöglichkeiten für die

Schüler(innen) in sprachübergreifenden Arbeitstechniken. Lehrpersonen, die selbst vor der Klasse schreiben, zu strukturierten Arbeitsaufträgen laut denkend arbeiten, können den Schüler(inne)n veranschaulichen, von was ihr Schreiben gesteuert wird (vgl. Bildungsdirektion Kanton Zürich. Volksschulamt 2014).

In den Bildungssystemen Deutschlands, Österreichs und Italiens haben sich in der Folge von kompetenzorientierten didaktischen Konzepten in den Sprachfächern zu Erst-, Fremd- und Zweitsprache[3] durchwegs Prüfungsformate durchgesetzt, in denen das Zusammenspannen von Lese- und Schreibaufgaben vorherrschend ist. Fast alle zentralisierten Prüfungsformate arbeiten mit Textvorlagen, die der Prüfling lesen, bearbeiten, umschreiben oder als Grundlage für einen neuen Text heranziehen soll (vgl. z.B. Bifie 2012). Schreiben setzt Lesen voraus, das heißt, der Weg zu einem eigenen Text geht über die Auseinandersetzung mit fremden Inhalten und Textstrukturen. Textverstehenskompetenz, in enger Verbindung mit der Lese- und Schreibkompetenz, stellt eine feste Konstante im Bereich der Grundbildung dar.

Mit den Lese- und Schreibkompetenzen werden hier zwei Arbeitsbereiche herausgegriffen, die in der Erstsprachdidaktik in der Regel herausragend positioniert sind, in den Didaktiken der Zweit- und Fremdsprachen aber oft hinter die Bereiche Hören, Sprechen und mündliche Kommunikation gereiht werden. Den Aufbau der Bildungssprache gilt es in der Zweitsprache in jedem Fall auch zu verfolgen.

Textverstehenskompetenz und Schreibkompetenz sind nicht nur gemeinsame Ziele der Sprachenfächer, sondern im Sinne einer durchgängigen Sprachbildung (vgl. Gogolin et al. 2011) Anliegen aller schulischen Fächer.

2.5.4 Handlungskompetenz in Interaktion, sozialer Praxis und kultureller Auseinandersetzung klären

Beim Lesen und Schreiben geht es darum, Informationen und Wissen neu zu ordnen, für sich kreativ, epistemisch oder funktional zu nutzen, sich in der Auseinandersetzung mit anderen kulturellen Werten selbst zu vergewissern, sich zu positionieren, sich und eine Sache weiterzuentwickeln. Schule ist selbst ein Ort der sozialen Praxis, darüber hinaus braucht sie aber die lebensweltliche Anbindung, die heute eben durch eine große kulturelle und ethnische Vielfalt gekennzeichnet ist. Mit Blick auf die kulturelle Heterogenität der Schüler(innen) bedarf es bei der Wahl von Sprech- und Schreibanlässen wie bei der Auswahl

---

3 Z.B. Italienisch als Zweitsprachfach an den deutschen Schulen in Südtirol.

von Lesetexten aber einer besonderen Sensibilität. In diesem Sinne wird in der L1-Didaktik und zunehmend auch in der L2-Didaktik empfohlen, die Schüler(innen) in die Gestaltung von Unterrichtsgegenständen als auch in Feedbackprozesse einzubeziehen.

3 Schlussbemerkung

Selbstbiografische Reflexivität, Sprachbewusstheit, Textkompetenz und Handlungskompetenz sind grundlegende Erfordernisse für den Lernenden in einem mehrsprachigen Ambiente. Ohne Zweifel spielt die Lehrer(innen)persönlichkeit, die von einer guten pädagogisch-psychologischen, fachlichen, fachdidaktischen und organisatorischen Ausbildung profitiert, bei der Vermittlung eine zentrale Rolle. Aber nichtsdestotrotz gilt es abschließend hervorzuheben, dass das Vermitteln solch grundlegender Kompetenzen, die den Nutzer und die Nutzerin auch im Außerschulischen zum Erfolg führt, von den Lehrer(inne)n oder Lehrer(innen)teams allein nicht geleistet werden kann. Vor den bildungspolitischen Maßnahmen braucht es einen Minimalkonsens der Bildungsinstitutionen mit einer klaren konzeptuellen Vision und einem Plan für die Umsetzung in den Phasen der Übergangszeit. Bildungspolitische Konzepte und die durch eine moderne Lehrer(innen)bildung gewonnene Expertise der Pädagog(inn)en sind wichtige Säulen; als dritte Komponente kommt noch die Schulentwicklung der Einzelschule hinzu. Das Zusammenspiel von Schulentwicklung, begleitender Unterrichtsforschung, praxisorientierter sprachdidaktischer Ausbildung und Forschung kann dazu beitragen, dass Lehren und Lernen an Effektivität gewinnt und sich nicht in einem sukzessiven Anhäufen von Maßnahmen und schüler(innen)bezogenen Anforderungen verliert.

4 Literatur

Abel, Andrea; Vettori, Chiara & Wisniewski, Katrin (Hrsg.) (2012): *KOLIPSI: Gli studenti altoatesini e la seconda lingua: indagine linguistica e psicosociale. KOLIPSI: Die Südtiroler SchülerInnen und die Zweitsprache: eine linguistische und soziolinguistische Untersuchung.* Band 1, 2, Bozen, Eurac Research.
http://webfolder.eurac.edu/EURAC/Publications/Institutes/autonomies/commul/Kolipsi_Band_1_mitCover.pdf *(14.05.2018)*.
http://webfolder.eurac.edu/EURAC/Publications/Institutes/autonomies/commul/Kolipsi_Band_2_mitCover.pdf *(14.05.2018)*.

Abel, Andrea & Glaznieks, Aivars (2017): *KoKo: Bildungssprache im Vergleich: korpusunterstützte Analyse der Sprachkompetenz bei Lernenden im deutschen Sprachraum – ein Ergebnisbericht.* Bozen, Eurac Research. http://www.korpus-suedtirol.it/KoKo/Documents/Ergebnisse_Dokumentation_gesamt_FINAL.pdf *(14.05.2018).*

Abraham, Ulf & Saxalber, Annemarie (2012): Typen sprachlichen Handelns („Operatoren") in der neuen Reifeprüfung Deutsch. In Saxalber, Annemarie & Wintersteiner, Werner (Hrsg.): Reifeprüfung Deutsch. Inhalte, Ziele, Anforderungen der neuen teilzentrierten Reifeprüfung Deutsch. *ide* 1, 36–40.

Autonome Provinz Bozen – Südtirol (Hrsg.) (2014): *PISA 2012. Ergebnisse Südtirol.* http://www.bildung.suedtirol.it/files/5714/7446/2386/Pisabericht2012.pdf *(14.05.2018).*

Autonome Provinz Bozen – Südtirol (Hrsg.) (2015): *Förderung der Mehrsprachigkeit in der deutschen Schule: Maßnahmenpaket 2016–2020.* (Beschluss der Landesregierung Nr. 1383 vom 01.12.2015). Bozen: Eigenverlag.

Becker-Mrotzek, Michael; Grabowski, Joachim; Jost, Jörg; Knopp, Matthias & Linnemann, Markus (2014): Adressatenorientierung und Kohärenzherstellung im Text. Zum Zusammenhang kognitiver und sprachlich realisierter Teilkomponenten von Schreibkompetenz. *Didaktik Deutsch* 37: 20–43.

Bifie (2012): *Standardisierte Reife- und Diplomprüfung: Prüfungsfächer schriftlich: Unterrichtssprache.* https://www.bifie.at/node/77 *(27.08.2014; das Material ist nicht mehr online).*

Bildungsdirektion Kanton Zürich. Volksschulamt (Hrsg.) (2014): *Schwerpunkte von Quims 2014–2017. Schreiben auf allen Schulstufen. Sprache und Elterneinbezug im Kindergarten. Handreichung für Quims-Schulen.* https://vsa.zh.ch/internet/bildungsdirektion/vsa/de/schulbetrieb_und_unterricht/qualitaet_multikulturelle_schulen_quims/quims_schwerpunkte_ab_2014/_jcr_content/contentPar/downloadlist_1390912884300/downloaditems/474_1390912908585.spooler.download.1512059780560.pdf/quims_schwerpunkte_2014-2017.pdf *(28.05.2018).*

Bos, Wilfried; Tarelli, Irmela; Bremerich-Vos, Albert & Schwippert, Knut (Hrsg.) (2012): *IGLU 2011. Lesekompetenzen von Grundschulkindern in Deutschland im internationalen Vergleich.* https://www.waxmann.com/?eID=texte&pdf=2828Volltext.pdf&typ=zusatztext *(14.05.2018).*

Cummins, Jim (1991): Conversional and Academic: Language Proficiency in Bilingual Contexts. In Hulstijn, Jan H. & Matter, Johann F. (ed.): *Reading in Tivo Languages*, 75–89.

Der Standard (2013): „Das Lehrerzimmer ist die Parallelgesellschaft". Interview mit Mark Terkessidis. *Der Standard* 12.04.2013. http://derstandard.at/1363707821498/Das-Lehrerzimmer-ist-die-Parallelgesellschaft *(14.05.2018).*

Eder, Ferdinand (2008): Mangelhafte Basisbildung im Spiegel der PISA-Untersuchungen. *Schulheft* 131: 23–32.

Ehlich, Konrad (2012): *Sprach(en)eignung – mehr als Vokabeln und Sätze.* https://www.uni-due.de/imperia/md/content/prodaz/sprach_en_aneignung_-_mehr_als_vokabeln_und_s__tze.pdf *(14.05.2018).*

Euringer, Caroline (2015): Was ist Grundbildung? Untersuchung des Grundbildungsverständnisses aus Perspektive der Bildungsverwaltung in Deutschland. In Grotlüschen, Anke & Zimer, Diana (Hrsg.): *ABC. Literalitäts- und Grundlagenforschung.* Münster, New York: Waxmann, 27–40.

Feilke, Helmuth (2012): Bildungssprachliche Kompetenzen entwickeln. *Praxis Deutsch* 39: 4–13.

Feilke, Helmuth (2015): Transitorische Normen. Argumente zu einem didaktischen Neubegriff. *Didaktik Deutsch* 38: 115–136.

Franceschini, Rita & Miecznikowski, Johanna (Hrsg.) (2004): *Das Leben mit mehreren Sprachen – Vivre avec plusieurs langues: Sprachbiographien – Biographies languagières*. Bern: Lang.

Freie Universität Bozen (2017): *Studienmanifest. Einstufiger Master in Bildungswissenschaften für den Primarbereich*. https://www.unibz.it/assets/Documents/Study-Manifestos/Manifest-2017-Master-Bildungswissenschaften-Primarbereich-LM-85-bis-de.pdf *(28.03.2017; das Material ist nicht mehr online)*.

Gogolin, Ingrid; Lange, Imke; Hawighorst, Britta; Bainski, Christiane; Heintze, Andreas; Rutten, Sabine & Saalmann, Wiebke (2011): *Durchgängige Sprachbildung. Qualitätsmerkmale für den Unterricht*. Münster u.a.: Waxmann.

Grotlüschen, Anke; Bonna, Franziska; Euringer, Caroline & Heinemann, Alisha M.B. (2015): Konsequenzen der Konstruktion von Literalität hinsichtlich der Vergleichbarkeit der Alpha-Levels mit den Niveaustufen des europäischen Referenzrahmens Sprachen. In Grotlüschen, Anke & Zimer, Diana (Hrsg.): *ABC. Literalitäts- und Grundlagenforschung*. Münster, New York: Waxmann, 16–25.

Gudjons, Herbert (2012): *Pädagogisches Grundwissen. Überblick-Kompendium-Studienbuch*. 11. Aufl. Bad Heilbrunn: Klinkhardt.

Klafki, Wolfgang (1985/2007): *Neue Studien zur Bildungstheorie und Didaktik: Beiträge zur kritisch-konstruktiven Didaktik*. Weinheim: Beltz.

Klippert, Heinz (2004): *Lehrerbildung. Unterrichtsentwicklung und der Aufbau neuer Routinen*. Weinheim: Beltz.

Krainz-Dürr, Marlies (1999): *Wie kommt lernen in die Schule? Zur Lernfähigkeit der Schule als Organisation*. Innsbruck, Wien: Studienverlag.

Lenzen, Dieter (1999): *Orientierung Erziehungswissenschaft. Was sie kann, was sie will*. Reinbek: Rowohlt.

Liessmann, Konrad Paul (2006): *Theorie der Unbildung. Die Irrtümer der Wissensgesellschaft*. Wien: Piper.

Raithel, Jürgen; Dollinger, Bernd & Hörmann, Georg (2009): *Einführung Pädagogik. Begriffe – Strömungen – Klassiker – Fachrichtungen*. 3. Aufl. Wiesbaden: Springer VS.

Riehl, Claudia M. (2014): *Mehrsprachigkeit. Eine Einführung*. Darmstadt: WBG.

Rosebrock, Cornelia & Nix, Daniel (2011): *Grundlagen der Lesedidaktik und der systematischen schulischen Leseförderung*. Baltmannsweiler: Schneider.

Saxalber, Annemarie (2008): Individuell im Team. Zur LernerInnen orientierten Sprachförderung an den autonomen Schulen. *ide* 3, 17–28.

Saxalber, Annemarie & Witschel, Elfriede (2014): Schreiben im Deutschunterricht aus der Sicht von DaZ-SchülerInnen. Ergebnisse einer Fragebogenerhebung an der österreichischen Sekundarstufe II. In Dirim, Inci; Krumm, Hans-Jürgen; Portmann-Tselikas, Paul & Schmölzer-Eibinger, Sabine (Hrsg.): *Theorie und Praxis. Jahrbuch für Deutsch als Fremd- und Zweitsprache. Schwerpunkt: Schreiben und Literalität*. Wien: Praesens, 85–115.

Saxalber, Annemarie & Witschel, Elfriede (2016): „Schreibunterricht aus meiner Sicht" – Eine empirische Analyse zu Lehren und Lernen an der Sekundarstufe II in Österreich. In Zimmermann, Holger & Peyer, Ann (Hrsg.): *Wissen und Normen. Facetten professioneller Kompetenz von Deutschlehrkräften*. Frankfurt a. M.: Lang, 175–196.

Saxalber, Annemarie (i.Dr.): Klären wir die Gemeinsamkeiten! Sprachbildung in Schule und Hochschule in einem mehrsprachigen Kontext wie Südtirol. In Dannerer, Monika & Mau-

ser, Peter (Hrsg.): *Formen der Mehrsprachigkeit in sekundären und tertiären Bildungskontexten. Verwendung, Rolle und Wahrnehmung von Sprachen und Varietäten.* Tübingen: Stauffenburg.
Schmölzer-Eibinger, Sabine (2014): *„Die Professur Deutsch als Zweitsprache und Sprachdidaktik".* http://www.sabineschmoelzer.at/downloads/pdzs_schmoelzer_eibinger.pdf *(14.05.2018).*
Schwantner, Ursula & Schreiner, Claudia (Hrsg.) (2010): *PISA 2009. Internationaler Vergleich von Schülerleistungen. Die Studie im Überblick.* Graz: Leykam.
SDD (2014): *Symposion Deutschdidaktik. Normen – Erwartungsmuster zwischen Orientierung und Begrenzung.* http://www.fhnw.ch/ph/zl/veranstaltungen/sdd2014 *(27.06.2017;* das Material ist nicht mehr online*).*
Sloterdijk, Peter (2008): *Lernen ist Vorfreude auf sich selbst.* http://www.reinhardkahl.de/pdfs/neu%20110_113_mck14_Sloterdijk.pdf *(14.05.2018).*
think-difference (2017): *Anforderungen an eine inklusionsorientierte Diversitätspolitik in der Schule – Zum unnormalen Umgang mit der Normalität.* http://think-difference.com/projects/bildung-chancen/ *(14.05.2018).*
Tröster, Monika (2008): *Alphabetisierung und Grundbildung in Deutschland. Schulheft* 131: 44–57.
Thürmann, Eike (2011): *Deutsch als Schulsprache in allen Fächern. Konzepte zur Förderung bildungssprachlicher Kompetenzen.* http://www.schulentwicklung.nrw.de/materialdatenbank/nutzersicht/materialeintrag.php?matId=3827 *(14.05.2018).*
Vettori, Chiara & Abel, Andrea (2017): *KOLIPSI II: Gli studenti altoatesini e la seconda lingua: indagine linguistica e psicosociale. KOLIPSI II: Die Südtiroler SchülerInnen und die Zweitsprache: eine linguistische und soziolinguistische Untersuchung.* Bozen: Eurac Research. http://webfolder.eurac.edu/EURAC/Publications/Institutes/autonomies/commul/Kolipsi_II_2017.pdf *(14.05.2018).*
Videsott, Gerda; Della Rosa, Pasquale A. & Franceschini, Rita (2015): *Il multilinguismo e i meccanismi attentativi dei bambini provenienti da un contesto migratorio.* http://www.fupress.net/index.php/formare/issue/view/1228 *(14.05.2018).*
Wegner, Anke & Dirim, Inci (Hrsg.) (2015): *Mehrsprachigkeit und Bildungsgerechtigkeit. Erkundungen einer didaktischen Perspektive.* Bd. 1. Leverkusen-Opladen: Budrich.
Wolf, Maria A. (2009): Ratlose Eltern? Erziehungspraxis im Spannungsfeld von sozialem Erbe, dem Verlust der Zuweisungsfunktion von Bildung und der Rückkehr sozialer Unsicherheit. In Wolf, Maria A.; Rathmayr, Bernhard & Peskoller, Helga (Hrsg.): *Konglomerationen – Produktion von Sicherheiten im Alltag. Theorien und Forschungsskizzen.* Bielefeld: Transcript, 123–137.

Tanja Angelovska, Claudia Maria Riehl
Zum Panel *MehrSpracheN und Erwerbsprozesse:* Dynamik, Individualität und Variation

In einer mehrsprachigen Gesellschaft gewinnen die Erwerbsprozesse von Mehrsprachigen immer mehr an Bedeutung. Hier stellt sich besonders die Frage nach Kontakt und Zusammenspiel von Erst-, Zweit-, Dritt- und Fremdsprachen, die auch das Lernen im schulischen und gesellschaftlichen Kontext prägen. In diesem Zusammenhang sollten die folgenden Fragen beantwortet werden:
- Welcher Stellenwert kommt neueren Erkenntnissen aus Hirnforschung und Neurolinguistik bei der Modellierung von Spracherwerbsprozessen zu?
- Welche Auswirkungen hat die Mehrsprachigkeit auf Lernende und die Entwicklung sprachlicher Systeme?
- Welche Faktoren begünstigen den Erwerbsprozess?
- Wie ist vor dieser Vielfalt sprachlicher Wirklichkeit der Sprachunterricht zu gestalten?

1 Stand der Forschung

1.1 Mehrsprachigkeit als dynamisches System

Ein zentraler Aspekt, der immer wieder diskutiert wird, ist, dass man Mehrsprachigkeit als einen dynamischen Prozess auffassen muss: Sprachkompetenzen sind nicht statisch, sondern können sich im Laufe des Lebens immer wieder verlagern, da sich auch die Sprachkonfigurationen immer wieder ändern. Dabei gibt es Phasen, in denen die Kompetenzen relativ stabil sind, und Phasen, in denen eine Veränderung stattfindet. Dies hängt meist von der Dominanz der jeweiligen Sprachen ab (Grosjean 2013: 13).

Neben einer Dynamik, die von den äußeren Konstellationen (Frequenz des Sprachgebrauchs, Sprachumgebung etc.) bestimmt wird, gibt es auch eine Dynamik, die durch kognitive Bedingungen geprägt ist: Dies wird etwa beschrieben in der ursprünglich aus der Mathematik stammenden *Dynamic Systems Theory*, die von de Bot, Lowie & Verspoor (2007) auf die Mehrsprachigkeit angewendet wird: Danach bestehen Sprachwissen und Sprachkompetenz eines Mehrsprachigen nicht aus getrennten oder trennbaren Subsystemen (L1, L2, L3 usw.), sondern bilden ein holistisches dynamisches System, in dem jede Veränderung Auswirkungen auf alle Subsysteme hat. Wenn ein mehrsprachiger Mensch ein bestimmtes Konzept oder ein sprachliches Muster in einer Sprache erwirbt, kann sich das auch auf die Konzepte und Muster in seinen anderen Sprachen auswirken. Im Gegensatz zu älteren Theorien, die primär den Einfluss der L1 auf alle weiteren Sprachen betrachteten, geht dieser Ansatz davon aus, dass der Erwerb weiterer Sprachen auch Auswirkungen auf die Erstsprache hat. Man hat dann quasi ein sprachliches Gesamtrepertoire, aus dem man sich bedienen kann. Meist sind das lediglich Wörter, auf die man zurückgreift, wie etwa, wenn man englische Wörter in das Deutsche einbaut. Allerdings sind oft auch die Bedeutung oder grammatische Strukturen vom Transfer betroffen (vgl. Riehl 2013a, 2014; Angelovska & Hahn 2017).

Die Fähigkeit, die gesamten sprachlichen Ressourcen nutzen zu können, wird auch als *Multicompetence* bezeichnet. Cook (2005) versteht darunter die Koexistenz von mehr als einer Sprache in einem Kopf und weist darauf hin, dass das Lernen einer zweiten Sprache auch die Erstsprache beeinflusst: „The L1 in the mind of an L2 user was by no means the same as the L1 in the mind of a monolingual native speaker." (Cook 2005: 4) Auch wenn man davon ausgeht, dass das menschliche Denken grundsätzlich universal ist, so nutzen doch die verschiedenen Sprachen verschiedene Konzepte oder geben verschiedene Möglichkeiten vor, mentale Konzepte zum Ausdruck zu bringen. Bei mehrsprachigen Menschen findet hier eine Überblendung der Konzepte statt, die ihnen die jeweils unterschiedlichen Sprachen zur Verfügung stellen (vgl. Cook 2011). Cook (2011: 3) formuliert das folgendermaßen, dass etwa eine englischsprachige Person, die Japanisch als L2 gelernt hat und in Tokio lebt, weder rein englisch noch rein japanisch „denkt", sondern in einer Weise, die aus beiden Sprachen zusammengesetzt ist. Aus diesen Überlegungen kann man nun ableiten, was Grosjean bereits 1995 gefordert hat, nämlich, dass ein mehrsprachiger Mensch nicht als ein aus zwei einsprachigen zusammengesetztes Individuum betrachtet werden darf.

1.2 Dynamische Modelle des Spracherwerbs

Um die Besonderheiten des Erwerbs mehrerer Sprachen nachzeichnen zu können, wurden Modelle entwickelt, die Transfer- und Interaktionsphänomene zwischen den Sprachsystemen eines Individuums in den Blick nehmen. Ein bedeutendes Modell ist das psycholinguistische *Dynamic Model of Multilingualism*, das Herdina & Jessner (2002) entworfen haben und das den dynamischen Charakter multilingualer Prozesse betont. In diesem Modell werden die verschiedenen individuellen und psychosozialen Faktoren beschrieben, die Einfluss auf das Sprachenlernen nehmen. Dies sind einerseits Faktoren wie Sprachbegabung, Motivation, Angst oder Selbsteinschätzung und andererseits der jeweilige Sprachstand und die Selbsteinschätzung der eigenen Kompetenz. Auf diese Dynamik geht auch Zappatore (2004) ein und zeigt die Komplexität des Mehrsprachen-Lernenden und die individuellen Unterschiede auf. Dabei bezieht sie psychologische, soziale und neuronale Aspekte mit ein.

In ihrem Faktorenmodell stellt Hufeisen (2010: 202ff.) dar, dass für den Erst-, Zweit- und Drittspracherwerb sowie den Erwerb weiterer Sprachen ganz unterschiedliche Faktoren ausschlaggebend sind: Sie beschreibt chronologisch die verschiedenen Stufen vom L1-Ewerb bis zum Lx-Erwerb. Dabei kommen von Sprache zu Sprache neue Faktoren hinzu; der größte qualitative Sprung in diesem dynamischen Lernprozess wird zwischen dem Lernen der ersten Fremdsprache (L2) und der zweiten Fremdsprache (L3) angenommen. Während beim Erstspracherwerb v.a. die generelle Spracherwerbsfähigkeit sowie Qualität und Quantität des Inputs eine Rolle spielen, wirken sich beim sukzessiven Erwerb weiterer Sprachen emotionale, kognitive und fremdsprachenspezifische Faktoren (Fremdsprachenlernerfahrungen und -strategien, Interlanguages der bisher gelernten Sprachen) aus (Hufeisen 2010: 205). Folgt man diesem Modell, so wird durch das Erlernen einer Fremdsprache die Grundlage für das Lernen weiterer Sprachen gelegt (Hufeisen 2000: 214).

Ähnliches betonen auch Williams & Hammarberg (1998) in ihrem Rollen-Funktions-Modell, in dem die Sprachen unterschiedliche Rollen bei der Produktion einer Zielsprache innehaben. Die Autoren gehen davon aus, dass eine Sprache eine dominante Rolle bei der Produktion der L3 einnimmt und häufiger aktiviert wird als die anderen Sprachen. Diese dominante Sprache fungiert als „Zulieferer" (*external supplier*), da aus ihr fehlendes Sprachmaterial für die Zielsprache rekrutiert werden kann (Hammarberg 2001: 30ff.). Eine andere Rolle spielt dagegen die L1: Diese wird häufig für metasprachliche Äußerungen herangezogen. Als ein Folgemodell kann das *Foreign Language Acquisition Model* (FLAM) von Groseva (2000) angesehen werden, ein Fremdsprachenlernmodell, das die erste Fremdsprache (L2) als Bezugspunkt nimmt. Dieses Modell steht in der Tradition der Kontrastiven Linguistik, indem es den Sprachvergleich (zwischen L2 und weiteren Sprachen) fokussiert und nicht auf lernerexterne Faktoren eingeht.

Darüber hinaus konnten auch empirische Untersuchungen (u.a. Müller-Lancé 2006; Jessner 2006) zeigen, dass beim Erlernen von weiteren Sprachen bereits bekannte Sprachen effektiv genutzt werden. Dies gilt nicht nur für die Wortschatzerschließung bei etymologisch verwandten Wörtern, sondern auch für verwandte grammatische Strukturen: z.B. kann das Wissen über die unterschiedlichen Vergangenheitsformen *imperfait – passé simple* des Französischen auch auf die anderen romanischen Sprachen angewandt werden (Riehl 2014: 92). Einen ähnlichen Aspekt berücksichtigt Rückl (2017) in Bezug auf den Erwerb von Italienisch und Spanisch als dritte Fremdsprache in der Sekundarstufe. Sie zeigt weiter, wie die Sprach(lern)bewusstheit und (mehrsprachige) kommunikative Handlungskompetenz durch sinnvolle Lehrwerke gefördert werden können. Dazu analysiert sie den Einfluss von Faktoren wie Lerndispositionen der Schüler(innen) und Lehrpraktiken und Einstellungen der Lehrenden.

1.3 Transfermodelle

Im Laufe des Lebens einer mehrsprachigen Person kann eine Vielzahl von Faktoren zu erkennbaren Unterschieden und Gemeinsamkeiten im Gegensatz zu mono- und/oder bilingualen Sprecher(inne)n führen (vgl. Kavé, Eyal, Shorek & Cohen-Mansfield 2008; siehe den Überblick bei de Bot & Jaensch 2013; Montrul & Ionin 2012). Eine deutliche Anzahl von bestehenden Arbeiten auf dem Gebiet der L3-Spracherwerbsforschung belegt klare Vorteile von L3-Lernenden gegenüber L2-Lernenden u.a. in folgenden Bereichen: Geschwindigkeit der Sprachverarbeitung (vgl. Lemhöfer, Dijkstra & Michel 2004), verzögerter Beginn der Demenz (vgl. Alladi et al. 2013), Vorteil bei allgemeinen exekutiven Funktionen der Sprachverarbeitung (vgl. Luo, Craik, Moreno & Bialystok 2013) sowie beim Erlernen von neuen Wörtern (vgl. Kaushanskaya & Marian 2009a, 2009b).

Zweifellos sind einige der auffälligsten Merkmale, die L3-Lernende von L2-Lernenden unterscheiden, die Ursachen von Interferenzen (Transfer), worunter verstanden wird, wieweit man von einer, zwei oder mehreren Sprachen die unterschiedlichen Lernerfahrungen und den Grad des metalinguistischen Wissens überträgt. Bisher haben sich vier Modelle des syntaktischen Transfers im Bereich der L3 mit der Frage befasst, was während des Anfangsstadiums übertragen wird: *L1 Factor* (vgl. Hermas 2010, 2014a, 2014b), *L2 Status Factor* (vgl. Bardel & Falk 2007, 2012; Falk & Bardel 2010, 2011), das *Cumulative Enhancement Model* (vgl. Flynn, Foley & Vinnitskaya 2004; Berkes & Flynn 2012), das *Typological Proximity Model* (vgl. Cabrelli Amaro & Rothman 2015; Rothman 2010, 2011, 2013, 2015). Zwei neuere Modelle, die über die Anfangsphase des L3-Spracherwerbs hinausgehen, sind das *Scalpel Model* (vgl. Slabakova 2016) und das *Linguistic Proximity Model* (vgl. Westergaard, Mitrofanova, Mykhaylyk & Rodina 2016). Im Folgenden werden auf der Basis der vorhandenen Modelle die Hauptargumente zum syntaktischen Transfer in die L3 unter Berücksichtigung der untersuchten Sprachkombinationen, des Kontextes und der erhobenen Daten in den jeweiligen Studien erarbeitet.

L1 Factor: Es gibt eine geringe Anzahl von Studien, die nur von einem vollständigen L1-Transfer in den L3-Spracherwerbsprozess ausgehen. Hermas (2014a) analysierte die Anfangserwerbsphase des Drittspracherwerbs im Englischen in einem Unterrichtskontext von Lernenden, die L1 Arabisch und L2 Französisch hatten. Die Ergebnisse seiner Studie, die auf einer Akzeptanzbewertung (*acceptability judgments*) und einer Präferenzaufgabe (*preference task*) basieren, lieferten Argumente für L1 Arabisch als die einzige Ausgangssprache für Transfer und gegen einen Transfer aufgrund typologischer Ähnlichkeiten zwischen Französisch als Zweitsprache und Englisch als Drittsprache.

Cumulative Enhancement Model (CEM): Wenn es einen Transfer gibt, kann dieser nur positiv sein, da das Modell grundlegend davon ausgeht, dass der Spracherwerbsprozess nicht redundant, sondern kumulativ ist. Beide Sprachen (L1 und L2) dienen als mögliche positive Übertragungsquellen für einen begünstigenden Transfer. Das Modell bietet keine Erklärungen für die Vorgehensweise, wie die internen Sprachmechanismen bestimmen, was positiver Transfer ist und was nicht. Nach Rothman & Halloran (2013: 57) läge die einzige vernünftige Erklärung des CEM darin, dass die Übertragung im Drittspracherwerb auf der Basis „*property-by-property*" erfolgt.

Typological Primacy Model (TPM): Wie das CEM sieht auch das TPM sowohl die L1 als auch die L2 als Quellsprachen für den Transfer an. Das TPM liefert jedoch plausible Argumente dafür, dass der Transfer positiv und negativ sein kann. So beschreibt es einige Faktoren, die für die Auswahl der Sprache (ob L1 oder L2) des Transfers verantwortlich sind. Diese Faktoren beziehen sich auf eine bestehende strukturelle Ähnlichkeit, die durch die Organisation des internen Parsers erkannt wird. Der sprachliche Parser arbeitet in einer implikativen Hierarchie der folgenden vier sprachlichen Merkmale bzw. Hinweise (*cues*): lexikalische *cues*, phonologische *cues*, funktionale Morphologie und syntaktische Struktur. Das TPM prognostiziert, dass eines der beiden vorherigen Sprachsysteme (L1 oder L2) in der Anfangsphase (vgl. Rothman 2013) im Einklang mit der *Full Transfer-Full Access*-Hypothese vollständig übertragen wird. Die Anwendung dieses Modells für die späteren Sprachstufen bis zur Endphase (*ultimate attainment*) wurde von Cabrelli Amaro & Rothman (2015) bestätigt.

Die Aussagen dieser Modelle beruhen auf kognitiven und sprachstrukturellen Erklärungen. Sie alle berücksichtigen vor allem die mentale Repräsentation der vorherigen Sprachen im Drittspracherwerb unter Verwendung von Interpretations- oder Produktionsaufgaben (entweder gesprochene oder geschriebene Daten) mit einem Fokus auf Lernende in der Anfänger- und/oder der Mittelstufe.

L2 Status Factor: Das einzige Modell auf dem Gebiet des Drittspracherwerbs, das die Idee unterstützt, dass der Transfer im Drittspracherwerb nur von der

Zweitsprache kommt, ist das *L2 Status Factor*-Modell von Bardel & Falk (2007, 2012) und Falk & Bardel (2010, 2011). Als eine Erklärung für das alleinige Zurückgreifen auf die L2 stellten sie fest, dass es die institutionelle Lernsituation ist (Fremdsprachenkontext), die zu einem erhöhten metalinguistischen Wissen beiträgt: „The L2 acts like a filter, making the L1 inaccessible in L3 acquisition." (Bardel & Falk 2007: 480) In ihrer Studie zum syntaktischen Transfer (*negation placement*) bei schwedischen und niederländischen Lernenden mit unterschiedlichen L2s und L3s stellten Bardel & Falk fest, dass ihre Ergebnisse eine privilegierte Rolle für die L2 als Quelle für den Transfer zeigen.

Falk & Bardel (2011) untersuchten den syntaktischen Transfer (die Position von Objektpronomen) von L1 Englisch oder Französisch und L2 Englisch oder Französisch auf L3 Deutsch und fanden eine starke Rolle für den *L2 Status Factor*, sowohl für den positiven als auch für den negativen Transfer. In ihren späteren Studien (vgl. Bardel & Falk 2012; Falk, Lindqvist & Bardel 2013) gehen die Befürworterinnen des L2-Status-Modells von Erklärungen aus, die auf der mentalen sprachlichen Repräsentation beruhen. Sie formulieren Erklärungen aus der Unterscheidung zwischen deklarativ und prozedural (basierend auf Paradis 2004) und behaupten, dass die Teilnehmer(innen) mit geringem expliziten metalinguistischen Wissen in ihrer L1 von ihrer L2 transferieren und dass die Teilnehmer(innen) mit hohem expliziten metalinguistischen Wissen in der L1 von ihrer L1 nur in der Anfangserwerbsphase des Drittspracherwerbs profitieren. Somit stellten sie eine Revision des L2-Status-Modells dar und eröffneten die Möglichkeit des L1-Transfers unter der Bedingung „hohes metalinguistisches Wissen".

2 Die Dynamik hinter individuellen mehrsprachlichen Erwerbsprozessen

2.1 Individuelle Faktoren: Fokus auf Sprachbewusstheit und Sprachdominanz

Bisherige Studien über die Rolle von Interferenzen aus der L1 und/oder L2 fanden allgemeine Lernvorteile für Mehrsprachige (vgl. Cenoz 2003; Jessner 2008; Thomas 1988). In den 70er-Jahren behaupteten Lambert & Tucker (1972), dass Zweisprachige ihre Sprachen analysieren, indem sie ihre Wahrnehmung der strukturellen Unterschiede und die Suche nach Kontrasten zwischen den Sprachen maximieren. Eine Belebung dieses Aspekts wurde in Arbeiten von Jessner

(2006) und Herdina & Jessner (2002) mit ihrem dynamischen Modell der Mehrsprachigkeit gesehen (s. Kap. 1.2.). Jessner hat die Vorstellung eines zentralen exekutiven Monitors – *enhanced multilingual monitor* (EMM) – entwickelt, der erklärt, wie Mehrsprachige die verschiedenen sprachlichen Ressourcen verwalten. Der EMM verfügt über drei Funktionen: die gemeinsame Überwachungsfunktion, das Zugreifen auf gemeinsame Ressourcen bei der Verwendung von mehr als einem Sprachsystem und die Erfassung sowie Vermeidung von negativem Transfer. Dieses dynamische Modell der Mehrsprachigkeit deutet darauf hin, dass die Kenntnisse über jedes Sprachsystem eine komplexe „mehrsprachige Kompetenz" konstruieren. Diese ist wiederum durch ein verstärktes Sprachbewusstsein gekennzeichnet.

Die Möglichkeit, crosslinguistische Vergleiche bei der Reflexion von grammatischen Strukturen und Formen herzustellen, erhöht das Sprachbewusstsein bei Mehrsprachigen (vgl. Angelovska & Hahn 2013). Dafür wurde der Begriff *cross-linguistic awareness* (XLA) von Angelovska & Hahn (2013: 187) kreiert und als „a mental ability which develops through focusing attention on and reflecting upon language(s) in use and through establishing similarities and differences among the languages in one's multilingual mind" definiert. XLA gibt den L3-Lernenden die Möglichkeit, alle verfügbaren Sprachkenntnisse zu nutzen und damit morphosyntaktische Beziehungen zwischen den zur Verfügung stehenden Sprachen bewusst zu beleuchten (vgl. Angelovska & Hahn 2013). Allerdings hat Sanchez (2011) zu Recht darauf hingewiesen, dass Vorsicht in Bezug auf das metalinguistische Bewusstsein geboten ist, weil manchmal mehrsprachige Personen Annahmen über nicht bestehende Gemeinsamkeiten machen. Faktoren, die beide das metalinguistische Sprachbewusstsein und XLA beeinflussen, sind die Kompetenzen in den jeweiligen anderen Sprachen sowie der Grad der Zwei- bzw. Mehrsprachigkeit (vgl. Cohen 2011). Auch bei Kindern wurde das Sprachbewusstsein untersucht. In der Studie von Wildemann, Akbulut, Bien & Reich (2015) zum Sprachbewusstsein bei Grundschulkindern konnten metasprachliche Reflexionen mit Hilfe der Erzählung von digitalen Geschichten auf allen linguistischen Ebenen elizitiert werden und es wurde eine Bandbreite an metasprachlichen Äußerungen sichtbar, die sich in ihrer Komplexität und ihrer Differenziertheit unterscheiden. Somit kann die Anzahl unterschiedlicher Sprachreflexionen als ein Indikator für verschiedene Sprachbewusstheitszustände angesehen werden.

Bei Untersuchungen zum Sprachbewusstsein sowie bei allgemeinen Drittspracherwerbsstudien muss auch der sprachliche Input in allen Facetten berücksichtigt werden, denn „without taking the linguistic input into account, our models of L3/Ln development will be incomplete" (Slabakova & García Mayo

2017: 65). Genauer gesagt, die dominierende Sprache, die auf einer täglichen Basis verwendet wird – auch als „the language of communication" (Fallah, Jabbari & Fazilatfar 2016: 262) bezeichnet –, bezieht sich auf die gesprochene Sprache, die häufiger von den Teilnehmer(inne)n zu Hause (mit ihren Eltern und Geschwistern), an Schulen (im Klassenzimmer und im Pausenhof) und in gesellschaftlichen Kontexten (mit Freunden, Verwandten und Bekannten) verwendet wird. Es gibt nur wenige Studien, die den Faktor „Sprachdominanz" anerkennen und systematisch in die Analyse mit einbeziehen. Kupisch (2007) untersuchte den Erwerb des bestimmten Artikels bei bilingualen Kindern mit Deutsch und Italienisch als Erstsprachen und bezog sich dabei auf das Verhältnis zwischen Sprachdominanz und Interferenzen. Ihre Ergebnisse zeigen, dass die beiden Sprachen eines zweisprachigen Kindes in Kontakt sind und sich gegenseitig beeinflussen können und dass sowohl die Sprachdominanz als auch die sprachinternen Faktoren entscheidend für die Interferenzen sind. Rah (2010) fand heraus, dass englisch-dominante Französisch-Lernende die *attachment preference* von Englisch auf Französisch übertragen, während französischdominante Lernende nicht von der englischen Präferenz beeinflusst wurden. Sie kam zu dem Schluss, dass die Sprachdominanz ein verlässlicherer Indikator für den Transfer ist als die Menge des Kontakts mit der Fremdsprache (sog. *length of exposure*). Die Ergebnisse der Sprachdominanz in dieser Studie beruhen auf Selbstbewertungen. Es ist also zu beachten, dass objektives Messen der Sprachdominanz ohne die subjektiven Eindrücke zu unterschiedlichen Ergebnissen führen kann.

Es ist offensichtlich, dass zwischen Sprachdominanz und Sprachkompetenz(en) unterschieden werden muss, denn „one can be dominant in a language without being highly proficient in that language" (Gertken, Amengual & Birdsong 2014: 209); Sprachdominanz kann sich unabhängig von der Kompetenz ändern, geprägt von der Häufigkeit der Sprachverwendung. In diesem Zusammenhang sind zwei Studien zu erwähnen, die ähnliche Ergebnisse zeigen: Brüggemanns Studie (2016) berücksichtigt Russisch als Herkunftssprache, und die unvollständige Grammatik wurde als Folge mündlichen Spracherwerbs gesehen. Die Studie von Steinlen & Piske (in diesem Band) beschäftigt sich mit dem Vergleich schulischer Leistungen (in den Fächern Deutsch und Englisch) von Schüler(inne)n mit und ohne Migrationshintergrund. Die Autor(inn)en haben herausgefunden, dass sich in einem bilingualen Unterricht (d.h. in Immersionsprogrammen) Schüler(innen) mit und ohne Migrationshintergrund am Ende der Klasse 4 in ihren Deutsch- und Englischleistungen hinsichtlich des Lesens und Schreibens nicht signifikant voneinander unterscheiden. Die Ergebnisse zeigen allerdings signifikante Unterschiede in den Deutschtests zwischen den vier Gruppen (Schüler[innen] mit und ohne Migrationshintergrund im Immersionszweig und Schüler[innen] im Zweig mit gängigem Fremdsprachunterricht). Interessanterweise fanden sie keine signifikanten Unterschiede zwischen Schüler(inne)n mit und ohne Migrationshintergrund im Immersionszweig. In beiden Deutschtests (Lesen und Schreiben) lagen Schüler(innen) mit Migrationshintergrund, die den Fremdsprachenunterricht besuchten (und somit quantitativ und qualitativ begrenztem Input ausgesetzt waren), im Vergleich zu den drei anderen Gruppen unter den Normwerten. Allerdings wurden bei Schüler(inne)n mit und ohne Migrationshintergrund aus dem Immersionszweig keine signifikanten Unterschiede gefunden. Daraus lässt sich schließen, dass der qualitativ bessere und quantitativ höhere Input im bilingualen Unterricht (Immersionszweig) auf die Entwicklung der Fähigkeiten im Deutschen und Englischen entscheidenden Einfluss hat.

2.2 Die Rolle der Instruktion in der L1 und L2 für den mehrsprachigen Erwerb

Im Falle der sog. „natürlichen" Mehrsprachigkeit erwerben Kinder zwei (oder mehrere) Sprachen gleichzeitig in ihrer natürlichen Umgebung, der Erwerb von Schriftlichkeit erfolgt aber in der Regel immer institutionell (d.h. in der Schule). Folgt man dem Postulat von Ehlich (2010: 59), dass „Schriftlichkeit [...] Voraussetzung und Herausforderung für eine entwickelte Mehrsprachigkeit" bleibt, so ist der schulische Unterricht in den jeweiligen Erstsprachen von zentraler Bedeutung. Die Fähigkeit, in zwei (oder mehreren) Sprachen auch schriftlich kommunizieren zu können, wird in Anlehnung an den englischen Begriff *multiliteracy* als „Mehrschriftlichkeit" bezeichnet (Riehl 2014: 121). Darunter wird zum einen die Alphabetisierung in zwei oder mehr Sprachen verstanden, d.h. die Beherrschung von unterschiedlichen Schriftsystemen und Orthographieregeln (im Deutschen auch als „Mehrschriftigkeit" bezeichnet, vgl. Maas 2008). Welche Bedeutung die Schriftaneignung bei mehrsprachig aufwachsenden Kindern hat, zeigt Röber (2012). Sie geht dabei auf die besonderen kognitiven Bedingungen und phonologische Sensibilität ein.

Darüber hinaus umfasst „Mehrschriftlichkeit" vor allem die schriftliche Ausdrucksfähigkeit in mindestens zwei Sprachen im Sinne von „konzeptioneller Schriftlichkeit" (vgl. Koch & Oesterreicher 1985). Auf der sprachlichen Ebene zeigen sich hier vor allem Unterschiede auf der Ebene der Informationsstrukturierung im Wortschatz und in der Art der Verknüpfung der Elemente. Diesen Merkmalen entspricht, was in der Bildungsforschung als sog. Bildungssprache (vgl. Gogolin 2008) bezeichnet wird und ebenfalls ein formelles, fachsprachlich orientiertes Sprachregister beschreibt. Diesem bildungssprachlichen Register geht Hack-Cengizalp (2015) nach, indem sie das Bedeutungswissen von bildungssprachlichen Begriffen bei türkischsprachigen Grundschulkindern der vierten Klasse in Türkisch und in Deutsch untersucht. Sie arbeitet dabei zentrale und periphere Faktoren heraus, die das Wissenswachstum in beiden Sprachen unterstützen.

Beim Schreiben von Texten spielen über diese lexikalischen und grammatischen Besonderheiten hinaus auch bestimmte pragmatische Konventionen eine Rolle, die kulturspezifisch sind. Bei der Beherrschung dieser Konventionen spricht man von „Textkompetenz" und versteht darunter die Fähigkeit, Texte unterschiedlicher Zwecke und Strukturen selbstständig, sachbezogen und adressat(inn)enorientiert zu verfassen (vgl. Schmölzer-Eibinger 2011; Becker-Mrotzek & Böttcher 2011; Riehl 2013b, 2014). Die Grundlagen der Textkompetenz beinhalten Weltwissen (Diskurswissen, Kontextwissen), Routinewissen (Schreiben, Sprache), makrostrukturelles Wissen (Textmusterwissen), das Wissen über Leseradäquatheit und die Kenntnis von textmusterspezifischen Gestaltungsmustern, d.h. Formulierungen, die für bestimmte Textsorten typisch sind.

Bestimmte Kompetenzen, die für das Schreiben von Texten notwendig sind, sind nun von einer Sprache auf die andere übertragbar: Bereits die Studien von Aytemiz (1990) und Knapp (1997) untermauerten die These, dass eine gute Schriftsprachkompetenz in L1 auch eine gute Schriftsprachkompetenz in L2 nach sich zieht. So erzielten etwa Schüler(innen), die in ihrem Heimatland die Schule besucht hatten, bevor sie nach Deutschland kamen, in der Regel bessere Ergebnisse als in Deutschland eingeschulte Gleichaltrige. Auch Studien von Rapti (2005), Schader (2006) und Caprez-Kompràk (2010) konnten wechselseitige Einflüsse von Textkompetenzen in L1 und L2 nachweisen. In Studien zum Schreiben in zwei Sprachen bei bilingual aufwachsenden Kindern mit Türkisch, Italienisch und Russisch in Köln (vgl. Riehl 2013b) sowie Türkisch, Griechisch und Italienisch in München (vgl. Riehl, Yilmaz-Woerfel, Barberio & Tasiopoulou i.E.) der 9. und 10. Jahrgangsstufe zeigte sich, dass eine relativ hohe Korrelation von Textkompetenzen in den beiden Sprachen besteht.

Weitere Wechselwirkungen im Bereich der Textkompetenz in mehreren Sprachen ergeben sich im Bereich des Transfers von kulturspezifischen Textmustern: So folgen etwa argumentative Briefe im Italienischen, Griechischen und Türkischen einem rhetorischen Muster mit Involvierungsstrategien des Schreibenden und direkter Anrede des Lesenden und folgen keinem formalen Schema. Im Deutschen dagegen herrscht eine weitgehend distanzierte kommunikative Grundhaltung mit Objektivierungsstrategien vor und die Makrostruktur folgt dem Pro-Contra-Modell mit den entsprechenden Konnektoren. Die Schüler(innen) in den genannten Studien (vgl. Riehl 2013b; Riehl, Yilmaz-Woerfel, Barberio & Tasiopoulou i.E.) übertragen nun die Muster des Deutschen auf die Herkunftssprachen, da ihnen die entsprechende Unterweisung in diesen Textsorten fehlt. Der umgekehrte Transfer von kulturspezifischen Mustern der L1 auf L2 oder L3 lässt sich auch bei Sprachlernenden im akademischen Kontext feststellen (vgl. Heinrich & Riehl 2011; Rasp 2016).

2.3 Konzepttransfer und mentale Repräsentation

Anknüpfend an Grundlagen der kognitiven Grammatik zeigen neuere Studien, dass der Transfer nicht nur auf der Ebene sprachlicher Strukturen sowie pragmatischer und textueller Muster erfolgen kann, sondern auch auf der Konzeptebene. Wie bereits erwähnt, nutzen verschiedene Sprachen unterschiedliche Möglichkeiten, um mentale Konzepte zum Ausdruck zu bringen. Neuere psycholinguistische Studien befassen sich nun mit der Frage, wie Sprecher(innen) mit unterschiedlichen Konzeptualisierungen umgehen, die auf typologische Unterschiede ihrer beiden Sprachen zurückgeführt werden. Es geht dabei etwa um Unterschiede darin, wie Informationen auf Wortbedeutungen bzw. Satzteile verteilt werden, z.B., welche Bewegungsinformationen im Verb ausgedrückt werden und welche stattdessen in Ergänzungen bspw. in „Satelliten" des Verbs (vgl. Talmy 2003, 2008; Slobin 2000, 2004).

In diesen Kontext ist auch die Studie von Koch & Woerfel (in diesem Band) einzuordnen. Die Autoren untersuchen intransitive Bewegungskonstruktionen bei deutsch-türkisch bilingual aufwachsenden Kindern. Sie können zeigen, dass die bilingualen Sprecher(innen) bei einer Textproduktionsaufgabe im Vergleich zu einsprachigen viel häufiger generische Verben (wie *gehen, kommen*) verwenden als spezifische (*rollen, schleichen* etc.). Interessanterweise zeigt aber eine Lexikon-Kontroll-Aufgabe, dass die bilingualen Kinder durchaus über ein differenziertes Lexikon hinsichtlich spezifischer Bewegungsverben verfügen. Die Ergebnisse lassen daher auf interessante kognitive Prozesse schließen, nämlich zum einen, dass Mehrsprachige auf solche Muster zurückgreifen, die in beiden Sprachen existieren und die dann gebräuchlicher und prototypischer für sie sind als für einsprachige Sprecher(innen). Zum anderen deuten die Ergebnisse darauf hin, dass dadurch auch der kognitive Aufwand bei der Produktion sprachlicher Muster minimiert werden kann, indem die mehrsprachigen Kinder auf Konstruktionen zurückgreifen, die mit einem geringeren Verarbeitungsaufwand verbunden sind.

3 Forschungsimpulse für die Zukunft von „MehrSpracheN und Erwerbsprozessen"

3.1 Herausforderungen für die Mehrsprachigkeitsforschung

Herausforderungen für die Mehrsprachigkeitsforschung sind besonders der Einbezug der dynamischen Modelle des Spracherwerbs und der verstärkte Fokus auf plurilinguale (drei-, vier-, fünfsprachige) Sprecher(innen). Letzteres ist vor allem wichtig für den Erwerb schulischer Fremdsprachen vor dem Hintergrund einer natürlichen Mehrsprachigkeit, d.h. des Aufwachsens mit mehreren Sprachen. Wie die Modelle zu mehrsprachigen Erwerbsprozessen nahelegen, muss man bei Schüler(inne)n, die bereits eine zweite Sprache erworben haben, von anderen Fremdsprachenerwerbsprozessen ausgehen als bei monolingualen. Außerdem zeigen psycholinguistische und neurolinguistische Studien die starke Individualität in der Dynamik des Sprachenlernens, die noch weiterer Forschungen bedarf. Ein weiterer Punkt ist die Bedeutung von Sprachbewusstheit. Auch hier müssten verstärkt Untersuchungsinstrumente und Szenarien entworfen werden, die diesen Faktor besser prüfen und operationalisierbar machen.

Da „multilingualism is not simply bilingualism squared" (Slabakova 2016: 4), scheint es an der Zeit zu sein, die bestehenden Modelle zum Drittspracherwerb zu spezifizieren, wobei die individuelle Variabilität und die damit verbundenen möglichen Faktoren stärker berücksichtigt werden müssen.

Ferner haben vor kurzem Collins & Muñoz (2016) eine wichtige Lücke in Bezug auf die pädagogischen Implikationen des Drittspracherwerbs in ihrer Metastudie hervorgehoben, nämlich die Art und Weise, in der das frühere sprachliche Wissen genutzt werden kann, um das Erlernen neuer Fremdsprachen zu erleichtern. Sie betonen, „[this] has not yet had much impact on mainstream pedagogical approaches" (Collins & Muñoz 2016: 141). Erste Versuche, auf der Basis von bestehenden theoretischen Modellen eine konkrete Unterrichtsmethode zu entwickeln, die diese Lücke füllt, wurden von Hahn & Angelovska (2017) unternommen. Ob diese effektiv sind, muss noch experimentell erforscht werden.

Die Mehrsprachigkeitsforschung ist ein neues Feld, so dass eine Weiterentwicklung und Vertiefung ihrer Methodik unabdingbar ist, um sowohl die internen als auch die externen Variablen, die am Lernen mehrerer Sprachen beteiligt sind, zu isolieren und ihre vielfältigen Interaktionen zu berücksichtigen. Dafür müssen nicht nur die Methoden der sprachlichen und kognitiven Ansätze der Zweitspracherwerbsforschung angewandt und neu definiert werden, sondern es müssen auch spezifische, die Mehrsprachigkeit mitberücksichtigende Methoden entwickelt werden. Eine derartige methodologische Erweiterung bringt auch Spracherwerbsstudien unterschiedlicher Art mit sich: in institutionellen Unterrichtskontexten, Fallstudien sowie Laborstudien.

Im Folgenden werden Hinweise zu Forschungsmethoden gegeben, die für die L3- und Lx-Spracherwerbslaborforschung relevant sind. Die Besonderheit der Spracherwerbsprozesse Mehrsprachiger erfordert eine Kombination aus verschiedenen Datenerfassungsmethoden. Erste Versuche wurden bereits von Montrul, Dias & Santos (2011) unternommen. Darüber hinaus erscheint die Triangulation von Daten zielführend, die mithilfe zweier Modi (*online und offline*-Messwerte) generiert werden, um das Zusammenspiel verschiedener kognitiv-psychologischer und struktureller Faktoren zu erklären. Um Einblicke in die qualitative Natur der Sprachverarbeitung eines Mehrsprachigen zu erhalten, werden Online-Methoden benötigt, wie von Rothman, Alemán Bañón & Gonzalez Alonso (2015) bereits formuliert. Zum Beispiel wäre es interessant herauszufinden, ob in Experimenten, die zeitgleich sowohl Blickbewegungen als auch EEG (Elektroenzephalografie) und fNIRS (funktionelle Nahinfrarotspektroskopie) erfassen, gleiche Ergebnisse erzielt werden wie bei sog. *offline*-Daten, die nur auf Performanz basieren und keine Einblicke in die Sprachverarbeitung in Realzeit geben. Allerdings können solche Projekte nur in einer interdisziplinären Arbeit erfolgreich realisiert werden.

In diesem Zusammenhang sind die ausgewählten Studien von Koch & Woerfel und von Steinlen & Piske (beide in diesem Band) besonders relevant für das Thema „MehrSpracheN und Erwerbsprozesse". Beide Studien liefern neuere Erkenntnisse für die Erwerbsprozesse mehrsprachiger Personen in unterschiedlichen Altersgruppen. Sie basieren auf Daten unterschiedlicher Kontexte, erweitern die bestehenden Ergebnisse aus der Forschung zu mehrsprachlichen Erwerbsprozessen und öffnen weitere relevante Forschungsfragen.

3.2 Ausblick: Die Notwendigkeit interdisziplinärer Forschung

Zur Beurteilung der kognitiven Faktoren, die der Mehrsprachigkeits- und Sprachlerndynamik zugrunde liegen, sind zum einen empirische Forschungen aus Kognitions- und Psycholinguistik erforderlich. Weiter tragen auch Beiträge aus der Gehirnforschung erheblich zum Fortschritt in der Neurolinguistik und Unterrichtsforschung bei und geben Aufschlüsse über Vernetzungen einerseits und individuelle Ausprägung der Gehirne andererseits, so dass auch aus dieser Perspektive wichtige Impulse für die Erarbeitung von didaktischen Konzepten erfolgen können. Die empirische Bildungsforschung schließlich trägt im Wesentlichen zur Evaluation und eventuellen Adaptierung der Konzepte bei. Außerdem werden hier wichtige Impulse wie die Rolle der Sprachbewusstheit im Kontext der Mehrsprachigkeit diskutiert und erforscht.

4 Literatur

Alladi, Survana; Bak, Thomas H.; Duggirala, Vasanta; Surampudi, Bapiraju; Shailaja, Mekala; Shukla, Anuj. K.; Chaudhuri, Jaydip R. & Kaul, Subhash (2013): Bilingualism delays age at onset of dementia, independent of education and immigration status. *Neurology* 81 (22): 1938–1944.
Angelovska, Tanja & Hahn, Angela (2013): Raising language awareness for learning and teaching L3 grammar. In Benati, Allesandro G.; Laval, Cécile & Arche, María (Eds.): *The Grammar Dimension in Instructed Second Language Learning*. London: Bloomsbury Academic, 185–207.
Angelovska, Tanja & Hahn, Angela (Eds.) (2017): *L3 Syntactic Transfer: Models, New Developments and Implications*. Amsterdam: Benjamins.
Aytemiz, Aydin (1990): *Zur Sprachkompetenz türkischer Schüler in Türkisch und Deutsch. Sprachliche Abweichungen und soziale Einflußgrößen*. Frankfurt a. M. u.a.: Lang.
Bardel, Camilla & Falk, Ylva (2007): The role of the second language in third language acquisition: The case of Germanic syntax. *Second Language Research* 23 (4): 459–484.
Bardel, Camilla & Falk, Ylva (2012): Behind the L2 status factor. A neurolinguistic framework for L3 research. In Cabrelli Amaro, Jennifer; Flynn, Suzanne & Rothman, Jason (Eds.): *Third language acquisition in adulthood*. Amsterdam: Benjamins, 61–78.
Becker-Mrotzek, Michael & Böttcher, Ingrid (2011): *Schreibkompetenz entwickeln und beurteilen*. 2. Aufl. Berlin: Cornelsen Scriptor.
Berkes, Éva & Flynn, Suzanne (2012): Further evidence in support of the cumulative-enhancement model. CP structure development. In Cabrelli Amaro, Jennifer; Flynn, Suzanne & Rothman, Jason (Eds.): *Third language acquisition in adulthood*. Amsterdam: Benjamins, 143–164.
Brüggemann, Natalia (2016): Herkunftssprache Russisch. Unvollständige Grammatik als Folge mündlichen Spracherwerbs. In Bazhutkina, Alena & Sonnenhauser, Barbara (Hrsg.): *Linguistische Beiträge zur Slavistik: XXII. JungslavistInnen-Treffen in München*. Leipzig: BibliOnMedia, 37–58.
Cabrelli Amaro, Jennifer & Rothman, Jason (2015): The relationship between L3 transfer and structural similarity across development: Raising across an experiencer in Brazilian Portuguese. In Peukert, Hagen (Ed.): *Transfer effects in multilingual language development*. Amsterdam: Benjamins, 21–52.
Caprez-Krompàk, Edina (2010): *Entwicklung der Erst- und Zweitsprache im interkulturellen Kontext: Eine empirische Untersuchung über den Einfluss des Unterrichts in heimatlicher Sprache und Kultur (HSK) auf die Sprachentwicklung*. Münster u.a.: Waxmann.
Cenoz, Jasone (2003): The additive effect of bilingualism on third language acquisition. A review. *The International Journal of Bilingualism* 7(1): 71–88.
Cohen, Catharine (2011): *Input factors, language experiences and metalinguistic awareness in bilingual children*. Salford: University of Salford.

Collins, Laura & Muñoz, Carmen (2016): The Foreign Language Classroom: Current Perspectives and Future Considerations. *The Modern Language Journal* 100 (1): 133–147.

Cook, Vivian (2005): *Multi-Competence. Black hole or wormhole? Draft of write-up of SLRF paper 2005.* http://www.viviancook.uk/Writings/Papers/SLRF05.htm *(28.05.18).*

Cook, Vivian (2011): Relating language and cognition. The speaker of one language. In Cook, Vivian & Bassetti, Benedetta (Eds.): *Language and Bilingual Cognition.* New York: Psychology Press, 3–22.

De Bot, Kees; Lowie, Wander & Verspoor, Marjolijn (2007): A dynamic systems theory approach to second language acquisition. *Bilingualism: Language and Cognition* 10 (1): 7–21.

De Bot, Kees & Jaensch, Carol (2013): What is special about L3 processing? *Bilingualism: Language and Cognition* 18 (2): 130–144.

Ehlich, Konrad (2010): Textraum als Lernraum. Konzeptionelle Bedingungen und Faktoren des Schreibens und Schreibenlernens. In Pohl, Thorsten & Steinhoff, Torsten (Hrsg.): *Textformen als Lernformen.* Duisburg: Gilles & Francke, 47–62.

Fallah, Nader; Jabbari, Ali A. & Fazilatfar, Ali M. (2016): Source(s) of syntactic CLI. The case of L3 acquisition of English possessives by Mazandarani-Persian bilinguals. *Second Language Research* 32 (2): 225–245.

Falk, Ylva & Bardel, Camilla (2010): The study of the role of the background languages in third language acquisition. The state of the art. *International Review of Applied Linguistics and Language Teaching* 48 (2): 185–219.

Falk, Ylva & Bardel, Camilla (2011): Object pronouns in German L3 syntax. Evidence for the L2 status factor. *Second Language Research* 27 (1): 59–82.

Falk, Ylva; Lindqvist, Christina & Bardel, Camilla (2013): The role of L1 explicit metalinguistic knowledge in L3 oral production at the initial state. *Bilingualism: Language and Cognition* 18 (2): 227–235.

Flynn, Suzanna; Foley, Claire & Vinnitskaya, Inna (2004): The Cumulative-Enhancement Model for language acquisition. Comparing adults' and children's patterns of development in first, second and third language acquisition of relative clauses. *The International Journal of Multilingualism* 1 (1): 3–16.

Gertken, Libby M.; Amengual, Mark & Birdsong, David (2014): Assessing language dominance with the Bilingual language profile. In Leclercq, Pascale; Edmonds, Amanda & Hilton, Heather (Eds.): *Measuring L2 Proficiency: Perspectives from SLA.* Bristol: Multilingual Matters, 208–225.

Gogolin, Ingrid (2008): Durchgängige Sprachförderung. In Bainski, Christiane & Krüger-Potratz, Marianne (Hrsg.): *Handbuch Sprachförderung.* Essen: Neue Deutsche Schule, 13–21.

Groseva, Maria (2000): Dient das L2-System als ein Fremdsprachenlernmodell? In Hufeisen, Britta & Lindemann, Beate (Hrsg.): *Tertiärsprachen: Theorien, Modelle, Methoden.* Tübingen: Stauffenburg, 21–30.

Grosjean, François (1995): A psycholinguistic approach to code-switching. The recognition of guest words by bilinguals. In Milroy, Lesley & Muysken, Pieter (Eds.): *One Speaker, Two Languages: Cross-Disciplinary Perspectives on Code-Switching.* Cambridge: Cambridge University Press, 259–275.

Grosjean, François (2013): Bilingualism. A short introduction. In Grosjean, François & Li, Ping (Eds.): *The Psycholinguistics of Bilingualism.* Malden: Wiley-Blackwell, 5–25.

Hahn, Angela & Angelovska, Tanja (2017): Input-Practice-Output. A Model for Teaching L3 English after L2 German with a Focus on Syntactic Transfer. In Angelovska, Tanja & Hahn,

Angela (Eds.): *L3 Syntactic Transfer: Models, New Developments and Implications.* Amsterdam: Benjamins, 299–319.

Hack-Cengizalp, Esra (2015): Wortbedeutungen bei ein- und zweisprachigen Kindern. Wie rezipieren und nutzen zwei- und einsprachige Grundschulkinder die Bedeutungen von bildungssprachlichen Begriffen? *Deutsch als Zweitsprache* 2: 50–62.

Hammarberg, Björn (2001): Roles of L1 and L2 in L3 production and acquisition. In Cenoz, Jasone; Hufeisen, Britta & Jessner, Ulrike (Eds.): *Cross-Linguistic Influence in Third Language Acquisition.* Clevedon: Multilingual Matters, 21–41.

Heinrich, Dietmar & Riehl, Claudia M. (2011): Kommunikative Grundhaltung. Ein interkulturelles Paradigma in geschriebenen Texten. In Földes, Csaba (Hrsg.): *Interkulturelle Linguistik im Aufbruch: Das Verhältnis von Theorie, Empirie und Methode.* Tübingen: Narr, 25–43.

Herdina, Philip & Jessner, Ulrike (2002): *A Dynamic Model of Multilingualism: Perspectives of Change in Psycholinguistics.* Clevedon: Multilingual Matters.

Hermas, Abdelkader (2010): Language acquisition as computational resetting. Verb movement in L3 initial state. *International Journal of Multilingualism* 7 (4): 343–362.

Hermas, Abdelkader (2014a): Multilingual transfer. L1 morphosyntax in L3 English. *International Journal of Language Studies* 8 (2): 1–24.

Hermas, Abdelkader (2014b): Restrictive relatives in L3 English. L1 transfer and ultimate attainment convergence. *Australian Journal of Linguistics* 34 (3): 361–387.

Hufeisen, Britta (2000): A European Perspective. Tertiary Languages With a Focus on German as L3. In Rosenthal, Judith W. (Ed.): *Handbook of Undergraduate Second Language Education. English as a Second Language, Bilingual, and Foreign Language Instruction for a Multilingual World.* Mahwah, N.J.: Lawrence Erlbaum, 209–229.

Hufeisen, Britta (2010): Theoretische Fundierung multiplen Sprachenlernens. Faktorenmodell 2.0. *Jahrbuch Deutsch als Fremdsprache* 36: 200–207.

Jessner, Ulrike (2006): *Linguistic awareness in multilinguals: English as a third language.* Edinburgh: EUP.

Jessner, Ulrike (2008): A DST model of multilingualism and the role of metalinguistic awareness. *Modern Language Journal* 92: 270–283.

Kaushanskaya, Margarita & Marian, Viorica (2009a): The bilingual advantage in novel word learning. *Psychonomic Bulletin and Review* 16 (4): 705–710.

Kaushanskaya, Margarita & Marian, Viorica (2009b): Bilingualism reduces native-language interference during novel word learning. *Journal of Experimental Psychology: Learning, Memory, and Cognition* 35 (3): 829–835.

Kavé, Gitit; Eyal, Nitza; Shorek, Aviva & Cohen-Mansfield, Jiska (2008): Multilingualism and cognitive state in the oldest old. *Psychology and Aging* 23 (1): 70–78.

Koch, Peter & Oesterreicher, Wulf (1985): Sprache der Nähe – Sprache der Distanz. Mündlichkeit und Schriftlichkeit im Spannungsfeld von Sprachtheorie und Sprachgeschichte. *Romanistisches Jahrbuch* 36: 15–43.

Knapp, Werner (1997): *Schriftliches Erzählen in der Zweitsprache.* Tübingen: Niemeyer.

Kupisch, Tanja (2007): Determiners in bilingual German-Italian children. What they tell us about the relation between language influence and language dominance. *Bilingualism: Language and Cognition* 10 (1): 57–78.

Lambert, Wallace & Tucker, Richard (1972): *Bilingual education of children. The St. Lambert experiment.* Rowley: Newbury House.

Lemhöfer, Kristin; Dijkstra, Ton & Michel, Marije C. (2004): Three languages, one ECHO. Cognate effects in trilingual word recognition. *Language and Cognitive Processes* 19 (5): 585–611.

Luo, Lin; Craik, Fergus I. M.; Moreno, Sylvain & Bialystok, Ellen (2013): Bilingualism interacts with domain in a working memory task: Evidence from aging. *Psychology and Aging* 28 (1): 28–34.
Maas, Utz (2008): *Sprache und Sprachen in der Migrationsgesellschaft. Die schriftkulturelle Dimension*. Göttingen, Osnabrück: V & R Unipress.
Montrul, Silvina; Dias, Rejanes & Santos, Hélade (2011): Clitics and object expression in the L3 acquisition of Brazilian Portuguese: Structural similarity matters for transfer. *Second Language Research* 27 (1): 21–58.
Montrul, Silvina & Ionin, Tania (2012): Dominant Language Transfer in Spanish Heritage Speakers and Second Language Learners in the Interpretation of Definite Articles. *The Modern Language Journal* 96 (1): 70–94.
Müller-Lancé, Johannes (2006): *Der Wortschatz romanischer Sprachen im Tertiärsprachenerwerb. Lernerstrategien am Beispiel des Spanischen, Italienischen und Katalanischen*. 2. Aufl. Tübingen: Stauffenburg.
Paradis, Michel (2004): *A neurolinguistic theory of bilingualism*. Amsterdam: Benjamins.
Rah, Anne (2010): Transfer in L3 sentence processing. Evidence from relative clause attachment ambiguities. *International Journal of Multilingualism* 7 (2): 147–161.
Rapti, Aleka (2005): *Entwicklung der Textkompetenz griechischer, in Deutschland aufwachsender Kinder. Untersucht anhand von schriftlichen, argumentativen Texten in der Muttersprache Griechisch und der Zweitsprache Deutsch*. Frankfurt a. M. u.a.: Lang.
Rasp, Verena (2016): *Schreiben in der Fremdsprache Deutsch. Der Einfluss der Erstsprache auf die Textkompetenz bei estnischen Deutschlernern*. LMU München (unveröffentlichte Masterarbeit).
Riehl, Claudia M. (2013a): Mehrsprachigkeit und Sprachkontakt. In Auer, Peter (Hrsg.): *Sprachwissenschaft. Grammatik, Interaktion, Kognition*. Stuttgart: Metzler, 377–404.
Riehl, Claudia M. (2013b): Multilingual discourse competence. Exploring the factors of variation. *European Journal of Applied Linguistics* 2: 254–292.
Riehl, Claudia M. (2014): *Sprachkontaktforschung. Eine Einführung*. 3. Aufl. Tübingen: Narr.
Riehl, Claudia M.; Yilmaz-Woerfel, Seda; Barberio, Teresa & Tasiopoulou, Eleni (i.E.): Mehrschriftlichkeit: Zur Wechselwirkung von Sprachkompetenzen in Erst- und Zweitsprache und außersprachliche Faktoren. In Brehmer, Bernhard; Mehlhorn, Grit (Hrsg.): *Potenziale von Herkunftssprachen. Sprachliche und außersprachliche Einflussfaktoren*. Tübingen: Stauffenburg.
Röber, Christa (2012): Die Orthografie als Lehrmeisterin beim Spracherwerb. Die Bedeutung der Rechtschreibung für die Veranschaulichung der Strukturen des Deutschen im DaZ-Unterricht. *Deutsch als Zweitsprache* 2: 34–49.
Rothman, Jason (2010): On the typological economy of syntactic transfer: Word order and relative clause high/low attachment preference in L3 Brazilian Portuguese. *International Review of Applied Linguistics in Teaching (IRAL)* 48 (2-3): 245–273.
Rothman, Jason (2011): L3 syntactic transfer selectivity and typological determinacy. The Typological Primacy Model. *Second Language Research* 27 (1): 107–27.
Rothman, Jason (2013): Cognitive economy, non-redundancy and typological primacy in L3 acquisition. Evidence from initial stages of L3 Romance. In Baauw, Sergio; Dirjkoningen, Frank; Meroni, Luisa & Pinto Manuela (Eds.): *Romance languages and linguistic theory 2011. Selected Papers from 'Going Romance' Utrecht 2011*. Amsterdam: Benjamins, 217–247.

Rothman, Jason (2015): Linguistic and cognitive motivations for the Typological Primacy Model (TPM) of third language (L3) transfer: Timing of acquisition and proficiency considered. *Bilingualism: Language and Cognition* 18 (2): 179–190.

Rothman, Jason & Halloran, Becky (2013): Formal linguistic approaches to L3/Ln acquisition. A focus on morphosyntactic transfer in adult multilingualism. *Annual Review of Applied Linguistics* 33: 51–67.

Rothman, Jason; Alemán Bañón, José & González Alonso, Jorge (2015): Neurolinguistic measures of typological effects in multilingual transfer. Introducing an ERP methodology. *Frontiers in Psychology* 6: 1087.

Rückl, Michaela (2017): Brauchen wir mehrsprachigkeitsdidaktische Lehrwerke für den Unterricht von Italienisch und Spanisch an der Sekundarstufe II? In Fäcke, Christiane & Mehlmauer-Larcher, Barbara (Hrsg.): *Fremdsprachliche Lehrmaterialien: Entwicklung, Analyse und Rezeption*. Frankfurt a. M.: Lang, 245–273.

Sanchez, Laura (2011): Luisa and Pedrito's dog will the breakfast eat: Interlanguage Transfer and the Role of the Second Language Factor. In De Angelis, Gessica & Dewaele, Jean-Marc (Eds.): *New Trends in Crosslinguistic Influence and Multilingualism Research*. Clevendon: Multilingual Matters, 86–104.

Schader, Basil (2006): *Albanischsprachige Kinder und Jugendliche in der Schweiz. Hintergründe, schul- und sprachbezogene Untersuchungen*. Zürich: Verlag Pestalozzianum.

Schmölzer-Eibinger, Sabine (2011*): Lernen in der Zweitsprache. Grundlagen und Verfahren der Förderung von Textkompetenz in mehrsprachigen Klassen*. 2. Aufl. Tübingen: Narr.

Slabakova, Roumyana (2016): The scalpel model of third language acquisition. *International Journal of Bilingualism*. Epub ahead of print, June 30, 2016. DOI: 10.1177/1367006916655413.

Slabakova, Roumyana & Garcia-Mayo, María P. (2017): Testing the Current Models of Third Language Acquisition. In Angelovska, Tanja & Hahn, Angela (Eds.): *L3 Syntactic Transfer: Models, New Developments and Implications*. Amsterdam: Benjamins, 63–84.

Slobin, Dan I. (2000): Verbalized events. A dynamic approach to linguistic relativity and determinism. In Niemeier, Susanne & Dirven, René (Eds.): *Evidence for Linguistic Relativity*. Amsterdam: Benjamins, 107–138.

Slobin, Dan (2004): The many ways to search for a frog. Linguistic typology and the expression of motion events. In Strömqvist, Sven & Verhoeven, Ludo (Eds.) *Relating events in narrative: Typological and contextual perspectives*. Mahwah, NJ: Lawrence Erlbaum, 219–257.

Talmy, Leonard (2003): *Toward a cognitive semantics: Typology and process in concept structuring*. Vol. 2. Cambridge, MA: MIT Press.

Talmy, Leonard (2008): Lexical typology. In Shopen, Timothy (Ed.): *Language typology and syntactic description: Grammatical categories and the lexicon*. Cambridge: Cambridge University Press, 66–168.

Thomas, Jacqueline (1988): The role played by metalinguistic awareness in second- and third-language learning. *Journal of Multilingual and Multicultural Development* 9: 235–246.

Westergaard, Marit; Mitrofanova, Natalia; Mykhaylyk, Roksolana & Rodina, Yulia (2016): Crosslinguistic influence in the acquisition of a third language. The Linguistic Proximity Model. *International Journal of Bilingualism*. Epub ahead of print, June 30, 2016. DOI: 10.1177/1367006916648859.

Wildemann, Anja; Akbulut, Muhammed; Bien, Len & Reich, Hans H. (2015): Metasprachliche Interaktionen in mehrsprachigen Lernsettings. Ein Projekt zur Sprachbewusstheit im Grundschulalter. *ide* 4: 116–125.

Williams, Sarah & Hammarberg, Björn (1998): Language switches in L3 production. Implications for a polyglot speaking model. *Applied Linguistics* 19 (3): 295–333.
Zappatore, Daniela (2004): Die Abbildung des mehrsprachigen Sprachsystems im Gehirn. Zum Einfluss verschiedener Variablen. *Bulletin suisse de linguistique appliqué* 78: 61–77.

Nikolas Koch, Till Woerfel
Der Einfluss konstruktioneller Gebrauchsmuster in L1 und L2 auf die Verbalisierung intransitiver Bewegung bilingualer türkisch-deutscher Sprecher(innen)

1 Einleitung

Die Deutsch-als-Zweitsprache-Forschung hat in den letzten Jahren zur Erklärung von Transferprozessen bilingual aufwachsender Sprecher(innen) vermehrt typologische Unterschiede zwischen der Erst- und Zweitsprache in den Fokus genommen. Einen Untersuchungsgegenstand stellt hier die Versprachlichung von intransitiver Bewegung in türkisch-deutschen Lerner(innen)varietäten dar. Den theoretischen Rahmen hierfür bildet die in der sprachtypologischen Forschung intensiv diskutierte Unterscheidung in sog. *satellite-framed* (S-Sprachen) und *verb-framed* (V-Sprachen) (vgl. Talmy 2003, 2008; Slobin 2004). Die Unterscheidung basiert auf der Versprachlichung von Bewegungsereignissen, wonach Sprecher(innen) in der jeweiligen standardsprachlichen Erscheinung typischerweise nach einem sprachspezifischen Muster verfahren. Sprecher(innen) germanischer Sprachen (z.B. Deutsch) drücken etwa neben der semantischen Komponente der Bewegung[1], die ART UND WEISE oder die URSACHE einer BEWEGUNG im Verbstamm aus (z.B. *rennen*, s. Bsp. 1), während sie den WEG in verbalen Partikeln, in sog. Satelliten-Phrasen (z.B. *in das Haus hinein*), ausdrücken. Sprecher(innen) von romanischen Sprachen (z.B. Französisch) und Turksprachen (z.B. Türkisch) kodieren URSPRUNG und WEG bzw. WEG und ZIEL im Verbstamm (tr. *gir-* ‚sich hineinbewegen', s. Bsp. 2) sowie ART UND WEISE außerhalb des Verbs (tr. *koşarak* ‚rennend').

---

[1] Semantische Kategorien werden im vorliegenden Beitrag in Großbuchstaben dargestellt.

(1) Sie   rennt   in das Haus   (hinein).
     FIGUR   BEWEGUNG,   WEG/GRUND   WEG
              ART UND WEISE

(2) Koş-arak   ev-e   gir-iyor.
     Rennen   Haus   hinein.bewegen
     (KONV)   (DAT)   (PROG.3SG)
     ART UND WEISE   GRUND   BEWEGUNG, WEG, FIGUR
     ‚Sie/er bewegt sich rennend in
     das Haus.'

Nach Talmy lassen sich Sprachen typologisch zuordnen, je nachdem, wie diese semantischen Komponenten (und vor allem die Komponente WEG) auf syntaktischer Ebene abgebildet werden. Die typischen Muster einer Sprache geben, so Slobin (1996, 2000, 2004), nicht nur die sprachliche Organisation von Bewegungsereignissen vor, sondern haben darüber hinaus auch einen Einfluss auf die nicht-sprachlichen Vorgänge, also auf die kognitive Organisation. Eine Reihe von Studien liefert empirische Evidenz für die typologische Unterscheidung Talmys und zeigt darüber hinaus, dass Kinder schon in frühen Stadien des Erstspracherwerbs Mustern folgen, die denen erwachsener Sprecher(innen) ähneln (vgl. Choi & Bowerman 1991; Harr 2012; Hickmann 2006, 2007; Hickmann, Taranne & Bonnet 2009).

Im bilingualen Erstspracherwerb, frühen Zweitspracherwerb sowie Fremdsprachenerwerb werden Transferphänomene zwischen den Sprachen auf solche typologischen Unterschiede der erworbenen Sprachen zurückgeführt (vgl. u.a. Bernini, Spreafico & Valentini 2006; Brown & Gullberg 2008; Cadierno & Ruiz 2006; Cadierno 2008; Hohenstein, Eisenberg & Naigles 2006). Obwohl die Effektgröße des Transfers umso kleiner zu sein scheint, je früher eine weitere Sprache erworben wird oder je höher die Sprachkompetenz ist, finden Studien auch bei Sprecher(inne)n, die in frühester Kindheit zwei Sprachen ungesteuert erwerben, Abweichungen in der L1 und/oder der L2. Im Bereich des Deutschen als Zweitsprache stehen hier Sprecher(innen), die mit einer V-Sprache (Türkisch) und einer S-Sprache (Deutsch) bilingual aufwachsen, im Fokus jüngster empirischer Forschung.

Schroeder (2009) findet in schriftlichen deutschen Texten bilingualer türkisch-deutscher Jugendlicher die Vermeidung von Quellen- oder Zielergänzungen, wenn das finite Verb des Satzes ein expressives Bewegungsverb ist (z.B. *er torkelte* anstatt *er torkelte in das Zimmer*). In Bewegungsverbkonstruktionen mit direktionalen Ergänzungen verwenden die bilingualen Sprecher(innen) seiner

Studie ausschließlich die Verben *kommen* und *gehen*. Die Tendenz der Bevorzugung solcher generischer Verben anstatt expressiver Verben sowie eine Vermeidung direktionaler Ergänzungen finden auch Goschler et al. (2013) in natürlichen mündlichen Gesprächen türkisch-deutscher Jugendlicher sowie Woerfel (2018a) in mündlichen Nacherzählungen türkisch-deutscher Kinder. Die sprachlichen Abweichungen werden in den drei Studien überwiegend auf die typologischen Unterschiede zurückgeführt. Die Studie von Goschler (2009) zeigt, dass türkisch-deutsche Jugendliche in mündlichen Nacherzählungen häufiger das Verb *gehen* und signifikant weniger direktionale Ergänzungen (hier Präpositionalphrasen) gebrauchen. Goschler stößt darüber hinaus Überlegungen an, ob die gefundenen Effekte in den oben genannten Studien tatsächlich den typologischen Eigenschaften der L1 oder L2 und damit verbundenen nichtsprachlichen kognitiven Vorgängen zuzuschreiben sind, oder ob hier nicht „direktere Transferprozesse zwischen den Sprachen in Form von Bevorzugung bestimmter Konstruktionstypen zugrunde liegen" (Goschler 2009: 2; vgl. dazu auch Goschler 2013). Entsprechend läge bei den gefundenen Unterschieden eine Bevorzugung von Kombinationen semantisch leichter Verben+Satelliten bei Sprecher(inne)n von V-Sprachen bzw. von semantisch expressiven Verben+Satelliten in S-Sprachen vor (Goschler 2013: 125). Dieser Ansatz eröffnet auch eine alternative Sichtweise auf die Erklärung von Erwerbsprozessen, insofern bei bilingualen Sprecher(inne)n stärker der Transfer von Konstruktionen berücksichtigt werden muss. Damit ist dieser Ansatz in der Konstruktionsgrammatik zu verorten.

Vor diesem Hintergrund beschäftigt sich die vorliegende Studie mit der Versprachlichung intransitiver Bewegung von bilingualen türkisch-deutschen und monolingualen deutschen Sprecher(inne)n. Die zentrale Frage ist hier, ob eine Bevorzugung bestimmter Verben nicht auf den direkten Transfer auf der Grundlage typologischer Unterschiede zurückzuführen ist, sondern auf die Prototypizität bzw. Generizität bestimmter Verben einer Konstruktion, die auf der Grundlage von konstruktionellen Gemeinsamkeiten in L1 und L2 beruht. Hierfür erfolgt zunächst eine Einführung in die Konstruktionsgrammatik und eine Beschreibung der intransitiven Bewegungskonstruktion sowie deren möglicher prototypischer Verben im Deutschen und Türkischen. Im Anschluss werden die spezifischen Fragestellungen und Hypothesen eingeführt, die Methodik vorgestellt und die Ergebnisse präsentiert. Eine Zusammenfassung und Diskussion der zentralen Ergebnisse der Studie findet sich am Ende des Beitrags.

2 Die Bedeutung generischer und prototypischer Verben im Konstruktionserwerb

Die Konstruktion als fundamentale Einheit sprachlichen Wissens anzusehen, bildet den Kern konstruktionsgrammatischer Ansätze.[2] Vor allem in der Erklärung von Spracherwerbsprozessen konnte in zahlreichen Studien die Bedeutung von Konstruktionen nachgewiesen werden (vgl. die Übersicht in Goldberg 2006; Tomasello 2000, 2003; sowie für das Deutsche in Koch i.E.). Eine Schlüsselrolle spielen hierbei die von Goldberg (1995) vorgeschlagenen Argumentstrukturkonstruktionen. Hierunter werden zusammenhängende abstrakte Muster verstanden, denen ein semantischer Kern inhärent ist (Goldberg 2006: 6). Für das Englische sind die in Tabelle 1 zusammengefassten Argumentstrukturkonstruktionen festgehalten, die die Grundaussage auf der Ebene der Äußerung determinieren:

Tab. 1: Argumentstrukturkonstruktionen des Englischen nach Goldberg (1995: 3f.)

Konstruktion	semantischer Gehalt	Form	Beispiel
Ditransitive	X CAUSES Y to RECEIVE Z	Subj V Obj$_1$ Obj$_2$	Pat faxed Bill the letter.
Caused Motion	X CAUSES Y to MOVE Z	Subj V Obj Obl$_{path/loc}$	Pat sneezed the napkin off the table.
Resultative	X CAUSES Y to BECOME Z	Subj V Obj Xcomp	She kissed him unconscious.
Intransitive Motion	X MOVES Y	Subj V Obl$_{path/loc}$	The fly buzzed into the room.
Conative	X DIRECTS ACTION at Y	Subj V Obl$_{at}$	Sam kicked at Bill.

Wie Tabelle 1 zu entnehmen ist, fällt auch die Versprachlichung intransitiver Bewegungsereignisse in den Geltungsbereich von Argumentstrukturkonstruktion. Goldberg (1995) schlägt vor, diesen einen generellen semantischen Gehalt (MOVE) sowie eine spezifische Form (Subj V Obl$_{path/loc}$) zuzuschreiben. Um nachfol-

---

[2] Die Konstruktionsgrammatik stellt keine einheitliche, monolithische Theorie dar, sondern subsumiert eine Reihe von grammatiktheoretischen Ansätzen, die zentrale Ansichten über sprachliches Wissen teilen. Der vorliegende Artikel bezieht sich mit der Verwendung des Begriffs auf den kognitiv gebrauchsbasierten Ansatz Goldbergs (1995, 2003, 2006).

gend beurteilen zu können, inwiefern die von Goschler (2009) vorgeschlagene Berücksichtigung bestimmter Konstruktionstypen zur Erklärung von Transferprozessen bei Bilingualen relevant ist, erfolgt zunächst eine Beschreibung der *Intransitive Motion*-Konstruktion aus konstruktionsgrammatischer Perspektive. Abbildung 1 zeigt dabei die grafische Darstellung der *Intransitive Motion*-Konstruktion als Form-Bedeutungspaar:

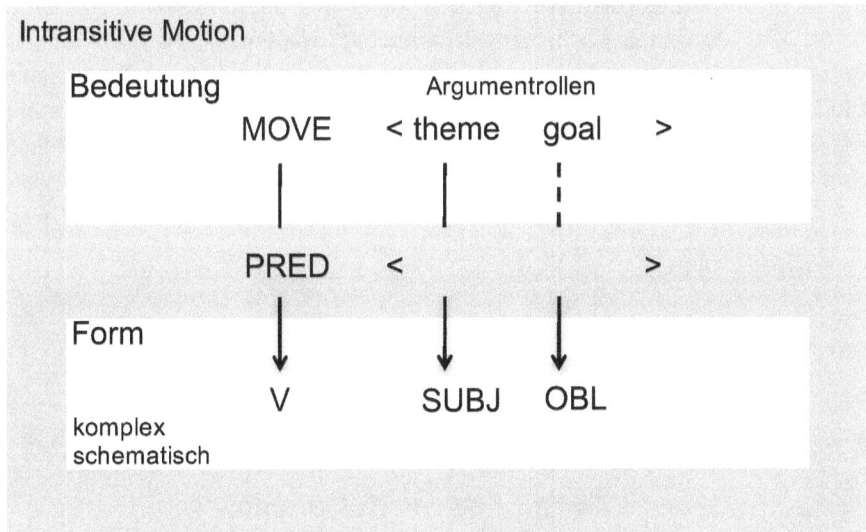

Abb. 1: Die *Intransitive Motion*-Konstruktion (Goldberg 1995: 78)

Ähnlich wie Talmy (2003) schlägt Goldberg (1995) eine Verbindung von semantischer und syntaktischer Ebene vor. Im Gegensatz zu anderen Grammatiktheorien sieht Goldberg diese Verbindung allerdings als einen integralen Bestandteil der Konstruktion selbst an. Der obere Bereich der Abbildung 1 enthält den semantischen Gehalt der Konstruktion (Bedeutung), der mit [MOVE] gekennzeichnet ist. Hieran sind spezifische Argumentrollen gebunden, die für eine Realisierung des semantischen Gehalts nötig sind (in Abbildung 1 *theme* und *goal*). Die Konstruktion selbst spezifiziert nun, welche ihrer Argumentrollen obligatorisch mit Partizipantenrollen[3] eines Verbs fusionieren müssen. In Abbildung 1 ist dies mithilfe der durchgezogenen Pfeile dargestellt. Dies gilt folg-

---

[3] Partizipantenrollen werden als Spezifizierungen oder Instanzen der semantisch unschärferen Argumentrollen aufgefasst (Goldberg 1995: 43).

lich für das Thema (*theme*). Die Argumentrolle Ziel bzw. Richtung (*goal*) muss nicht zwingend mit einer Partizipantenrolle des Verbs verbunden sein, um auf der Formebene realisiert zu werden, da die Konstruktion selbst diesen semantischen Gehalt beisteuert.

Der untere Bereich (Form) beinhaltet die syntaktische Struktur der Konstruktion. Gemäß der Formseite der *Intransitive Motion*-Konstruktion [Subj V Obl$_{path/loc}$] sind hier Verb (V), Subjekt (SUBJ) und ein obliques Objekt (OBL$_{path/loc}$) realisiert. Die Formebene dieser Konstruktion kann somit in Anlehnung an Croft (2001: 17f.) als komplex schematisch bezeichnet werden, da sie Slots für das Einsetzen lexikalischen Materials bereitstellt. Dies wird auch durch die Variable PRED deutlich, die als Platzhalter für ein spezifisches Verb steht, welches mit der Konstruktion kombiniert wird.[4] Abbildung 2 verdeutlicht einen solchen Prozess anhand der Beispieläußerung *er rollt an den Kegeln vorbei*:

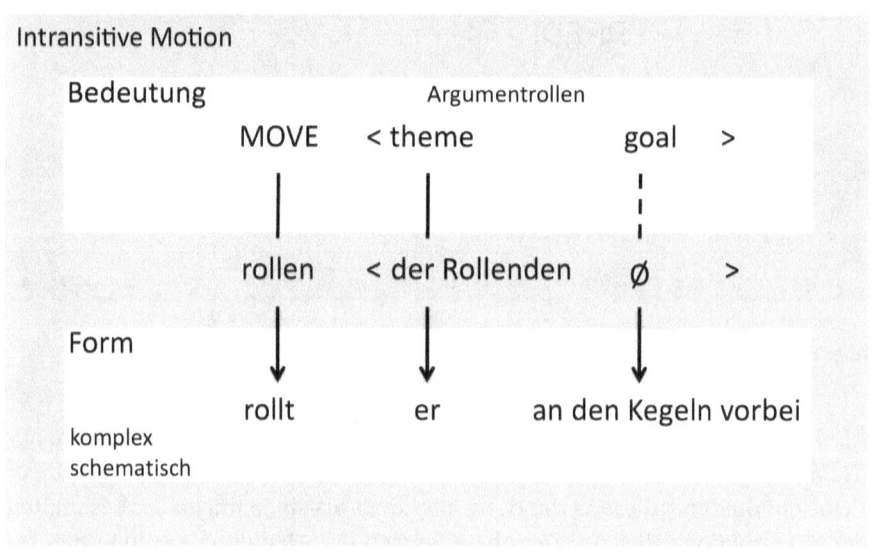

Abb. 2: Lexikalisch befüllte *Intransitive Motion*-Konstruktion (Goldberg 1995: 78)

Wie anhand der Abbildung 2 sichtbar wird, fusioniert im Folgenden die Argumentrolle *theme* der Konstruktion mit der Partizipantenrolle *Agens* (der Rollen-

---

[4] Die Konstruktion spezifiziert die Art und Weise, wie ein Verb mit ihr kombiniert werden kann. Dies wird von Goldberg (1995: 51) als R-Relation bezeichnet. Für eine detaillierte Auseinandersetzung vgl. Goldberg (1995: 59–66).

de) des Verbs. Syntaktisch wird dies als Subjekt realisiert. Weiterhin nimmt Goldberg an, dass ein obliques Objekt Teil der *Intransitive Motion*-Konstruktion ist. Dieses ist mit der Argumentrolle *goal* verbunden. Da das Verb *rollen* hierfür keine Partizipantenrolle zur Verfügung stellt, steuert die Konstruktion selbst diesen Bedeutungsgehalt bei. In der Beispieläußerung *er rollt an den Kegeln vorbei* wird demnach die Präpositionalphrase *an den Kegeln vorbei* nicht von der Valenz des Verbs gefordert, sondern von der Argumentrolle *goal* der Konstruktion.

Im Türkischen wäre eine solche lexikalische Befüllung ebenfalls möglich. Im Vergleich zum Deutschen gibt es jedoch eine Einschränkung hinsichtlich der Besetzung der Argumentrolle *goal*, insofern diese in Verbindung mit einem Manner-Verb keine Grenzüberschreitung kodieren kann (vgl. Slobin & Hoiting 1994; Özçalışkan 2013). Es besteht aber die Möglichkeit, *goal* wie in Beispiel 3 mit Adverbialen (*aşağı* ‚herunter') oder auch Postpositionen und dem Kasus zu realisieren, welche die Richtung einer Bewegung kodieren (vgl. dazu Woerfel 2018b).

(3) Yokuş aşağı   kayı-yor.
     Hügel herunter   rutschen (PROG.3SG)
     ‚Er/Sie rutscht den Hügel herunter.'
     (Özyürek & Kita 1999: 510)

Folgt man hier Überlegungen eines hybriden Modells exemplarbasierter Kategorisierung von Konstruktionen, ist davon auszugehen, dass es sich um zwei unterschiedliche Typen intransitiver Bewegungskonstruktionen im Deutschen und Türkischen handelt (vgl. Bybee 2010, 2013; Koch i.E.). Diese unterscheiden sich demnach hinsichtlich der Restriktion einzelner Slottypen. Berücksichtigt man die von Goldberg (1995: 79f.) formulierten *Instances links*, kann weiterhin angenommen werden, dass die Konstruktionen mental eng miteinander vernetzt vorliegen. Im Sinne Bybees (2010) wären Konstruktionen unterschiedlicher Sprachen demnach nichts anderes als Gebrauchsmuster, die ebenfalls innerhalb eines Clusters aufeinander abgebildet werden.

Sofern ein Verb die von der Konstruktion obligatorisch geforderten Partizipantenrollen aufweist, ist es prinzipiell möglich, jedes beliebige Verb mit der Konstruktion zu kombinieren. Tatsächlich lässt sich anhand von Korpusdaten aber nachweisen, dass einige Verben als prototypisch für die *Intransitive Motion*-Konstruktion angesehen werden können. Für das Englische konnten Goldberg, Casenhiser & Sethuraman (2004) dies sowohl für den Erwerb als auch die Verwendung der Konstruktion belegen. Anhand des Bates-Korpus (vgl. Bates,

Bretherton & Snyder 1991) sind hierzu der frühe Gebrauch der *Intransitive Motion*-Konstruktion von 27 Kindern im Alter von 28 Monaten sowie die Äußerungen von 22 Müttern an ihre Kinder untersucht worden.[5] Als Ergebnis der Studie lässt sich Folgendes festhalten: Von 224 Belegen der Verwendung der *Intransitive Motion*-Konstruktion von Kindern wurde diese 121 Mal mit dem Verb *go* geäußert. Dies entspricht 54 %. Am zweithäufigsten trat das Verb *get* mit 6 % auf. Hierauf folgten die Verben *fall* und *come* mit jeweils 5 % sowie die Verben *look*, *live* und *sit* mit jeweils 4 %. Ein ähnliches Bild zeigt sich auch in der Verwendung der Konstruktion seitens der jeweiligen Mütter (Goldberg, Casenhiser & Sethuraman 2004: 298). Es traten 353 Exemplare der *Intransitive Motion*-Konstruktion auf: In 136 Fällen wurde diese mit dem Verb *go* verwendet. Dies entspricht 39 %. Insgesamt wurde die Konstruktion mit 39 unterschiedlichen Verben geäußert. Abschließend lässt sich sagen, dass die *Intransitive Motion*-Konstruktion sowohl im Erwerbsprozess als auch bei der Verwendung von kompetenten Sprecher(inne)n eng mit dem Gebrauch des Verbs *go* verbunden ist, obwohl sich anhand der Erwachsenendaten eine hohe Variabilität innerhalb des Verbslots zeigte.

Dass dieses Ergebnis nicht nur für den monolingualen Erstspracherwerb des Englischen gilt, konnten Ellis & Ferreira-Junior (2009) in einer Adaption der Methode von Goldberg, Casenhiser & Sethuraman (2004) auch für den ungesteuerten L2-Erwerb des Englischen zeigen. Hierbei wurden auch die Ergebnisse der Konstruktionsverwendung von kompetenten Sprecher(inne)n bestätigt. Die Analyse wurde auf der Grundlage von Longitudinaldaten von sieben L2-Lerner(inne)n sowie deren L1-Konversationspartnern durchgeführt (Ellis & Ferreira-Junior 2009: 372). Folgende Ergebnisse lassen sich für die *Intransitive Motion*-Konstruktion festhalten: Von 900 Verbtokens verwendeten L1-Sprecher(innen) des Englischen 380 Mal das Verb *go* in Kombination mit der Konstruktion. Hierauf folgten die Verben *come* (130), *get* (100), *look* (70), *live* (50) sowie die Verben *stay* und *turn* (jeweils 30). Insgesamt traten 33 verschiedene Verben innerhalb der Konstruktion auf. Somit ergibt sich ein Anteil von 42 % des Verbs *go* in Verbindung mit der *Intransitive Motion*-Konstruktion. Bei den L2-Lerner(inne)n zeigte sich noch eine stärkere Verbindung zwischen Verb und Konstruktion. Hier machte die Verwendung von *go* 53 % aller Verbtokens aus (Ellis & Ferreira-Junior 2009: 373). Insgesamt traten hier weniger Verbtypen innerhalb der Konstruktion auf als bei den L1-Sprecher(inne)n.

---

5 Neben der *Intransitive Motion*-Konstruktion wurden auch die *Caused Motion*-Konstruktion sowie die Ditransitivkonstruktion untersucht.

Die Ergebnisse der Untersuchungen von Goldberg, Casenhiser & Sethuraman (2004) und Ellis & Ferreira-Junior (2009) zeigen, dass die *Intransitive Motion*-Konstruktion im Englischen eng mit für sie prototypischen Verben verbunden ist (*go, come, get, look, sit*). Aus dieser Beobachtung ergibt sich die Frage nach der Besonderheit dieser Verben. Diese lässt sich mit den Effekten der Prototypizität sowie Generizität einerseits und einer hohen Frequenz andererseits erklären (Ellis & Ferreira-Junior 2009: 379). Die Verben *go, come* und *get* treten beispielsweise nicht nur besonders häufig im Input auf, sondern sind semantisch weniger spezifisch als etwa Verben wie *sprint* (sprinten), *arrive* (ankommen) oder *travel* (reisen). Ellis & Ferreira-Junior (2009: 397) konnten dies mithilfe einer Akzeptanzstudie nachweisen. Das am häufigsten verwendete Verb *go* innerhalb der *Intransitive Motion*-Konstruktion wurde hierbei auf einer Skala von 1 bis 9 mit 7.4 für den Grad bewertet, inwieweit es die Konstruktionsbedeutung widerspiegelt (die Bewegung einer Figur an einen Ort oder in eine Richtung). Obwohl dieser Wert relativ hoch ist, wurden zehn andere Verben als prototypischer bewertet (u.a. *walk, run, jump*). Diese sind in ihrer Verwendung allerdings begrenzter als das Verb *go*: „*Walk, run,* and *jump* fit the change of location schema, but their specific requirements of manner of motion limit their general use." (Ellis & Ferreira-Junior 2009: 379) Im Gegensatz hierzu kann das Verb *go* mit einer größeren Anzahl unterschiedlicher Argumente innerhalb des Konstruktionsmusters realisiert werden, indem es dazu verwendet werden kann, nahezu jede Veränderung des Ortes oder der Richtung zu beschreiben. Demnach deckt sich auch die Semantik des Verbs *go* mit der Konstruktionssemantik und kann somit als prototypisch bezeichnet werden. Folgt man Goldberg (1995: 39), kodieren Argumentstrukturkonstruktionen Ereignisarten, die grundlegend für menschliche Erfahrung sind: „that of someone causing something, something moving, something becoming in a state, someone possessing something, something causing a change of state or location, something undergoing a change of state or location, and something having an effect on someone." Die für die *Intransitive Motion*-Konstruktion prototypischen Verben transportieren ein grundlegendes Erfahrungsmuster und somit eine Semantik, die sich mit der Konstruktionsbedeutung deckt. Vor allem für den Erwerb der Konstruktion scheint dies eine Schlüsselrolle zu spielen (Goldberg 2006: 77; Clark 1978: 43; Briem et al. 2009).

Für das Deutsche und Türkische liegen bisher keine empirischen Erkenntnisse hinsichtlich prototypischer Verben in der intransitiven Bewegungskonstruktion vor. Die in Woerfel (2018a) durchgeführte Frequenzanalyse von Bewegungsverben, die in *Intransitive* und *Caused Motion*-Konstruktionen in verschiedenen Korpora der Datenbank für gesprochenes Deutsch (DGD 2, Institut für deutsche Sprache 2014) sowie im *Turkish National Corpus* (Aksan et al. 2012) vorkommen[6], lässt jedoch Rückschlüsse zu, dass analog zum Englischen die Verben *gehen* und *kommen* im Deutschen und umgekehrt *gelmek* ‚kommen' und *gitmek* ‚gehen' im Türkischen als prototypisch angesehen werden können. Neben *gehen* (1953 Tokens) und *kommen* (1832) zählen die expressiven Verben *fahren* (1520) und *laufen* (361) zu den frequentesten Bewegungsverben im gesprochenen Deutsch. Im Türkischen folgen *gelmek* (1326) und *gitmek* (733), die Weg kodierenden Verben *çıkmak* ‚verlassen' (653), *geçmek* ‚überqueren/passieren' (455) und *girmek* ‚sich hinein bewegen' (387).

3 Forschungsfragen und Hypothesen

Im Hinblick auf den Gebrauch der intransitiven Bewegungskonstruktion im Deutschen wurden folgende Forschungsfragen mit den jeweils zugehörigen Hypothesen untersucht:

1. Unterscheiden sich bilinguale türkisch-deutsche und monolinguale Sprecher(innen) im Deutschen hinsichtlich der Besetzung des *verbal slot* der intransitiven Bewegungskonstruktion?

    H1: Türkisch-deutsche bilinguale Sprecher(innen) unterscheiden sich von monolingualen Sprecher(inne)n des Deutschen hinsichtlich der Besetzung des *verbal slot* der intransitiven Bewegungskonstruktion.

    H1.1: Türkisch-deutsch bilinguale sowie monolinguale Sprecher(innen) bilden die intransitive Bewegungskonstruktion mit für sie prototypischen und generischen Verben. Monolinguale Sprecher(innen) verwenden im Gegensatz zu bilingualen Sprecher(inne)n mehr expressive als generische Verben.

---

[6] Die Analyse umfasst die Korpora Forschungs- und Lehrkorpus für gesprochenes Deutsch, Freiburger Korpus, König-Korpus und Pfeffer-Korpus (insgesamt 1.856.044 *tokens*; DGD Version 2.2, letzter Zugriff am 01.10.2014) und das Turkish National Corpus (insgesamt 47.641.688 *tokens* ausschließlich geschriebener Textformen aus dem Zeitraum 1990–2009). Nicht-Bewegungskontexte wurden manuell extrahiert. Bei hochfrequenten Verben (z.B. dt. *kommen, gehen*; tr. *gelmek, gitmek*) wurde ein zufälliges sample gezogen (10 % des Gesamtvorkommens eines Typen), der Anteil des Nicht Bewegungskontexts bestimmt und dieser auf das Gesamtvorkommen aufgerechnet.

2. Verändert sich die Verwendung der *Intransitive Motion*-Konstruktion bei bilingualen Sprecher(inne)n hinsichtlich der Besetzung des *verbal slot* mit zunehmendem Alter?
   H2: Mit zunehmendem Alter nimmt die Anzahl expressiver Verben im Gegensatz zu generischen Verben zu.

4 Methode

Um die Hypothesen überprüfen zu können, ist eine Re-Analyse der Daten von Woerfel (2018a) vorgenommen worden, die um einen weiteren Datensatz älterer bilingualer Sprecher(innen) ergänzt wurde. Hinsichtlich der Analyse intransitiver Bewegungskonstruktionen diente ausschließlich die von Goldberg (1995) definierte *Intransitive Motion*-Konstruktion. Diese wurde in der vorliegenden Analyse auf die direktionale Ergänzung beschränkt (Subj V Obl$_{path}$).

Proband(inn)en: Im Rahmen der Studie wurden Sprachdaten von insgesamt 36 Proband(inn)en im Alter von neun bis 16 Jahren untersucht. Die Proband(innen)en setzen sich aus einer jüngeren (n=15; M=9;9 Jahre) sowie einer älteren bilingualen Gruppe (n=6; M=14;4) und einer monolingualen Kontrollgruppe (n=15; M=9;9) zusammen. Alle bilingualen Proband(inn)en haben Türkisch als Erstsprache erworben und Deutsch als frühe Zweitsprache während ihrer ersten fünf Lebensjahre. Die Eltern der bilingualen Sprecher(innen) haben ebenfalls alle Türkisch als Erstsprache erworben und sprechen Türkisch als Familiensprache. Die monolingualen Proband(inn)en haben Deutsch als Erstsprache erworben und weisen nur minimale Kenntnisse in einer ersten Fremdsprache auf (vgl. Woerfel 2018a).

Material: Die Daten wurden mittels zweier mündlicher Nacherzählungen sowie über einen Eltern- und einen Kinderfragebogen erhoben. Der erste Task bestand aus verschiedenen Zeichentricksequenzen (*Sylvester und Tweety*, u.a. *Canary Row* Stimulus, vgl. McNeill 2001; im Folgenden „*Tweety*-Task"), die von allen Proband(inn)en mündlich im Deutschen nacherzählt wurden. Jüngeren bilingualen und monolingualen Sprecher(inne)n wurden insgesamt acht Sequenzen unterschiedlicher Länge (30 Sek. bis 1,5 Min.), älteren bilingualen Proband(inn)en nur sechs dieser Sequenzen präsentiert. Der zweite Task stellte kurze, realistische Videosequenzen dar, in denen unterschiedliche Bewegungsarten im Vordergrund standen, mit dem Ziel, den spezifischen Bewegungsverbwortschatz zu ermitteln (zum Datenerhebungsverfahren vgl. Woerfel 2018a). Dieser Task wurde nur bei den jüngeren bilingualen und den monolingualen Proband(inn)en durchgeführt.

Datenaufbereitung und Analysekriterien: Beide Tasks wurden in EXMA-RaLDA transkribiert und alle versprachlichten intransitiven Bewegungsereignisse mithilfe des Query Tools EXAKT annotiert (vgl. Schmidt & Wörner 2009). Um die formulierten Forschungsfragen und zugehörigen Hypothesen zu überprüfen, wurden die mündlichen Nacherzählungen des *Tweety*-Tasks hinsichtlich der beiden folgenden Analysekriterien ausgewertet: Frequenz der Bewegungsverbkategorie des *verbal slot* und Typ-Frequenz des *verbal slot*. Damit wird hier Überlegungen eines gebrauchsbasierten Ansatzes gefolgt (vgl. Barlow & Kemmer 2000; Bybee 1985, 2001, 2006, 2010; Langacker 1987, 1988; Tomasello 2003), indem von unterschiedlichen Einflüssen von Frequenzeffekten auf sprachliche Strukturen ausgegangen wird.

Frequenz der Bewegungsverbkategorie: Im Kontext der vorliegenden Untersuchung wird die Frequenz der Bewegungsverben innerhalb des *verbal slot* der *Intransitive Motion*-Konstruktion in drei verschiedene Kategorien unterteilt: Verben, welche die Art und Weise kodieren (Manner-Verben, bspw. *rennen*, *torkeln*), welche den Weg kodieren (Weg-Verben, bspw. *verschwinden*) und welche semantisch neutral sind (generische Verben, bspw. *gehen, kommen*).

Typ-Frequenz: Unter dem Begriff der Typ-Frequenz wird die Anzahl unterschiedlicher Formen bezeichnet, die innerhalb eines Musters auftreten. Hiermit können erneut verschiedene sprachliche Ebenen erfasst werden wie bspw. die Wortbildung. Nachfolgend steht die Besetzung des *verbal slot* der *Intransitive Motion*-Konstruktion im Fokus der Analyse.

5 Ergebnisse

Frequenz der Bewegungsverbkategorie: Hinsichtlich der Frequenzanalyse der Bewegungsverbkategorien lassen sich folgende Ergebnisse festhalten: Wie Tabelle 2 zeigt, verwenden bilinguale Sprecher(innen) im Alter von 9;9 Jahren im *Tweety*-Task häufiger (M=49,62, SD=20,6) generische Verben (s. Bsp. 4) in der intransitiven Bewegungskonstruktion als monolinguale Sprecher(innen) im selben Alter (M=19,38; SD=13,21). Der Unterschied ist statistisch hoch signifikant (t(28)=-4,79; p=<.001***)[7].

---

[7] Die Daten der Stichproben t(N) sind normalverteilt und entstammen einer Grundgesamtheit mit gleicher Varianz. Entsprechend wurde ein parametrischer Zweistichproben-t-Test für unabhängige Stichproben durchgeführt. Als Signifikanzniveau werden folgende p-Werte bestimmt: p<0.001*** = hoch signifikant; p<0.01** = sehr signifikant; p<0.05 = signifikant und

(4) die bowling kugl is in die katze rein gegang (Ozan, bilingual Türkisch-Deutsch, 9;4)

Mit zunehmendem Alter ist ein Rückgang der Verwendung generischer Verben bei bilingualen Sprecher(inne)n zu beobachten (M=17,07, SD=23,65); der Unterschied zwischen jüngeren und älteren bilingualen Sprecher(inne)n ist statistisch sehr signifikant (t(19)=3,14, p=<.01**). Ältere bilinguale und monolinguale Sprecher(innen) verwenden in etwa gleich viele generische Verben (s. Bsp. 5 und 6). Dieser Unterschied ist entsprechend statistisch nicht signifikant.

(5) also die katze is aufn andres gebäude gegang (Pia, monolingual Deutsch, 9;4)

(6) ja er ist dann immer wegge / gegangen auf dem strommast (Ercan, bilingual Türkisch-Deutsch, 14;4)

Tab. 2: Frequenz der Bewegungsverbkategorie des *verbal slot*

Intransitive Bewegungskonstruktion mit:	Bilingual (9;9)	Bilingual (14;4)	Monolingual (9;9)
Generischen Verben	49,62	17,07	19,38
Manner-Verben	50,38	82,93	80,17

Umgekehrt verwenden monolinguale (M=80,17; SD=13,58; t(28)=4,68, *p*=<.001***) sowie ältere bilinguale Sprecher(innen) (M=82,93, SD=23,65, t(19)= -3,14; *p*=<.01**) signifikant häufiger Manner-Verben im Vergleich zu jüngeren bilingualen Sprecher(inne)n (M=50,38, SD=20,6) (s. Bsp. 7 und 8). Auch wenn monolinguale Sprecher(innen) etwas weniger häufig Manner-Verben verwenden als ältere bilinguale Sprecher(innen), ist der Unterschied statistisch nicht signifikant. Auffällig ist, dass auf Weg-Verben weder von monolingualen noch von bilingualen Sprecher(inne)n zurückgegriffen wird – lediglich ein Vorkommen findet sich bei einem monolingualen Sprecher (s. Bsp. 9).

---

p=≥0.05 = nicht signifikant. Zusätzlich werden der Gruppendurchschnitt (M) und die Standardabweichung (SD) sowie die Gesamtstichprobe minus der Freiheitsgrade (t(N-df)) angegeben.

(7) und is durch ein rohr das an der maua entlang ging durch geschlüpft
(Mattis, monolingual Deutsch, 9;8)

(8) jetzt klettert die katze so n so n strommast hoch und balanciert über diese kabel
(Inci bilingual Türkisch-Deutsch, 14;5)

(9) un tweety verschwand ürgndwie mit granny smith in in die straßnbahn
(Moritz monolingual Deutsch, 9;7)

Typ-Frequenz: Wie aus Tabelle 3 ersichtlich wird, zeigt die Auswertung der verwendeten Bewegungsverbtypen, dass bilinguale Sprecher(innen) etwas weniger (20) unterschiedliche Bewegungsverben im *Tweety*-Task verwenden als monolinguale (27). Der Abstand bleibt in etwa gleich, wenn man die verwendeten Typen im Kontrolltask hinzuzieht (Bilinguale 22; Monolinguale 31).

Tab. 3: Typ Frequenz des *verbal slot*

Bewegungsverbtypen	Bilinguale (9;9)	Monolinguale (9;9)
Tweety-Task	20	27
Kontrolltask	14	23
Gesamt	22	31

Die Analyse der verwendeten Bewegungsverbtypen im *Tweety*-Task zeigt, dass jüngere bilinguale Sprecher(innen) in der Relation zu den insgesamt verwendeten Bewegungsverben einige Verben häufiger (*gehen, rennen, kommen*) und andere wiederum weniger häufig (*klettern, fliegen, rollen, laufen, fallen, schwingen, schleichen, fahren, landen*) verwenden als monolinguale und ältere bilinguale Sprecher(innen).[8] Abbildung 3 zeigt eine Übersicht der Verben, die von beiden Gruppen jeweils mindestens zehn Mal im *Tweety*-Task verwendet wurden.

---

[8] Ein Verbtypenvergleich zwischen jüngeren bi-/monolingualen und älteren bilingualen Sprecher(inne)n wäre aufgrund des unterschiedlichen Umfangs der Datenerhebung ungenau. Entsprechend wurden die Daten der älteren bilingualen Sprecher(innen) in dieser Analyse nicht berücksichtigt.

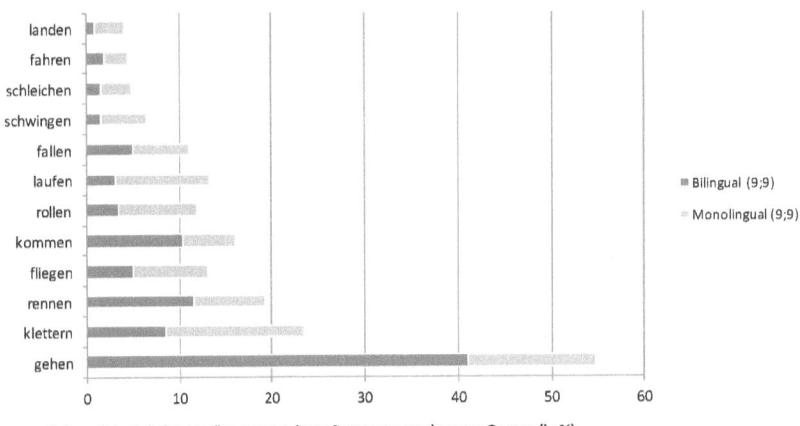

Abb. 3: Verwendete Bewegungsverben von monolingualen und jüngeren bilingualen Sprecher(inne)n in Prozent

Um zu überprüfen, ob bzw. wie stark die von den beiden Gruppen jeweils präferierten Verben von dem *verbal slot* der intransitiven Bewegungskonstruktion angezogen werden, wurde eine kollostruktionale Analyse (vgl. Gries & Stefanowitsch 2004) vorgenommen, welche die beobachteten Frequenzen von Kookkurrenzen (hier das Lemma in intransitiver Bewegungskonstruktion) mit den erwarteten Frequenzen vergleicht (unter der Voraussetzung, dass zwischen dem Lemma und der Konstruktion keine Abhängigkeitsbeziehung besteht).

Analog zu Goschler (2009) zeigen die Ergebnisse der kollostruktionalen Analyse, dass sich die oben dargestellten Unterschiede auf nur wenige Bewegungsverben zurückführen lassen. Vergleicht man die von jüngeren bilingualen Sprecher(inne)n bevorzugten Verben, so zeigt sich eine statistisch signifikant höhere Verwendung ausschließlich bei dem generischen Verb *gehen*.[9] Die Ergebnisse sind in Tabelle 4 dargestellt:

---

[9] Bei der kollostruktionalen Analyse wird in der Regel auf den Fisher-Test (*Fisher's Exact Test*) zurückgegriffen, der die Signifikanz auf Unabhängigkeit in Kontingenztafeln testet. Im Gegensatz zu anderen Unabhängigkeitstests ist er weniger sensibel, etwa bei kleineren oder nicht normalverteilten Stichproben (Gries & Stefanowitsch 2004:101).

Tab. 4: Von türkisch-deutsch bilingualen Sprecher(inne)n bevorzugte Verben

Verb	Bilingual (9;9)		Monolingual (9;9)		P-Wert (Fisher's Exact)
	Beob.	Erw.	Beob.	Erw.	
gehen	107	72,59	34	68,41	<0.001***
rennen	30	25,22	19	23,78	0.18
kommen	27	21,1	14	19,89	0.07

Von den Verben, welche monolinguale Sprecher(innen) häufiger als bilinguale Sprecher(innen) verwenden, sind die Manner-Verben *klettern, laufen, rollen* und *schwingen* signifikant häufiger. Dies wird aus Tabelle 5 ersichtlich.

Tab. 5: Von monolingualen Sprecher(inne)n bevorzugte Verben

Verb	Monolingual (9;9)		Bilingual (9;9)		P-Wert (Fisher's Exact)
	Beob.	Erw.	Beob.	Erw.	
klettern	37	28,62	22	30,37	0,02*
laufen	25	16,01	8	16,99	<0.01**
rollen	25	14,56	15	15,54	0.02*
fliegen	20	16,01	15	16,99	0.21
fallen	15	13,59	13	14,41	0.7
schwingen	12	7,76	4	8,24	0.04*
schleichen	8	5,82	4	6.18	0,25
fahren	6	5,34	5	5,67	0,77
landen	8	4,85	2	5,15	0,56

6 Zusammenfassung und Diskussion

Die übergeordnete Fragestellung dieser Studie war, ob eine Bevorzugung bestimmter Verben in der intransitiven Bewegungskonstruktion bei bilingualen türkisch-deutschen Sprecher(inne)n auf die Prototypizät bzw. Generizität bestimmter Verben einer Konstruktion, die auf der Grundlage von konstruktionellen Gemeinsamkeiten in der L1 Türkisch und der L2 Deutsch beruht, zurückzuführen ist. Hierfür wurden einerseits die Frequenz der Kategorie (Manner-Verben, Weg-Verben, generische Verben) und andererseits die Typen der verwendeten Bewegungsverben ermittelt. Die Analyse der Bewegungsverbkategorie des *verbal slot* hat gezeigt, dass bilinguale Sprecher(innen) im Alter von 9;9 Jahren bei der Versprachlichung intransitiver Bewegungsereignisse ca. zur Hälfte (49,62 %) generische Verben verwenden. Die monolinguale Vergleichsgruppe hingegen benutzte hierbei signifikant weniger, nämlich nur zu einem Fünftel (19,38 %), generische Verben. Damit kann die Hypothese H1, dass sich türkisch-deutsche bilinguale Sprecher(innen) von monolingualen Sprecher(inne)n des Deutschen hinsichtlich der Besetzung des *verbal slot* der intransitiven Bewegungskonstruktion unterscheiden, als bestätigt angesehen werden. Des Weiteren hat die Analyse der Typ-Frequenz gezeigt, dass Monolinguale im Vergleich zu Bilingualen mehr spezifische Verben verwenden (s. Tabelle 5). Demnach kann auch die Hypothese H1.1, dass türkisch-deutsch bilinguale sowie monolinguale Sprecher(innen) die intransitive Bewegungskonstruktion mit für sie prototypischen und generischen Verben bilden und dass monolinguale Sprecher(innen) im Gegensatz zu bilingualen Sprecher(inne)n mehr spezifische als generische Verben verwenden, als belegt angesehen werden.

Eine mögliche Erklärung für diese Unterschiede könnte ein bei bilingualen Sprecher(inne)n typischerweise unterschiedlich ausgeprägtes Lexikon sein. Dies lässt sich jedoch auf der Grundlage der Auswertung des Kontrolltasks verneinen. Bilinguale Sprecher(innen) verfügen durchaus über ein differenziertes Lexikon hinsichtlich spezifischer Bewegungsverben, denen sie dennoch häufig generische Verben vorziehen. Eine naheliegende Erklärung wäre somit, dass hier ein Einfluss aus dem Türkischen vorliegt. Ein direkter Transfer etwa der Besetzung des *verbal slot* mit einem Weg-Verb, wie im Türkischen üblich, kann bei den Bilingualen nicht vermutet werden. Das Deutsche stellt schlicht zu wenige lexikalische Ressourcen hierfür zur Verfügung. Das häufige Zurückgreifen auf ein generisches Verb anstatt auf ein Manner-Verb könnte aber als ein indirekter Einfluss des Türkischen angesehen werden. Die Kombination von Manner-Verben mit direktionaler Erweiterung ist im Türkischen zwar möglich, aber im Vergleich zum Deutschen deutlich eingeschränkt. Häufiger erfordern dagegen türkische Weg-Verben eine direktionale Ergänzung (Aksu-Koç 1994: 352; Schroeder 2001). Entsprechend kann vermutet werden, dass hier eine ‚türkische Strategie' vorliegt, wenn Bilinguale im Deutschen Manner-Verben generische Verben vorziehen. Diese sind semantisch neutral und kommen in ihrer deiktischen Verwendung türkischen Weg-Verben näher (vgl. Schroeder 2009; Woerfel 2018a) – aus typologischer Perspektive läge somit kein direkter Transfer zugrunde. Dennoch beeinflusst das konstruktionelle Gebrauchsmuster des Türkischen die Besetzung des *verbal slot* im Deutschen.

Andererseits lässt sich auch im Deutschen eine enge Verknüpfung generischer und prototypischer Verben mit Konstruktionen beobachten. Die Verben *gehen, kommen, fahren* und *laufen* zählen zu den am häufigsten verwendeten Verben im gesprochenen Deutsch innerhalb von Bewegungskonstruktionen (vgl. Woerfel 2018a). Die beiden frequentesten Verben (*gehen* und *kommen*) werden auch von den jüngeren Bilingualen bevorzugt verwendet. Allerdings kann auch bei Monolingualen neben den expressiven Verben *klettern* und *laufen* eine häufige Verwendung des Verbs *gehen* beobachtet werden. Demnach scheint die *Intransitive Motion*-Konstruktion, ähnlich wie für das Englische von Goldberg, Casenhiser & Sethuraman (2004) sowie Ellis & Ferreira-Junior (2009) gezeigt, mit dem Verb *gehen* verknüpft zu sein. In diesem Zusammenhang kann vermutet werden, dass das häufige Auftreten im Input sich in der elizitierten Verwendung der Konstruktion widerspiegelt, wie anhand der Kollexem-Analyse deutlich wurde. Somit wäre anzunehmen, dass die Inputfrequenz im Sinne eines gebrauchsbasierten Ansatzes von Sprache Auswirkungen auf die mentale Repräsentation und somit Zugänglichkeit von Konstruktionen hat (Bybee 2010: 79, 2013: 50; Barlow & Kemmer 2000: X).

Neben der hohen Frequenz kann darüber hinaus angenommen werden, dass *gehen* die von Ellis & Ferreira-Junior (2009) definierten Kriterien der Prototypizität sowie Generizität hinsichtlich der von Goldberg (1995) formulierten *Intransitive Motion*-Konstruktion erfüllt. Obwohl eine Akzeptanzstudie wie die von Ellis & Ferreira-Junior (2009) bislang fehlt, wird davon ausgegangen, dass sich die Semantik des deutschen Verbs *gehen* mit der Konstruktionsbedeutung der *Intransitive Motion*-Konstruktion deckt. Mit beiden lässt sich die Bewegung einer Figur an einen Ort oder in eine Richtung beschreiben.

Bezüglich der zweiten Forschungsfrage konnte beobachtet werden, dass eine qualitative Veränderung der Besetzung des *verbal slot* innerhalb der Konstruktion bei Bilingualen stattfindet. Die Daten zeigen, dass Bilinguale mit zunehmendem Alter mehr expressive Verben verwenden und sich wie die monolinguale Vergleichsgruppe, die im Durchschnitt jünger ist, verhalten (s. Tabelle 2). Auch wenn zwischen den monolingualen und den älteren bilingualen Sprecher(inne)n ein Abstand von vier Jahren liegt, hat sich die Hypothese H2, dass mit zunehmendem Alter die Anzahl expressiver Verben im Gegensatz zu generischen Verben zunimmt, ebenfalls bestätigt. Neben dem angeführten Kriterium der Frequenz, das sich sowohl auf die Verwendung der Konstruktion von Monolingualen wie auch Bilingualen auswirkt und damit kein unterscheidendes Kriterium sein kann, bleibt die Frage nach dem Grund für die Unterschiede in den dargestellten Ergebnissen. Aus einer konstruktionsgrammatischen Perspektive kann hier argumentiert werden, dass der häufige Gebrauch des Musters generisches Verb + direktionale Erweiterung und eine entsprechende prototypische Besetzung mit dem Verb *gehen* im Deutschen konstruktionelle Unterstützung aus der L1 Türkisch erhält, in der dasselbe Muster vorliegt. Entsprechend kann vermutet werden, dass hier Gebrauchspräferenzen zugrunde liegen: Bilinguale greifen auf solche Muster zurück, die in ihren beiden Sprachen existieren und die dann gebräuchlicher und prototypischer für sie sind als vergleichsweise für monolinguale Sprecher(innen) (vgl. dazu die Diskussion in Goschler 2013: 127). Diese Vermutung müsste zusätzlich empirisch durch eine Analyse der verwendeten Muster in der L1 Türkisch der bilingualen Sprecher(innen) sowie von monolingualen Sprecher(inne)n des Türkischen überprüft werden.

7 Ausblick

Wie zuvor diskutiert wurde, lassen sich die dargestellten Ergebnisse aus dem Zusammenspiel von Frequenzeffekten einerseits und konstruktionellen Gebrauchsmustern in L1 und L2 andererseits erklären. Ein dritter Einflussfaktor, der mit den beiden zuvor genannten unmittelbar verknüpft ist, wird im kognitiven Arbeitsaufwand zur Produktion sprachlicher Muster gesehen. Es wird vermutet, dass Bilinguale länger bei der Verwendung generischer Verben in der *Intransitive Motion*-Konstruktion bleiben als Monolinguale, da dies mit einem geringeren Verarbeitungsaufwand verbunden ist. Dies legen die Ergebnisse der Studie von Briem et al. (2009) nahe. In einer MEG-Studie mit 22 erwachsenen monolingualen Sprecher(inne)n des Deutschen ist der Zusammenhang neuronaler Aktivität mit sog. *light-verb constructions* im Gegensatz zu nicht-*light-verb constructions* untersucht worden. Hierzu wurden in drei unterschiedlichen Experimenten potenzielle *light-verbs* wie *geben*, *gehen* oder *kommen* expressiven Verben wie *erwarten* gegenübergestellt. Zunächst geschah dies ohne weitere Argumente (Experiment 1), zusammen mit einem Subjektpronomen (Experiment 2) und schließlich in Transitiväußerungen mit drei Wörtern (Experiment 3) (Briem et al. 2009: 178). Unter allen drei Bedingungen verursachten *light-verbs* weniger neuronale Aktivität als die spezifischen Verben: „In sum the present results indicate distinct cortical processing of verbs that are distinguished by their semantic reading as 'light' or 'heavy'" (Briem et al. 2009: 178). Briem et al. (2009: 177f.) führen dies auf die semantische Unterspezifiziertheit von *light-verbs* zurück, die sich in einer Reduktion lexikalischer Prozessierungskosten niederschlägt. Allerdings wurden in der Studie von Briem et al. (2009) *light-verbs* vs. expressive Verben nicht in derselben Konstruktion untersucht. Damit fehlt eine theoretische Überprüfung einer konstruktionsgrammatischen Sprachtheorie, indem die Bedeutung von Argumentstrukturkonstruktionen, wie sie Goldberg (1995) vorschlägt, ausgeblendet wird. Hierzu wäre es nötig, die neuronale Verarbeitungskapazität vermeintlich neutraler Verben gegenüber expressiveren innerhalb derselben Argumentstrukturkonstruktion wie etwa der *Intransitive Motion*-Konstruktion zu testen. Auch die von Wittenberg (2016) angeführte Kritik an Briem et al. (2009) sowie die Ergebnisse ihrer Studie zu Prozessierungskosten von *light-verb constructions* und deren mentaler Repräsentation muss unter dem hier angeführten Argument einer Berücksichtigung konstruktionsgrammatischer Überlegungen kritisch gesehen werden. Folgt man den Ausführungen von Goldberg (1995, 2003, 2006), so gibt es per se keine *light-verb constructions*, sondern Argumentstrukturkonstruktionen, deren Semantik die Grundaussage auf der Ebene der Äußerung bestimmen. Hiermit können generische Verben oder *light-verbs* kombiniert werden. Es wird hier deshalb vermutet, dass Bilinguale länger bei der Verwendung von solchen Verben innerhalb der *Intransitive Motion*-Konstruktion bleiben als Monolinguale, da die Semantik der Äußerung gleichzeitig auch über die Konstruktion selbst getragen wird und expressivere Verben zu einem erhöhten Prozessierungsaufwand führen würden. Dies gilt es allerdings empirisch zu überprüfen.

8 Literatur

Aksan, Yeşim; Aksan, Mustafa; Koltuksuz, Ahmet; Sezer, Taner; Mersinli, Ümit; Demirhan, Umut U. & Yılmazer, Hakan (2012): Construction of the Turkish National Corpus (TNC). In Calzolari, Nicoletta; Choukri, Khalid; Declerck, Thierry; Doğan, Mehmet U.; Maegaard, Bente; Mariani, Joseph; Moreno, Asuncion; Odijk, Jan & Piperidis, Stelios (Eds.): *Proceedings of the eighth International Conference on Language Resources and Evaluation*. İstanbul: European Language Resources Association, 3223–3227.

Aksu-Koç, Ayhan (1994): Development of linguistic forms: Turkish. In Berman, Ruth & Slobin, Dan (Eds.): *Relating events in narrative. A crosslinguistic developmental study*. Mahwah, NJ: Lawrence Erlbaum, 339–392.

Barlow, Michael & Kemmer, Suzanne (Eds.) (2000): *Usage Based Models of Language*. Stanford, CA: CSLI publications.

Bates, Elizabeth; Bretherton, Inge & Snyder, Lynn (1991): *From first words to grammar. Individual differences and dissociable mechanisms*. Cambridge: Cambridge University Press.

Bernini, Giuliano; Spreafico, Lorenzo & Valentini, Ada (2006): Acquiring motion verbs in a second language: The case of Italian L2. *Linguistica e filologia* 23: 7–26.

Briem, Daniela; Balliel, Britta; Rockstroh, Brigitte; Butt, Miriam; Schulte im Walde, Sabine & Assadollahi, Ramin (2009): Distinct processing of function verb categories in the human brain. *Brain research* 1249: 173–180.

Brown, Amanda & Gullberg, Marianne (2008): Bidirectional crosslinguistic influence in L1-L2 encoding of manner in speech and gesture: A study of Japanese speakers of English. *Studies in Second Language Acquisition* 30 (2): 225–251.

Bybee, Joan (1985): *Morphology. A Study of the Relation between Meaning and Form*. Amsterdam: Benjamins.

Bybee, Joan (2001): *Phonology and Language Use*. Cambridge: Cambridge University Press.

Bybee, Joan (2006): *Frequency of Use and the Organization of Language*. Oxford: Oxford University Press.

Bybee, Joan (2010): *Language, usage and cognition*. Cambridge: Cambridge University Press.

Bybee, Joan (2013): Usage-based Theory and Exemplar Representations of Constructions. In Hoffmann, Thomas & Trousdale, Graeme (Eds.): *The Oxford Handbook of Construction Grammar*. Oxford: Oxford University Press, 49–69.

Cadierno, Teresa (2008): Learning to talk about motion in a foreign language. In Robinson, Peter & Ellis, Nick (Eds.): *Handbook of cognitive linguistics and second language acquisition*. New York: Routledge, 239–275.

Cadierno, Teresa & Ruiz, Lucas (2006): Motion events in Spanish L2 acquisition. *Annual Review of Cognitive Linguistics* 4: 183–216.

Choi, Soonja & Bowerman, Melissa (1991): Learning to express motion events in English and Korean. The influence of language-specific lexicalization patterns. *Cognition* 41: 83–121.

Clark, Eve (1978): Discovering what words can do. In Farkas, Donka; Jacobsen, Wesley & Todrys, Karol (Eds.): *Papers from the parasession on the lexicon*. Chicago, IL: Chicago Linguistic Society, 34–57.

Croft, William (2001): *Radical Construction Grammar: Syntactic Theory in Typological Perspective*. Oxford: Oxford University Press.

Ellis, Nick & Ferreira-Junior, Fernando (2009): Construction learning as a function of frequency, frequency distribution, and function. *The Modern Language Journal* 93 (3): 370–385.

Goldberg, Adele (1995): *Constructions. A construction grammar approach to argument structure*. Chicago: University of Chicago Press.

Goldberg, Adele (2003): Constructions: a new theoretical approach to language. *Trends in Cognitive Sciences* 7 (5): 219–224.

Goldberg, Adele (2006): *Constructions at work. The nature of generalization in language*. Oxford: Oxford University Press.

Goldberg, Adele; Casenhiser, Devin & Sethuraman, Nitya (2004): Learning argument structure generalizations. *Cognitive Linguistics* 15 (3): 289–316.

Goschler, Juliana (2009): Typologische und konstruktionelle Einflüsse bei der Kodierung von Bewegungsereignissen in der Zweitsprache. In Sahel, Said & Vogel, Ralf (Eds.): *Proceedings of the tenth Norddeutsches Linguistisches Kolloquium*. Bielefeld: eCollections, 40–65.

Goschler, Juliana (2013): Motion events in Turkish-German contact varieties. In Goschler, Juliana & Stefanowitsch, Anatol (Eds.): *Variation and change in the encoding of motion events*. Amsterdam: Benjamins, 115–132.

Goschler, Juliana; Woerfel, Till; Stefanowitsch, Anatol; Wiese, Heike & Schroeder, Christoph (2013): Beyond conflation patterns: The encoding of motion events in Kiezdeutsch. In Stefanowitsch, Anatol (Ed.): *Yearbook of the German Cognitive Linguistics Association*. Berlin: de Gruyter Mouton, 237–252.

Gries, Stefan & Stefanowitsch, Anatol (2004): Extending collostructional analysis: A corpus-based perspective on 'alternations'. *International Journal of Corpus Linguistics* 9 (1): 97–129.

Harr, Anne-Katharina (2012): *Language-specific factors in first language acquisition: The expression of motion events in French and German*. Boston: de Gruyter Mouton.
Hickmann, Maya (2006): The relativity of motion in first language acquisition. In Hickmann, Maya & Robert, Stéphane (Eds.): *Space in languages. Linguistic systems and cognitive categories*. Amsterdam: Benjamins, 281–308.
Hickmann, Maya (2007): Static and dynamic location in French. Developmental and cross-linguistic perspectives. In Aurnague, Michel; Hickmann, Maya & Vieu, Laure (Eds.): *The categorization of spatial entities in language and cognition*. Amsterdam: Benjamins, 205–231.
Hickmann, Maya; Taranne, Pierre & Bonnet, Philippe (2009): Motion in first language acquisition. Manner and path in French and English child language. *Journal of Child Language* 36 (4): 705–741.
Hohenstein, Jill; Eisenberg, Ann & Naigles, Letitia (2006): Is he floating across or crossing afloat? Cross-influence of L1 and L2 in Spanish–English bilingual adults. *Bilingualism: Language and Cognition* 9 (3): 249–261.
Institut für deutsche Sprache (2014): *Datenbank für Gesprochenes Deutsch* (DGD-2).
Koch, Nikolas (i.E.): *Die Etablierung produktiver Schemata im Erstspracherwerb des Deutschen*. München: Ludwig-Maximilians-Universität (unveröffentlichte Dissertation).
Langacker, Ronald (1987): *Foundations of Cognitive Grammar. Theoretical Prerequisites*. Stanford: Stanford University Press.
Langacker, Ronald (1988): A usage-based model. In Rudzka-Ostyn, Brygida (Ed.): *Topics in Cognitive Linguistics*. Amsterdam: Benjamins, 127–161.
McNeill, David (2001): Analogic/analytic representations and cross-linguistic differences in thinking for speaking. *Cognitive Linguistics* 11 (1–2): 43–60.
Özçalışkan, Şeyda (2013): Ways of crossing a spatial boundary in typologically distinct languages. *Applied Psycholinguistics* 36 (2): 1–24.
Özyürek, Aslı & Kita, Sotaro (1999): Expressing manner and path in English and Turkish. Differences in speech, gesture, and conceptualization. In Hahn, Martin & Stoness, Scott (Eds.): *Proceedings of the twenty-first Annual Conference of the Cognitive Science Society*. Mahwah, NJ: Erlbaum, 507–512.
Schmidt, Thomas & Wörner, Kai (2009): EXMARaLDA – Creating, analysing and sharing spoken language corpora for pragmatic research. *Pragmatics* 19: 365–582.
Schroeder, Christoph (2001): Markierungsvariation von Dativ und Null bei nicht-deiktischen Lokalangaben im Türkischen. Eine exemplarische Fallstudie. In Boeder, Winfried & Hentschel, Gerd (Hrsg.): *Variierende Markierung von Nominalgruppen in Sprachen unterschiedlichen Typs*. Oldenburg: BIS, 325–344.
Schroeder, Christoph (2009): Gehen, laufen, torkeln. Eine typologisch gegründete Hypothese für den Schriftspracherwerb in der Zweitsprache Deutsch mit Erstsprache Türkisch. In Schramm, Karen & Schroeder, Christoph (Hrsg.): *Empirische Zugänge zu Sprachförderung und Spracherwerb in Deutsch als Zweitsprache*. Münster: Waxmann, 185–201.
Slobin, Dan (1996): From 'thought and language' to 'thinking for speaking'. In Gumperz, John & Levinson, Stephen (Eds.): *Rethinking linguistic relativity*. Cambridge, UK: Cambridge University Press, 70–96.
Slobin, Dan (2000): Verbalized events. A dynamic approach to linguistic relativity and determinism. In Niemeier, Susanne & Dirven, René (Eds.): *Evidence for linguistic relativity*. Amsterdam: Benjamins, 107–138.

Slobin, Dan (2004): The many ways to search for a frog. Linguistic typology and the expression of motion events. In Strömqvist, Sven & Verhoeven, Ludo (Eds.): *Relating events in narrative: Typological and contextual perspectives*. Mahwah, NJ: Lawrence Erlbaum, 219–257.

Slobin, Dan & Hoiting, Nini (1994): Reference to movement in spoken and signed languages. Typological considerations. In Gahl, Susanne; Johnson, Christopher & Dolby, Andy (Eds.): *Proceedings of the twentieth annual meeting of the Berkeley Linguistics Society: February 18–21, 1994. General session dedicated to the contributions of Charles J. Fillmore*. Berkeley, CA: Berkeley Linguistics Society, 487–504.

Talmy, Leonard (2003): *Toward a cognitive semantics. Typology and process in concept structuring*. Vol. 2. Cambridge, MA: MIT Press.

Talmy, Leonard (2008): Lexical typology. In Shopen, Timothy (Ed.): *Language typology and syntactic description. Grammatical categories and the lexicon*. Cambridge: Cambridge University Press, 66–168.

Tomasello, Michael (2000): A usage-based approach to child language acquisition. *Annual Meeting of the Berkeley Linguistics Society Berkeley* 26 (1): 305–317.

Tomasello, Michael (2003): *Constructing a language. A usage-based theory of language acquisition*. Cambridge: Harvard University Press.

Wittenberg, Eva (2016): *With light verb constructions from syntax to concepts*. Potsdam: Universitätsverlag.

Woerfel, Till (2018a): *Encoding motion events – The impact of language-specific patterns and language dominance in bilingual children*. Boston: de Gruyter Mouton.

Woerfel, Till (2018b): Path encoding in the verbal periphery in Turkish. Variation and constraints. In Akıncı, Mehmet-Ali & Yağmur, Kutlay (Eds.): *The Rouen meeting. Studies on turkic structures and language contacts*. Wiesbaden: Harrassowitz, 299–312.

Anja Steinlen, Thorsten Piske
Deutsch- und Englischleistungen von Kindern mit und ohne Migrationshintergrund im bilingualen Unterricht und im Fremdsprachenunterricht: Ein Vergleich

1 Fragestellung

In Deutschland wird immer wieder diskutiert, welche schulischen Leistungen Schüler(innen) mit Migrationshintergrund erzielen können. Dabei wurde ein Migrationshintergrund in Verbindung mit dem sprachlichen Hintergrund und der in der häuslichen Lernumwelt vorherrschenden Familiensprache wiederholt als Risikofaktor für hinreichenden Erwerb der deutschen Sprache und damit gleichzeitig für Bildungsbeteiligung und Kompetenzerwerb beschrieben (vgl. Chudaske 2012; vgl. auch IGLU und PISA[1]). Nach dem Statistischen Bundesamt (2017: 4) hat

> [e]ine Person [...] einen Migrationshintergrund, wenn sie selbst oder mindestens ein Elternteil die deutsche Staatsangehörigkeit nicht durch Geburt besitzt. Die Definition umfasst im Einzelnen folgende Personen: 1. zugewanderte und nicht zugewanderte Ausländer; 2. zugewanderte und nicht zugewanderte Eingebürgerte; 3. (Spät-)Aussiedler; 4. mit deutscher Staatsangehörigkeit geborene Nachkommen der drei zuvor genannten Gruppen.

Schon im Jahr 2015 betraf dies etwa 35 % aller Kinder unter zehn Jahren (vgl. Statistisches Bundesamt 2016). Bedeutet diese Zahl, dass es sich bei über einem Drittel aller Schüler(innen) in Deutschland tatsächlich um eine potenzielle Risikogruppe handelt?

Was ist überhaupt über die schulischen Leistungen von Schüler(inne)n mit Migrationshintergrund bekannt? In Untersuchungen zu Deutschleistungen haben

---

[1] Die Abkürzungen in diesem Beitrag stehen für folgende Studien: IGLU (Internationale Grundschul-Lese-Untersuchung), KEIMS (Kompetenzentwicklung in multilingualen Schulklassen), KESS (Kompetenzen und Einstellungen von Schüler[inne]n), EVENING (Evaluation Englisch in der Grundschule in Nordrhein-Westfalen), IQB (Institut zur Qualitätsentwicklung im Bildungswesen), DESI (Deutsch Englisch Schülerleistungen International), PISA (*Programme for International Student Assessment*)

diese bisher tatsächlich schlechtere Leistungen als Schüler(innen) ohne Migrationshintergrund gezeigt, und zwar sowohl an Grundschulen (vgl. IGLU 2011: Schwippert, Wendt & Tarelli 2012; KEIMS: Chudaske 2012; KESS: Bos & Pietsch 2006) als auch an weiterführenden Schulen (vgl. Hesse, Göbel & Hartig 2008; Stanat, Böhme, Schipolowski & Haag 2016; PISA: Stanat, Rauch & Segeritz 2010). Was die Englischleistungen von Schüler(inne)n mit Migrationshintergrund im herkömmlichen Fremdsprachenunterricht betrifft, erbrachten Neuntklässler(innen) mit Migrationshintergrund in verschiedenen Studien gleich gute bzw. bessere Leistungen als vergleichbare Schüler(innen) ohne Migrationshintergrund (vgl. Hesse, Göbel & Hartig 2008; Stanat, Böhme, Schipolowski & Haag 2016). Für den Grundschulbereich liegen dagegen (vor allem in Bezug auf das englische Hörverstehen) uneinheitliche Ergebnisse vor: In einigen Studien zeigten Schüler(innen) mit Migrationshintergrund gleich gute oder bessere Leistungen als ihre Altersgenoss(inn)en ohne Migrationshintergrund (vgl. EVENING: Keßler & Paulick 2010), in anderen Studien erbrachten sie schlechtere Leistungen (vgl. Elsner 2007; KESS: May 2006). In einer der Untersuchungen, in denen Schüler(innen) mit Migrationshintergrund schlechtere Leistungen erzielten als jene ohne Migrationshintergrund, zog Elsner (2007: 245f.) die Schlussfolgerung, dass „die sprachlichen Kompetenzen vieler mehrsprachiger Kinder in ihrer Muttersprache und ihrer Zweitsprache nicht auszureichen scheinen, um im schulischen Fremdsprachenunterricht, wie er derzeit konzipiert ist, gute Lernerfolge erzielen zu können".

Aufgrund dieser Annahme stellt sich die Frage, ob Schüler(innen) mit Migrationshintergrund, die Schulen mit anders konzipierten Fremdsprachenprogrammen besuchen, dort bessere Leistungen erzielen. Solche Programme finden sich z.B. an Schulen, die sich an dem bilingualen Ansatz der frühen Immersion[2] orientieren, dem in Deutschland immer mehr Schulen folgen und der sich dadurch auszeichnet, dass ein oder mehrere Sachfächer ausschließlich in der Fremdsprache (zumeist Englisch oder Französisch) unterrichtet werden, wobei Fachtermini immer in der Fremdsprache und auf Deutsch erarbeitet werden. Meistens ist die Lehrkraft dabei keine L1-Sprecherin der Fremdsprache, sie besitzt aber eine hohe fremdsprachliche (und didaktische) Kompetenz (vgl. Tamm 2010).

Insgesamt lassen sich an den Studien zum Immersionsunterricht sehr positive Ergebnisse ablesen: So hat sich in Bezug auf die Englischkenntnisse gezeigt, dass das Niveau deutlich höher ist als das, was im lehrgangsbasierten Fremdsprachenunterricht erreicht wird (vgl. Zaunbauer, Gebauer & Möller 2012;

---

2 Laut des Vereins für frühe Mehrsprachigkeit in Kindertagesstätten und Schule (FMKS, 2014) bieten zurzeit ca. 2 % aller Grundschulen ein solches Programm an.

Wesche 2002). Des Weiteren erzielten immersiv unterrichtete Grundschulkinder in Tests zum deutschen Lesen und Schreiben ebenso gute Ergebnisse wie einsprachig deutsch unterrichtete Kinder (vgl. Gebauer, Zaunbauer & Möller 2012). Auch hinsichtlich ihres Fachwissens (z.B. in Mathematik oder Sachkunde) schnitten immersiv unterrichtete Grundschulkinder gleich gut bzw. besser ab (vgl. Kuska, Zaunbauer & Möller 2010; Genesee 1987). Diese Ergebnisse wurden allerdings gewöhnlich in Studien mit relativ homogenen Gruppen von immersiv unterrichteten Lerner(inne)n erzielt, d.h. mit Schüler(inne)n aus eher bildungsnahen deutschsprachigen Familien. In Deutschland wurde dagegen bisher kaum untersucht, wie geeignet Immersionsunterricht für Schüler(innen) mit Migrationshintergrund ist. Auch international liegen zu dieser Frage fast nur Untersuchungen aus weiterführenden Schulen vor, und diese stammen hauptsächlich aus Kanada: Dort zeigten Schüler(innen) mit Migrationshintergrund in französischen Immersionsprogrammen bessere Französischleistungen als monolingual Englisch aufwachsende Schüler(innen) (vgl. Hart, Lapkin & Swain 1987). Über deren Kenntnisse in der Umgebungssprache Englisch ist dabei nichts bekannt. Laut Hurd (1993) profitierten die Schüler(innen) mit Migrationshintergrund jedoch besonders dann vom Immersionsunterricht, wenn ihre Familiensprache adäquat gefördert wurde.

In diesem Artikel stehen in Anlehnung an bereits erwähnte Studien der Immersions- und Unterrichtsforschung folgende Fragen im Vordergrund:
1. Unterscheiden sich die Deutsch- und Englischleistungen von Schüler(inne)n mit und ohne Migrationshintergrund am Ende der Klasse 4, und zwar vor allem hinsichtlich des Lesens und Schreibens?
2. Welche Englischleistungen (in Bezug auf den Europäischen Referenzrahmen, Europarat 2001) werden am Ende der vierten Klasse in einem Immersions- und einem Fremdsprachenunterrichts-Programm erreicht?

2 Methode und Durchführung

In einer staatlichen Stadtteilschule in Tübingen wird seit 2008 sowohl ein Musikzweig als auch ein bilingualer Zweig mit je einem Zug pro Jahrgang angeboten. Im bilingualen Zweig (nachfolgend als Immersion bezeichnet) werden alle Fächer außer Deutsch, Religion und Mathematik nach dem Verfahren der frühen partiellen Immersion auf Englisch unterrichtet. Dies bedeutet, dass ab Klasse 1 ca. 50 % des Unterrichts auf Englisch stattfindet (vgl. Tamm 2010). Im Musikzweig wird regulärer Englischunterricht (nachfolgend Fremdsprachenunterricht genannt) ab Klasse 1 mit jeweils zwei Stunden pro Woche erteilt. Alle Lehrkräfte haben das Fach Englisch studiert, wobei der Englischunterricht teilweise von Lehrkräften erteilt wird, die auch im bilingualen Zweig unterrichten. Im Immersionszweig werden die Kinder zuerst auf Deutsch alphabetisiert, jedoch ist die englische Schrift von Anfang an präsent. Ab Mitte der ersten Klasse werden verschiedene Leseaktivitäten durchgeführt und die Kinder beginnen damit, einzelne englische Wörter zu schreiben. Längere Texte produzieren die Kinder ab der dritten Klasse, jedoch steht hier die Rechtschreibung nicht im Fokus. Der reguläre Fremdsprachenunterricht im Musikzweig folgt den Vorgaben des Bildungsplans von Baden-Württemberg (vgl. Ministerium für Kultus Baden-Württemberg 2016).

In der hier vorliegenden Studie wurden die Daten von drei Kohorten analysiert (2013–2015), wobei alle Kinder am Ende der vierten Klasse getestet wurden. Die 63 Schüler(innen) des Immersionszweigs waren im Durchschnitt 10;3 Jahre alt (SD: 5,2 Monate), der Anteil an Kindern mit Migrationshintergrund betrug 52 %. Insgesamt 73 Schüler(innen) besuchten den regulären Fremdsprachenunterricht (davon hatten wiederum 52 % einen Migrationshintergrund), das Durchschnittsalter betrug hier 10;6 Jahre (SD: 8,8 Monate). Ein Migrationshintergrund lag dann vor, wenn, laut Elternfragebogen, ein oder beide Elternteile im Ausland geboren worden waren und darüber hinaus in der Familie (zusätzlich zu Deutsch) eine andere Sprache gesprochen wurde (s.a. IGLU, KESS, KEIMS). Da die Tests an verschiedenen Tagen stattfanden, differiert die Anzahl der Testpersonen pro Test aus Krankheitsgründen oder wegen anderer Schulaktivitäten. An der Schule wurden in beiden Programmen sowohl Daten zum familiären Hintergrund erhoben als auch Tests zum Lesen und Schreiben im Deutschen und Englischen durchgeführt.[3]

Familiäre Variablen wurden anhand eines Elternfragebogens erfasst, der z.B. das Alter des Kindes, sein Geburtsland und das der Eltern festhält und darüber hinaus, ob das Kind in der Familie Deutsch gelernt hat und wie häufig Deutsch als Umgangssprache in der Familie verwendet wird. Um den sozioökonomischen Hintergrund der Schüler(innen) abzubilden, wurden die Eltern gebeten, ihren Wohlstand einzuschätzen sowie den höchsten Bildungsabschluss anzugeben (s.a. Zaunbauer & Möller 2007).

---

[3] An dieser Stelle soll dem Kollegium der Hügelschule in Tübingen, den studentischen Hilfskräften am Lehrstuhl für Fremdsprachendidaktik der FAU Erlangen-Nürnberg und insbesondere den Kindern für ihre Teilnahme herzlich gedankt werden. Dieses Projekt wurde teilweise von der Philosophischen Fakultät und dem Fachbereich Theologie der FAU Erlangen-Nürnberg als Programmpauschale 2013 gefördert.

Kognitive Variablen: Die allgemeine Intelligenz wurde im Gruppenverfahren anhand der *Standard Progressive Matrices* (SPM, Raven 1976) geschätzt. Die Erhebung der kognitiven Grundfähigkeit dient der Überprüfung einer Vergleichbarkeit der untersuchten Gruppen, da sich klassen- oder schulzweigspezifische Unterschiede hinsichtlich dieser Leistungsvoraussetzung auf die sprachlichen und fachbezogenen Leistungen auswirken könnten (vgl. Bleakley & Chin 2004).

Deutsch-Tests: Das Leseverstehen wurde mit dem ELFE (*Ein Lesetest für Erst- bis Sechstklässler*, Lenhard & Schneider 2006) gemessen, der das Leseverstehen auf Wort-, Satz- und Textebene ermittelt. Insgesamt konnten 120 Punkte erreicht werden. Die Reliabilität liegt zwischen 0.92 und 0.97, abhängig vom Untertest. Die Rechtschreibfertigkeiten wurden mit der HSP (*Hamburger Schreibprobe*, May 2002) erfasst. Als Maß wurde die Anzahl der korrekt geschriebenen Wörter berechnet. Die Reliabilität liegt bei 0.93. Der Test für Klasse 4 besteht aus 16 einzelnen Wörtern und fünf Sätzen; maximal konnten 42 Punkte erreicht werden.

Englisch-Tests: Das PSAK (*Primary School Assessment Kit*, Little, Simpson & Catibusic 2003) wurde für die Beurteilung der englischen Sprachkenntnisse von Kindern mit nicht-englischem Hintergrund in Irland entwickelt und wurde gewählt, weil er eine Einstufung in Bezug auf die vom Europarat (2001) entwickelten Sprachniveaus A1, A2 und B1 ermöglicht. Im Untertest zum Lesen (PSAK-R) werden Wörter mit Bildern verbunden, Lückentexte ausgefüllt und Fragen zu Texten beantwortet; maximal können 45 Punkte erlangt werden. Die Aufgaben zum englischen Schreiben (PSAK-W) bestehen aus Bildunterschriften, Lückentexten und einer freien Textproduktion. In der Auswertung werden Rechtschreibung, Vokabular und Grammatik in Betracht gezogen. Insgesamt können 39 Punkte erreicht werden. Da für den PSAK keine statistischen Kennziffern vorliegen, wurden Reliabilitätswerte von 0.85 bzw. 0.80 errechnet (Cronbachs Alpha).

3 Ergebnisse

Um Varianzanalysen zu berechnen, wurde die SPSS Version 23 (2014) verwendet. Die Daten wurden nicht um Ausreißer bereinigt und fehlende Daten nicht imputiert. In allen Analysen wurde festgestellt, dass die Annahmen der Homogenität von Varianz und Sphärizität erfüllt wurden. Im Folgenden werden jeweils vier Gruppen miteinander verglichen, und zwar Schüler(innen) ohne und mit Migrationshintergrund im Immersionszweig (IM-DE und IM-MIG) bzw. im regulären Fremdsprachenunterricht (FU-DE und FU-MIG).

3.1 Familiäre Variablen

Insgesamt lag die Rücklaufquote bei den Fragebögen bei 65 % (Fremdsprachenunterricht) bzw. bei 84 % (Immersionszweig).[4] Nach Aussagen der Lehrkräfte lagen bei den Eltern oftmals Zeitprobleme vor, was auch erklären könnte, warum nicht alle Fragen von allen Eltern beantwortet worden waren.

Varianzanalysen zeigten in Bezug auf den elterlichen Hintergrund keinen signifikanten Unterschied zwischen den vier Gruppen.[5] Unabhängig vom Schulzweig oder vom Sprachhintergrund weisen die Eltern einen eher leicht gehobenen sozio-ökonomischen Hintergrund auf: Im Durchschnitt wurde als höchster Schulabschluss die Fachhochschulreife genannt, und der Wohlstand wurde als leicht überdurchschnittlich eingeschätzt.

Die Schule konnte ihr Profil durch die Einführung eines Ganztagsangebots sowie des Immersions- und des Musikzweigs deutlich schärfen. Meldeten gerade viele deutschsprachige Familien ihre Kinder vor der Einführung dieser Angebote noch an einer benachbarten Schule an, stieg die Zahl der Anmeldungen mit den neuen Angeboten deutlich an.

3.2 Kognitive Variablen

In Bezug auf die allgemeine Intelligenz ergaben die Ergebnisse des SPM keine signifikanten Unterschiede zwischen den vier Gruppen.[6] Unabhängig von der Unterrichtsform (Immersion oder Fremdsprachenunterricht) und dem Sprachhintergrund erbrachten die Viertklässler in beiden Zweigen altersgerechte Werte.[7]

3.3 Die Lese- und Schreibtests

In den Deutschtests wurden signifikante Unterschiede zwischen den vier Gruppen ermittelt (s. Abbildung 1).[8] Wie *post-hoc*-Tests zeigen, unterscheiden sich

---

[4] Generell gilt eine Quote von 75 % als zufriedenstellend (vgl. Draugalis, Coons & Plaza 2008).
[5] Höchster Bildungsabschluss eines Elternteils: $F(3, 71) = 1{,}326$, $p=0.273$. Selbsteingeschätzter Wohlstand: $F(3, 73) = 1.808$, $p=0.153$.
[6] SPM: $F(3, 106) = 2{,}525$, $p=0.062$.
[7] Rohwerte zwischen 34 und 41 Punkte gelten laut Heller, Kratzmeier & Lengfelder (1998) als altersgerecht. Die vier Gruppen erreichten zwischen 35 und 39 Punkte.
[8] ELFE: $F(3, 128) = 2.749$, $p=0.046$. HSP: $F(3, 124) = 14.138$, $p=0.000$.

die Ergebnisse des Lesetests ELFE der Schüler(innen) mit Migrationshintergrund im Fremdsprachenunterricht signifikant von denen der Schüler(innen) ohne Migrationshintergrund im Fremdsprachenunterricht und im Immersionszweig, jedoch gab es im Immersionsprogramm keine signifikanten Unterschiede zwischen Schüler(inne)n mit und ohne Migrationshintergrund.[9] In Bezug auf den Schreibtest HSP schnitten die Schüler(innen) mit Migrationshintergrund im Fremdsprachenunterricht ebenfalls schlechter ab als die anderen drei Gruppen,[10] und sie lagen dabei in beiden Deutschtests auch unter den Normwerten. Im Immersionszweig wurden keine signifikanten Unterschiede zwischen den beiden Gruppen ermittelt.

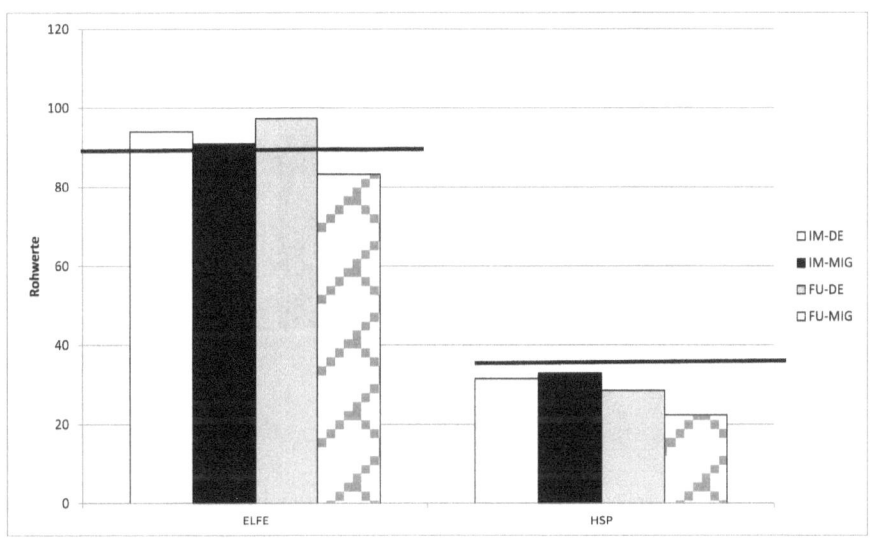

Abb. 1: Ergebnisse der vier Gruppen für den ELFE und für die HSP[11]

In Bezug auf das Lesen (PSAK-R) und Schreiben (PSAK-W) auf Englisch zeigt Abbildung 2 ebenfalls Unterschiede,[12] wobei diese vor allem der Unterrichtsform

---

9 ELFE post-hoc-Tests: Signifikante Unterschiede zwischen FU-DE und FU-MIG sowie zwischen FU-MIG und IM-DE ($p<0.05$), jedoch nicht zwischen den anderen Gruppen ($p>0.05$).
10 HSP post-hoc-Tests: Signifikante Unterschiede zwischen den Gruppen FU-MIG und FU-DE, FU-MIG und IM-MIG, FU-MIG und IM-DE, FU-DE und IM-MIG ($p<0.05$), jedoch nicht für die anderen Gruppen ($p>0.05$).
11 Die horizontalen Linien markieren die Normwerte (HSP: 30–33 Punkte, ELFE: 88 Punkte).
12 PSAK-R: $F(3, 123) = 26.353$, $p=0.000$. PSAK-W: $F(3, 122) = 40.388$, $p=0.000$.

und der damit verbundenen Inputmenge (50 % vs. 7 % der Unterrichtszeit auf Englisch) geschuldet sind. Insgesamt erreichen die Immersions-Schüler(innen) beim PSAK-R oberes A2-Niveau (teilweise sogar B1) und beim PSAK-W fast A2-Niveau. Die Schüler(innen) im regulären Fremdsprachenunterricht liegen beim PSAK-R zwischen A1 und A2 und beim PSAK-W bei A1.

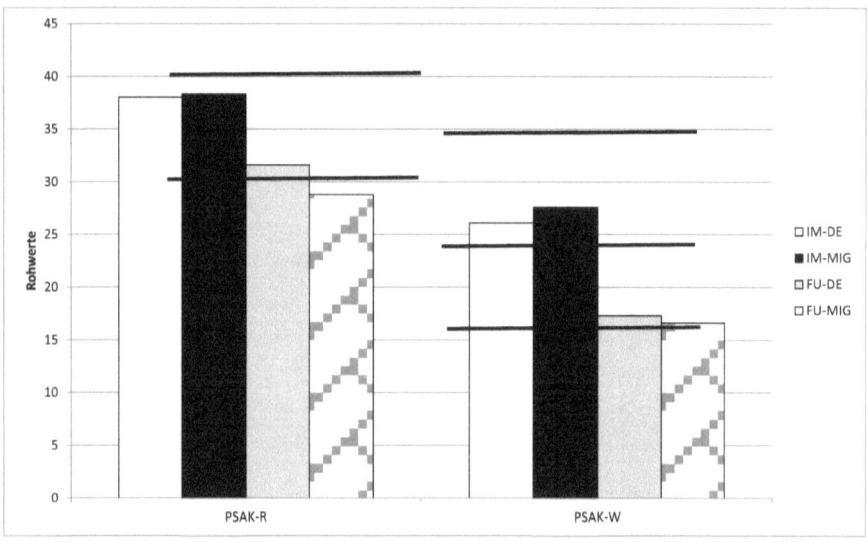

Abb. 2: Ergebnisse für den PSAK-R und den PSAK-W[13]

Schüler(innen) mit Migrationshintergrund erbrachten in beiden Englischtests im Fremdsprachenunterricht schlechtere Leistungen als Schüler(innen) ohne Migrationshintergrund. Eine solche Diskrepanz wurde im Immersionszweig nicht beobachtet, hier schnitten beide Gruppen gleich ab.[14]

---

[13] Die horizontalen Linien markieren die Sprachniveaus A1 (13+ bzw. 15+ Punkte), A2 (22+ bzw. 28+ Punkte) und B1 (35+ bzw. 43+ Punkte).
[14] PSAK-R post-hoc-Tests: Keine signifikanten Unterschiede zwischen IM-DE und IM-MIG ($p>0.05$), jedoch signifikante Unterschiede zwischen FU-DE und FU-MIG ($p<0.05$). Die gleichen Ergebnisse zeigten die post-hoc-Tests für den PSAK-W.

4 Diskussion

Ein Vergleich der Englischleistungen von Schüler(inne)n mit Immersionsunterricht und Englisch Regelunterricht im Lesen und Schreiben am Ende der vierten Klasse bestätigte, dass das fremdsprachliche Niveau im Immersionsprogramm tatsächlich deutlich höher war als das, was im lehrgangsbasierten Fremdsprachenunterricht erreicht wurde. Ähnliche Ergebnisse liegen von anderen Studien aus dem In- und Ausland vor (vgl. Zaunbauer, Gebauer & Möller 2012; Wesche 2002). In Bezug auf den Europäischen Referenzrahmen erwarben die Schüler(innen) im Immersionszweig im Laufe ihrer Grundschulzeit Leseleistungen, die zwischen dem Niveau A2 und B1 lagen, das heißt, sie waren nicht nur in der Lage, kurze einfache Sätze (A1), sondern auch einfache Texte zu verstehen (A2/B1, je nach Textkomplexität). In Bezug auf das englische Schreiben lagen die Immersions-Schüler(innen) fast auf dem Niveau A2. Dieses Niveau wird, laut Kultusministerkonferenz (2004), eigentlich erst am Ende der Jahrgangsstufe 9 (Hauptschulabschluss) erreicht.

Die englischen Leistungen der Schüler(innen) aus dem regulären Fremdsprachenunterricht lagen bei A1 (Schreiben) bzw. zwischen A1 und A2 (Lesen) und übertrafen somit für das Lesen die Erwartungen des Bildungsplans Baden-Württemberg (2016), der für Schüler(innen) am Ende ihrer Grundschulzeit generell das Referenzniveau A1 anstrebt. Für den regulären Fremdsprachenunterricht sind dies wertvolle Ergebnisse, da die englischen Schreibfähigkeiten von Grundschulkindern bisher nicht systematisch untersucht und damit die Leistungen der Kinder nicht zum Gemeinsamen Europäischen Referenzrahmen in Bezug gesetzt wurden.

Wenige Befunde liegen bisher außerdem in Bezug auf die Englischleistungen von Schüler(inne)n mit Migrationshintergrund im Fremdsprachenunterricht bzw. in Immersionsprogrammen vor: In vorliegender Studie schnitten Schüler(innen) mit Migrationshintergrund im Fremdsprachenunterricht in beiden englischen Tests schlechter ab als solche ohne Migrationshintergrund. Dieser Befund wurde auch aus dem Fremdsprachenunterricht anderer Schulen berichtet (vgl. Elsner 2007; May 2006; siehe aber Keßler & Paulick 2010). Elsner (2007) führte das schlechte Abschneiden ihrer Schüler(innen) mit Migrationshintergrund u.a. auf deren fehlende Kenntnisse in der Zweitsprache Deutsch zurück. In eine ähnliche Richtung weisen die in dieser Studie untersuchten Daten: Auch hier schnitten die Schüler(innen) mit Migrationshintergrund im Fremdsprachenunterricht in den Deutschtests schlechter ab als Schüler(innen) ohne Migrationshintergrund; zudem lagen die Testergebnisse unterhalb der vorgegebenen Normwerte (s.a. IGLU, KEIMS, KESS, IQB und PISA).

Ein anderes Bild zeigt sich jedoch für den Immersionszweig, und hier sind die Befunde ermutigender: In Bezug auf ihre Deutschleistungen unterschieden sich Schüler(innen) mit und ohne Migrationshintergrund nämlich nicht signifikant voneinander, und die Werte beider Gruppen lagen in der Norm. Ein ähnliches Resultat wurde auch mit anderen Testgruppen erzielt (vgl. Steinlen 2016; Steinlen & Piske 2013, 2016). Der bilinguale Unterricht scheint somit die Entwicklung der Fähigkeiten für das Lesen und Schreiben im Deutschen von Kindern mit Migrationshintergrund adäquat zu fördern. Des Weiteren wurden keine signifikanten Unterschiede zwischen Schüler(inne)n mit und ohne Migrationshintergrund in Bezug auf die Englischtests festgestellt. Das gleiche Ergebnis zeigt sich auch in Bezug auf andere fremdsprachliche Kompetenzen (z.B. rezeptive Grammatik, rezeptives Vokabular, vgl. Steinlen, Schwanke & Piske 2015; Steinlen & Piske 2013; Steinlen 2017) bzw. in bilingualen Programmen mit geringerer fremdsprachlicher Intensität (vgl. Steinlen & Gerdes 2015). Insgesamt kann geschlussfolgert werden, dass der bilinguale Unterricht offenbar die gleichen (positiven) Auswirkungen auf die fremdsprachlichen Fähigkeiten von Schüler(inne)n mit und ohne Migrationshintergrund haben kann, auch wenn sich deren sprachliche Hintergründe unterscheiden. Verschiedene Gründe könnten diese positiven Befunde erklären, so u.a., dass in Immersionsprogrammen Schüler(innen) mit und ohne Migrationshintergrund beim Erlernen der neuen Sprache von Anfang an „in einem Boot sitzen", da Englisch für alle Kinder neu ist. Des Weiteren zeichneten sich die Schüler(innen) mit Migrationshintergrund dieser Studie nicht, wie in anderen Studien (vgl. Chudaske 2012), durch einen geringeren sozioökonomischen Status aus als vergleichbare Schüler(innen) ohne Migrationshintergrund; die Familien beider Gruppen von Kindern dieser Studie sind weder als bildungsfern noch als einkommensschwach zu charakterisieren, was sich vor der Einführung des Ganztagesangebots sowie des Immersions- und des Musikzweigs nach Auskunft der Schulleitung bei vielen Familien anders dargestellt hat. Besonders bedeutend für die hier präsentierten Ergebnisse wird wahrscheinlich die Qualität des Unterrichts sein, da die Lehrkräfte eine sehr hohe fremdsprachliche Kompetenz besitzen und die Schüler(innen) sowohl im Deutschunterricht als auch im Immersionszweig einem sowohl fachlich als auch sprachlich qualitativ hochwertigen Input ausgesetzt waren (s.a. Steinlen 2016).

In einer weiteren Studie ist es unabdingbar, eine größere Zahl an Schüler(inne)n in verschiedenen Programmen an unterschiedlichen Schulen zu vergleichen, um Programmunterschiede stärker herauszufiltern zu können. Des Weiteren müsste in einem weiteren Schritt die Stichprobe der Kinder von Ausreißern bereinigt werden. So zeigte zwar eine informelle Durchsicht der Daten, dass sich die prozentualen Zahlen an Schüler(inne)n mit Migrationshintergrund und Lese-Rechtschreibschwäche im Fremdsprachen- und Immersionsunterricht nicht voneinander unterschieden, doch der Schweregrad sowie auch die Zahl an Kindern mit anderen Schwierigkeiten (z.B. Aufmerksamkeitsstörungen) mag die Ergebnisse beeinflusst haben.

Das Ziel dieser Studie war es, die Englisch- und Deutschleistungen von Schüler(inne)n mit und ohne Migrationshintergrund zu untersuchen, die entweder einen Immersionszweig oder regulären Fremdsprachenunterricht an derselben Schule besucht haben. Im Immersionsprogramm fanden sich keine Unterschiede in den Testergebnissen zwischen Schüler(inne)n mit und ohne Migrationshintergrund, im Fremdsprachenunterricht schnitten Schüler(innen) ohne Migrationshintergrund jedoch in allen Tests besser ab. Diese Befunde replizieren Ergebnisse vieler anderer Studien und sind wahrscheinlich auf nicht ausreichende Deutschkenntnisse der Schüler(innen) mit Migrationshintergrund im Fremdsprachenunterricht zurückzuführen. Obgleich im Immersionszweig der Unterricht zu 50 % auf Englisch stattfindet, scheint dieses Programm es dennoch eher als ein Regelprogramm Schüler(inne)n mit Migrationshintergrund zu ermöglichen, sowohl eine hohe Kompetenz in der Fremdsprache als auch altersgemäße Deutschkenntnisse im Lesen und Schreiben zu erwerben.

5 Literatur

Bleakley, Hoyt & Chin, Aimee (2004): Language skills and earnings: evidence from childhood immigrants. *Review of Economics and Statistics* 86: 481–496.

Bos, Wilfried & Pietsch, Marcus (2006): *KESS 4: Kompetenzen und Einstellungen von Schülerinnen und Schülern am Ende der Jahrgangsstufe 4 in Hamburger Grundschulen.* Münster u.a.: Waxmann.

Chudaske, Jana (2012): *Sprache, Migration und schulfachliche Leistung. Einfluss sprachlicher Kompetenz auf Lese-, Rechtschreib- und Mathematikleistungen.* Wiesbaden: Springer VS.

Draugalis, JoLaine R.; Coons, Stephen J. & Plaza, Cecilia M. (2008): Best practices for survey research reports. A synopsis for authors and reviewers. *American Journal of Pharmaceutical Education* 72: 11.

Elsner, Daniela (2007): *Hörverstehen im Englischunterricht der Grundschule. Ein Leistungsvergleich zwischen Kindern mit Deutsch als Muttersprache und Deutsch als Zweitsprache.* Frankfurt a. M.: Lang.

Europarat (2001): *Gemeinsamer Europäischer Referenzrahmen. Lernen, lehren, beurteilen.* Berlin: Langenscheidt.

Gebauer, Sandra K.; Zaunbauer, Anna C. & Möller, Jens (2012): Erstsprachliche Leistungsentwicklung im Immersionsunterricht. Vorteile trotz Unterrichts in einer Fremdsprache? *Zeitschrift für Pädagogische Psychologie* 26: 183–196.

Genesee, Fred H. (1987): *Learning through two languages. Studies of immersion and bilingual education*. Cambridge, MA: Newbury House.

Hart, Doug; Lapkin, Sharon & Swain, Merrill (1987): *Early and middle French immersion programs: Linguistic outcomes and social character*. Toronto, ON: Modern Language Centre.

Heller, Kurt H.; Kratzmeier, Heinrich & Lengfelder, Angelika (1998): *Matrizen-Test-Manual Band 1. Ein Handbuch mit deutschen Normen zu den Standard Progressive Matrices von J.C. Raven*. Weinheim: Beltz.

Hesse, Hermann-Günter; Göbel, Kerstin & Hartig, Johannes (2008): Sprachliche Kompetenzen von mehrsprachigen Jugendlichen und Jugendlichen nicht-deutscher Erstsprache. In DESI-Konsortium (Hrsg.): *Unterricht und Kompetenzerwerb in Deutsch und Englisch*. Weinheim, Basel: Beltz, 208–230.

Hurd, Molly (1993): Minority language children and French immersion: Additive multilingualism or subtractive semilingualism? *The Canadian Modern Language Review* 49: 514–525.

Keßler, Jörg-U. & Paulick, Christian (2010): Mehrsprachigkeit und schulisches Englischlernen bei Lernern mit Migrationshintergrund. In Ahrenholz, Bernt (Hrsg.): *Fachunterricht und Deutsch als Zweitsprache*. Tübingen: Narr, 257–278.

Kultusministerkonferenz (2004): *Bildungsstandards für die erste Fremdsprache (Englisch/Französisch) für den Hauptschulabschluss*. www.kmk.org/fileadmin/Dateien/veroeffentlichungen_beschluesse/2004/2004_10_15-Bildungsstandards-ersteFS-Haupt.pdf *(17.05.2018)*.

Kuska, Sandra; Zaunbauer, Anna & Möller, Jens (2010): Sind Immersionsschüler wirklich leistungsstärker? Ein Lernexperiment. *Zeitschrift für Entwicklungspsychologie und Pädagogische Psychologie* 42: 143–153.

Lenhard, Wolfgang & Schneider, Wolfgang (2006): *ELFE 1–6. Ein Leseverständnistest für Erst- bis Sechstklässler*. Göttingen: Hogrefe.

Little, David; Simpson, Barbara L. & Catibusic, Bronagh F. (2003): *PSAK. Primary School Assessment Kit*. Dublin: Integrate Ireland Language and Training.

May, Peter (2002): *Hamburger Schreib-Probe*. 6. Aufl. Hamburg: vpm.

May, Peter (2006): Englisch-Hörverstehen am Ende der Grundschulzeit. In Bos, Wilfried & Pietsch, Marcus (Hrsg.): *KESS 4. Kompetenzen und Einstellungen von Schülerinnen und Schülern der 4. Klasse an Hamburger Grundschulen*. Münster u.a.: Waxmann, 203–224.

Ministerium für Kultus, Jugend und Sport Baden-Württemberg (2016): *Bildungsplan 2016. Allgemeinbildende Schulen. Grundschule. Englisch*. www.schule-bw.de/unterricht/bildungsplanreform_2016 *(17.05.2018)*.

Raven, John C. (1976): *SPM. Standard Progressive Matrices*. 3. Aufl. St. Antonio, TX: Harcourt.

Schwippert, Knut; Wendt, Heike & Tarelli, Irmela (2012): Lesekompetenzen von Schülerinnen und Schülern mit Migrationshintergrund. In Bos, Wilfried; Tarelli, Irmela; Bremerich-Vos, Albert & Schwippert, Knut (Hrsg.): *IGLU 2011. Lesekompetenzen von Grundschulkindern in Deutschland im internationalen Vergleich*. Münster u.a.: Waxmann, 191–207.

Stanat, Petra; Rauch, Dominique & Segeritz, Michael (2010): Schülerinnen und Schüler mit Migrationshintergrund. In Klieme, Eckhard; Artelt, Cordula; Hartig, Johannes; Jude, Nina; Köller, Olaf; Prenzel, Manfred; Schneider, Wofgang & Stanat, Petra (Hrsg.): *PISA 2009: Bilanz nach einem Jahrzehnt*. Münster u.a.: Waxmann, 200–230.

Stanat, Petra; Böhme, Katrin; Schipolowski, Stefan & Haag, Nicole (2016): *IQB-Bildungstrend 2015. Sprachliche Kompetenzen am Ende der 9. Jahrgangsstufe im zweiten Ländervergleich*. Münster, New York: Waxmann.

Statistisches Bundesamt (2016): *Bevölkerung mit Migrationshintergrund: Ergebnisse des Mikrozensus – Schülerinnen und Schüler 2015*. Wiesbaden: Statistisches Bundesamt.

Statistisches Bundesamt (2017): *Bevölkerung und Erwerbstätigkeit. Bevölkerung mit Migrationshintergrund – Ergebnisse des Mikrozensus 2015*. Wiesbaden: Statistisches Bundesamt.

Steinlen, Anja K. (2016): Primary school minority and majority language children in a partial immersion program. The development of German and English reading skills. *Journal of Immersion and Content-Based Language Education* 4: 198–224.

Steinlen, Anja K. (2017): The development of English grammar and reading comprehension by majority and minority language children in a bilingual primary school. *Studies of Second Language Learning and Teaching* 7: 419–442.

Steinlen, Anja K. & Gerdes, Ulrike (2015): Eine Pilotuntersuchung zur sprachlichen Entwicklung von Kindern mit und ohne Migrationshintergrund in einer Grundschule mit bilingualem Sachfachunterricht. In Méron-Minuth, Sylvie & Özkul, Senem (Hrsg.): *Fremde Sprachen lehren und lernen. Aktuelle Fragen und Forschungsaufgaben*. Frankfurt a. M.: Lang, 81–106.

Steinlen, Anja K. & Piske, Thorsten (2013): Academic achievement of children with and without migration backgrounds in an immersion primary school. A pilot study. *Zeitschrift für Anglistik und Amerikanistik* 61: 215–244.

Steinlen, Anja K. & Piske, Thorsten (2016): Wortschatz und Leseverständnis des Englischen von Kindern mit und ohne Migrationshintergrund in einer bilingualen Grundschule. In Steinlen, Anja K. & Piske, Thorsten (Hrsg.): *Wortschatzlernen in bilingualen Schulen und Kindertagesstätten*. Frankfurt a. M.: Lang, 123–166.

Steinlen, Anja K.; Schwanke, Katrin & Piske, Thorsten (2015): Die Entwicklung des rezeptiven englischen Wortschatzes von Kindern mit und ohne Migrationshintergrund in bilingualen Kitas und Schulen sowie im Fremdsprachenunterricht. In Linke, Gabriele & Schmidt, Katja (Hrsg.): *Immersion und bilingualer Unterricht (Englisch). Erfahrungen – Entwicklungen – Perspektiven*. Baltmannsweiler: Schneider, 175–208.

Tamm, Caroline (2010): Eine Schule macht sich auf den Weg: Einführung eines bilingualen Zuges an der Grundschule an der Hügelstraße. In Massler, Ute & Burmeister, Petra (Hrsg.): *CLIL und Immersion. Fremdsprachlicher Sachfachunterricht in der Grundschule*. Braunschweig: Westermann, 30–37.

Verein für frühe Mehrsprachigkeit in Kindertagesstätten und Schulen (2014): *Ranking. Bilinguale Kitas und Grundschulen im Bundesvergleich*. http://www.fmks-online.de/download.html *(17.05.2018)*.

Wesche, Marjorie B. (2002): Early French immersion: How has the original Canadian model stood the test of time? In Burmeister, Petra; Piske, Thorsten & Rohde, Andreas (Hrsg.): *An integrated view of language development – Papers in honor of Henning Wode*. Trier: WVT, 357–379.

Zaunbauer, Anna C. & Möller, Jens (2007): Schulleistungen monolingual und immersiv unterrichteter Kinder am Ende des ersten Schuljahres. *Zeitschrift für Entwicklungspsychologie und Pädagogische Psychologie* 39: 141–53.

Zaunbauer, Anna C.; Gebauer, Sandra K. & Möller, Jens (2012): Englischleistungen immersiv unterrichteter Schülerinnen und Schüler. Unterrichtswissenschaft: *Zeitschrift für Lernforschung* 40: 315–333.

Nazli Hodaie, Monika Raml
Von ‚Sprachverfall' und Sprachwandel: Zum Panel *MehrSpracheN als Varietäten des Deutschen*

1 Normativität und Sprachideologie

Dass Sprache sich wandelt, ist, so Albrecht Plewnia und Andreas Witt, eine „anthropologische Grundtatsache" und „dass dieser Wandel tendenziell als Verfall gelesen wird, [...] ein gut eingeführter Topos" (Plewnia & Witt 2014: 1) – ein Spannungsverhältnis also, das in der Auseinandersetzung mit den Varietäten des Deutschen eine prominente Stellung einnimmt. Denn es bietet einen Raum für all die Fragestellungen und Debatten, die um (inner)sprachliche Normierungsprozesse, Sprachideologien und deren Wandel kreisen, aber auch um solche, die die Bedeutung von Varietäten für Lernprozesse und ihren Einfluss auf Bildungskarrieren in den Mittelpunkt stellen und diesbezüglichen Verwendungskonventionen in Geschichte und Gegenwart nachspüren.

Vor diesem Hintergrund setzt sich der vorliegende Beitrag mit den Varietäten des Deutschen auseinander. Fokussiert werden dabei Varianten der inneren Mehrsprachigkeit wie Dialekte oder Sprachregister und ihr (bildungsinstitutioneller) Stellenwert, und dies auch vor dem Hintergrund (migrationsbedingter) gesellschaftlicher äußerer Mehrsprachigkeit.

Sprachhistorisch bedeutsam für das Verständnis der Normierungsprozesse und deren Diskussion ist die Entwicklung der deutschen Standardsprache aus dialektalen Vorläufern mit wechselhaften Prestigezuschreibungen und Stigmatisierungstendenzen, aus denen sich schließlich im Zuge der Nationalstaatenbildung das Konstrukt einer Nationalsprache als Leitvarietät herauskristallisierte (vgl. Faulstich-Christ 2008; zur Sprachgeschichte s.a. Elspaß 2015; Schmidt 2007: 135).

Eine frühe terminologische Differenzierung als „innere" und „äußere" Mehrsprachigkeit traf der Romanist und Sprachwissenschaftler Mario Wandruszka (1979): Die innersprachliche Vielfalt an Registern und Varianten wird dort als Mehrsprachigkeit gewertet und als dem Menschen inhärent gesehen. Nach dieser weiten Auffassung ist nahezu jede(r) Sprecher(in) potenziell mehrsprachig und kann in kommunikativen Anlässen je Situation und Gegenüber eine entsprechende Wahl aus Registern bzw. Varietäten oder eben Sprachen treffen (vgl. Raml 2016).

Diese Differenzierungen der Varietätenlinguistik (vgl. Lenz & Mattheier 2005) wurden aufgegriffen und für den schulischen Kontext adaptiert. Die strategischen Erfahrungen der Schüler(innen) mit innerer Mehrsprachigkeit könnten, so die Vorstellung, beim institutionellen Fremdspracherwerb eingesetzt werden. Dazu führt Bleyhl (2003: 55) aus:

> Es gilt also, die dem Menschen von Natur mitgegebenen Fähigkeiten auch im schulischen Rahmen nutzbar zu machen und sie weiter zu entwickeln. Wie in der Natur jedes wachsende Individuum zu jedem Zeitpunkt überlebensfähig sein muss, gilt es auch im Fremdsprachenunterricht, die Schülerinnen und Schüler in eine sie akzeptierende Umgebung zu führen, ihre Sinneswahrnehmung, ihr Denken und ihr Sprachlernvermögen zu aktivieren, damit sie selbst lernen, wie sie einer gegebenen Situation jeweils angemessen gerecht werden können.

Es zeigt sich jedoch, dass die Schulpraxis zum Teil noch skeptisch oder unsicher im Umgang mit Dialekten und Varietäten reagiert, da viele Lehrkräfte mit der Gleichsetzung von Dialekt oder Ethnolekt als bildungsferner Sprache sozialisiert wurden (vgl. Hochholzer 2004).

Inzwischen sehen aktuelle Lehrpläne die Auseinandersetzung mit Dialekten und Sprachvarietäten im Rahmen von vergleichender Sprachforschung diachron und synchron vor und erkennen die Bedeutung von Dialekt als identitätsstiftende Herkunftssprache an. So verweist der LehrplanPLUS Bayern im Feld der sprachlichen Bildung schulartübergreifend auf die Berücksichtigung von Mundarten, etwa in der Literaturdidaktik (Mundartdichtung), zur Sprachgeschichte und im Bereich „Sprache untersuchen". Hier werden für die Grundschule beispielsweise die Bereiche Syntax und Lexik explizit genannt – in den Kompetenzerwartungen heißt es:

> Die Schülerinnen und Schüler beschreiben Unterschiede zwischen Alltags- und Bildungssprache bezüglich Wortwahl und Satzbau, auch im Hinblick auf Dialekt. [Sie] vergleichen anhand ausgewählter Beispiele andere Sprachen und Schriftsysteme (z.B. Dialekte, andere Erstsprachen der Mitschülerinnen und Mitschüler, Schriften anderer Schriftsprachen in den Herkunftsfamilien), um Gemeinsamkeiten und Unterschiede zu entdecken sowie Vielfalt wertzuschätzen. (LehrplanPLUS: Grundschule Deutsch 1/2 4.2)

Das genannte Prinzip zeugt von grundsätzlicher Achtung Mehrsprachigkeit gegenüber und ähnelt interkulturellen Ansätzen, bei denen Herkunftssprachen als Referenz im Sprachvergleich eingesetzt werden (Fill 2014: 96ff., 116ff.; Oomen-Welke & Rösch 2013: 203ff.) mit dem Ziel, *language awareness* zu entwickeln (vgl. Peschel & Runschke 2015; Hug 2007; Gnutzmann 2003).

Trotz dieser Entwicklung, und unabhängig davon, ob Mechanismen der inneren oder äußeren Mehrsprachigkeit wirksam werden, steht bei der Auseinandersetzung mit Varietäten des Deutschen die (nicht selten ideologisch motivierte) Normfrage im Raum, die oft mit der gesellschaftlichen Bewertung der jeweiligen Varietät einhergeht. Bezeichnungen wie „Standardsprache", „Hochsprache", „Bildungssprache" o.ä. suggerieren eine normative Höherstellung der Varietät bzw. des Registers. Ihnen gegenüber stehen andere Varietäten – Dialekt, Ethnolekt, Umgangssprache –, die auf der Bewertungsskala keine so hohe Stellung innehaben, in einigen Fällen sogar eine soziale Abwertung erfahren (Wiese 2012: 18). Diese Zuordnung ist außerdem häufig von einer immanenten Binarität geprägt, die Übergänge, Mehrfachzugehörigkeiten und dynamische Entwicklungsprozesse ausblendet.

Bei Normierungsprozessen kommt sozialen Faktoren eine tragende Rolle zu, da Sprache in der Regel nicht nur ein simples Kommunikationsmittel ist, sondern auch soziale Funktionen innehat. So fungiert(e) das Standarddeutsche z.B. als „soziales Distanzierungsmittel [...] zur Gewinnung von Prestige für eine herausgehobene Gruppe gesellschaftlicher Aufsteiger" (Polenz, zit. n. Wiese 2012: 133). Es entstand „nicht so sehr als einheitliche, allgemein verständliche deutsche Gemeinschaftssprache [...], sondern als abgrenzender Sprachgebrauch einer bestimmten sozialen Schicht" (Wiese 2012: 133). „Gegenüber dieser Sprache der neuen Mittel- bzw. Oberschicht wurden nun die Dialekte abgewertet als weniger prestigeträchtige, sozial stigmatisierte Varianten gegenüber der vorgeschriebenen ‚Sprachnorm'. Ein Dialekt wurde [...] zur ‚Sprechweise, die man nicht verwenden soll'." (Wiese 2012: 133)

Das Gleiche gilt für die sog. Bildungssprache, die in der bildungsinstitutionellen Verwendung als eine Art Allheilmittel für den Bildungserfolg angepriesen wird, ohne sich die sprachideologische Machtkomponente im Zusammenhang zu diesem Register ins Bewusstsein zu rufen.[1] Ihr werden zuweilen Varie-

---

1 Unter Sprachideologien „versteht man metasprachliche und metapragmatische Diskurse, Spracheinstellungen, Sprachpraktiken oder Reglementierungen von Sprachgebrauch [...]. Sie manifestieren sich zum einen in Gesetzen oder Sprachregelungen, zum anderen in ungeschriebenen Konventionen oder Machtverhältnissen" (Riehl 2014: 74f.; vgl. auch Busch 2013: 81). Somit können Sprachideologien, die der Sprachenpolitik maßgeblich zugrunde liegen, „eine Sichtweise auf Sprache(n) dar[stellen], die von einer bestimmten gesellschaftlichen oder kulturellen Gruppe bestimmt werden. Sprache dient in diesem Zusammenhang als Mittel, um bestimmte politisch-ökonomische Interessen zu vertreten" (Riehl 2014: 74; vgl. auch Busch 2013: 84ff.). Der Aufwertung der Bildungssprachen gegenüber Varietäten wie Kiezdeutsch oder Jugendsprache ist dementsprechend auch ein solches sprachideologisches Moment inhärent. Sprachideologien werden außerdem genutzt, „um verschiedene soziale und kulturelle Identitä-

täten wie Kiezdeutsch oder Jugendsprache gegenübergestellt, die mit Metaphern des Verfalls bzw. der Bedrohung behaftet und somit normativ abgewertet sind (Anetzberger et al. 2012: 124f.).

So gesehen handelt es sich bei derlei Unterscheidungen (Standardsprache vs. Dialekt oder Bildungssprache vs. Ethnolekt etc.) nicht selten um sprachideologische Konstrukte. Ein Spezifikum der Ideologie ist es, so Louis Althusser, „etwas unbemerkt als Evidenz zu etablieren, die anzuerkennen wir nicht umhinkommen, da sie ja evident zu sein scheint" (zit. n. Busch 2013: 82). Und Sprache ist „nicht nur in der Lage, Ideologien zu produzieren und zu transportieren, sie kann, wenn sie dem lebendigen Dialog entzogen und so gewissermaßen heiliggesprochen und eingefroren wird [...], selbst zu einer ideologischen Kategorie werden" (Busch 2013: 82). Sie repräsentiert somit „eine Sichtweise auf Sprache und Diskurs, die im Interesse einer bestimmten sozialen oder kulturellen Gruppe konstruiert ist" (Busch 2013: 84).

Diese ideologisch motivierte Normativität könnte – wie bereits erwähnt und vor allem im Kontext der Schule – zur Abwertung anderer Varietäten führen. Andere Varietäten hätten es demnach schwer, sich in diesem Umfeld durchzusetzen, sofern keine (Sprach-)Ideologiekritik betrieben würde (Busch 2013: 82; für konkrete Beispiele vgl. Hochholzer 2015: 65). Diese setzt bei dem an, „was als so selbstverständlich erscheint, dass es sich auf den ersten Blick nicht in Zweifel ziehen lässt, und sie macht, wenn sie ernsthaft betrieben wird, auch vor dem, was das eigene Denken leitet, nicht halt" (Busch 2013: 82). Eine Folge wäre dabei die Überprüfung sowie Reflexion sprachlicher Normvorstellungen.

Die Auseinandersetzung mit Varietäten des Deutschen ist so gesehen ohne Berücksichtigung und Offenlegung von Sprachideologien – und deren Wandel – wenig sinnvoll. Dabei spielt es keine Rolle, ob es sich hierbei um die innerdeutschen Varietäten handelt oder um die Interaktion zwischen ihnen und den Repräsentanten der äußeren Mehrsprachigkeit. Denn in dem einen wie in dem anderen Fall unterliegt die Debatte ebenso sprachideologischen wie normativen Setzungen.

Im Folgenden befassen wir uns mit ebendiesen Setzungen im Umgang mit Varietäten des Deutschen. Dabei berücksichtigen wir zum einen die „innerdeutschen" Varietäten und ihr Verhältnis zueinander und zum anderen ihr Zusammenspiel mit den Vertretern der äußeren Mehrsprachigkeit. In diesem Zusammenhang nehmen wir jeweils auf entsprechende Beiträge im Rahmen unseres Panels Bezug.

---

ten zu schaffen" (Riehl 2014: 74); auch diesbezüglich liefert die Bildungssprache (als Instrument der Gleichstellung und Ausgrenzung zugleich) ein Beispiel.

2 Dialekt im schulischen Umfeld – Zwischen „Bildungshürde" und „Identitätsstifter"

Die Bewertung von Dialekt im schulischen Kontext bzw. der institutionelle Umgang mit Dialektsprechenden hat im Laufe der vergangenen Jahrzehnte eine mehrfache Umdeutung erfahren: Im Gefolge der später z.T. revidierten soziolinguistischen Sprachbarriere-Diskussion (vgl. Bernstein 1971 [1958]) mit entsprechender schichtspezifischer Zuschreibung von bildungsaffinen Standardsprecher(inne)n vs. bildungsfernen Varietätensprecher(inne)n wurde Dialekt zunächst gegenüber der standardisierten, elaborierten „Hoch"-Sprache als defizitär angesehen und vor allem im Sekundarbereich aus den Schulen verbannt (vgl. Ammon 1978, 1983; Bausinger 1973): Dialektsprechende Schüler(innen) wurden angehalten, einen standardnahen, elaborierten Code als Kommunikationsmittel zu wählen – entsprechende Verstöße gegen die „Norm"- bzw. „Bildungs"-Sprache wurden entsprechend sanktioniert. Dies führte dazu, dass eine Schüler(innen)generation durch wissenschaftliche und bildungspolitische Vorgaben in der Schule dialektfern sprachlich sozialisiert wurde – mit schwer umkehrbaren Folgen: Die Stigmatisierung von Dialekten als „Bildungshürde" bzw. „Karrierehindernis" in der eigenen Sprachsozialisation führte zu einer anhaltenden Skepsis gegenüber Dialekt als Schulsprache bei Lehrpersonen (vgl. Hochholzer 2004; Jäger 1990) und Eltern, die von der Schule ausschließlich die Vermittlung der Standardsprache erwarten und Dialekte dabei als störend, laut Arzberger (2007) gar als „Feind" empfinden.

Erst in den 90er-Jahren und mit der Jahrtausendwende begann ein Umdenkprozess: Parallel zu Globalisierung und dem beschleunigten Austausch der Kulturen fand eine bewusste Rückbesinnung auf kulturelle Traditionen, Sprachvielfalt und lokale Ausprägungen statt, bei der Regionalsprachen und Dialekte eine ganz entscheidende Rolle spielten (vgl. Beisbart & Maiwald 2002), bis hin zur von den meisten europäischen Ländern unterzeichneten Europäischen Charta der Regional- oder Minderheitensprachen 1992 (Kessler & Steiner 2009: 195).

Begleitet von wissenschaftlichen Erkenntnissen der Spracherwerbsforschung wird den Erstsprachen – alltagssprachlich als „Muttersprache" bezeichnet – eine große Aufmerksamkeit zuteil. Varietäten und Dialekte spielen im intuitiven Erstspracherwerb und in der innerfamiliären Kommunikation ebenfalls nach wie vor eine Rolle und rücken somit erneut in den Fokus der Betrachtung, diesmal aus der neutral-unterstützenden Perspektive von Varietätenlinguistik und Mehrsprachigkeitsforschung (Belke 2012: 53ff.). Dass diese erste, vorschulische Stufe im Spracherwerb über mündliche Rezeption und Produktion geschieht und informelles Sprechen in der innerfamiliären Kommunikation dominiert, befördert wiederum das Interesse für die genuin mündlichen Dialekte und für außernormsprachliche Varietäten. Didaktisch gewinnt der Bereich „Mündlichkeit" nun ebenfalls an Bedeutung und wird mit eigenen Kompetenzfeldern (Zuhören und Sprechen) in Lehrplänen und Referenzrahmen bedacht bzw. in der Didaktikforschung ausdifferenziert (vgl. Abraham 2016; auch Anselm & Werani 2017 konzentrieren sich vor allem auf mündliche Kommunikationskontexte).

Die identitätsstiftende Bedeutung von Sprache und Dialekt als lokalisierbares Erkennungsmerkmal von Sprecher(inne)n gleicher geographischer Herkunft und für das Selbstkonzept prägnantes Kriterium wurde – bis hin zu dialektalen Markierungen in modernen Medien und in Schüler(innen)texten – vielfach erforscht (Lameli 2013: 257ff.; Rowley 2012; Buchstaller 2006; Ziegler 2006; Christen, Tophinke & Ziegler 2005; Eßer 1983: 125ff.).

Einen Quantensprung bedeutet schließlich die Anerkennung von Mehrsprachigkeit als Bildungsziel (vgl. Dittmann, Giblak & Witt 2015; Kniffka & Siebert-Ott 2007: 168ff.; Ahrens 2004) anstatt deren Diffamierung als Bildungshindernis, festgeschrieben in Lehrplänen und Referenzrahmen (exemplarisch für äußere Mehrsprachigkeit: Reich & Krumm 2013, für innere Mehrsprachigkeit vgl. die bayerischen LehrplänePLUS, neben dem bereits zitierten Grundschul-Curriculum auch alle anderen Schularten, beispielsweise diachrone Sprachreflexion im Gymnasium LehrplanPLUS Gymnasium Deutsch: Sprachgebrauch und Sprache untersuchen und reflektieren).

Spuren des oben erwähnten, ideologiekritischen Moments im Umgang mit innersprachlichen Varietäten sind somit – zumindest was den Dialekt betrifft – auf der wissenschaftlichen und z.T. auch institutionellen Ebene wiederzufinden. Sie ließen sich auch in diversen Vorträgen bei der Tagung MehrSpracheN aufspüren:

So demonstrierte Alfred Wildfeuer an der Schnittstelle von Mediendidaktik und Varietätenlinguistik diatopische, diasituative und diastratische Sprachwandelprozesse sowie deren Didaktisierung anhand von YouTube-Videos: Er plädierte für einen „gelasseneren Umgang mit Sprachwandel" im Zeitalter des Normenpluralismus und zeigte am Beispiel von Videoclips, wie man dem „Sprachverfall-Mythos" im Unterricht begegnen könne.

Mit dem situationalen Einsatz von innerer Mehrsprachigkeit in schulischen Interaktionen setzte sich der gesprächsanalytische Beitrag von Katrin Hee auseinander: Videobasiert wurde gezeigt, wie Gymnasialklassen kontextbezogen in Gruppenarbeit und Plenum im Fachunterricht Deutsch, Mathematik und Geschichte mit sprachlicher Norm und Varietäten umgehen.

Chronologisch skizzierte Hermann Ruch den Wandel im Verhältnis von Dialekt und Schule aus bayerischer Perspektive bis hin zur Gegenwart: Welchen Platz haben Bairisch, Fränkisch und Schwäbisch heute in einer multikulturellen Gesellschaft und globalen Welt? Unter Berufung auf neurowissenschaftliche Erkenntnisse zum kognitiven Potenzial von Dialektsprecher(inne)n wurden didaktische Anregungen zur Auseinandersetzung mit innerer Mehrsprachigkeit gegeben (vgl. die vom Bayerischen Staatsministerium für Bildung und Kultus, Wissenschaft und Kunst herausgegebene Handreichung *Dialekte in Bayern* 2015, Vorwort).

Seine schulpraktische Erfahrung als Fremdsprachenlehrer an einem bayerischen Gymnasium verband Ludwig Schießl mit der langjährigen Tätigkeit als Dialektpfleger in der Oberpfalz (vgl. Schießl & Bräuer 2012): Mit Bezug auf die aktuellen Lehrpläne konkretisierte er Vorschläge zum Dialekt als Unterrichtsthema.

Das breite Spektrum der „inneren Mehrsprachigkeit" von Dialekten und Registern im Sprachwandelprozess fasste Ute Hofmann in der Seil-Metapher: In ihrem Beitrag im vorliegenden Band zeigte sie das Zusammenspiel von räumlichen und sozialen Varietäten als kommunikative Handlungsstrategien und sprachliche Interaktion an einigen lexikalischen Beispielen der Jugendsprache (*geil*, *krass*, *porno*). Dabei wird das dynamische Potenzial der Varietäten selbst deutlich, aber auch das Sprachbewusstsein der Sprecher(innen).

Eine Sonderstellung nahm Doris Grütz' Beitrag zur „Diglossie in der Deutschschweiz. Standardsprache versus Mundart – ein Problem in der Schule?" ein. Darin befasste sich Grütz insofern mit dem Themenfeld der inneren Mehrsprachigkeit, als sie die „mediale Diglossie-Situation" in der Deutschschweiz zum Gegenstand der Untersuchung machte. Ausgehend von einer sprachlichen Bestandsaufnahme in der polyglotten Schweizer Gesellschaft sowie linguistischen und sprachdidaktischen Beobachtungen und Überlegungen stellte sie Maßnahmen in den Mittelpunkt, die an der Pädagogischen Hochschule Zürich zur Förderung des Schweizer Standarddeutschen eingesetzt werden. Die besondere Gewichtung des Schweizer Standarddeutschen begründete sie mit dessen Relevanz für gesellschaftliche Kommunikations- und Verständigungsprozesse vor allem vor dem Hintergrund der äußeren Mehrsprachigkeit in der Schweiz: Das Standarddeutsch sei hierbei als *Lingua franca* mit nicht dialektkundigen Landsleuten aus der Romandie, der Italienischen Schweiz oder mit deutschsprechenden Fremden zu verwenden. Somit stellen Grütz' Überlegungen das Bindeglied zwischen zwei Themenfeldern dar, die für unseren Beitrag als relevant zu erachten sind: innere und äußere Mehrsprachigkeit.

3 Der Aufstieg der Bildungssprache: Varietäten des Deutschen vor dem Hintergrund äußerer Mehrsprachigkeit

Die Anerkennung von Mehrsprachigkeit als Bildungsziel lässt sich, zumindest als Forderung, mittlerweile auch hinsichtlich äußerer Mehrsprachigkeit feststellen. Während die sog. ausländerpädagogischen Bestrebungen der 70er-Jahre eher kulturelle und sprachliche Anpassung anderssprachiger Kinder und Jugendlicher zum Ziel hatte, entwickelte sich im Zuge der Entstehung einer Interkulturellen Pädagogik in den 80er-Jahren ein auf sprachliche Anerkennung und Wertschätzung ausgerichteter Umgang mit migrationsgesellschaftlicher äußerer Mehrsprachigkeit. 1993 erschien – als besonderer Meilenstein diesbezüglich – Ingrid Gogolins richtungsweisende Schrift *Der monolinguale Habitus der multilingualen Schule*, deren zentrale These lautete:

> daß das nationalstaatlich verfaßte deutsche Bildungswesen im Zuge seiner Entwicklung im 19. Jahrhundert ein monolinguales Selbstverständnis herausbildete. Dieses trägt bis heute [...]. Unter den Umständen zunehmender Pluralisierung der Schülerschaft aber [...] erweist sich dieses Selbstverständnis mehr und mehr als dysfunktional: Es begrenzt die Kompetenzen, deren es zur Bewältigung der Komplexität der schulischen Arbeit unter den Umständen sprachlicher Vielfalt bedarf. (Gogolin 2008: 3)

Die zunehmende Auseinandersetzung mit dem sprachlichen Habitus der Institution Schule rückte die sog. „Sprache der Schule" (Dirim & Mecheril 2010: 131) als eine Varietät des Deutschen in den Mittelpunkt der Aufmerksamkeit, wobei sich vor dem Hintergrund äußerer Mehrsprachigkeit die diesbezüglichen (bildungssprachlichen) Besonderheiten als bedeutungsvoll erwiesen (Dirim & Mecheril 2010: 131). Dementsprechend und zur Gewährleistung bildungsbezogener Chancengleichheit in der Migrationsgesellschaft entwickelten sich seit den 2000er-Jahren zunehmend Programme und Konzepte, die die Förderung des bildungssprachlichen Registers im mehrsprachigen Kontext fokussierten (vgl. dazu FÖRMIG-Kompetenzzentrum). Beispiele hierfür sind die sog. „Durchgängige Sprachbildung" (vgl. Gogolin et al. 2011) oder – als eine Erweiterung – der sog. „Sprachsensible Fachunterricht" (vgl. Kniffka & Roelcke 2015).

Trotz sicherlich vorhandener Vorteile, die mit der Förderung bildungssprachlichen Registers einhergehen, birgt diese die Gefahr, als Gegensatz zur Förderung der Mehrsprachigkeit wahrgenommen zu werden (Krumm 2015: 288). Dabei ist, so Hans-Jürgen Krumm, zu berücksichtigen, dass

[d]ie Vermittlung der Bildungssprache Deutsch [...] nicht [funktioniert], wenn sie als von außen erwarteter oder erzwungener Sprachwechsel angelegt wird [...]. Vielmehr funktioniert der Erwerb der Zweitsprache dann, wenn er als bewusste *Erweiterung* des mit der Erstsprache entwickelten Selbstkonzepts und kognitiven Strukturen angelegt wird. (Krumm 2015: 288, Hervorheb. i.O.)

Diese Perspektive beziehen Hans H. Reich und Hans-Jürgen Krumm (2013) bei der Entwicklung ihres Mehrsprachigkeitscurriculums ein, das der Integration sprachlicher Bildung dienen und den Blick über sprachliche Dualitäten hinaus auf die „tatsächliche Vielsprachigkeit" (Reich & Krumm 2013: 10) richten will. In der Überschreitung (konstruierter) sprachlicher Grenzen und Fokussierung lebensweltlicher Mehrsprachigkeit (Gogolin 2008: 16) erinnert dies an John Gumperz' Konzept des sprachlichen Repertoires:

Das Repertoire wird als ein Ganzes begriffen, das jene Sprachen, Dialekte, Stile, Register, Codes und Routinen einschließt, die die Interaktion im Alltag charakterisieren. Es umfasst also die Gesamtheit der sprachlichen Mittel, die Sprecher_innen einer Sprachgemeinschaft zur Verfügung haben, um (soziale) Bedeutung zu vermitteln.
[...] Obwohl internalisiert und keineswegs beliebig, wird das sprachliche Repertoire als prinzipiell offen verstanden, als eine Positionierung, die Sprecher_innen in situierten Interaktionen vornehmen. Dass das Repertoire als ein Ganzes gesehen wird, das alle zur Verfügung stehenden kommunikativen Mittel umfasst, ermöglicht es zudem, Sprachen nicht mehr als in sich geschlossene, voneinander klar abgegrenzte Einheiten zu sehen. (Busch 2013: 20)

Diese kritische und ganzheitliche Perspektive greifen auch die drei Panelbeiträge auf, die sich den Varietäten des Deutschen vor dem Hintergrund gesellschaftlicher äußerer Mehrsprachigkeit widmeten: „Sprachvarietäten statt Sprachpanscherei – Sprachkritik im mehrsprachigen Kontext" (Andreas Osterroth), „Mit Erzählen Schule machen – Interaktionsstrukturen beim mündlichen Erzählen" (Uta Hauck-Thum) und „Zum Umgang mit Varietäten und Varianten der deutschen Standardsprache im DaF- und DaZ-Unterricht" (Nicole Eller-Wildfeuer).

Ausgehend von dem Gegensatzpaar „Sprachpanscherei vs. Sprachvarietät" stellte Andreas Osterroth den Begriff der Sprachkritik in den Mittelpunkt seiner Überlegungen. Vor diesem Hintergrund kritisierte er die – auch bildungsinstitutionell Verwendung findende – Bezeichnung „Sprachen in der Sprache" als Synonym für Varietäten und Register des Deutschen. Diese, so Osterroth, setze Varietäten mit tatsächlichen Nationalsprachen gleich und erwecke bei Zweitsprachlernenden den Eindruck, statt einer Zweitsprache gleich mehrere Sprachen erlernen zu müssen. Seine sprachkritischen Betrachtungen beschränkte Osterroth zudem nicht nur auf die terminologische Ebene. Er plädierte dafür, Aspekte der Medialität und Angemessenheit bei Wahrnehmung und Bewertung der jeweiligen Varietät stärker zu fokussieren und somit Varietäten von sprachideologisch motivierten Normvorstellungen zu lösen. In dem Sinne ist Osterroths Vortrag als ein Plädoyer gegen sprachideologische Kategorisierung von Sprache und Sprecher(inne)n zu verstehen (vgl. dazu auch Busch 2013: 96ff.). Er bindet das ideologiekritische Moment ein, das für die Auseinandersetzung mit Sprache und Sprachvarietäten zentral ist.

Uta Hauck-Thum griff in ihrem Beitrag kommunikationsfördernde Interaktionsstrukturen beim mündlichen Erzählen auf und fokussierte dabei Sequenzen mehrsprachigen Erzählens. Dabei zeigte sie auf, wie narrativ bedeutsame und situationsadäquate Einbindung lebensweltlicher Mehrsprachigkeit bei mehrsprachigen Schüler(inne)n zu kommunikativen Erfolgs- und Lernerfahrungen führt (vgl. dazu Mit Erzählen Schule machen). Die Beispiele verdeutlichten auch, wie die lebensweltliche äußere Mehrsprachigkeit vom Ineinandergreifen unterschiedlicher Sprachen geprägt ist und wie dies selbst in einem monolingual ausgerichteten schulischen Kontext Beachtung finden kann, wenn bestimmte (narrative) Interaktionsstrukturen herangezogen werden.

Gegen eine klare Abgrenzung von Varietäten voneinander argumentierte auch Nicole Eller-Wildfeuer. Im Mittelpunkt ihres Vortrags standen der Umgang mit und die Vermittlung von Varietäten des Deutschen im Kontext des Unterrichts des Deutschen als Fremd- und Zweitsprache. Dafür fokussierte sie gängige Sprachideologien, die die Denkmuster von Lehrkräften beeinflussen können, und plädierte im Umgang mit Varietäten im Kontext des Deutschen als Fremd- und Zweitsprache für ein „Denken in Kontinua".

4 Fazit und Ausblick

Wie die Beiträge und Diskussionen zeigen, sind Wissenschaft, Schule und Öffentlichkeit heute sensibilisierter und differenzierter im Umgang mit Varietäten und Sprachen als in den vergangenen Jahrzehnten. Die wissenschaftlich-neutrale Betrachtung von Sprachwandel als natürlichem Prozess von „dynamischer Sprachentwicklung" (vgl. Schmidt & Herrgen 2011) anstelle der Klage über einen „Sprachverfall" setzt sich zunehmend auch in der schulischen Diskussion durch.

Dazu gehört die Erkenntnis, dass Mehrsprachigkeit – ob „innere" oder „äußere" – eine Bereicherung in der Interaktionsfähigkeit ihrer Sprecher(innen) bedeutet. Sie ermöglicht eine nuancierte Ausdrucksmöglichkeit je nach Situation und Ansprechpartner(in) über die standardsprachliche Kommunikation hinaus.

Fachdidaktisch wurde die Beschäftigung mit innerer Mehrsprachigkeit als Desiderat erkannt und als „Querschnittsaufgabe für die Schule" gesehen, die aber „bei weitem nicht realisiert" sei (Becker-Mrotzek & Roth 2017: 28).

Ein erster Schritt ist nun die Festschreibung von Erkenntnissen der Varietäten- und Mehrsprachigkeitslinguistik in Bildungsstandards und Curricula: So beschloss die Kultusministerkonferenz am 8.12.2011 Empfehlungen zur Stärkung der Fremdsprachenkompetenz mit dem Ziel einer „Erweiterung der sprachlichen Bildung zur Mehrsprachigkeit" (2011: 2).

Hinweise zur Bedeutung von innerer Mehrsprachigkeit sind in den bayerischen Lehrplänen schulart- und jahrgangsstufenübergreifend zu finden. Exemplarisch heißt es etwa im LehrplanPLUS zum Bildungs- und Erziehungsauftrag der Grundschule:

> Zur Familiensprache, auch zu ihrer *Mundart*, haben Kinder einen starken emotionalen Bezug. Durch die Einbeziehung der Familiensprache, ggf. auch der Gebärdensprache und der Blindenschrift, in Unterricht und Schulleben erfahren Kinder eine *Wertschätzung ihrer vielfältigen sprachlichen Ressourcen* und Unterstützung in ihrer sprachlichen Bildung und Persönlichkeitsentwicklung. In der Klassen- und Schulgemeinschaft schafft das Aufgreifen und Vergleichen von Elementen verschiedener Sprachen, Dialekte und Schriften ein Interesse für Sprache, erhöht die Sprachbewusstheit, erweitert den persönlichen Lernhorizont und das Weltwissen aller Kinder. (LehrplanPLUS: Bildungs- und Erziehungsauftrag der Grundschule, Hervorheb. M.R.)

Nun gilt es, dieses grundlegende Verständnis auch in der Schulpraxis entsprechend zu entwickeln. Eine Reflexion bestehender (konstruierter) Binaritäten im Zusammenhang zu innerer wie äußerer Mehrsprachigkeit ist hierfür vonnöten. Auch ein Umdenken bei Eltern und Lehrkräften ist notwendig, um Mehrsprachigkeit nicht mehr als Hindernis, sondern als Chance im Bildungsprozess zu begreifen.

5 Literatur

Abraham, Ulf (2016): *Sprechen als reflexive Praxis: Mündlicher Sprachgebrauch in einem kompetenzorientierten Deutschunterricht*. 2. Aufl. Stuttgart: Fillibach bei Klett.

Ahrens, Rüdiger (2004): „Mehrsprachigkeit als Bildungsziel". In Bausch, Karl-Richard; Königs, Frank G. & Krumm, Hans-Jürgen (Hrsg.): *Mehrsprachigkeit im Fokus. Arbeitspapiere der 24. Frühjahrskonferenz zur Erforschung des Fremdsprachenunterrichts*. Tübingen: Narr.

Ammon, Ulrich (1978): *Schulschwierigkeiten von Dialektsprechern: Empirische Untersuchung sprachabhängiger Schulleistungen und des Schüler- und Lehrerbewußtseins mit sprachdidaktischen Hinweisen*. Weinheim, Basel: Beltz.

Ammon, Ulrich (1983): Soziale Bewertung des Dialektsprechers. Vor- und Nachteile in Schule, Beruf und Gesellschaft. In Besch, Werner; Knoop, Ulrich; Putschke, Wolfgang; Wiegand, Herbert E. (Hrsg.): *Dialektologie. Ein Handbuch zur deutschen und allgemeinen Dialektforschung*. Berlin, New York: de Gruyter, 1500–1510.

Anetzberger, Johann; Fuchsberger-Zirbs, Gertraud; Hann, Martin; Mahlendorff, Andrea; Ostertag, Christl; Reutin-Hoffmann, Ute (2012): *Deutschbuch Gymnasium 9*. Berlin: Cornelsen.

Anselm, Sabine & Werani, Anke (2017): *Kommunikation in Lehr-Lernkontexten*. Bad Heilbrunn: Klinkhardt/utb.

Arzberger, Steffen (2007): Dialekt in der Schule – Freund oder Feind? In Munske, Horst Haider (Hrsg.): *Sterben die Dialekte aus? Vorträge am Interdisziplinären Zentrum für Dialektforschung an der Friedrich-Alexander-Universität Erlangen-Nürnberg. 22.10.–10.12.2007*. https://www.dialektforschung.phil.uni-erlangen.de/publikationen/sterben-die-dialekte-aus.shtml *(28.05.2018)*.

Bausinger, Hermann (1973): Dialekt als Sprachbarriere. In Bausinger, Hermann (Hrsg.): *Dialekt als Sprachbarriere? Ergebnisbericht einer Tagung zur alemannischen Dialektforschung*. Tübingen: tvv, 9–27.

Bayerisches Staatsministerium für Bildung und Kultus, Wissenschaft und Kunst (Hrsg.) (2015): *Dialekte in Bayern. Handreichung für den Unterricht*. 2. Aufl. Furth: MDV Maristen.

Becker-Mrotzek, Michael & Roth, Hans-Joachim (2017): *Sprachliche Bildung – Grundlagen und Handlungsfelder*. Münster, New York: Waxmann.

Beisbart, Ortwin & Maiwald, Klaus (2002): Dialekt in der Literatur. Ein Aspekt von Regionalität im Zeitalter der Globalisierung? In Instytut Filologii Germańskiej Opole (Hrsg.): *Regionalität als Kategorie der Sprach- und Literaturwissenschaft*. Frankfurt a. M. u.a.: Lang, 123–140.

Belke, Gerlind (2012): *Mehr Sprache(n) für alle. Sprachunterricht in einer vielsprachigen Gesellschaft*. Baltmannsweiler: Schneider.

Bernstein, Basil (1971): *Soziale Struktur, Sozialisation und Sprachverhalten. Aufsätze 1958–1970*. Amsterdam: Contact-Press.

Bleyhl, Werner (2003): Psycholinguistische Grunderkenntnisse. In Bach, Gerhard & Timm, Johannes-Peter (Hrsg.): *Englischunterricht. Grundlagen und Methoden einer handlungsorientierten Unterrichtspraxis*. Tübingen: Narr, 38–55.

Buchstaller, Isabelle (2006): Globalization and Local Reappropriation: The case of the Quotative System. In Dürscheid, Christa (Hrsg.): *Perspektiven der Jugendsprachforschung: Trends and developments in youth language research*. Frankfurt a. M. u.a.: Lang, 315–334.

Busch, Brigitta (2013): *Mehrsprachigkeit*. Wien: facultas.

Christen, Helen; Tophinke, Doris & Ziegler, Evelyn (2005): Chat und regionale Identität. In Krämer-Neubert, Sabine (Hrsg.): *Akten der Internationalen Dialektologischen Konferenz. 26.–28. Februar 2002*. Heidelberg: Winter, 425–438.

Dirim, Inci & Mecheril, Paul (2010): Die Schlechterstellung Migrationsanderer. Schule in der Migrationsgesellschaft. In Mecheril, Paul; Castro Varela, María do Mar; Dirim, Inci (Hrsg.): *Migrationspädagogik*. Weinheim, Basel: Beltz, 121–149.

Dittmann, Alina; Giblak, Beata & Witt, Monika (2015): *Bildungsziel: Mehrsprachigkeit. Towards the aim of education: multilingualism*. Leipzig: Universitätsverlag.

Elspaß, Stephan (2015): Der Wert einer Sprachgeschichte von unten für die Erforschung regionaler Sprachen und Varietäten. In Fredsted, Elin; Langhanke Robert & Westergaard, Astrid (Hrsg.): *Modernisierung in kleinen und regionalen Sprachen*. Hildesheim u.a.: Georg Olms, 151–178.

Eßer, Paul (1983): *Dialekt und Identität. Diglottale Sozialisation und Identitätsbildung*. Frankfurt a. M, Bern: Lang.
Faulstich-Christ, Katja (2008): *Konzepte des Hochdeutschen. Der Sprachnormierungsdiskurs im 18. Jahrhundert*. Berlin u.a.: de Gruyter.
Fill, Alwin (2014): *Kinder- und Jugendlinguistik. Sprachspiel, Sprachwelt, Sprachkritik*. Wien u.a.: LIT.
FÖRMIG-Kompetenzzentrum. www.foermig.uni-hamburg.de *(28.05.2018)*.
Gnutzmann, Claus (2003): Language Awareness, Sprachbewusstheit, Sprachbewusstsein. In Bausch, Karl-Richard; Christ, Herbert & Krumm, Hans-Jürgen (Hrsg.): *Handbuch Fremdsprachenunterricht*. 4. Aufl. Tübingen, Basel: Francke, 435–439.
Gogolin, Ingrid (2008): *Der monolinguale Habitus der multilingualen Schule*. 2. Aufl. Münster u.a.: Waxmann.
Gogolin, Ingrid; Lange, Imke; Hawighorst, Britta; Bainski, Christian; Heintze, Andrea; Rutten, Sabine & Saalmann, Wiebke (2011): *Durchgängige Sprachbildung. Qualitätsmerkmale für den Unterricht*. Münster u.a.: Waxmann. www.foermig.uni-hamburg.de/pdf-dokumente/openaccess.pdf *(28.05.2018)*.
Hochholzer, Rupert (2004): *Konfliktfeld Dialekt. Das Verhältnis von Deutschlehrerinnen und Deutschlehrern zu Sprache und ihren regionalen Varietäten. Regensburger Dialektforum 4*. Regensburg: edition vulpes.
Hochholzer, Rupert (2015): Sprache und Dialekt in Bayern. Grundbegriffe und Entwicklungslinien. In Bayerisches Staatsministerium für Bildung und Kultus, Wissenschaft und Kunst (Hrsg.): *Dialekte in Bayern. Handreichung für den Unterricht*. Furth: MDV Maristen, 64–79.
Hug, Michael (2007): *Sprachbewusstheit und Mehrsprachigkeit. Diskussionsforum Deutsch 26*. Baltmannsweiler: Schneider.
Jäger, Karl-Heinz (1990): Einstellungen von Lehrerinnen und Lehrern zu Dialekt und Standardsprache. In Baur, Gerhard W. (Hrsg.): *Mundart und Schule in Baden-Württemberg*. Bühl: Konkordia, 17–29.
Kessler, Johannes & Steiner, Christian (2009): *Facetten der Globalisierung zwischen Ökonomie, Politik und Kultur*. Wiesbaden: Springer VS.
Kniffka, Gabriele & Roelcke, Thorsten (2015): *Fachsprachvermittlung im Unterricht*. Paderborn: Schöningh.
Kniffka, Gabriele & Siebert-Ott, Gesa (2007): *Deutsch als Zweitsprache: Lehren und Lernen*. Paderborn: Schöningh.
Krumm, Hans-Jürgen (2015): Organisiertes Schulversagen – oder: Anforderungen an die Schule in der Einwanderungsgesellschaft. In Dirim, Inci; Gogolin, Ingrid; Knorr, Dagmar; Krüger-Potratz, Marianne; Lengyel, Drorit; Reich, Hans H. & Weiße, Wolfram (Hrsg.): *Impulse für die Migrationsgesellschaft. Bildung, Politik und Religion*. Münster, New York: Waxmann, 280–293.
Kultusministerkonferenz (2011): *Empfehlungen zur Stärkung der Fremdsprachenkompetenz*. www.kmk.org/fileadmin/Dateien/veroeffentlichungen_beschluesse/2011/2011_12_08-Fremdsprachenkompetenz.pdf *(28.05.2018)*.
Lameli, Alfred (2013): *Strukturen im Sprachraum: Analysen zur arealtypologischen Komplexität der Dialekte in Deutschland*. Berlin, Boston: de Gruyter.
LehrplanPLUS: *Gymnasium Deutsch: Sprachgebrauch und Sprache untersuchen und reflektieren*. www.lehrplanplus.bayern.de/fachprofil/textabsatz/59116 *(28.05.2018)*.

LehrplanPLUS: *Bildungs- und Erziehungsauftrag der Grundschule.* www.lehrplanplus.bayern.de/bildungs-und-erziehungsauftrag/textabsatz/24448 (28.05.2018).

LehrplanPLUS: *Grundschule Deutsch 1/2 4.2.* www.lehrplanplus.bayern.de/fachlehrplan/lernbereich/25097 (28.05.2018).

Lenz, Alexandra N. & Mattheier, Klaus J. (2005): *Varietäten – Theorie und Empirie.* Frankfurt a. M.: Lang.

Mit Erzählen Schule Machen. www.mit-erzaehlen-schule-machen.de (28.05.2018).

Oomen-Welke, Ingelore & Rösch, Heidi (2013): Wissen über Sprachen erwerben – Sprachengebrauch reflektieren und respektieren. In Dirim, Inci & Oomen-Welke, Ingelore (Hrsg.): *Mehrsprachigkeit in der Klasse: wahrnehmen – aufgreifen – fördern.* Stuttgart: Fillibach bei Klett.

Peschel, Corinna & Runschke, Kerstin (2015): *Sprachvariation und Sprachreflexion in interkulturellen Kontexten.* Frankfurt a. M.: Lang.

Plewnia, Albrecht & Witt, Andreas (Hrsg.) (2014): *Sprachverfall? Dynamik – Wandel – Variation.* Berlin, Boston: de Gruyter.

Raml, Monika M. (2016): Adressatengerechte und situationsangemessene Kommunikation als ‚Kompass' im Deutschunterricht heterogener Lernergruppen. In Böttger, Heiner & Sambanis, Michaela (Hrsg.): *Focus on Evidence – Fremdsprachendidaktik trifft Neurowissenschaften.* Tübingen: Narr, 147–157.

Reich, Hans H. & Krumm, Hans-Jürgen (2013): *Sprachbildung und Mehrsprachigkeit. Ein Curriculum zur Wahrnehmung und Bewältigung sprachlicher Vielfalt im Unterricht.* Münster: Waxmann.

Riehl, Claudia M. (2014): *Mehrsprachigkeit. Eine Einführung.* Darmstadt: WBG.

Rowley, Anthony R. (2012): Dialekt als Ausdruck regionaler Identität. In Schmidt-Hahn, Claudia (Hrsg.): *Sprache(n) als europäisches Kulturgut. Languages as European cultural asset.* Innsbruck u.a.: Studien-Verlag, 39–46.

Schießl, Ludwig & Bräuer, Siegfried (2012): *Dialektpflege in Bayern. Ein Handbuch zu Theorie und Praxis.* Regensburg: edition vulpes.

Schmidt, Jürgen Erich & Herrgen, Joachim (2011): *Sprachdynamik. Eine Einführung in die moderne Regionalsprachenforschung.* Berlin: ESV.

Schmidt, Wilhelm (2007): *Geschichte der deutschen Sprache.* 10. Aufl. Hrsg. v. Helmut Langner und Norbert Richard Wolf. Stuttgart: S. Hirzel.

Wandruszka, Mario (1979): *Die Mehrsprachigkeit des Menschen.* München u.a.: Piper.

Wiese, Heike (2012): *Kiezdeutsch. Ein neuer Dialekt entsteht.* München: Beck.

Ziegler, Evelyn (2006): Identitätskonstruktion und Beziehungsarbeit in bayerischen Schülerzetteln. In Dürscheid, Christa (Hrsg.): *Perspektiven der Jugendsprachforschung: Trends and developments in youth language research.* Frankfurt a. M. u.a.: Lang, 165–182.

Doris Grütz
Diglossie in der Deutschschweiz. Standardsprache versus Mundart – ein Problem in der Schule?

1 Vorbemerkung

In der Deutschschweiz bestehen zwei Varietäten des Deutschen: gesprochen wird Schweizerdeutsch, d.h. Mundart, geschrieben wird Hochdeutsch (auch: Standardsprache)[1]. Politisch gewollt ist, das Hochdeutsche auch mündlich zu beherrschen, dies z.B., um beruflich mobil zu sein oder um das Hochdeutsche als *Lingua franca* mit nicht dialektkundigen Landsleuten aus der Romandie, der Italienischen Schweiz oder mit deutschsprechenden Fremden verwenden zu können. In der Schule soll grundsätzlich Hochdeutsch gesprochen werden. Die selbstverständliche Verwendung von Mundart im Alltag bringt es aber mit sich, dass manche Lehrpersonen es als mühevoll erachten, Hochdeutsch im Unterricht zu verwenden. Sind Lehrpersonen nicht in der Lage, Hochdeutsch flüssig zu sprechen, und behandeln sie diese Varietät wie eine ungeliebte Fremdsprache, dann erschwert das den Hochdeutscherwerb der Schüler(innen) aus Deutschschweizer Elternhäusern und vor allem aus Elternhäusern mit einer anderen Herkunftssprache. Insbesondere die Pädagogischen Hochschulen sind deswegen gefordert, in der Ausbildung die Fähigkeit von Lehrpersonen zu unterstützen, ein formal korrektes und situationsangemessenes, flüssiges Hochdeutsch zu verwenden.

    In diesem Beitrag wird zunächst kurz über die Art der Mehrsprachigkeit in der Gesamtschweiz informiert und auf das Phänomen der medialen Diglossie in der Deutschschweiz eingegangen. Ein knapper Abriss über die soziolinguistische Entwicklung in der Verwendung von Mundart und von Hochsprache im Mündlichen im 20. Jahrhundert bis heute soll einen Einblick in das Spannungsverhältnis beider Varietäten geben. Anschließend wird die Schule mit den durch die mediale Diglossie bestehenden Problemfeldern fokussiert. Deren rein

---

[1] Zu den Begriffen: Hochdeutsch und Standardsprache werden hier synonym verwendet, ebenso Mundart und Dialekt. Spricht man von Schweizerdeutsch, ist die Mundart gemeint. Schweizer Hochdeutsch ist die Standardsprache mit den ihr eigenen Helvetismen (z.B. *Trottoir* für *Gehsteig*) und phonologischen Besonderheiten (z.B. Artikulation von /r/ im Auslaut).

linguistische Seite, die Analyse von Interferenzfehlern zwischen Dialekt und Hochsprache, wird sodann behandelt. Abschließend wird ein Überblick über die Maßnahmen gegeben, die an der Pädagogischen Hochschule Zürich zur Unterstützung der Studierenden bei der Verwendung der Standardsprache im Mündlichen, aber auch bei der formalsprachlichen Korrektheit im Schriftlichen getroffen werden; zentral ist dabei die Deutschkompetenzprüfung.

2 Viersprachigkeit in der Schweiz und Diglossie in der Deutschschweiz

Die sprachliche Situation in der Schweiz ist von folgenden Merkmalen geprägt: Es gibt vier Landessprachen; davon offizielle Landessprachen sind Deutsch, Französisch und Italienisch; Rätoromanisch ist eine halboffizielle Sprache, die nur für die amtliche Kommunikation mit und zwischen Rätoroman(inn)en als Landessprache gilt. Nicht jede(r) Schweizer(in) ist drei- oder gar viersprachig, wie man vermuten könnte, sondern man spricht die Sprache der jeweiligen Sprachregion, die in der Regel mit den kantonalen Grenzen übereinstimmt. Gemäß einer Strukturerhebung der eidgenössischen Volkszählung von 2015 (vgl. Bundesamtes für Statistik 2017) sind die Deutschschweizer(innen) mit knapp zwei Dritteln der Bevölkerung (64,1 %) in 17 von 26 Kantonen und Halbkantonen in der Überzahl, gefolgt von der Romandie, wie die Französische Schweiz auch genannt wird, mit etwa einem Fünftel der Bevölkerung (20,4 %) in vier einheitlich französischsprachigen Kantonen und den zweisprachigen Kantonen Fribourg (überwiegend französisch), Bern und Wallis (beide überwiegend deutsch). In der Italienischen Schweiz, gebildet aus dem Tessin und einigen Tälern des Kantons Graubünden, sprechen nur 6,5 % der Schweizer Bevölkerung italienisch bzw. einen Tessiner oder Bündner-italienischen Dialekt. Eine sprachliche Minderheit stellt der Kanton Graubünden dar: Etwa ein halbes Prozent der Schweizer(innen) spricht den jeweils örtlichen rätoromanischen Dialekt. Eine einheitliche rätoromanische Standardsprache – so wie das Italienische, Französische oder Schweizerhochdeutsche – wurde 1982 künstlich aus den drei Hauptdialekten geschaffen: das Rumantsch Grischun, das jedoch nur der offiziellen schriftlichen Kommunikation dient; gesprochen wird es nicht. In der Schweiz bestimmt jeder Kanton selbst, mancherorts auch jede Gemeinde, welche Sprache Amtssprache ist.

Zusätzlich zu den Landessprachen gibt es ca. sieben Prozent Nichtlandessprachen, von denen Englisch und Portugiesisch den größten Anteil haben. Der Anteil der Nichtlandessprachen hat sich gegenüber 1950 (nur 0,7 %) erheblich gesteigert, was eine deutliche Auswirkung auf die Sprachenvielfalt in der Gesellschaft und in den Schulen hat. Mittlerweile wird von einer nicht nur vier-, sondern von einer *viel*sprachigen Schweiz gesprochen (Sieber 2007: 10). In diesem Beitrag wird auf die migrationsbedingte Mehrsprachigkeit jedoch nicht eingegangen; im Fokus steht die mediale Diglossie in der Deutschschweiz mit den Auswirkungen des Mundartsprechens auf das Hochdeutsche.

2.1 Deutschschweiz: Diglossie

Eine Besonderheit in der Deutschschweiz ist die Diglossie-Situation: Im Mündlichen bedient man sich der Mundart, im Schriftlichen des Hochdeutschen. Wegen des fast trennscharfen Gebrauchs der jeweiligen Varietät spricht man auch von *medialer* Diglossie. In jüngerer Zeit wird diese klare Trennung etwas aufgeweicht, indem SMS oder private Mails vermehrt in Dialekt verfasst werden. Dies tangiert die grundsätzliche Aufteilung in Gesprochen und Geschrieben jedoch nicht, denn

> die Sprachformen sind immer deutlich voneinander unterschieden, Misch- und Übergangsformen gibt es kaum. Deutschschweizer(inne)n ist bewusst, welche Sprachform sie verwenden. Wenn sie in bestimmten Situationen zur Hochsprache wechseln (wechseln müssen), so wird das auch meist thematisiert. Ein allmähliches Hinübergleiten vom Dialekt in die Hochsprache gibt es nicht. (Siebenhaar & Wyler 1997: 8)

In der Alltagssprache der Deutschschweiz spricht jeder, und zwar schichtunabhängig, den jeweiligen regionalen Dialekt, im Gegensatz zu Deutschland und Österreich, wo eine ausgeprägt dialektale Umgangssprache mit der Zugehörigkeit zu einer unteren sozialen Schicht konnotiert ist. Laut eidgenössischer Strukturerhebung von 2015 ist bei der Arbeit Schweizerdeutsch mit 66 % die üblicherweise gesprochene Sprache, gefolgt von Hochdeutsch (34 %), Französisch (29 %), Englisch (19 %) und Italienisch (9 %) (vgl. Bundesamt für Statistik 2017).[2]

---

[2] Zu Hause oder mit den Angehörigen sprechen 60 % der ständigen Wohnbevölkerung ab 15 Jahren üblicherweise Schweizerdeutsch und 10 % Hochdeutsch (23 % Französisch, 8 % Italienisch und 5 % Englisch; vgl. Bundesamt für Statistik 2017).

Die Eigenheiten der dialektalen Varietäten bringen zweierlei mit sich: Zum einen unterscheiden sich manche Dialekte so stark, dass die Sprechenden topografisch weit entfernter Dialektregionen Mühe haben, einander zu verstehen: so z.B. die Dialekte der Kantone Wallis und Zürich. Für ein gegenseitiges Verstehen muss man auf das Schweizer Hochdeutsch ausweichen. Zum anderen wird die Standardsprache von manchen Sprechenden mitunter formal und in der Sprechflüssigkeit nicht richtig beherrscht. Das Standarddeutsche wird im Alltag eher selten und nur in dafür ausgewiesenen Situationen gesprochen, z.B. im Unterricht oder mit Dialektunkundigen, und von vielen gar als (ungeliebte) Fremdsprache empfunden. Probleme fallen, wie weiter unten gezeigt wird, vor allem beim Kasus auf. Zum Vergleich: In den Landesteilen der Romandie und der Italienischen Schweiz gibt es das Phänomen der Dialekte nicht. Für Schweizer(innen) nichtdeutscher Sprache, die ihr gelerntes Deutsch im Gespräch mit Deutschschweizern anwenden wollen, stellt sich die Deutschschweizer Konvention, im Mündlichen den Dialekt zu verwenden, oft als Problem dar.

2.2 Das Schweizerdeutsche: Varietät oder Sprache?

Immer wieder keimt der Gedanke auf, Schweizer Hochdeutsch und Schweizerdeutsch (Mundart) seien keine Varietäten, sondern eigene Sprachen.[3] Unter den vielen Argumenten, was denn eine Sprache in Abgrenzung zu einer Varietät ausmache, seien – bezogen auf mitteleuropäische Sprachen – hier nur folgende Merkmale herausgegriffen: Um als Sprache zu gelten, bedarf es einer Tendenz zu einer normierten Vereinheitlichung und einer standardisierten schriftsprachlichen Form. Die Beschränkung auf das Mündliche spricht per se gegen die Hypothese, die Dialekte seien eine eigene Sprache. Wie weiter unten gezeigt wird, gibt es zwar Tendenzen zu einer lexikalischen Angleichung der Dialekte, doch ist dies der Sprachentwicklung aufgrund medialer Einflüsse zu verdanken und nicht etwaigen Normierungsbestrebungen. Selbst wenn der private schriftliche Verkehr auch in Mundart verfasst ist und es bei Liedern und Gedichten Verschriftlichungen gibt, spiegeln diese nur die Lautung des jeweiligen Dialektes und sind daher höchst uneinheitlich. Des Weiteren steht ein Dialekt in Bezug zu einer überdachenden Standardsprache. Das trifft auf Deutschschweizer Dialekte zu. Sie unterscheiden sich zwar vor allem lexikalisch und phonetisch, in geringerem Maße morphologisch und syntaktisch vom Hochdeutschen (und in vielerlei Hinsicht auch untereinander), verfügen aber über viele gemeinsame

---

3 Vgl. hierzu Glaser (2015) sowie Siebenhaar & Wyler (1997).

Merkmale mit dem Hochdeutschen, so dass die Vorstellung von einer eigenen Sprache des Schweizerdeutschen eher politischer Natur ist. Als Beispiele gemeinsamer Merkmale sind zu nennen:
- Existenz der drei Genera: *der, die das*, welche in den verschiedenen Dialekten unterschiedlich bezeichnet werden (Zürichdeutsch: *de, di, s*; Berndeutsch: *dr, d, ds*).
- Gleiche Wortbildungsregeln (z.B. Derivationen wie Präfix-Stammmorphem-Suffix), deren Morpheme z.T. lediglich anders lauten. (Das Suffix -*ung* heißt im Dialekt -*ig*, z.B. Umfahr*ung* – Umfahr*ig*. *Umfahrig/Umfahrung* ist synonym für *Umleitung*, das im Hochdeutschen im Kontext durchaus verstanden wird.)
- Weitere dialektale Synonyme, die im Hochdeutschen, vor allem im süddeutschen Sprachraum, verstanden und z.T. auch verwendet werden, sind z.B. *verlumpen* für *verarmen*, *versorgen* für *wegräumen*, *gesprenkelt* für *gefleckt*, *anlegen* für *Kleidung anziehen*, *anläuten* für *anrufen*, *antönen* für *andeuten*. Auch gibt es, wie in jedem Dialekt, Synonyme, die nicht verstanden werden, z.B. *Finken* für *Hausschuhe*, *Anke* für *Butter*.
- Die Syntax entspricht dem Hochdeutschen insofern, als im Hauptsatz die Verbzweitstellung, im Nebensatz die Verbendstellung herrscht.

2.3 Soziolinguistische Entwicklungen

Zu Beginn des 20. Jahrhunderts war das Standarddeutsche in der Schweiz im Aufstreben begriffen. Der „Deutschschweizer Sprachverein" (gegründet 1904), der zwar auch Dialekte, insbesondere in ihrer Reinform, pflegte, widmete sich vor allem der Förderung einer Einheitssprache. Der plurizentrische Gedanke, eine Sprache mit mehreren Zentren, wurde zunächst abgelehnt (Ammon 1995: 237f.). Ziel war es, sich gegen die in Sprachkontaktsituationen als dominant empfundene romanische Sprache zu behaupten (Ammon 1995: 237f.); man sah sich sprachlich-kulturell eher mit Deutschland als mit den anderen Schweizer Sprachregionen verbunden. Während der beiden Weltkriege änderte sich diese Haltung wegen des aggressiv auftretenden Deutschlands erheblich. Im Sinne einer „geistigen Landesverteidigung" trat in den 30er-Jahren zur Abgrenzung gegen das NS-Regime das Dialekt-Sprechen wieder in den Vordergrund (Sieber 2007: 9). Das Hochdeutsche wurde politisch negativ mit Deutschland konnotiert. Nach den beiden Weltkriegen war jeweils wieder eine gewisse Öffnung gegenüber dem Hochdeutschen zu verzeichnen (Ammon 1995: 237f.). Im Laufe der Zeit setzte sich dann das von Helvetismen geprägte Schweizer Hochdeutsch als Varietät des Hochdeutschen durch; eine Reihe von Helvetismen wurde in den Duden aufgenommen (Ammon 1995: 239). Damit hat sich das Schweizer Hochdeutsch als eines von mehreren Zentren der deutschen Sprache behauptet.

Während der Gebrauch des Schweizer Hochdeutsch vor allem dem Schriftlichen und bestimmten Anlässen im Mündlichen sowie (mit Einschränkung) als Schulsprache vorbehalten war und ist, hat sich als Varietät des Mündlichen der Dialekt bis heute stark ausgeweitet und gefestigt: privat, im Alltag und bei öffentlichen Anlässen. Befördert wurde das Dialektsprechen u.a. durch die Ende der 80er-Jahre aufgekommenen privaten Sender (Radio, TV), in denen sogar Nachrichten in Mundart verlesen werden. Gleichzeitig findet heute eine Angleichung der Dialekte untereinander statt und ebenso eine Angleichung an die Standardsprache: Fehlen Wörter und Wendungen in der Mundart, werden diese aus der Standardsprache übernommen und mundartlich ausgesprochen (vgl. Christen 2005). Einige Beispiele zu den Angleichungstendenzen (vgl. Mijuk 2011) seien hier aufgeführt:

- Der Mundartwortschatz wird kleiner. Heute heißt es fast flächendeckend *Rööschti*, früher *Bröisi, Brousi* oder *Prägu*.
- Wörter und Wendungen werden aus dem Hochdeutschen übernommen; oft unter lautlicher und formaler Einpassung in den Dialekt wie z.B. *Kchlimaerwärmig* (*Klimaerwärmung*). Der *Summervogel* wird heute vorwiegend als *Schmetterling* bezeichnet (vgl. Christen 2005). *Ich ha de Ziit* wurde zu *Ich han Ziit* (*Ich habe Zeit*).
- Dem Hochdeutschen gleiche Laute wurden in den Dialekt übernommen. Z.B. heißt es statt *Bouweh* und *Choigummi* nun *Bauweh* und *Kaugummi*. Beim *Kaugummi* wurden sowohl der ursprünglich kehlige Anlaut als auch der Diphtong angepasst. In Teilen wird die „verpasste" Neuhochdeutsche Diphthongierung nun quasi „nachgeholt": Statt *piinlich* und *Verbruuch* heißt es nun *peinlich* und *Verbrauch* (alle Hinweise von Ann Peyer, Pädagogische Hochschule Zürich).
- Im Zürichdeutschen sind neue Pluralbildungen entstanden. Früher hing das Pluralmorphem nur am Adjektiv, jetzt auch am Nomen: *hööchi Bèèrg* wurde zu *hööchi Bèrge*.
- Adjektive im Singular werden zunehmend flektiert. Neben *de grooss Maa, di grooss Frau, s chlii Chind* gibt es nun auch die Formen *de groossi Maa, di groossi Frau, s chliine Chind* (der große Mann, die große Frau, das kleine Kind).
- Im Zürichdeutschen weisen Syntax und Lexik eine Anpassung ans Hochdeutsche auf. Relativsätze werden im Dialekt generell mit *wo* angeschlossen, ohne auf Geschlecht und Zahl des Bezugswortes zu achten: *d Lüüt,*

won ich s ène gsäit ha (*Die Leute, denen ich es gesagt habe*). Heute sind daneben Formen zu finden, die sich an die Grammatik der Standardsprache angleichen: *d Lüüt, dène ich s gsäit han.*
- Formen mit Dehnungen dringen aus dem Nordwesten in das Schweizerdeutsche ein: z.B. *Lade > Laade* (*der Laden*), *Nase > Naase* (*Nase*), *Bire > Biire* (*Birne*), *Ofe > Oofe* (*Ofen*) (Siebenhaar & Wyler 1997: 32).

3 Sprache(n) im schulischen Unterricht

Der Dialektgebrauch wurde von den Schulen durch eine Förderung von Mundartliedern und Mundartliteratur Ende der 60er-Jahre unterstützt (Sieber 2007: 9). Die durch die Medien mitgetragene gesamtgesellschaftliche Ausweitung des Dialektsprechens der letzten vier Jahrzehnte schlug sich ganz selbstverständlich auch im schulischen Unterricht nieder. In den 80er-Jahren versuchten die Bildungsbehörden, durch Richtlinien dem „überbordenden" Dialektgebrauch Einhalt zu gebieten (Sieber 2007:11). Laut den Lehrplänen sollten zwar die Kompetenzen in beiden Varianten des Deutschen gefördert werden; das Hochdeutsche hatte aber klare Priorität. Trotz dieser Maßnahmen ging das Hochdeutsche gemäß der Eidgenössischen Volkszählung des Jahres 2000 zwischen 1990 und 2000 als Schulsprache zurück. Nur noch 7,5 % der Schüler(innen) gaben an, nur Hochdeutsch in der Schule zu sprechen (1990 waren es 13 %); der Anteil jener, die in der Schule regelmäßig nur Schweizerdeutsch reden, stieg von rund 32 % auf 39 % (Werlen 2004: 9f.).

Ein Wandel im schulischen Sprachgebrauch setzte ein, als im Jahre 2001 die PISA-Studie unerwartet schlechte Ergebnisse in der Lesekompetenz an den Tag brachte: Im internationalen Vergleich verfügten die Schweizer Jugendlichen über nur durchschnittliche Fähigkeiten beim Lesen. Rund 20 % waren nach der obligatorischen Schulzeit nicht in der Lage, einen ganz einfachen Text zu verstehen und sinngemäß zu interpretieren. Deren Kompetenzen im Lesen und Verstehen der Unterrichtssprache waren nur als rudimentär zu bezeichnen. Rund sieben Prozent der Schüler(innen) bildeten wegen ihrer Unfähigkeit, einem schriftlichen Text einfache Informationen zu entnehmen, im Hinblick auf die berufliche und schulische Integration gar eine Risikogruppe (Moser 2001: 14f.).

Als eine mögliche Ursache dieser Ergebnisse wurden mangelnde Kompetenzen im Hochdeutschen als Folge des Dialektsprechens im Unterricht angesehen. Ob das nun die wahre Ursache war, sei dahingestellt, denn die eher standardsprachlich orientierten Länder Deutschland und Österreich hatten ähnliche Ergebnisse. Die Bildungsdirektion des Kantons Zürich (vergleichbar mit den deutschen Landesbildungsministerien), resp. das Volksschulamt, startete eine Hochdeutschinitiative. Was vorher eine Empfehlung war, wurde nun Gesetz: „Unterrichtssprache ist in der Kindergartenstufe teilweise, in der Primar- und Sekundarstufe grundsätzlich die Standardsprache." (§ 24.20 Volksschulgesetz) Das Schweizer Hochdeutsch ist seither ab der Primarstufe konsequent genutzte Unterrichtssprache.

Flankierend wurde von der Bildungsdirektion des Kantons Zürich (und auch anderer Kantone) in Zusammenarbeit mit der Pädagogischen Hochschule Zürich für die Schulen 2003 eine sog. Hochdeutschbroschüre herausgegeben (*Hochdeutsch als Unterrichtssprache*). In diesem Zuge entstand auch das *Handbuch Hochdeutsch. Grundlagen, Praxisberichte und Materialien zum Thema Hochdeutschsprechen in der Schule* (Neugebauer & Bachmann 2007), welches sich umfassend mit Fragen rund um das Hochdeutschsprechen beschäftigt. Mit der gesetzlichen Vorgabe stellen sich in der Schule folgende Probleme, die auch in der Broschüre *Hochdeutsch als Unterrichtssprache* thematisiert werden:

- Gemischt sprechen: Manchen, eher dialektaffinen Lehrpersonen unterläuft immer wieder ein Mischen von Standardsprache und Dialekt. Problematisch ist ein abrupter Wechsel zwischen den beiden Varietäten, der manchmal sogar innerhalb eines Satzes erfolgt. Beispiel: *Ihr seid glii draussen* (gleich draußen). Auf eine Trennung der beiden Sprachformen sind alle, insbesondere aber Schüler(innen) mit Deutsch als Zweitsprache, angewiesen. Für Schüler(innen) aus bildungsfernen Elternhäusern ist die Schule der einzige Ort, an dem die Standardsprache produktiv eingeübt werden kann. Der überwiegende Teil der Lehrpersonen ist aber mit guten mündlichen Sprachkompetenzen in der Lage, diesen Forderungen nachzukommen, wie aus einer Untersuchung zur Sprechpraxis von Studierenden und Lehrpersonen hervorgeht (vgl. Bachmann & Ospelt 2004).
- Defizitorientierung beim Hochdeutschsprechen: Lehrpersonen gehen mit hochdeutschen und schweizerdeutschen Äußerungen von Schülerinnen und Schülern oft unterschiedlich um. Bei schweizerdeutschen Beiträgen sind sie am Inhalt interessiert und reagieren, kommunikativ angemessen, auf Inhalte. Bei hochdeutschen Äußerungen achten sie dagegen auch auf sprachformale Korrektheit. Wichtig ist hier offenbar nicht nur, was jemand sagt, sondern auch, ob es sprachlich korrekt formuliert ist (Bildungsdirektion 2003: 4).

Die Orientierung an diesen Normen bringt ein eher künstliches Sprachgebilde hervor, das im Kontext einer Defizitorientierung angesichts fehlerhafter Hochdeutsch-Äußerungen von Schüler(inne)n eine ablehnende Haltung hervorruft. Erklärtes Ziel ist es, ein selbstbewusstes, lebendiges

Schweizer Hochdeutsch zu sprechen, das dann gelingt, wenn im Unterricht eine breite Palette an Sprechsituationen mit allen Registern der gesprochenen Sprache angeboten wird (Bildungsdirektion 2003: 12ff.).
- Persönliche Einstellungen: „Hochdeutsch ist für mich eine Fremdsprache" ist eine oft gehörte Äußerung. Es töne hölzern, schaffe Distanz. Mundart sei hingegen eine emotionale Sprache, die Nähe schaffe. Diese Haltung ist vor allem der über Jahre hinweg gültigen, ungeschriebenen Regel in der Schule geschuldet, in den „kopflastigen" Fächern, wie Sprachen und Mathematik, Hochdeutsch zu sprechen, in den musischen Fächern hingegen Dialekt. Hochdeutsch wurde damit zur Sprache der eher kognitiven Fächer, die von jeher mit Leistungsanforderungen und Selektionserfahrungen verbunden sind. Das war lange Zeit prägend und hatte zur Folge, dass die situativen Erfahrungen aus diesen Fächern sich auch auf die mit ihnen verbundene Sprachform übertrugen (Bildungsdirektion 2003: 8). Schlechte Leistungen in den Fächern wurden negativ mit der Hochsprache konnotiert. Im Volksschulgesetz von 2005 wurde diese Trennung explizit aufgehoben. Auch in Fächern wie Sport und Musik soll Hochdeutsch gesprochen und in den kognitiven Fächern in ausgewiesenen Phasen auch Mundart verwendet werden.
- Hochdeutsch im Kindergarten: Die gegenüber dem Hochdeutschen ablehnende Haltung in manchen Teilen der Bevölkerung schlug sich vor wenigen Jahren in Bezug auf die Sprachregelungen im Kindergarten nieder. Während im Zuge der Hochdeutschförderung im Kanton Zürich bis Mai 2011 die Regelung galt: ein Drittel Mundart, ein Drittel Hochdeutsch und ein Drittel frei wählbar, erreichte die Initiative *JA zur Mundart im Kindergarten* im Mai 2011, dass im Kindergarten wieder grundsätzlich Mundart gesprochen wird.

Im geänderten Lehrplan für den Kindergarten heißt es nun:

Auf der Kindergartenstufe ist als Unterrichtssprache grundsätzlich die Mundart zu verwenden. [...] Unterrichtssequenzen in Hochdeutsch sind möglich, sie sollen aber beschränkt sein auf Situationen mit klarem Bezug zu hochsprachlichen Vorgaben oder Situationen [...]. Vorrangiges Ziel ist dabei die Vorbereitung auf die Unterrichtssprache auf der Primarstufe und das Wahrnehmen von Unterschieden zwischen Mundart und Hochsprache. (Lehrplan für die Kindergartenstufe des Kantons Zürich 2011: 7)

Die Initiative wurde mit 54 % der abgegebenen Stimmen angenommen, vor allem von der Bevölkerung auf dem Lande, in der Stadt Zürich hingegen wurde die Initiative deutlich abgelehnt. Durch diesen Volksentscheid wurde eine immense Chance vertan, denn eine sprachliche Frühförderung bringt große Erfolge. So stellte Landert (2007) in einer empirischen Studie fest, dass Kinder, die schon im Kindergarten regelmäßig mit Hochdeutsch in Kontakt kommen, ein positiveres Verhältnis zum Hochdeutschen aufbauen und flüssiger sprechen als Kinder, die diesen regelmäßigen Kontakt nicht haben. Kinder erleben Hochdeutsch dann nicht nur als eine Schul- und Informationssprache, sondern auch als eine Beziehungssprache. Weitere Studien bestätigen diese Befunde (zusammenfassend bei Landert Born 2010: 95ff.).

Angesichts der geänderten, wenig hochdeutschfördernden Gesetzeslage empfiehlt die Pädagogische Hochschule Zürich Kindergärtner(inne)n

> den Gebrauch der Hochsprache in unterschiedlichen, abwechselnden Situationen. Die Beschränkung auf reine Übungssituationen sollte vermieden werden. Damit kann die Klassenlehrperson verhindern, dass die Kinder Hochdeutsch als Leistungssprache wahrnehmen und negative Assoziationen entstehen. Die ganzheitliche, spielerische Arbeit im Kindergarten eignet sich besonders gut, um einen unverkrampften Zugang zum Hochdeutschen aufzubauen. (Pädagogische Hochschule Zürich 2013)

4 Problemfelder im Hochdeutschen aufgrund des Dialektes

Auch wenn, wie oben erwähnt, Lehrpersonen und Lehramtsstudierende bereits über gute Kompetenzen im Hochdeutschen verfügen, kommt es wegen des geringen Kontrastes zwischen Dialekt und Hochdeutsch bei der Verwendung des Hochdeutschen immer wieder zu Interferenzfehlern. Diese fallen im Mündlichen wie im Schriftlichen vor allem bei der Lexik und der Morphosyntax auf. Die folgenden sprachlichen Belege sind schriftlichen Arbeiten (Hausarbeiten, Prüfungstexten) und mündlichen Äußerungen (Unterrichtsgesprächen in der Schule, Gesprächen mit Dozierenden, Referaten) von Studierenden der Pädagogischen Hochschule Zürich entnommen.[4]

Lexik: Aus dem schweizerdeutschen Dialekt übernommen, sind häufig folgende Wörter beim Hochdeutschsprechen zu hören: *die einten* (statt *die einen*), *die einte Lösung*; *Ich bin überzogen* (statt *überzeugt*); *Er hat sich gemolden* (statt *gemeldet*).

---

4 Schriftliche Belege können ggf. bei der Autorin eingesehen werden.

Morphosyntax: Probleme mit den Fällen (Dativ, Akkusativ):

> Bedeutend sind die Abweichungen auch in der Flexion. In der Nominalflexion kommt das Schweizerdeutsche mit zwei Kasus aus: Nominativ/Akkusativ mit gleicher Form und Dativ. Es fehlt die in der Hochsprache wichtige Opposition zwischen Nominativ und Akkusativ: *der See – den See*, schweizerdeutsch *de See – de See*. (Siebenhaar & Wyler 1997: 34)

Mündliche Belege für einen nicht markierten Akkusativ:
- *Der Nullpunkt in der Mitte machen!
- Wenn ihr *ein Vortrag haltet
- Es gibt *der Arbeitsmarkt.
- Man sieht die Montage und *der Schnitt gleich gut.
- *Der Anfang macht der Film „Das Drachenmädchen".

Schriftliche Belege für einen nicht markierten Akkusativ:
- *Der Begriff „verwandeln" verstehe ich so, dass ...
- Max Frischs Aussage bestätigt *mein Blick auf die Entfaltung von Kindern.
- Da ich *ein sehr guter Nachhilfslehrer habe, ...
- Jeden Dienstag gab es *ein Wettbewerb.

Unsicherheiten beim Akkusativ in Verwechslung mit dem Dativ:
- Man sagt, dass die Zeit *einem verwandelt.
- Das lässt *einem verzweifeln.

Häufig wird bei einer Inversion das Subjekt nicht erkannt, dem eine Akkusativ-Endung angehängt wird:
- In der Mitte war *einen grossen Kreis geklebt.
- Weil es so stickig war, zog sie *den Drang nach frischer Luft nach draussen.

Probleme mit dem Gleichsetzungsnominativ:
- Der Hund blieb Sophia weiterhin *einen treuen Begleiter.

Anschluss im Relativsatz mit „wo": Im Schweizerdeutschen werden alle Relativsätze mit dem Wort *wo* eingeleitet, unabhängig vom Geschlecht des Bezugsworts: *De Maa/d Frau/s Chind, wo näbe mir staat* (*Der Mann, der/die Frau, die/das Kind, das neben mir steht*) (Siebenhaar & Wyler 1997: 38). Diese Form wird immer wieder auch in die Standardsprache übertragen.

Unregelmäßige Verbformen (bes. Präteritum): „Bei den Verbformen ist der wichtigste Unterschied das Fehlen von Imperfekt und damit auch Plusquamperfekt; dafür bildet das Schweizerdeutsche eine Art Überperfekt: *ich bi ggange gsi (ich bin gegangen gewesen)*." (Siebenhaar & Wyler 1997: 37) Nicht selten begegnet man daher Unsicherheiten bei den unregelmäßigen Präteritumsformen. In der Prüfung zur Deutschkompetenz, die an der Pädagogischen Hochschule Zürich alle Studierenden zu Beginn des Studiums ablegen (s. Kap. 5.2), gab und gibt es bei folgenden Sätzen gehäuft falsche Lösungen:

Belege aus Prüfungsaufgaben zur Grammatik (Einsetzen von Formen):
- Das Eis an den Polen *schmelzte/*schmalz und es *erhebten sich vermehrt heftige Stürme. (schmelzen, erheben)
- In dem klischeehaften Westernfilm *sannten/*sinnten die Guten nach Rache./...* hatten die Guten nach Rache gesandt. (sinnen)
- Vor lauter Ärger *spiehte/*spieh er seine Worte nur so heraus. (speien)
- Der Anblick der zwei streitenden jungen Männer, die auf offener Strasse lautstark ihre Position vertraten, *trügten. (trügen)
- Sie *leideten an den Folgen ihres Handelns. (leiden)

Belege aus Prüfungstexten:
- Ich *schwingte mich auf das Rad.
- Alle Kinder *schreiten laut und rannten herum.
- Sie *rufte ihren Freund zu sich.
- Er brachte die Kinder so schnell es *gehte nach Hause.
- Jeder Bewohner *besitzte viele Freiheiten.
- Sie *denkte an ihren Hund.
- Er *schwank seinen Löffel in einem grossen, schwarzen Kessel.
- Die Nacht hatte er gut ausgewählt, denn der Mond *scheinte kaum.

Die genannten Problemfelder beziehen sich auf Unsicherheiten, die aus einem starken Dialektgebrauch resultieren. (Auf eine Reihe anderer formalsprachlicher Problemfelder bei Studierenden wird hier nicht eingegangen.) Hochdeutsch ist Schulsprache in allen Fächern. Diese Maxime fordert in der Ausbildung von Lehrpersonen eine besondere Beachtung von Sprachbewusstsein und korrekter Anwendung der Standardsprache.

5 Ausbildung an der Pädagogischen Hochschule Zürich

5.1 Sprachförderung im Studium

Die Pädagogischen Hochschulen der Deutschschweiz sind sich ihrer prominenten Rolle als Förderinnen von sprachlichen Kompetenzen bewusst und legen in der Ausbildung von Studierenden (sowie in der Weiterbildung von Lehrpersonen) Wert auf die Förderung der Hochdeutschkompetenz im Schriftlichen wie im Mündlichen. Bei dem praxisorientierten Studium ist es unausweichlich, dass Studierende als (angehende) Lehrpersonen sprachliches Vorbild sind. Schon im ersten Semester steht ein Schulpraktikum an, in welchem bereits unterrichtet wird. Die Studierenden müssen in der Lage sein, Tafelanschriebe, Arbeitsblätter und schriftliche Korrespondenzen mit Eltern sprachlich korrekt zu verfassen.

An der Pädagogischen Hochschule Zürich werden im Laufe des Studiums folgende Maßnahmen eingesetzt, um die situationsadäquate Verwendung der Standardsprache zu unterstützen und um Sprachbewusstsein für die Art des Umgangs mit den beiden Varianten Hochdeutsch und Mundart in der Schule zu schaffen:

- Zwischenprüfung Deutschkompetenz mit vorbereitenden Ateliers: Zu Beginn des Studiums legen alle Studierenden eine schriftliche Deutschkompetenzprüfung ab. Ziel ist es, schwere Fälle von unzureichender Kompetenz zu erkennen und diesen Studierenden eine entsprechende Förderung zu gewähren. Zur Auffrischung der Grammatik und zur Förderung eines reflektierten Umgangs mit der Lexik werden vorbereitende Ateliers (Veranstaltungen mit Input von Dozierenden und Übungsmöglichkeiten) angeboten. Bei Nicht-Bestehen der Prüfung besuchen die Studierenden ein Semester lang ein Deutschkompetenzmodul, in welchem an den individuellen Unsicherheiten gearbeitet wird. In der Regel zeigt das Arbeiten an den formalsprachlichen Kenntnissen großen Erfolg. Bei erneutem Nicht-Bestehen müssen die Studierenden ein Jahr lang das Studium unterbrechen und selbstständig an ihren Deutschkompetenzen arbeiten.
- Grundkurs Sprache: Gleich im ersten Semester wird im Grundkurs Sprache das Spannungsverhältnis zwischen Hochdeutsch und Dialekt eingehend thematisiert. Dieses Modul besuchen alle Studierenden, also auch solche, die Deutsch nicht im Fächerprofil haben. Dass Hochdeutsch Unterrichtssprache in allen Fächern ist und dass der Schulerfolg auch von der sprachlichen Kompetenz der Schüler(innen) abhängt, sind bewusst zu machende Inhalte. Wichtig ist hier auch, die eigene Einstellung zum Hochdeutschen

zu reflektieren, die Bedeutung des im Unterricht klar zu deklarierenden Code-Switchings einzusehen und allfällige Mythen zu hinterfragen. Ein solcher Mythos ist z.B., dass es in Deutschland und Österreich keine Dialekte gäbe. Auch ist oft nicht bekannt, dass im Gegensatz zum „Entweder – Oder" in der Deutschschweiz in den anderen deutschsprachigen Zentren fließende Übergänge zwischen Dialekt, dialektaler Färbung und Hochsprache in Abhängigkeit vom kommunikativen Kontext existiert.

In allen Modulen an der Pädagogischen Hochschule Zürich und im schulpraktischen Studium mit vier schulischen Praktika wird Standardsprache verwendet. Einzelbesprechungen finden in der Regel im Dialekt statt. In den Modulen „Auftrittskompetenz" und „Kommunikation" werden Sprache und sprachliches Handeln praktisch und theoretisch thematisiert. In der Abschlussprüfung (Diplom) wird als ein Kriterium die formal sichere und situationsadäquate Verwendung der Sprache beurteilt.

5.2 Deutschkompetenzprüfung

An der Pädagogischen Hochschule Zürich wird die schriftliche, formalsprachliche Deutschkompetenz der Studierenden zu Studienbeginn getestet; bei allfälligem Nicht-Genügen erhalten die Studierenden Fördermaßnahmen. Das Konzept der Prüfung lehnt sich an das Konzept der Sprachbewusstheit an, wie es in der DESI-Studie formuliert wurde: „Sprachbewusstheit wird als eine Fähigkeit verstanden, die sich in der Mutter-, Zweit- und Fremdsprache auf Grund der bewussten und aufmerksamen Auseinandersetzung mit Sprache entwickelt. Sie befähigt Lernende, sprachliche Regelungen kontrolliert anzuwenden und zu beurteilen sowie Verstöße zu korrigieren." (Eichler & Nold 2007: 63) Das Konzept der sprachlichen Bewusstheit geht auch mit dem Rahmenlehrplan für Schweizer Maturitätsschulen einher, der basale erstsprachliche Kompetenzen für allgemeine Studierfähigkeit benennt (vgl. EDK 2016).

Die Deutschkompetenzprüfung besteht aus zwei Teilbereichen:[5] Der erste Teil beinhaltet formalisierte, dekontextualisierte Einzelaufgaben zu Lexik, Grammatik, Sprachlogik und Rechtschreibung/Interpunktion. Hier wird gezielt auf typische Fehler abgehoben. Die Auswertung erfolgt elektronisch durch die Lernplattform ILIAS. Im zweiten Teil wird Sprache kontextualisiert betrachtet:

---

[5] Eine ausführliche Beschreibung der Deutschkompetenzprüfung findet sich in Grütz (2011a, 2011b).

Zwei Texte unterschiedlicher Textsorten (ein narrativer und ein argumentativer Text) sind zu verfassen, das heißt, Sprache wird im Handlungskontext verwendet. Beurteilungskriterien sind formale Korrektheit, aber auch Aspekte von Textkompetenz. Die Auswertung erfolgt per Hand. Beide Teilbereiche sind mittels linguistischer Beurteilungskriterien aufeinander bezogen. Damit ergibt die Prüfung ein Gesamtbild der schriftsprachlichen Kompetenzen. Vermeidungsstrategien, wie sie in den Texten angewandt werden könnten, werden durch die Aufgaben aus dem formalisierten Teil aufgefangen. Aufgaben, die Interferenzfehler aus dem Schweizerdeutschen betreffen, sind vor allem Aufgaben zu Kasus und den Verbformen.

Beispiele zu formalisierten Aufgaben
a) Erkennen und Markieren eines Fallfehlers:

> In dem folgenden Text ist eine Wortform oder ein Wort falsch. Markieren Sie das falsche Wort durch einen Klick.
> *Freundlicherweise half sie ihm bei Redigieren des Aufsatzes, obwohl sie wahrlich kein Anlass dazu hatte. Denn das letzte Mal hatte sich die Zusammenarbeit als äusserst schwierig gestaltet. Und sie hatte sich eigentlich geschworen, das nicht mehr zu tun.*

b) Erkennen und Markieren des hochsprachlich falschen Anschlusses im Relativsatz:

> In dem folgenden Text ist eine Wortform oder ein Wort falsch. Markieren Sie das falsche Wort durch einen Klick.
> *Im Arbeitsleben bestehen oft Konflikte, wo lange nichts dagegen unternommen wird. Dabei wäre es für jeden am besten, die Probleme schnellstens zu besprechen und zu lösen.*

c) Einsetzen von Formen unregelmäßiger Verben und Beachten der Zeitenfolge:

> Schreiben Sie die passende Verbform in die Lücke. Sie muss grammatisch in den Satz passen.
> *Der Lehrling .... die Feile sehr sorgfältig (schleifen) und prüfte sein Werk genau, nachdem der Lehrmeister ihn das letzte Mal wegen seiner lausigen Arbeit .... (rügen).*

Die statistische Überprüfung der Aufgabenlösungen ergab für diese Aufgabentypen einen unterdurchschnittlichen Wert. Der Aufgabentyp unter a) und b) scheint für kompetente Sprecher(innen) nicht schwierig zu sein, gilt es doch lediglich, Fehler zu erkennen und zu markieren. Dennoch wird die Aufgabe von Typ a), fehlende Akkusativmarkierung zu erkennen, nur zu rund 85 % und die von Typ b), das hochsprachlich falsche „wo" zu erkennen, nur zu rund 75 % richtig gelöst. Eine Schweizer Studentin meinte einmal verzweifelt, dass Äußerungen ohne Akkusativmarkierung vom Dialekt her ja richtig tönten. Wie solle man da merken, dass das falsch sei. Typ c), Verbformen einzusetzen, wird durchschnittlich zu 85 % richtig gelöst. Hier nun einige Beispiele zu Textaufgaben:

Beispiel für einen narrativen Text:

> Lassen Sie sich von dem Bild inspirieren und schreiben Sie zu dieser Szene eine Geschichte, die in der Vergangenheit spielt. Es ist gleichgültig, ob Sie eine Kurzgeschichte, einen Krimi, eine Science-Fiction-Geschichte usw. verfassen.
> Achtung: Es handelt sich nicht um eine Bildbeschreibung! Ihre Geschichte muss einen deutlichen Bezug zum Bild aufweisen!

Abb. 1: © Doris Grütz, private Aufnahme

Beispiel für einen argumentativen Text:

> Nehmen Sie Stellung zu dem folgenden Zitat: Legen Sie dar, wie Sie dieses verstehen und weshalb Sie der Aussage zustimmen resp. sie ablehnen. Erläutern Sie Ihre Ausführungen mit einem oder zwei praktischen Beispielen aus dem täglichen Leben (Familie, Schule, Beruf etc.).
> „Lernen kann man stets nur von jenem, der seine Sache liebt, nicht von dem, der sie ablehnt." (Max Brod)

Für das Verfassen von zwei Texten unterschiedlicher Textsorten sprechen u.a. pragma-linguistische Gründe:[6] Textsorten evozieren die Anwendung bestimmter sprachlicher Formen und Mittel. In narrativen Texten müssen gemäß der Aufgabenstellung, welche die Situierung in der Vergangenheit vorgibt, Formen des Präteritums sowie des Plusquamperfektes für die Vorzeitigkeit und des Konjunktivs II für die Nachzeitigkeit verwendet werden. Wegen des in der Deutschschweiz in der mündlichen Kommunikation grundsätzlich gebrauchten Dialektes, der an Vergangenheitsformen nur das Perfekt kennt, sind manchen weniger literal gebildeten und weniger sprachbewussten Sprecher(inne)n Präteritumsformen weniger geläufig. Insbesondere die unregelmäßigen Formen werden z.T. auf abenteuerlich kreative Weise gebildet (s.o. und Grütz 2011a, 2011b). Deren Kenntnis soll überprüft werden. Narrative Texte zu verfassen, ist auch dadurch legitimiert, dass sie Teil der Unterrichtspraxis und damit Teil des Studiums sind. Lehrpersonen für den Kindergarten und die Unterstufe, aber auch für die Primar- und Sekundarstufe, müssen in der Lage sein, standardsprachlich korrekt eine Geschichte zu erzählen oder einen Bericht zu verfassen, wofür das Präteritum gebraucht wird. Ein argumentativer Text verlangt bei der Entwicklung der Argumentation und bei der Darstellung sachlogischer Zusammenhänge (z.B. Ursache und Wirkung, Bedingung und Folge) hypotaktisch gebaute Sätze, soll der Text sprachlich nicht zu einfach strukturiert sein.

Die Deutschkompetenzprüfung ermöglicht es, Fälle von schriftsprachlicher Inkompetenz zu erkennen. Die Teilnahme an dem Deutschkompetenzmodul, in welchem bei nicht bestandener Prüfung an den individuellen Defiziten bzw.

---

[6] Daneben gibt es auch messtechnische Gründe: Im Sinne der Validität sowie der Reliabilität ist das Schreiben zweier Texte unterschiedlicher Themen und Textsorten sinnvoll, um ein aussagekräftiges Gesamtbild zu erhalten. Dies umso mehr, als das Gelingen eines Textes u.a. von der Affinität eines Schreibers zur Textsorte abhängt. Das hat sich vielfach bestätigt. Immer wieder zeigen sich bei einzelnen Studierenden deutliche Unterschiede in der Qualität der beiden Texte. Studierende, die die Prüfung nicht bestehen, geben in Gesprächen über ihre Prüfungsarbeit oft an, dass ihnen eine bestimmte Textsorte nicht liege.

Kompetenzen gearbeitet wird, bringt bei den meisten Studierenden ein deutlich verbessertes Sprachbewusstsein und eine erstaunliche Steigerung der Sprachkompetenzen mit sich.

6 Fazit

Trotz der zu beobachtenden Vereinheitlichungstendenzen von Dialekten und trotz des gesetzlich verankerten Bestrebens der obligatorischen Schule, im Unterricht Schweizer Hochdeutsch zu sprechen, ist die Verwendung des Dialektes in der gesprochenen Sprache weiterhin ungebrochen. Den hohen Stellenwert des Dialektsprechens in der Bevölkerung erkennt man am Volksentscheid von 2011, der die explizite Förderung von Hochdeutsch im Kindergarten ablehnte. Zwar haben extreme Dialektbefürworter kaum Chancen, ihre Forderung nach freier Sprachwahl im Kontext der Primar- und Sekundarschule durchzusetzen. Um aber dem Ziel näherzukommen, ein selbstbewusstes, flüssiges Schweizer Hochdeutsch zu sprechen und ohne Weiteres zwischen Dialekt und Standardsprache switchen zu können, bedarf es weiterer Anstrengungen der schulischen und hochschulischen Bildungseinrichtungen. Wünschenswert wäre es, wenn das Gefühl vieler Deutschschweizer(innen), mit dem Standarddeutschen eine (ungeliebte) Fremdsprache zu sprechen, nach und nach einer unvoreingenommenen Einstellung zu den Varietäten weichen würde. Interessant ist der Vergleich mit Deutschland: Während es in der Deutschschweiz in der Schule um die Stärkung der Standardsprache geht, werden in Deutschland, wie etwa in Bayern, Anstrengungen zur Stärkung des Dialektes unternommen.

7 Literatur

Ammon, Ulrich (1995): *Die deutsche Sprache in Deutschland, Österreich und der Schweiz. Das Problem der nationalen Varietäten*. Berlin, New York: de Gruyter.

Bachmann, Thomas & Ospelt, Barbara (2004): *Hochdeutsch als Unterrichtssprache. Die Sprechpraxis von Studierenden und Lehrpersonen. Entschieden besser als ihr Ruf! Bericht zur explorativen Studie „Standardsprachliche Praxis von Studierenden und Lehrpersonen im Unterricht"*. http://edudoc.ch/record/29523/files/82.pdf *(23.05.2018)*.

Bildungsdirektion des Kantons Zürich & Pädagogische Hochschule Zürich (Hrsg.) (2003): *Hochdeutsch als Unterrichtssprache.*
https://vsa.zh.ch/internet/bildungsdirektion/vsa/de/schulbetrieb_und_unterricht/faecher/sprache/deutsch/_jcr_content/contentPar/downloadlist/downloaditems/hochdeutsc

h_als_unte.spooler.download.1329917845330.pdf/hochdeutsch_als_unterrichtssprache.pdf *(28.05.2018)*.

Bundesamt für Statistik. Schweizerische Eidgenossenschaft: https://www.bfs.admin.ch/bfsstatic/dam/assets/2241472/master *(25.05.2018)*.

Bundesamt für Statistik. Schweizerische Eidgenossenschaft: https://www.bfs.admin.ch/bfs/de/home/statistiken/bevoelkerung/erhebungen/volkszaehlung/kontakt.html *(25.05.2018)*.

Christen, Helen (2005): *Die Deutschschweizer Diglossie und die Sprachendiskussion.* https://lettres.unifr.ch/fileadmin/Documentation/Departements/Langues_et_litterature/Germanistik/Documents/Linguistik/Christen/diglossie.pdf *(25.05.2018)*.

EDK – Schweizerische Konferenz der kantonalen Erziehungsdirektoren (2016): *Anhang zum Rahmenlehrplan für die Maturitätsschulen vom 9. Juni 1994. Basale fachliche Kompetenzen für allgemeine Studierfähigkeit in Erstsprache und Mathematik vom 17. März 2016.* http://edudoc.ch/record/121436/files/gym_maturitaet_basale_komp_anhang_rlp_d.pdf *(23.05.2018)*.

Eichler, Wolfgang & Nold, Günter (2007): Sprachbewusstheit. In Beck, Bärbel & Klieme, Eckhard (Hrsg.): *Sprachliche Kompetenzen. Konzepte und Messung. DESI-Studie.* Weinheim, Basel: Beltz, 63–82.

Glaser, Elvira (2015): *Ist das Schweizerdeutsche eine eigene Sprache?* http://www.linguistik.uzh.ch/de/easyling/faq/kolmer-schweizerdeutsch.html *(25.05.2018)*.

Grütz, Doris (2011a): Testen sprachlicher Kompetenzen von Lehramtsstudierenden. Ergebnisse im Lichte sprachlichen Wandels. *Bulletin VALS-ASLA* 94: 87–105.

Grütz, Doris (2011b): Schriftsprachliche Deutschkompetenzen von Studienanfängern für das Lehramt – mit Hinweisen auf Kompetenzen von mono- und bilingualen Studierenden. In Rothstein, Björn (Hrsg.): *Sprachvergleich in der Schule.* Baltmannsweiler: Schneider, 137–156.

Landert, Karin (2007): *Hochdeutsch im Kindergarten? Eine empirische Studie zum frühen Hochdeutscherwerb in der Deutschschweiz.* Bern: Lang.

Landert Born, Karin (2010): Hochdeutsch im Kindergarten. Aktuelle Forschungsergebnisse. In Bitter Bättig, Franziska & Tanner, Albert (Hrsg.): *Sprachen lernen – Lernen durch Sprachen.* Zürich: Seismo, 93–110.

Lehrplan für die Kindergartenstufe des Kantons Zürich 2011. https://vsa.zh.ch/content/dam/bildungsdirekti-on/vsa/schulbetrieb/lehrplaene_lehrmittel/ lehrplanbroschuere_kindergartenstufe.pdf *(24.05.2018)*.

Mijuk, Gordana (2011): Mythos Mundart. In *Neue Zürcher Zeitung* vom 22.05.2011.

Moser, Urs (2001): *Für das Leben gerüstet? Die Grundkompetenzen der Jugendlichen. Kurzfassung des nationalen Berichtes PISA 2000.* http://www.edudoc.ch/static/infopartner/sammlung_fs/2001/Div/Pisa_Kurzf-d.pdf *(24.05.2018)*.

Neugebauer, Claudia & Bachmann, Thomas (Hrsg.) (2007): *Handbuch Hochdeutsch. Grundlagen, Praxisberichte und Materialien zum Thema Hochdeutschsprechen in der Schule.* Zürich: Lehrmittelverlag des Kantons Zürich.

Pädagogische Hochschule Zürich, Bereich Deutsch/Deutsch als Zweitsprache der Eingangsstufe (2013): *Empfehlungen zur Sprachverwendung im Kindergarten.* Internes Papier vom September 2013.

Siebenhaar, Beat & Wyler, Alfred (1997): *Dialekt und Hochsprache in der deutschsprachigen Schweiz*. http://home.uni-leipzig.de/siebenh/pdf/Siebenhaar_Wyler_97.pdf *(25.05.2018)*.

Sieber, Peter (2007): Zur Diskussion um Hochdeutsch in der Schule. In Neugebauer, Claudia & Bachmann, Thomas (Hrsg.): *Handbuch Hochdeutsch. Grundlagen, Praxisberichte und Materialien zum Thema Hochdeutschsprechen in der Schule*. Zürich: Lehrmittelverlag des Kantons Zürich, 9–14.

Volksschulgesetz des Kantons Zürich:
http://www2.zhlex.zh.ch/appl/zhlex_r.nsf/0/6384054DD5E8F600C125793D003A6A28/$file/412.100_7.2.05_75.pdf *(25.05.2018)*

Werlen, Inwar (2004): Zur Sprachsituation der Schweiz mit besonderer Berücksichtigung der Diglossie in der Deutschschweiz. *Bulletin VALS-ASLA* 79: 1–30.

Ute Hofmann
geil, krass oder porno, alder? Veränderungen kommunikativer Strategien und Handlungskompetenz

1 Zur Dynamik und Interaktion von Sprachwandel und Sprachvarietäten

Von „Geiz ist geil!" bis „Petri geil!" – so provokant der Werbeslogan der Firma Saturn durch den Gebrauch von *geil* 2002 noch war, so hat sich das Adjektiv mittlerweile doch fest im Sprachgebrauch zumindest einiger Sprachvarietäten eingebürgert. Viele weitere Slogans und Titel nehmen seither auf diesen Werbespruch Bezug bzw. setzen ihn modifiziert neu ein: „Geiz ist nicht mehr geil!" (*computerwoche* vom 09.04.2009), „Warum Geiz völlig ungeil ist!" (Elke Heidenreich in der *F.A.Z.* vom 23.10.2007), „Geiz ist ungeil – ein Plädoyer für mehr Trinkgeld" (*Tagesspiegel* vom 28.09.2013), „Geiz ist ungeil – So muss Leben!" (Tour 2014 von Ole Lehmann) bis hin zu „Petri geil!", einem nicht mehr provokanten, aber doch auffälligen Werbeslogan von McDonald's für einen Fischburger (Plakatwerbung im Februar 2017).

Als Konkurrenten zum Adjektiv *geil* im Sinne von ‚sehr gut' können aktuell wohl Adjektive wie *cool, krass* oder *irre* angeführt werden. Während *krass* in dieser semantischen Verwendung (‚verrückt' > ‚sehr gut') relativ neu ist, kann man bei *irre* durch seinen langen Gebrauch neben dem semantischen Wandel[1] auch eine Grammatikalisierung vom Adjektiv zur Steigerungspartikel (*irre krass, irre geil*) feststellen.[2] Hat *geil* hier mittlerweile die Karriere von einem sehr restringierten, varietätenspezifischen Gebrauch zu einem recht breiten Anwendungsspektrum (Verwendung in mehreren Varietäten wie Jugendsprache, Werbesprache, Mediensprache)[3] vollzogen, so führt seine neueste Konkurrenz *porno* dagegen vergleichsweise noch ein Schattendasein, obwohl es syntaktisch schon

---

[1] *Irre* ist als Adjektiv seit dem 9. Jh. gebräuchlich im Sinne von ‚zornig, rasend' (vgl. Kluge 1999).
[2] Ähnlich der Grammatikalisierung der heutigen Steigerungspartikel *sehr* < ahd. *sero* (‚schmerzlich').
[3] Wobei sich hier die naheliegende Frage anschließt, wie und ob man Varietäten überhaupt unterscheiden kann (vgl. Hofmann 2018).

recht breit, v.a. prädikativ und adverbial, eingesetzt werden kann: *alles porno, echt porno, voll porno, der Film ist absolut porno, der sieht porno aus, der Pfarrer im Jugendgottesdienst hat porno gepredigt* (Steffens & al-Wadi 2014: 350f.). Seine Wortbildung ist entweder als Konversion aus dem Nomen *Porno* zu erklären oder durch Morphtilgung aus dem Adjektiv *pornografisch*, womit es morphologisch ein unisegmentales Kurzwort (Kopfwort) wäre. Sprachwandel hat hier also auf lexikalischer, morphologischer[4] und semantischer[5] Ebene stattgefunden, kann sich aber prinzipiell auf allen linguistischen Ebenen finden und Ebenen übergreifend sein, worauf noch in den Abschnitten 5 und 6 eingegangen wird.

Diese Eigenschaft von Sprachen, immer neue sprachliche Varianten bilden zu können, ist eine grundsätzliche Voraussetzung für sprachlichen Wandel. In der Performanz, wie z.B. in der kreativen Jugend-, Werbe- oder Pressesprache, können laufend neue Varianten entstehen. Ob und wie sie sich durchsetzen und in den allgemeinen Sprachgebrauch gelangen, das ist eine andere Frage.

Um solche und ähnliche Phänomene und Prozesse auf verschiedenen linguistischen Bereichen differenziert beschreiben zu können, werden im Folgenden zunächst kurz die Begriffe Sprachwandel und Sprachvarietäten kritisch hinterfragt und für die Annahme einer Interaktion von Sprachwandel und Sprachvarietäten argumentiert. Vor dem Hintergrund dieser linguistischen Differenzierungen werden anschließend Überlegungen zum pragmatischen Wandel, genauer dem Wandel der kommunikativen Handlungskompetenz und der kommunikativen Strategien, angestellt und abschließend in Zusammenhang mit der Diskussion über Sprach- bzw. Stilverfall gebracht.

2 Begriffsdifferenzierung und der Prozess sprachlicher Veränderungen

In der linguistischen Forschung dominierte über lange Zeit eine Perspektivenbeschränkung auf „eine funktional besonders leistungsfähige und prestigebehaftete Varietät" der Sprache (Klein 2014: 220), die nicht repräsentativ, sondern „elitär-hochkulturell" war (Elspaß 2005: 63). Elspaß (2005: 63) forderte in die-

---

[4] Vgl. die morphologisch regelkonforme Negationsbildung von *geil* mit dem Präfix *un-* zu *ungeil* sowie die oben skizzierte Wortbildung vom Adjektiv *porno*.
[5] Bedeutungsveränderung im Sinne einer Bedeutungserweiterung von *geil* in den 70er-Jahren im Tabubereich ‚sexuell lüstern' zu ‚sehr gut'.

sem Zusammenhang einen Perspektivenwechsel, der „die jüngere Sprachgeschichte aus einer Perspektive ‚von unten' betrachtet". Durch eine solche Perspektivenöffnung müssten Phänomene, die in nicht hochsprachlichen Varietäten wie z.B. der mündlichen Sprache durchaus schon existierten, wahrgenommen werden und Sprachwandel müsste anders untersucht werden. Denn viele Phänomene, die heute als Sprachwandel beschrieben werden, sind de facto kein Sprachwandel von heute, sondern schon lange existierende Variationen, die nur noch nicht in den Gebrauchsstandard[6] gelangt sind und somit noch nicht in Forschungen berücksichtigt wurden.

Genau genommen muss daher zwischen zwei verschiedenen Phänomenen unterschieden werden: Erstens kann sich eine Variation innerhalb einer Varietät A ergeben (z.B. Bedeutungserweiterung von *geil* zu ‚sehr gut'). Es kann sich also innerhalb einer ersten Varietät A ein Wandel vollziehen – ein Sprachvarietätenwandel im Sinne von ‚Wandel innerhalb einer Sprachvarietät'. Dieser kann jedoch noch nicht als Sprachwandel bezeichnet werden, denn Sprachwandel bedeutet ja wörtlich genommen ‚Wandel in der Sprache', also in der gesamten Sprache, ihrem Gebrauchsstandard. Dann kann sich zweitens anschließend diese Variation von der ersten Varietät A in eine zweite Varietät B verschieben, was hier als Variationenverschiebung bezeichnet werden soll. Das heißt, die Variationen, die zunächst okkasionell, individuell oder in kleinen Sprachgemeinschaften entstehen, werden erst allmählich varietätenübergreifend, bis sie zuletzt vielleicht tatsächlich im Gebrauchsstandard erscheinen und dort konventionalisiert und ggf. zur Norm werden können.[7] Dann könnte man zum Abschluss tatsächlich von einem Wandel in der Sprache, in ihrem Gebrauchsstandard, sprechen, somit von einem Sprachwandel.[8] Soweit muss es aber nicht kommen, wie viele Beispiele zeigen. Viele Varianten bleiben begrenzt auf bestimmte Varietäten,[9] werden nicht usualisiert, sondern leben beschränkt neben ihren Kon-

---

6 Zur genauen Klärung der Terminologie vgl. Hofmann (2016: 83ff.).
7 Vgl. z.B. die Präpositionen *wegen* und *trotz* mit der heute auch gültigen Kasusrektion Dativ, *googeln* für ‚in der Suchmaschine google nachsehen'.
8 Näheres zur Begriffsdifferenzierung, zu Theorien, Erklärungsansätzen und Konzepten bei Hofmann (2016: 83ff.).
9 Vgl. *leiwand/leinwand*: österreichisch für ‚sehr gut'; *alken*: jugendsprachlich für ‚sich hemmungslos betrinken'; *tatsächlich*: in der juristischen Fachsprache in dem Sinne, dass ein Umstand auf faktischen Umständen (auf Tatsachen) beruht. Dabei wird zumeist der Gegensatz zu rechtlichen Umständen dargestellt (siehe z.B. § 25 Abs. 5 AufenthG); umgangssprachlich wird *tatsächlich* dagegen i.d.R. mit ‚wirklich' oder ‚eigentlich' gleichgesetzt. Interessant in diesem Zusammenhang ist auch der fiktionale Jargon *Nadsat* Jugendlicher (aus Anthony Burgess'

kurrenten weiter, können veralten und irgendwann wieder aus dem Gebrauch verschwinden.[10]

In diesem Zusammenhang wurde und wird in der Variationslinguistik der Varietätenbegriff immer wieder neu definiert und diskutiert (Gilles, Scharloth & Ziegler 2010: 1) und zunehmend als „adäquates methodisches Instrument zur Beschreibung und Erklärung sprachlicher Vielfalt" infrage gestellt (Maitz 2010: 59f.). Denn einerseits vermittelt er eine nur scheinbare Homogenität, die aber angesichts der Vielzahl an linguistisch zu differenzierenden Varietäten nicht zutrifft, und andererseits vermag er nur schwer die Kontextabhängigkeit sprachlicher Variationen miteinzubeziehen und darzustellen, wodurch Termini wie ‚Stil' oder ‚Register' eingeführt wurden (Androutsopoulos & Spreckels 2010: 197). Da der Begriff ‚Varietät' i.d.R. bei der systemorientierten Forschung und ihrer Beschreibung linguistischer Subsysteme, ihrer Struktur und ihres Wandels angewandt wird, wird er im Folgenden übernommen. Variationen in konkreten Kommunikationssituationen dagegen mit Bezug auf die kommunizierenden Individuen und Gruppen werden v.a. in der Soziolinguistik dem Begriff ‚Stil' zugeordnet. Varietät und Stil können dabei in Analysen durchaus nebeneinander „komplementär" untersucht und angewendet werden (Androutsopoulos & Spreckels 2010: 202).

3 Seil-Metapher

Die Struktur eines Seiles kann den oben skizzierten Prozess sprachlicher Veränderungen prägnant veranschaulichen (Hofmann 2016: 89ff.): So wie das Seil ein Zusammenspiel verschiedener Stränge ist, so ist die Sprache ein Zusammenspiel verschiedener Varietäten. Ein Strang stellt dabei den Gebrauchsstandard dar, aus dem sich im Laufe der Zeit dünnere Stränge lösen können, nämlich die zunächst nicht normierten Varianten. Wie die einzelnen Seilfasern sind diese sprachlichen kleinen Varianten zunächst idiolektal oder in kleineren Gruppen, sind nicht normierte Phänomene, sind Teil einer oder mehrerer Varietäten, einer oder mehrerer Schnüre, die als Nebenstränge scheinbar verbindungslos neben weiteren Strängen existieren. Die Dauer ihrer Existenz ist dabei unterschiedlich: Einige Varianten können nur kurzzeitig leben, einige länger andau-

---

Roman *A Clockwork Orange*), der zur Gruppe der konstruierten Sprachen gehört und nach wie vor nur in kleinen Teilen der Jugend-, Fußball- und Musikszene zu finden ist.
10 Vgl. die mittlerweile wieder unüblichen Adjektive für ‚sehr gut' wie *hasenrein, knorke, astrein, bombig, bärig, brezig*.

ern, sie können aussterben (= loses Ende einer Seilfaser), andere können in andere Varietäten gelangen oder auch (wieder[11]) in den Gebrauchsstandard, was dann tatsächlich als Sprachwandel bezeichnet werden könnte.

Als Beispiel für kurzzeitige Varianten kann hier z.B. (zum heutigen Zeitpunkt) das Jugendwort des Jahres 2016 *Smombie* angeführt werden, eine Kontamination aus *Smartphone* und *Zombie*; ebenso die jugendsprachlichen Verben *hartzen*[12] oder *alken*[13], journalistische Bildungen wie *tiefenzerwühlt* (*SZ* vom 24.01.2017: 23), nach dem Wortbildungsmuster vom jugendsprachlich geläufigen *tiefenentspannt*, oder *hyperselbstbewusst* (*SZ* vom 24.01.2017: 23) nach dem Muster *hyperaktiv*, *hypermodern*, d.h. *hyper-* als reihenbildendes Steigerungspräkonfix, oder auch die jugendsprachlich gebräuchliche Steigerung durch das Präfix *ends* (*endscool*); genauso wie *Assitoaster* (‚Solarium') oder *Horst*, als Vorname semantisch erweitert und pejorisiert zu ‚Idiot, Trottel' und steigerbar zu *Vollhorst*. Höchst aktuell ist das Verb *trumpen* als denominale Konversion vom Namen Trump (Donald Trump) für ‚sich schlecht benehmen'.

Beispiele für schon seit Längerem gebräuchliche Varianten sind z.B. *Selfie* (mediensprachlich), *vorglühen* (jugendsprachlich), *Obamacare* und *Hartz IV* oder Phraseologien wie *voll der Hammer!* oder *läuft bei Dir?*

Zunehmend verdrängt wird *bummeln* von seiner englischen Konkurrenz *shoppen*, genauso wie *Steckenpferd* (von *Hobby*). Ersetzt wurden mittlerweile Termini wie *Bühel* (durch *Hügel*, findet sich synchron nur mehr in Namen wie *Kitzbühl*), antiquiert und vom Aussterben bedroht ist z.B. *blümerant* (‚schwindlig, unwohl').

Über die Varietätengrenze hinaus gelangten dagegen Lexeme wie das zunächst jugendsprachliche *geil* (‚sehr gut'), *cool*, *tricky* oder *chillen*; genauso finden sich mittlerweile im Gebrauchsstandard *googeln* oder die Bedeutungserweiterung von *surfen*: zunächst nur in sportsprachlicher Verwendung für ‚windsurfen', erfuhr es eine Bedeutungserweiterung zu ‚im Internet surfen'.

Auf der anderen Seite kann sich dieser oben skizzierte Wandel im Gebrauchsstandard wiederum auf die Sprachentwicklung einzelner Varietäten auswirken. Wandert ein Wort wie *geil* in allgemeinere, größere Varietäten oder gar in den Gebrauchsstandard, verliert es an Symbolwert und Ausdruckskraft für die Ausgangsvarietät, hier die Sprache Jugendlicher, die sich durch den

---

11 Dies ist der Fall, wenn die Variante zwischenzeitlich von einem Konkurrenten verdrängt wurde, sich aber letztendlich doch wieder durchsetzen kann.
12 Hierbei handelt es sich um eine denominale Konversion vom Namen des Politikers Peter Hartz.
13 Dies eine denominale Wortbildung von *Alkohol* durch Morphtilgung und Konversion.

Gebrauch dieses Tabuwortes von der Sprache der Erwachsenen und von Normen abgrenzen wollten; ein neues Wort wie das oben zitierte Adjektiv *porno* kann die dadurch entstandene kommunikative Leerstelle füllen und leichter in diese Varietät Einzug halten. Lexikalischer Wandel im Gebrauchsstandard führte hier also dazu, dass sich in einer spezifischen Varietät, der Jugendsprache, eine neue Variante entwickelt und ggf. ausbreitet. Diese dynamische Verwobenheit und viel- und wechselseitige Abhängigkeit der unterschiedlichen Bedingungen für Sprachwandel und Sprachvarietäten wird als „Interaktion von Sprachwandel und Sprachvarietäten" bezeichnet (Hofmann 2016: 89–93).

4 Möglichkeiten und Grenzen eines Interaktionsmodells

Die Interaktion von Sprachwandel und Sprachvarietäten führt dazu, dass die in der Performanz immer neu entstehenden sprachlichen Varianten sich in andere Varietäten verschieben können. Die Verschiebung kann nur gelingen, weil die Varietätengrenzen durchlässig sind. In der Konsequenz ergeben sich daraus viele linguistische Gemeinsamkeiten in den traditionell unterschiedenen Varietäten wie Jugendsprache, Mediensprache, Gendersprache etc. So sind z.B. Wörter wie *geil, krass, vorglühen, chillen, cool* mittlerweile nicht mehr nur auf Jugendsprache beschränkt, genauso wie sich auch die Verbstellung *weil* +Verb-2 oder Phraseologien wie *voll der Hammer!* zunehmend durchsetzen.

Es stellt sich daher die Frage, inwieweit es linguistisch noch angemessen ist, von getrennten Varietäten zu sprechen. Wurden lange Zeit Varietäten strikt unterschieden oder in Diasysteme wie diastratisch, diatopisch, diaphasisch etc. eingeteilt, müssen vielmehr ihre Gemeinsamkeiten und ihre Dynamik in den Vordergrund gestellt werden, um ihnen gerecht zu werden – sowohl bei der Beschreibung einzelner Varietäten wie ihres Zusammenspiels. So schlägt für die Beschreibung und Klassifikation der Varietät Jugendsprache Eva Neuland (2006: 228) ein Variationsspektrum vor, das versucht, die Heterogenität von Jugendsprache und die Vielfalt an soziolinguistischen Faktoren (Alter, soziale Herkunft, Geschlecht, Bildung etc.) zu berücksichtigen. Bei der Untersuchung gerade von mehreren Varietäten muss man allerdings noch weiter gehen und berücksichtigen, dass man es entsprechend der obigen Überlegungen gerade auch zwischen den Varietäten mit einem intensiven Austausch von linguistischen Phänomenen zu tun hat, mit einer starken Interaktion der Varietäten.[14]

Dabei stellt sich aber auch die Frage, wo die Grenzen der interaktiven sprachlichen Struktur liegen: Warum gelangen einige Wörter in andere Varietäten und machen eine steile Karriere wie früher *toll*[15] oder heutzutage *geil*? Andere Lexeme dagegen wie *fett*[16] (‚sehr gut', ähnlich wie *cool, geil, krass*) oder *schwul*[17] (‚schlecht, blöd') entstammen ganz ähnlich auch Tabubereichen, scheinen sich aber nicht so auszubreiten und bleiben immer noch auf bestimmte Varietäten beschränkt wie z.B. die Sprache Jugendlicher.

Warum und wann wird ein linguistisches Phänomen von anderen Varietäten übernommen? Was sind die entscheidenden linguistischen Faktoren? Gibt es bestimmte Muster? Zu diesen Fragen existieren zahlreiche Untersuchungen. Die Ergebnisse sind detailliert, aber auf kleine Sprachbereiche oder Areale beschränkt und die Mechanismen komplexer interagierender Faktoren sind daher noch nicht auf größere sprachliche Datenmengen zu übertragen.

5 Überlegungen zum pragmatischen Wandel bzw. zum Wandel der kommunikativen Handlungskompetenz

Der pragmatische Sprachwandel ist im Vergleich zum phonologischen, lexikalischen, morphologischen oder syntaktischen Sprachwandel weniger im Fokus der linguistischen Forschung. Dies ist umso verwunderlicher, als er einer der linguistischen Bereiche ist, die am ehesten von Sprachwandel betroffen sind, wenn man sich auf das Zwiebelmodell von Nübling (2006: 2) bezieht. Dieses Modell zeigt, wie anfällig die verschiedenen linguistischen Bereiche für Sprachwandel sind. Den Kern stellen dabei die drei Gebiete Syntax, Phonologie und Morphologie dar, das heißt, sie sind am stabilsten und unterliegen Sprachveränderungen nur restriktiv und in langen Prozessen, während die Pragmatik ganz außen angesiedelt ist, das heißt, am anfälligsten für Sprachwandel ist.

---

14 Z.B. Austausch auf lexikalischer Ebene von Wörtern, auf syntaktischer Ebene *weil* + V-2 oder *trotz/wegen* + Dativ etc. Diese Interaktion und die interaktive Struktur von Varietäten wurde in dem Interaktionsmodell von Hofmann (2018, in Bearb.) veranschaulicht.
15 Von ‚verrückt' (17. Jh.) zu ‚sehr gut'.
16 „Voll fett krass" (*Berliner Morgenpost* vom 22.04.2003).
17 Attributiv oder prädikativ wie z.B. *schwuler Name, der ist ja voll schwul.*

Abb. 1: Zwiebelmodell von D. Nübling

Woran zeigt es sich, dass Pragmatik so stark von Veränderungen betroffen ist? Dies kann man z.B. daran sehen, dass sich der Kommunikationsbegriff, der grundlegend für den Gegenstandsbereich Pragmatik ist, stark verändert. Bezieht man sich auf einschlägige Theorien und Modelle (vgl. Koch & Oesterreicher 1985; Dürscheid 2006; Hennig 2006; Linke, Nussbaumer & Portmann 2004), so wird deutlich, dass die dort differenzierten Kriterien und Kategorien nicht mehr für die heutigen Verhältnisse ausreichen. Gerade durch die Verwendung digitaler Medien wie E-Mails, SMS, WhatsApp, Twitter u.v.a. scheinen sich neue Aspekte entwickelt und die Strategien, Regeln und Normen des Kommunizierens verändert zu haben; das heißt, die kommunikative Kompetenz, die Sprachgebrauchskompetenz hat sich gewandelt.

Seit den 80er-Jahren des 20. Jahrhunderts wurden nach dem Modell von Koch & Oesterreicher (1985) Äußerungsformen in ein Kontinuum von Distanz- und Nähesprache eingeordnet. Bereitete die Einordnung der klassischen Kommunikationsformen schon nicht unerhebliche Probleme (Dürscheid 2006: 381), so stößt das Modell im Zusammenhang mit digitalen Medien und den sich daraus ergebenden neuen konstitutiven Merkmalen an seine Grenzen: Die Pole mündlich – schriftlich verschwimmen in vielerlei Hinsicht angesichts der verstärkten Zwitterstellung vieler Kommunikationsformen zwischen Mündlichkeit und Schriftlichkeit, wenn man u.a. die zunehmende Möglichkeit und Nähe zu Dialogizität und Synchronie der schriftlichen Kommunikation durch die neuen technischen Eigenschaften und die Heterogenität innerhalb eines Mediums selbst berücksichtigt. So gibt es z.B. in WhatsApp die Möglichkeiten, mündlich, schriftlich, audio-visuell oder ikonisch (Emojis und Emoticons) zu kommunizieren. WhatsApp-Dialoge oder Chats sind deshalb bedeutend näher an den Möglichkeiten synchroner Kommunikation als asynchrone E-Mails oder SMS. Ob und inwieweit diese Möglichkeiten in dem jeweiligen Medium genutzt werden, hängt von dem jeweiligen Gebrauch und den jeweiligen Kommunikationspartner(inne)n ab, so dass die Kommunikation in diesen Medien differenziert beschrieben werden muss (Dürscheid 2006: 380f.). Auch die Verwendung von Ausdrucksformen wie Emojis und Emoticons (z.B. in der Funktion von Ironiesignalen)[18], der Gebrauch von Iterationen und Majuskeln in der Funktion von Hervorhebung oder Betonung, die z.T. durchaus bewusste und inszenierte Missachtung der Orthographie, Interpunktion oder Grammatikalität von Seiten des Produzenten aus z.B. ökonomischen oder kreativen Gründen bzw. deren teils durchaus bewusste Tolerierung von Seiten des Adressaten führen zu den Grenzen des Modells, versucht hier doch der Kommunikationsteilnehmende, pragmatische Ziele durch neue Strategien und Verfahren zu erreichen.

Damit stellt sich weiter die Frage, ob nicht auch Signalisieren und Gelingen von Illokutionen einem Wandel unterworfen sind und ob die sog. Illokutionsindikatoren neu betrachtet werden müssen. Denn lexikalische Mittel wie die performativen Verben in explizit performativer Verwendung oder die Partikeln und ihr Gebrauch sowie die Verwendung des Modus als Illokutionsindikator verändern sich, berücksichtigt man den Bereich der Höflichkeit und dessen Strategien in WhatsApp. So entwickeln sich z.B. für Entscheidungsfragen neue Varianten (wie in den Beispielen 2–7) mit zunehmend starker syntaktischer Verkürzung, einem verstärkten Gebrauch von Modalpartikeln (3) oder auch Tilgungen und Reduktionen in Anlehnung an ihre phonetische Realisierung im Mündlichen (4–7) anstelle der syntaktischen Konkurrenz mit einer konventionell realisierten Partikel *bitte*, dem Konjunktiv II und einem V-1-Fragesatz (1):[19]

---

18 Wobei hier auch gender- und altersspezifischer Gebrauch differenziert werden müssten.
19 Vgl. auch Zimmermann (2015: 296), der in ähnlichem Zusammenhang solche Phänomene als „im Prinzip nichts Neues" bezeichnet, indem er sie mit dem früheren Telegrammstil vergleicht, ihnen „dennoch in Kombination mit anderen Verfahren eine neue, mit dem jugendlichen Sprachgebrauch stark konnotierte Erscheinungsform" zuerkennt. Interessant in diesem Zusammenhang ist auch die zunehmend realisierte Verschriftlichung von Dialekten, was gerade in WhatsApp mit den dort vorgeschlagenen standardsprachlichen, also nicht dialektalen Variationen eine bewusste, zeitraubende und damit unökonomische Variation ist. Der Effekt des Dialektgebrauchs ist hier für den Sprachbenutzer also wichtiger als die zeitliche Ökonomie.

1. Könnten wir uns bitte morgen treffen, um über meine Hausarbeit zu sprechen?
2. Könnten wir uns morgen treffen wg. H.A.-Besprechung?
3. Können/könnten uns ja morgen treffen wg. H.A.?
4. kömma uns morgen treffen? H.A.!
5. könntma uns morgen treffen?
6. treffen morgen? H.A.!
7. morgen H.A.? passt?

Dazu oder auch anstelle solcher expliziter Fragen könnten auch Emojis oder Emoticons verwendet werden sowie neue graphische Phänomene, wie die explizite Hervorhebung von Buchstaben oder Wörtern durch Wiederholung oder Großschreibung, um paraverbale Faktoren wie Prosodie schriftlich auszudrücken: z.B. *SICHERLICH! Geeeerne!* Solche Varianten machen zunehmend den bisher linguistisch berücksichtigten lexikalischen Illokutionsindikatoren Konkurrenz und scheinen sich den konzeptionell mündlichen[20] Phänomenen auf neue Weise, gefördert durch die technischen Möglichkeiten, zu nähern.

Stilistische Kommunikationsvarianten (wie in 2–7) werden manchmal auch mit Stilverlust assoziiert. Dabei ist aber zu berücksichtigen, dass die Übernahme „gesprochensprachlicher Phänomene", wie Schwitalla & Betz (2006: 399) anmerken, „kommunikationsgeschichtlich gesehen nichts Neues" ist. So wurde im 16. Jahrhundert z.B. in Flugschriften die Rhetorik der mündlichen Predigt übernommen oder im 18. Jahrhundert in Briefen die Devise der Aufklärung „Schreibe, wie Du sprichst". Die mit Mündlichkeit verbundenen Aspekte wie Natürlichkeit oder Unbekümmertheit scheinen mehr mit dem Charakter und den Belangen der digitalen Medien zu korrespondieren, so dass sich zunehmend Transferphänomene von der gesprochenen auf die geschriebene Sprache sowie Code-Switching verbreiten und zunehmend in Konkurrenz zu ihren konzeptionell schriftlichen Varianten getreten sind (Schlobinski & Watanabe 2006: 405). Schwitalla & Betz (2006: 400) sprechen in diesem Zusammenhang von einem „Ausgleichsprozess zwischen Mündlichkeit und Schriftlichkeit".

Vor dem Hintergrund dieser Überlegungen kann man die These aufstellen, dass die Komplexität von Kommunikation zunimmt: Durch die Veränderung der Medien einerseits und durch die daraus folgenden sprachlichen Veränderungen andererseits ist der/die Sprecher(in) erst dann kommunikativ handlungskompetent, kann also erst dann seine sprachlichen Mittel adäquat wählen, einsetzen

---

20 Zu den Begriffen „konzeptionell mündlich" und „konzeptionell schriftlich" vgl. Dürscheid (2006: 380) bzw. Koch & Oesterreicher (1985).

und genauso auch die der anderen Sprachbenutzer(innen) erst entsprechend interpretieren, wenn er/sie beides, also sowohl die Medien als auch den veränderten Sprachgebrauch, kennt. Das heißt, dass durch den Einsatz dieser Medien der/die Sprachbenutzer(in) mehr Fähigkeiten beherrschen muss als vor ihrem Auftreten. Zur bisher relevanten Unterscheidung der Äußerungsformen konzeptionell schriftlich und mündlich bzw. medial schriftlich und mündlich (Dürscheid 2006: 380; Koch & Oesterreicher 1994: 588) kommt für den/die Sprachbenutzer(in) entscheidend hinzu, die digitalen Medien, die z.T. nicht eindeutig diesen Polen zuzuordnen sind, sondern mehrheitlich zwischen diesen Polen stehen, adäquat einzusetzen. Damit wird erstens entscheidend, selbst über diese Medien zu verfügen, sie zu kennen und für die jeweilige Situation richtig auszuwählen; und zweitens, über die spezifischen Möglichkeiten an Ausdrucksformen des ausgewählten Mediums zu verfügen und sie richtig, d.h. gemäß den usuellen Gepflogenheiten des typischen Nutzers bzw. der typischen Nutzerin, einzusetzen.

Hier tritt auch deutlich das Problem zutage, dass die Sprachbenutzer(innen) nicht als eine homogene Gruppe zu betrachten sind, wenn man ihre Kenntnis der digitalen Medien, ihre Kenntnis der spezifischen Mittel der jeweiligen Medien und ihre Interpretationskompetenz dieser Mittel untersucht. So scheinen sich zum einen Jugendliche mehr mit den digitalen Medien, ihrer Nutzung und den unterschiedlichen Äußerungsmöglichkeiten zu beschäftigen und auszukennen und zum anderen die unterschiedlichen Ausdrucksformen auch anders zu interpretieren als z.B. die ältere Generation. Das unterschiedliche kommunikative Verhalten führt hier also zu einer ähnlichen Abgrenzung wie das in anderen linguistischen Bereichen, z.B. in der Lexik, schon beschrieben wurde. Pragmatik scheint demnach vergleichbaren linguistischen und soziokulturellen Mechanismen zu unterliegen.

Da für das Gelingen einer konkreten Kommunikation Sprecher(in) wie Hörer(in) „kommunikativ handlungskompetent" sein müssen, gelten folgende pragmatische Annahmen (Linke, Nussbaumer & Portmann 2004: 216): Der Sprechende möchte die gewünschte, eindeutige Illokution und Perlokution erreichen und muss daher entsprechende Aspekte der Äußerung[21] sowie seine sprachlichen Mittel je nach konkreter Situation bewusst auswählen und einsetzen; der Hörende wiederum muss die konkrete Situation und die realisierten Äußerungen illokutionär und perlokutionär richtig interpretieren. Wenn man diese beiden Annahmen in Bezug zu den veränderten Kommunikationsmedien und den damit veränderten Äußerungsformen stellt, bestätigt sich die oben aufgestellte

---

21 Also den propositionalen Gehalt und die Illokutionsindikatoren.

These: Die Kommunikation und ihre Möglichkeiten sind durch den Einsatz der digitalen Medien komplexer geworden und die kommunikative Handlungskompetenz bzw. die Sprachgebrauchskompetenz haben sich in der Folge stark gewandelt.

6 *Hi! Echt porno, alder!* Wandel der kommunikativen Indikatoren und Strategien oder Stilverlust?

Der Wandel in den Kommunikationsmedien zieht in der Folge also einen Wandel der kommunikativen Indikatoren und Strategien nach sich. Sprachbenutzer(innen) unterscheiden sich dadurch[22] in der Art und Weise, welche Kommunikationsmedien, -strategien oder Indikatoren sie wählen. Verschiedene Studien haben gezeigt, dass die mit den digitalen Medien vertrauten Jugendlichen über ein anderes Repertoire an Ausdrucksformen verfügen als ältere Sprachbenutzer(innen) (Zimmermann 2015: 277–298; Storrer 2014: 171–196). Dieser Wandel im Sprachgebrauch wird immer wieder mit Sprachverfall bzw. Stil- und Kulturverlust gleichgesetzt. Dabei muss aber berücksichtigt werden, dass die Sprachbenutzer(innen), auch und vor allem die Jugendlichen, mit den verschiedenen Varietäten ihres Repertoires reflektiert, differenziert und kreativ umgehen und je nach Varietät unterschiedliche Ausdrucksformen verwenden. So werden z.B. Inflektiva, ikonische und symbolische Zeichen, systematische Kleinschreibung der Chats wie auch Code-Switching bewusst in Medien wie Postkarten oder persönliche Briefe übertragen. In den verschiedenen Kommunikationskompetenzen ist eine Durchlässigkeit zu beobachten, wie man es von anderen linguistischen Phänomenen (z.B. Lexik) kennt: Phänomene der einen Nutzer(innen)gruppe, z.B. der Jugendlichen, können von einer anderen Gruppe, z.B. den Erwachsenen, adaptiert und damit verbreitet werden. Es kann also festgehalten werden, dass sich die kommunikativen Strategien und ihr Einsatz mit dem stilistischen Wandel und dem Sprachgebrauchswandel verändert haben, aber nicht im Sinne von „Kulturverlust" verloren gingen.

Auch bezogen auf die Bereiche Höflichkeit bzw. Unhöflichkeit und ihre Strategien ist pragmatisch gesehen zweierlei zu unterscheiden: Wer sind die

---

[22] Neben dem oben beschriebenen unterschiedlichen Gebrauch von Varietäten und deren spezifischen lexikalischen, morphologischen, semantischen oder syntaktischen Merkmalen.

Adressat(inn)en der Kommunikation und welcher situative Kontext liegt vor? Jugendliche verfügen in den Medien über ein anderes Repertoire an Ausdrucksformen sprachlicher Höflichkeit als z.B. ihre Lehrkräfte bzw. als Erwachsene allgemein; sie interpretieren Ausdrucksformen anders als Erwachsene und setzen diese je nach situativem Kontext bewusst und verschieden ein.[23] So kann man beim Gebrauch der Medien feststellen, dass die SMS früher ein flüchtiger, informeller Gruß war, so wie sie auch heute noch oft von Erwachsenen verwendet wird, sich bei Jugendlichen aber zunehmend zu einer reflektierten Textnachricht entwickelt und sich damit von Chats und WhatsApp strategisch wie auch sprachlich abhebt. Für Jugendliche kann es infolgedessen ein Ausdruck von Höflichkeit sein, einem Erwachsenen in formeller Situation eine SMS zu schreiben, während für Erwachsene in gleichem Kontext ein Brief oder eine E-Mail adäquater erschiene. Der veränderte Blick auf die Medien und ihre Einsatzmöglichkeiten, das kommunikative Repertoire sozusagen, führen hier also zu unterschiedlicher Interpretation.

Auch auf lexikalischer und semantischer Ebene können gleiche Ausdrucksformen je nach Adressat bzw. Produzent verschieden als höflich oder unhöflich interpretiert werden. So werden z.B. Ergänzungen mit *alder/alde*[24] in Aufforderungen wie *komm her, alder! Gib her, alde!* oder Exklamationen wie *Is ja hamma, alder! Geil, alder! Porno, alder!* von Jugendlichen nicht als unhöflich interpretiert, von Erwachsenen dagegen durchaus. *Alder/alde* werden von Erwachsenen semantisch konkret interpretiert und negativ konnotiert verstanden, während im Sprachgebrauch Jugendlicher ein semantischer, syntaktischer und pragmatischer Wandel stattgefunden hat: *Alder/alde* sind hier dekategorialisiert und werden syntaktisch nicht mehr als Nomina im semantischen Sinne ‚alter Mann/alte Frau', sondern stark entkonkretisiert und desemantisiert verwendet; sie dienen dazu, die kommunikative Funktion von Aufforderungen oder Ausrufen zu verdeutlichen. Sie sind syntaktisch tilgbar, stellungsfest in peripherer Äußerungsposition, austauschbar mit Partikeln wie *hey, gell* und erhalten ihre Funktion und Bedeutung erst im Kontext. All diese Charakteristika sprechen dafür, *alder/alde* in dieser Verwendung als Diskurspartikel zu bezeichnen[25] und die Entstehung ihrer pragmatischen Bedeutung als Pragmatisierung anzuse-

---

23 Z.B. in formellem vs. informellem Rahmen.
24 I.d.R. phonetisch stimmhaft realisiert, daher hier mit <d> wiedergegeben, auch in Abgrenzung zum Nomen *Alter*.
25 Näheres zu Diskurspartikeln bzw. -markern in Auer & Günthner (2005).

hen,[26] zeichnet sich Pragmatisierung ja vor allem durch Kriterien wie „Abnahme an Obligatorik und Semantik bei gleichzeitig zunehmender pragmatischer Bedeutung" (Nübling: 2006: 236) aus. Dieser Gebrauch von *alder/alde* ist folgerichtig unabhängig vom tatsächlichen Alter des Angesprochenen, so dass sie daher auch zwischen Jugendlichen verwendet werden können. Semantischer[27], lexikalischer, syntaktischer und pragmatischer Wandel gehen hier also Hand in Hand.[28]

In diesem Zusammenhang von Höflichkeit bzw. Unhöflichkeit sei kurz auf „spielerische Sprachduelle wie das rituelle Beschimpfen" sowie „andere *antihöfliche* Strategien der Benutzung von Ausdrücken der gegenseitigen Herabsetzung" verwiesen, in denen es den Jugendlichen tatsächlich nicht um Herabsetzung geht, sondern die „der positiven jugendkulturellen Identitätskonstruktion dienen", so aber nur von Jugendlichen und nicht von Erwachsenen interpretiert werden können (Zimmermann 2015: 285).[29]

Ähnlicher Interpretationsspielraum bzw. ähnliche Interpretationsdiskrepanz sind auch bei schriftlichen Begrüßungen und Verabschiedungen zu beobachten: Ist *Sehr verehrte gnädige Frau ...* mittlerweile aus dem Gebrauch verschwunden, so sind Begrüßungen wie *Sehr geehrte Frau ..., Liebe Frau ..., Hallo Frau ..., Guten Abend, Frau ..., Guten Tag!* oder *Hi!* bis hin zum vollständigen Auslassen einer Begrüßungsformel konkurrierende Varianten in Abhängigkeit von Faktoren wie Situation (formell oder informell) und Kommunikationspartner(in). Entsprechendes gilt auch für die Verabschiedung: *Hochachtungsvoll* bzw. *mit vorzüglicher Hochachtung, mit aufrichtigen Grüßen* wurden weitgehend

---

26 Ob in diachroner Sicht Diskursmarker generell und damit auch *alder/alde* Ergebnisse von Grammatikalisierung und/oder Pragmatikalisierung sind, müsste noch weiter untersucht werden.

27 Diese semantische Entwicklung von *alder* erinnert an die semantische Entwicklung von *jung* in dem mittlerweile lexikalisierten Nomen *Junggeselle*: Die konkrete semantische Bedeutung der Kompositionsglieder ging verloren und eine neue ist hinzugekommen, so dass *jung* und *Geselle* nicht mehr im eigentlichen Sinne ‚jung' bzw. ‚Geselle' bedeuten, sondern ‚unverheirateter Mann' und damit auch auf alte Männer angewendet werden kann (Nübling 2006: 142ff.).

28 Dieser pragmatische Gebrauch von *alder/alde* erinnert an die im süddeutschen Raum geläufige Verwendung des Pronomens *Du*: (1) *Du, komm mal her, du!* (2) *Ich glaub, ich werde verrückt, du!* (3) *Ich glaub, Ihr seid vollkommen übergeschnappt, du!* Das Pronomen nicht mehr in deiktischer – daher auch keine Kongruenz notwendig in (2) und (3) –, sondern in verstärkender Funktion bzw. als Illokutionsindikator, um den illokutionären Akt (Warnung, Drohung) zu verdeutlichen.

29 „Antihöflichkeit" – im Gegensatz zu Unhöflichkeit – wird von Zimmermann hier als positive kommunikative Strategie eingeführt, um eine Gruppenidentität zu etablieren.

ersetzt durch *mit herzlichen* bzw. *mit freundlichen Grüßen, beste Grüße, viele Grüße, liebe Grüße, Grüße + Ihr...* und Abkürzungen wie *mfG* und *LG*; sie sind zunehmend die standardisierten, miteinander konkurrierenden Formeln (Scharloth 2015: 219f.). Für Sprachbenutzer(innen), die viel über digitale Medien kommunizieren, drücken die neueren Formeln ähnlich Höflichkeit und Respekt aus wie die älteren Varianten, während Sprachbenutzer(innen), die weniger mit solchen Medien arbeiten, mit der Veränderung der Formeln einen Schwund von Stil und Höflichkeit beklagen.

Pragmatischer Wandel meint in den hier beschriebenen Bereichen also einen Wandel in der Kommunikation, in ihren Maximen, Strategien, Indikatoren und Implikaturen, impliziert aber keine Wertung. Die obigen Ausführungen legen vielmehr den Schluss nahe, dass mit der komplexer werdenden Kommunikation, mit dem komplexer werdenden Repertoire an Medien und Ausdrucksmitteln eher eine Bereicherung der Sprache denn ein Sprachverfall oder Kulturverlust einhergehen kann. Es liegt in der Natur von Sprachwandel, dass er zu Veränderungen in einigen Teilen des sprachlichen Repertoires führt (sei es im Bereich der Phonologie, Syntax, Morphologie, Lexik, Semantik oder auch Pragmatik). Wie und mit welchen Zielen diese Veränderungen aber in der Kommunikation eingesetzt werden, das ist Sache der Sprachbenutzer(innen). Sprachwandel ist im eigentlichen Sinne damit zunächst also wertfrei.

Im Zusammenhang mit den obigen Überlegungen zum pragmatischen Sprachwandel stellt sich abschließend die Frage, ob die vier Konversationsmaximen (Linke, Nussbaumer & Portmann 2004: 222f.), die Grice aus dem von ihm formulierten Kooperationsprinzip ableitete, in dieser Form nach wie vor gelten. Oder müssten auch sie im Zuge des Sprachwandels und der veränderten kommunikativen Bedingungen reformuliert werden? Wissenschaftliche Untersuchungen zu diesem Thema würden auch das Verständnis von Sprache, Gebrauch und Sprachwandel bereichern, sorgen die Konversationsmaximen doch dafür, dass Kommunikation, genauer: die Interaktion und Verständigung in der Kommunikation, überhaupt zustande kommt.

7 Literatur

Androutsopoulos, Jannis & Spreckels, Janet (2010): Varietät und Stil. Zwei Integrationsvorschläge. In Gilles, Peter; Scharloth, Joachim & Ziegler, Evelyn (Hrsg.): *Variatio delectat? Empirische Evidenzen und theoretische Passungen sprachlicher Variation*. Frankfurt a. M. u.a.: Lang, 197–214.

Auer, Peter & Günthner, Susanne (2005): Die Entstehung von Diskursmarkern im Deutschen. Ein Fall von Grammatikalisierung? In Leuschner, Torsten; Mortelmans, Tanja & DeGroodt, Sarah (Hrsg.): *Grammatikalisierung im Deutschen*. Berlin, New York: de Gruyter, 335–362.

Berliner Morgenpost vom 22.04.2003. https://www.morgenpost.de/printarchiv/nachrichten-vom-22-4-2003.html *(25.05.2018)*.

COMPUTERWOCHE vom 09.04.2009. http://www.genios.de/fachzeitschriften/quelle/CW/20090109/1/computerwoche.html *(25.05.2018)*.

Dürscheid, Christa (2006): Äußerungsformen im Kontinuum von Mündlichkeit und Schriftlichkeit. Sprachwissenschaftliche und sprachdidaktische Aspekte. In Neuland, Eva (Hrsg.): *Variation im heutigen Deutsch: Perspektiven für den Sprachunterricht*. Bd. 4: Sprache – Kommunikation – Kultur. Frankfurt a. M. u.a.: Lang, 375–401.

Elspaß, Stephan (2005): Standardisierung des Deutschen. Ansichten aus der neueren Sprachgeschichte ‚von unten'. In Eichinger, Ludwig M. & Kallmeyer, Werner (Hrsg.): *Standardvariation. Wie viel Variation verträgt die deutsche Sprache?* Jahrbuch des Instituts für Deutsche Sprache 2004. Berlin, New York: de Gruyter, 63–99.

F.A.Z. vom 23.10.2007: http://www.faz.net/aktuell/feuilleton/debatten/ende-eines-slogans-warum-geiz-voellig-ungeil-ist-1489508.html *(25.05.2018)*.

Gilles, Peter; Scharloth, Joachim & Ziegler, Evelyn (2010): Variatio delectat? In Gilles, Peter; Scharloth, Joachim & Ziegler, Evelyn (Hrsg.): *Variatio delectat? Empirische Evidenzen und theoretische Passungen sprachlicher Variation*. Frankfurt a. M. u.a: Lang, 1–5.

Hennig, Mathilde (2006): *Grammatik der gesprochenen Sprache in Theorie und Praxis*. Kassel: Kassel University Press.

Hofmann, Ute (2016): Zur Interaktion von Sprachwandel und Sprachvarietäten. Neue Wege zur Sprachreflexion. In Anselm, Sabine & Janka, Markus (Hrsg.): *Vernetzung statt Praxisschock. Konzepte, Ergebnisse, Perspektiven einer innovativen Lehrerbildung durch das Projekt Brückensteine*. Göttingen: Edition Ruprecht, 81–99.

Hofmann, Ute (2018): Fragestellungen zur Interaktion von Sprachwandel und Sprachvarietäten. In *Tagungsband Graz ‚Youth Languages'*, in Bearbeitung.

Klein, Wolf P. (2014): Gibt es einen Kodex für die Grammatik des Neuhochdeutschen und, wenn ja, wie viele? Oder: Ein Plädoyer für Sprachkodexforschung. In Plewnia, Albrecht & Witt, Andreas (Hrsg.): *Sprachverfall? Dynamik – Wandel – Variation*. Jahrbuch des Instituts für Deutsche Sprache. Berlin, Boston: de Gruyter, 219–242.

Kluge, Friedrich (1999): *Etymologisches Wörterbuch der deutschen Sprache*. Berlin, New York: de Gruyter.

Koch, Peter & Oesterreicher, Wulf (1985): Sprache der Nähe – Sprache der Distanz. Mündlichkeit und Schriftlichkeit im Spannungsfeld von Sprachtheorie und Sprachgeschichte. *Romanistisches Jahrbuch* 36: 15–30.

Lehmann, Ole: Tour 2014 „*Geiz ist ungeil – So muss Leben*". https://www.olelehmann.de/ *(25.05.2018)*.

Linke, Angelika; Nussbaumer, Markus & Portmann, Paul R. (2004): *Studienbuch Linguistik*. Tübingen: Niemeyer.

Maitz, Peter (2010): Sprachvariation zwischen Alltagswahrnehmung und linguistischer Bewertung. Sprachtheoretische und wissenschaftsmethodologische Überlegungen zur Erforschung sprachlicher Variation. In Gilles, Peter; Scharloth Joachim & Ziegler, Evelyn (Hrsg.): *Variatio delectat? Empirische Evidenzen und theoretische Passungen sprachlicher Variation*. Frankfurt a. M. u.a.: Lang, 59–80.

McDonald´s: Plakatwerbung „*Petri geil*" (Februar 2017). https://de-de.facebook.com/mcweissenburg/ *(25.05.2018)*.

Neuland, Eva (2006): Jugendsprachen. Was man über sie und was man an ihnen lernen kann. In Neuland, Eva (Hrsg.): *Variation im heutigen Deutsch: Perspektiven für den Sprachunterricht*. Bd. 4: Sprache – Kommunikation – Kultur. Frankfurt a. M.: Lang, 223–241.

Nübling, Damaris (2006): *Historische Sprachwissenschaft des Deutschen. Eine Einführung in die Prinzipien des Sprachwandels*. Tübingen: Narr.

Scharloth, Joachim (2015): Der Sprachgebrauch der ‚1968er'. Antirituale und Informalisierung. In Neuland, Eva (Hrsg.): *Sprache der Generationen. Sprache – Kommunikation – Kultur*. Frankfurt a. M.: Lang, 207–225.

Schlobinski, Peter & Watanabe, Manabu (2006): Mündlichkeit und Schriftlichkeit in der SMS-Kommunikation. Deutsch – Japanisch kontrastiv. In Neuland, Eva (Hrsg.): *Variation im heutigen Deutsch*: *Perspektiven für den Sprachunterricht*. Frankfurt a. M. u.a.: Lang, 403–416.

Schwitalla, Johannes & Betz, Ruth (2006): Ausgleichsprozesse zwischen Mündlichkeit und Schriftlichkeit. Sprachwissenschaftliche und sprachdidaktische Aspekte. In Neuland, Eva (Hrsg.): *Variation im heutigen Deutsch*: *Perspektiven für den Sprachunterricht*. Frankfurt a. M. u.a.: Lang, 389–401.

Steffens, Doris & al-Wadi, Doris (2014): *Neuer Wortschatz. Neologismen im Deutschen*. Bd. 2: kiten-Z. 2. Aufl. Mannheim: IDS, 350f.

Storrer, Angelika (2014): Sprachverfall und internetbasierte Kommunikationen? Linguistische Erklärungsansätze – empirische Befunde. In Plewnia, Albrecht & Witt, Andreas (Hrsg.): *Sprachverfall? Dynamik – Wandel – Variation*. Jahrbuch des Instituts für Deutsche Sprache. Berlin, Boston: de Gruyter, 171–196.

Süddeutsche Zeitung (SZ) vom 24.01.2017. http://www.sueddeutsche.de/archiv/medien/2017/1 *(25.05.2018)*.

Tagesspiegel vom 28.09.2013. https://www.tagesspiegel.de/berlin/geiz-ist-ungeil-ein-plaedoyer-fuer-mehr-trinkgeld/8860022.html *(25.05.2018)*.

Zimmermann, Klaus (2015): Jugendsprache und Sprachwandel: Sprachkreativität, Varietätengenese, Varietätentransition und Generationenidentität. In Neuland, Eva (Hrsg.): *Sprache der Generationen. Sprache – Kommunikation – Kultur*., 2. Aufl. Frankfurt a. M.: Lang, 277–298.

Jürgen Joachimsthaler, Wendelin Sroka
Zum Panel *MehrSpracheN im historischen Wandel*

Mehrsprachigkeit in Schule und Unterricht wird in Deutschland heute vor allem im Zusammenhang mit den Folgen von Migration und Globalisierung erörtert (Sarter 2013: 13ff.). Der Blick in die Geschichte zeigt allerdings, dass die Existenz mehrerer Sprachen für die Akteure im Schulwesen – von der Politik über die Bildungsadministration bis zu den Lehrenden – von alters her eine Herausforderung darstellt. Dies gilt in zweierlei Hinsicht: Erstens findet schulische Bildung in der Regel im Medium einer standardisierten und politisch legitimierten Schulsprache statt. Gleichzeitig waren und sind Gesellschaften und auch Schulklassen vielfach gekennzeichnet durch Anders- und Mehrsprachigkeit: Die Sprachenvielfalt umfasst sowohl Varietäten jener Sprache, auf die die Schulsprache aufbaut, als auch „autochthone" und „allochthone" Sprachen. Eine erste Herausforderung liegt deshalb darin, eine Antwort zu finden auf die Frage, wie die Schule mit gesellschaftlicher Anders- und Mehrsprachigkeit – hier: mit den von den Schülerinnen und Schülern im Alltag gesprochenen Sprachen und Sprachvarietäten – umgehen soll. Zweitens waren und sind Konzepte schulischer Bildung oftmals darauf ausgerichtet, dass Kinder und Jugendliche mehrere Sprachen erwerben bzw. weiterentwickeln, seien es klassische bzw. moderne Fremdsprachen oder auch von der Schulsprache unterschiedene Herkunftssprachen. Eine zweite Herausforderung besteht daher in der Auswahl, curricularen Verortung und Vermittlung weiterer Sprachen neben der Schulsprache. Beide Aspekte – gesellschaftliche Mehrsprachigkeit als Rahmenbedingung und individuelle Mehrsprachigkeit als Ziel schulischer Bildung – sind daher zu berücksichtigen, wenn die Geschichte von Mehrsprachigkeit in Schule und Unterricht in den Blick genommen wird.

Unter dieser Voraussetzung bot das Panel „MehrSpracheN im historischen Wandel" die Gelegenheit, Fragen und Befunde zur Geschichte der Mehrsprachigkeit in Schule und Unterricht aus unterschiedlichen Blickwinkeln aufzugreifen und zu diskutieren. Die Beiträge des Panels befassten sich mit Konzeptionen, Medien, Praktiken und Ergebnissen sprachlicher Bildung sowie darauf bezogenen Entwicklungsprozessen in Deutschland, Österreich und der Schweiz im „langen" 19. Jahrhundert, d.h. von 1789 bis 1914. Das Spektrum der im Panel vertretenen disziplinären Zugänge reichte von der Didaktik des Deutschen und der Fremdsprachendidaktik über die Literaturwissenschaft und die Slawistik bis zur Bildungsmediengeschichte.

Die folgenden Beiträge sind aus dem Panel „MehrSpracheN im historischen Wandel" hervorgegangen. Unser Einführungsbeitrag speist sich aus literaturwissenschaftlichen und bildungsmediengeschichtlichen Interessen. Ausgehend von einem knappen Resümee des Panels skizzieren wir einige allgemeine Rahmenbedingungen und Gegebenheiten von Forschungen zur Geschichte der Mehrsprachigkeit in Schule und Unterricht. Im zweiten Teil erörtern wir Entwicklungen von Mehrsprachigkeit im preußischen Oberschlesien von den 1760er-Jahren bis zum Beginn des Ersten Weltkriegs und gehen auch in diesem Zusammenhang auf Fragen des Zugangs zum Thema ein. Im dritten Teil werden die weiteren hier abgedruckten Beiträge des Panels verortet, die sich mit Entwicklungen von Mehrsprachigkeit im habsburgischen Galizien und in der Westschweiz befassen.

1 MehrSpracheN und Sprach(en)politik

In den Vorträgen und Diskussionen wurde erstens deutlich, dass sich die Geschichte von Mehrsprachigkeit in Schule und Unterricht als außerordentlich facettenreich erweist – selbst dann, wenn man sich auf Entwicklungen in den genannten Ländern und auf solche des 19. Jahrhunderts beschränkt. Dies gilt vor allem mit Blick auf die Entwicklungen in einzelnen Regionen, Schularten, Schulstufen und Fächern sowie deren soziolinguistische und nicht selten konfliktbeladene sprachenpolitische Rahmenbedingungen; es schließt Fragen der sprachlichen Voraussetzungen bei den Schüler(inne)n ebenso ein wie etwa solche des schulischen Umgangs mit den von den Lernenden gesprochenen Sprachen, des curricularen Sprachangebots, der Professionalität der Lehrkräfte oder der zur Verfügung stehenden Lehr-Lernmittel. Im Zusammenhang damit zeigte sich, dass Fragen zur Geschichte von Mehrsprachigkeit in Schule und Unterricht von historisch ausgerichteter Forschung aus sehr unterschiedlichen Anlässen, aber auch mit unterschiedlichen Fragestellungen und Methoden bearbeitet werden. Gerade die Kenntnisnahme und Diskussion unterschiedlicher disziplinärer Zugänge und Einzelbefunde erwies sich im Panel als ertragreich. Allerdings ist festzuhalten, dass dabei bislang kaum auf etablierte Forschungsnetzwerke zurückgegriffen werden kann. Die Forschung erfolgt in verschiedenen Disziplinen von Grenzgängern zwischen denselben, die oft Mühe haben, innerhalb ihrer Fächer Interesse für diese Fragestellung zu gewinnen. Eine wirkungsvolle Vernetzung über die klassischen Fächergrenzen hinweg könnte ein eigenes Forschungsgebiet etablieren.

Zweitens ergab sich, dass eine Gruppe von Beiträgen des Panels Entwicklungen mehrsprachiger Bildung an Berührungspunkten des Deutschen und slawischer Sprachen im Habsburger Reich bzw. in Preußen gewidmet war. Der Austausch über Fragestellungen und Befunde erwies sich aus Sicht der Beteiligten als besonders fruchtbar und ließ Überlegungen entstehen, den Diskurs zu diesem Themenfeld bei anderer Gelegenheit fortzusetzen. Denn wenngleich hierzu eine beachtliche Zahl von Einzelstudien zu jeweils bilingualen bzw. trilingualen Sprachverhältnissen – vor allem in den Bereichen polnisch-deutsch, tschechisch-deutsch, ukrainisch-polnisch-deutsch – vorliegt, erscheint interdisziplinär wie international-vergleichend und transnational angelegte historische Forschung hier als besonders gewinnbringend. Der länder- und sprachenübergreifende Diskurs wird ja nach wie vor dadurch erschwert, dass einstige Machtgefälle (etwa des Polnischen gegenüber dem Ukrainischen und dem Weißrussischen oder des Deutschen gegenüber den westslawischen Sprachen, aber auch des Französischen gegenüber dem Deutschen) eher von Seiten der einst schwächeren Sprachgruppen aufgearbeitet werden, die Folgen einstiger Dominanz für die machtpolitisch stärkere Seite aber unweit schwieriger zu reflektieren sind. So wird in Deutschland der international aktuelle (Post-)Kolonialismus-Diskurs sehr gerne aufgegriffen, die für die deutsche Geschichte eher marginalen kurzlebigen deutschen Kolonien in Übersee werden mit selbstkritisch auftretendem Impetus durchleuchtet, das tatsächlich jahrhundertelange koloniale Verhältnis gegenüber den östlichen Nachbarn und seine Folgen für deutsche Selbst- und Fremdkonzepte aber wird nach wie vor gerne aus solchen Fragestellungen ausgeblendet.

Drittens war zu beobachten, dass die Panelbeiträge in ihrer Gesamtheit auf Entwicklungen im „langen" 19. Jahrhundert begrenzt waren. Dabei ist daran zu erinnern, dass auch andere Zeiträume für deutschsprachige Forschung zur Geschichte von Mehrsprachigkeit in Schule und Unterricht außerordentlich lohnend sind. Dies gilt zunächst für den Zeitraum der Frühen Neuzeit: In bildungsmediengeschichtlicher Hinsicht verweisen etwa Lehrmittel für den Anfangsunterricht in den „nöhtigsten vier Haupt-Sprachen", d.h. in Hebräisch, Griechisch, Lateinisch und Deutsch (Ammersbach 1689), vom 16. bis zum Beginn des 18. Jahrhunderts auf ein Bildungsverständnis, das, wenngleich begrenzt auf eine soziale Schicht, von vornherein mehrsprachig konzipiert war (vgl. Geißler, Sroka & Wojdon 2011). Gleichzeitig schloss dieses Verständnis aber Minderheitensprachen praktisch aus – man denke nur an das in Luthers Umgebung noch verbreitete „Wendische", das sein Muttersprachengebot zunächst nicht berücksichtigte. Tatsächlich wurden Minderheiten- bzw. Unterschichtssprachen wie das (bald darauf durch Assimilation verschwundene)

Prußische und das Litauische in Preußen, das Lettische und das Estnische in Livland aufgrund des Muttersprachengebots im Zuge der Reformation erstmals verschriftet, in der Kirche verwendet und in Dorfschulen auch unterrichtet. Bezeichnenderweise geschah dies aber außerhalb des deutschen Kerngebiets im Baltikum, während in Deutschland selbst zu Beginn der Frühen Neuzeit noch existierende slawische Minderheitensprachen nicht gepflegt wurden und langsam abstarben (einzige Ausnahme war das Sorbische in der Lausitz). Nach den polnischen Teilungen erhoffte man sich eine ähnliche Entwicklung des Polnischen (vgl. Tornow 2005; Joachimsthaler 2011). Die Frühe Neuzeit ist in diesem Band mit dem Plenarbeitrag von Mark Häberlein über Fremdsprachenlernen und Mehrsprachigkeit in vormodernen Bildungsgängen berücksichtigt. Aber auch die Entwicklungen seit dem Ende des Ersten Weltkriegs verdienen Aufmerksamkeit, wobei einige Themen – etwa zur Geschichte des Herkunftssprachenunterrichts – unmittelbar an aktuelle bildungspolitische und pädagogische Debatten anschlussfähig sind (vgl. Reich 2014). Seit der Frühen Neuzeit ging es ja im Umgang mit Minderheiten- und Unterschichtssprachen (etwa der leibeigenen indigenen Bauern in Livland) immer auch um die Frage, wie weit die betreffenden Menschen in die dominierende (deutsche) Kultur integriert werden sollen, inwieweit es eine – von der herrschenden Oberschicht gestaltete – ‚eigene' Sprach- und Schriftkultur für sie geben solle oder inwieweit ihnen jedes ‚Zuviel' an Bildung zu verweigern sei.

Viertens wurde im Panel deutlich, dass sich die Geschichte von Mehrsprachigkeit in Schule und Unterricht nicht zuletzt als Geschichte von expliziten und/oder impliziten Werturteilen über Sprachen und deren Bildungswert lesen lässt. Die geschichtliche Vergewisserung kann dazu beitragen, Voraussetzungen und Strukturen aktueller Diskurse über Mehrsprachigkeit im Bildungssystem zu erkennen und einzuordnen. Bedeutet Integration Zwangsassimilation, bedeutet die Pflege kultureller Vielfalt womöglich die bewusste Aufrechterhaltung sozialer Schichtung durch die Zuordnung von Menschen zu sprachlich und kulturell differenzierten Milieus? Jede Maßnahme ist missbrauchbar und kann unbeabsichtigte Nebenwirkungen haben, weshalb die Diskussionen darüber nie enden können und dürfen.

2 Das Beispiel Oberschlesien

Ein besonders gewichtiges Beispiel für die im Panel angesprochenen Probleme waren die Sprachenverhältnisse in Oberschlesien. Die langsame, friedliche Germanisierung Schlesiens seit dem hohen Mittelalter erfasste Oberschlesien nur teilweise, so dass es dort im 19. Jahrhundert rein deutschsprachige Gebiete (um Neisse) ebenso gab wie polnischsprachige (im Osten der Region), gemischtsprachige (um Oppeln) und auch noch vereinzelte tschechische Sprachinseln. In weiten Gebieten hatte sich als deutsch-polnische Mischsprache das sog. „Wasserpolnische" etabliert mit von Ort zu Ort schwankendem, mal eher deutschem, mal eher polnischem Übergewicht Bei der 1763 abgeschlossenen Eroberung großer Teile Schlesiens durch Friedrich den Großen fanden die Preußen in Oberschlesien vorrangig von adligen Grundherrn, städtischen Patronen oder von der katholischen, mancherorts auch von der evangelisch-lutherischen Kirche getragene und unter kirchlicher Aufsicht stehende polnischsprachige Schulen vor (vgl. Kosler 1929). Zwar ermöglichen heute wissenschaftliche Veröffentlichungen polnischer wie deutscher Provenienz wichtige Einblicke in die Sprachverhältnisse im Schulwesen der preußischen Provinzen mit nichtdeutschen Bevölkerungsgruppen. Zu nennen sind hier etwa von polnischer Seite Beiträge zur Schulbuchgeschichte (vgl. Madeja 1960, 1965; Słomczyńska 1982) sowie zur Erinnerungspolitik und ihren geschichtsdidaktischen Implikationen (vgl. Wiatr 2016), von deutscher Seite zur Geschichte des Deutschunterrichts (vgl. Glück 1979; Glück & Schröder 2007) und zur Bildungsgeschichte (vgl. Kosler 1929; Knabe 2000). Es fehlt aber an einer auf Oberschlesien bezogenen Gesamtdarstellung zur Geschichte der Mehrsprachigkeit in Schule und Unterricht, die den polnischen wie den deutschen Forschungsstand berücksichtigt, den regionalen Besonderheiten – auch im Vergleich zur Entwicklung in den mit den polnischen Teilungen an Preußen gelangten Gebieten – Rechnung trägt und die heute zur Verfügung stehenden Quellen nutzt. Mit den nachfolgenden Streiflichtern werden einige Gegebenheiten und Entwicklungen von Mehrsprachigkeit im Schulwesen Oberschlesiens von den 1760er-Jahren bis zum Beginn des Ersten Weltkriegs skizziert. Dabei werden drei Phasen unterschieden: eine erste Phase von den 1760er-Jahren bis zur Mitte der 1840er-Jahre, daran anschließend eine Phase bis zum Beginn der 1870er-Jahre, gefolgt von einer dritten Phase bis zum Beginn des Ersten Weltkriegs.

Ab den 1760er-Jahren sollten auch die „polnischen Schulen" Oberschlesiens in die von Friedrich dem Großen intendierten gesellschaftlichen und wirtschaftlichen Reformprozesse Preußens einbezogen werden. Dabei wurde staatlicherseits dem Deutschunterricht an den Volksschulen eine wichtige Rolle zugewiesen. Bereits 1764 erhielt Johann Ignaz von Felbiger, Abt des Stifts der Augustiner-Chorherren im niederschlesischen Sagan und dort als Reformer des katholischen Schulwesens hervorgetreten, von der Königlichen Kammer den Auftrag, ein Lehrbuch für den Anfangsunterricht an den Elementarschulen in Oberschlesien vorzulegen. Zu den sprachenpolitischen Implikationen dieses

Auftrags äußerte sich Felbiger in einer „ausführlichen Nachricht von den Umständen und dem Erfolge der Verbesserung der katholischen Land- und Stadt-Trivialschulen in Schlesien und Glatz" wie folgt:

> Der Abt wußte, daß, nach dem Willen der Königl. Cammer, die pohlnische Sprache nicht ausgerottet, sondern beybehalten, zugleich aber auch die deutsche Sprache erlernet werden sollte; er glaubte also, die bloße Uebersetzung des für die deutschen Schulen verfaßten Lehrbuches könnte zur Erlangung dieses Zwecks nicht hinreichen: er war vielmehr der Meynung, es müßte so ein Buch beyde Sprachen zugleich enthalten, und man müßte im Stande seyn, daraus zu erlernen, was jede dieser Sprachen, in Absicht auf die Erkenntniß der Buchstaben, wie auch das Buchstabiren und Lesen, mit der anderen gemein, und auch was jede darinn besonders hat. (Felbinger 1772: 471)

Felbiger erledigte den Auftrag, indem er ein bestehendes Leselernbuch für katholische Schulen ins Polnische übersetzen ließ und 1765 als zweisprachige Ausgabe im stiftseigenen Verlag herausgab (*Neueingerichtetes ABC* 1765). Schulbuchgeschichtlich steht diese Fibel, von der weitere Auflagen bis 1796 bekannt sind, am Beginn einer Tradition zweisprachiger Lehr-Lernmittel für oberschlesische Volksschulen mit polnischsprachiger Schülerschaft, die nach einer Unterbrechung in den 1820er- und 1830er-Jahren 1845 wiederaufgenommen und bis in die 1870er-Jahre andauern sollte (vgl. Geißler & Sroka 2013). Wenn Felbiger allerdings betonen zu müssen glaubte, dass die polnische Sprache nach dem Willen der politischen Führung „nicht ausgerottet" werden solle, spricht er damit einen sprachenpolitischen Konflikt an, der die Entwicklung des Schulwesens in Oberschlesien in der gesamten preußischen Zeit begleiten sollte. Über gut 100 Jahre – bis zum Beginn der 1870er-Jahre – sollte sich dieser Konflikt in unterschiedlichen Positionen der deutschen Seite zum Umgang mit dem Polnischen zeigen. Diese Positionen lassen sich idealtypisch wie folgt beschreiben:

Befürworter einer ersten Position machen sich für eine möglichst rasche Durchsetzung der deutschen Sprache im Sinne einer Assimilierung der Andersprachigen und einer Ausweitung des deutschen Sprachraums nach Osten hin stark. Das Deutsche sei in der Schule nicht nur als Unterrichtsgegenstand, sondern als wesentliches Unterrichtsmittel zu gebrauchen; der Rückgriff auf das Polnische sei daher allenfalls noch im Anfangsunterricht und dort lediglich aus pragmatischen Gründen zu dulden. Dieses Konzept vertritt etwa Johann Wilhelm Holenz, Königlicher Superintendent und Pfarrer der evangelischen Gemeinden in Tschöplowitz und Groß-Neudorf im Kreis Brieg, in seiner 1835 im Selbstverlag veröffentlichten Schrift *Die deutsche Sprache als Schulsprache und Unterrichts-Gegenstand in den Elementarschulen derjenigen Distrikte Schlesiens, wo noch die polnische die Sprache des Volkes ist*. Wie der Verfasser in der Vorrede anmerkt, hätten Gegenstand und Zweck des Buches „ohnstreitig nicht nur ein provinzielles, sondern auch ein nationales Interesse" (Holenz 1835: III).

Auch die zweite Position ist durch die Auffassung gekennzeichnet, dass die Germanisierung der slawischsprachigen Bevölkerung perspektivisch ein unausweichlicher Prozess sei. Allerdings könne die Schule diese Entwicklung aufgrund der gegebenen sozialen und auch kirchlichen Verankerung des Polnischen nur bedingt befördern. Deshalb sei in der Sprachenfrage bis auf Weiteres behutsam vorzugehen und dem Polnischen – neben dem Deutschen – auch an den Volksschulen hinreichender Raum zu geben. Da, wo andere Sprachen als die Deutsche „völlig einheimisch sind", so in diesem Sinn ein 1842 erschienenes Lexikon „für ältere und jüngere christliche Volksschullehrer", solle „man dieselben den Leuten lassen, und nicht mit Gewalt nehmen, bis die göttliche Vorsehung selbst in's Mittel tritt und eine Aenderung herbeiführt" (Münch 1842: 168).

Die dritte Position schließlich spricht sich für die konsequente Durchsetzung der Zweisprachigkeit in den Volksschulen und damit auch für das Recht auf Bildung in der Herkunftssprache aus. Zu den Vertretern dieser Position zählten u.a. die Autoren der ab den 1840er-Jahren in Oberschlesien verbreiteten zweisprachigen Fibeln und Lesebücher wie Johann Besta, Anton Onderka und Felix Rendschmidt. Onderka (1867: III) etwa äußert im Vorwort seiner polnisch-deutschen Fibel die Überzeugung, „daß die Betreibung beider Sprachen neben einander als ein herrliches Bildungsmittel des Geistes anzusehen ist". Gleichzeitig wurde in Schlesien unter Repräsentanten dieser wie auch der zweiten Position die Frage diskutiert, wie weit man beim Gebrauch des Polnischen im Unterricht und auch in den Lehrmitteln bewusst auf vom Standardpolnischen abweichende Regionalismen zurückgreifen solle.

Jenseits sprachenpolitischer Debatten und bei insgesamt geringer Einwirkung des preußischen Staates auf das Schulwesen waren es in der ersten Phase vor allem die örtlichen Verhältnisse, die sich als bestimmend für den Sprachgebrauch an den Volksschulen erwiesen: Die Schulen wurden oftmals einklassig geführt, die zur Verfügung stehenden materiellen Ressourcen einschließlich der Unterrichtsmittel wie auch die Ausbildung der Lehrkräfte an den Seminaren blieben bescheiden, und bei konstant deutlich wachsender Schülerzahl fehlte es an ausgebildeten Lehrern, zumal an solchen, die über hinreichende Kenntnisse sowohl des Polnischen als auch des Deutschen verfügten. Zahlreich sind die Klagen in der zeitgenössischen pädagogischen Literatur jener Jahre, die sich auf die Sprachenverhältnisse an den polnischen Schulen in Oberschlesien beziehen. Gleichzeitig liefern die Quellen in dieser Frage ein uneinheitliches Bild: In den einen ist der Tenor, dass die polnischen Lehrer den vorgeschriebenen Deutschunterricht nicht oder in unzureichendem Umfang erteilten. So schildert Johann Wilhelm Holenz, wie Lehrkräfte mit polnischer Herkunftssprache an evangelischen Volksschulen mit polnischer Schülerschaft in dieser Zeit den Unterricht gestalteten:

> Mit dem polnischen Buchstabiren wurde angefangen, und diese Uebung bis zu einiger Fertigkeit im polnischen Lesen fortgeführt. Dann fing man erst mit den größern Schülern, die kaum noch ein paar Jahre in der Schule weilten, und schon mit 12 oder höchstens 13 Jahren confirmirt wurden, das deutsche Buchstabiren an, und brachte es bei den fähigsten Kindern etwa so weit, daß sie mit Mühe, mit einer falschen Aussprache und eben so falscher Betonung einen deutschen Satz lesen konnten, ohne ihn zu verstehen. Uebringens ward aller Unterricht in polnischer Sprache ertheilt, und es fiel dem Lehrer nicht ein, auch nur ein Wort deutsch zu sprechen. (Holenz 1835: 11)

Demgegenüber wird in anderen Quellen konstatiert, an den polnischen Schulen werde die Muttersprache weitgehend vernachlässigt. In einem 1846 veröffentlichten Beitrag „eines oberschlesischen Land-Schullehrers" heißt es dazu:

> ...soll nach dem Verlangen der Hohen Behörden die deutsche Sprache in den oberschlesischen Schulen wahrgenommen und, wo möglich, zur Volkssprache gemacht werden. Zu dem Zweck stellt man nun völlig deutsche Lehrer bei polnischen Schulen an und gibt dem Glauben Raum, man werde durch sie die Kinder deutsch machen; man bedenkt aber nicht, daß ein deutscher Lehrer erst selbst polnisch lernen müsse, um sich den Kindern nur nothdürftig verständlich zu machen. Die Eltern und noch mehr ihre Kinder sind hier zu beklagen, auf deren Rechnung ein Lehrer sich Sprachkenntnisse mühsam aneignet, während er das religiöse Gefühl und die Weckung der Geisteskräfte, als das Höchste der Menschenbildung, völlig bei seinen Schülern vernachläßigt. (Anonymus 1846: 350)

Bildungsmediengeschichtlich bleibt festzuhalten, dass sich die in Schlesien erschienenen Schullektüren – für Oberschlesien blieb in dieser Hinsicht das niederschlesische Breslau als Verlagsstandort entscheidend – bis zum Ende des 18. Jahrhunderts weitgehend auf deutschsprachige und einige wenige polnisch-deutsche Titel und Ausgaben beschränkten. Sie erschienen zumeist im Verlag von Wilhelm Gottlieb Korn. Erst um die Wende zum 19. Jahrhundert setzte eine rege Produktion polnischsprachiger Schulliteratur ein. Gleichzeitig kamen nun auch deutsche Lesebücher auf den Markt, die, versehen mit polnischen Zwischentiteln, für den Gebrauch an den polnischen Schulen bestimmt waren. All diese Bemühungen trugen freilich nur wenig dazu bei, die Qualität des Unterrichts an den polnischen Schulen zu verbessern.

Mitte der 1840er-Jahre begannen daher, unterstützt durch die für das Schulwesen politisch und administrativ Verantwortlichen, zahlreiche Versuche, in den Volksschulen mit überwiegend polnischer Schülerschaft der Durchsetzung einer konsequenten Zweisprachigkeit zum Durchbruch zu verhelfen. Diese Versuche waren seinerzeit vor allem mit dem Begriff des „Utraquismus" – von *utraque* = ‚beide' (Sprachen) – verbunden. Bereits in einer 1838 in Oppeln erschienenen Schrift mit dem Titel *Der einzige, unfehlbar zum Ziel führende Weg, die deutsche Sprache unter den Polnischsprechenden im Verlauf eines einzigen Menschenalters allgemein einzuführen* hatte der Verfasser dafür plädiert, die Kinder in der Schule zu gleicher Fertigkeit im Polnischen und im Deutschen zu bringen (Hrusik 1838). 1843 veröffentlichte der katholische Geistliche Bernhard Bogedain, seinerzeit Direktor an einem katholischen Lehrerseminar in der Provinz Posen, eine *Disposition eines ersten utraquistischen Lesebuches*. Er gab damit auch für Oberschlesien den Anstoß zur Neuentwicklung einer beachtlichen Zahl von zweisprachigen Lehrmitteln für den Gebrauch an den utraquistischen Schulen. In seinem Amt als Regierungs- und Schulrat in Oppeln (1848–1857) setzte sich Bogedain entschieden für die Anerkennung und Durchsetzung des Polnischen als Unterrichtssprache in den Schulen und auch für den Polnischunterricht in den utraquistischen Lehrerseminaren ein. Dort wurde Kandidaten deutscher Herkunftssprache nunmehr die Pflicht auferlegt, Polnisch so weit zu lernen, dass sie „dereinst mit unserer polnischen Bevölkerung sich verständigen und den Religionsunterricht in polnischen Schulen in der Muttersprache" erteilen können (Utraquistischer Sprachunterricht 1864: 223). Allerdings verschärfte sich bereits damals der Ton in der sprachenpolitischen Debatte und Bogedain sah sich von Kritikern mit dem Vorwurf einer den Fortschritt behindernden „Polnisch-Schwärmerei" konfrontiert (Anonymus 1851: 367). Heute wiederum ist Bogedains Name in Polen und insbesondere in Oberschlesien eben deshalb positiv konnotiert. Ein aktuelles polnisches Geschichtsbuch präsentiert Bogedain im Sinne eines jener Narrative, die jenseits nationalstaatlicher Perspektivierungen „Oberschlesien als Solidaritätsraum entdecken" (Wiatr 2016: 88).

Von den 1840er-Jahren bis zum Beginn der 1870er-Jahre erlebte der koordiniert-zweisprachige Unterricht an den Volksschulen Oberschlesiens einen deutlichen Aufschwung. Dem zweisprachigen Bildungsprogramm wurde dabei auch in der von Staats wegen vorgegebenen Stundentafel für utraquistische Schulen Rechnung getragen. Die 1867 von der Königlichen Regierung des Regierungsbezirks Oppeln verfügten *Grundzüge für Unterrichts-Pläne einklassiger katholischer Schulen* wiesen der polnischen bzw. der tschechischen Sprache an utraquistischen Schulen einen hohen Stellenwert zu, zumal auch der Religionsunterricht – hier „Katechismus und biblische Geschichte" – in der Muttersprache erteilt werden sollte. Die „reglementsmäßigen 26 Unterrichtsstunden" waren demnach über alle Abteilungen hinweg wie folgt zu verteilen (Grundzüge für Unterrichtspläne 1867: 305): für Katechismus und biblische Geschichte fünf Stunden, für den Unterricht in der Muttersprache neun, für den Unterricht im Deutschen fünf, für das Rechnen vier, für den Gesangsunterricht zwei und für das Zeichnen mit Formenlehre eine Stunde.

Nach der Gründung des Deutschen Kaiserreichs 1871 sollte diese im Grundsatz liberale Sprachenpolitik in Schlesien wie auch in den anderen preußischen Provinzen ein jähes Ende finden. In einer Verfügung der Königlichen Regierung in Oppeln vom September 1872 zum Thema *Unterrichtssprache in utraquistischen Schulen* werden „alle entgegenstehenden Bestimmungen früherer Zeit ... aufgehoben, und es wird ausdrücklich angeordnet, daß die deutsche Sprache fortan nicht sowohl nur Unterrichts-Gegenstand, als vielmehr obligatorisches Unterrichts-Mittel in allen Unterrichts-Gegenständen sein soll" (Unterrichtsprache 1872: 762). Damit sollte sich im Schulwesen in Preußen bis zum Ende des langen 19. Jahrhunderts jene Position durchsetzen, die auf eine konsequente Germanisierung der nicht-deutschsprachigen Bevölkerung ausgerichtet war.

Eine große Zahl aus Galizien kommender polnisch-, ukrainisch- und jiddischsprachiger Arbeitsmigranten, die, oft über Generationen hinweg, weiter Richtung Westen wanderten, hatte seit Beginn der Industrialisierung die sprachliche Vielfalt der Region erhöht. Bildungspolitische Brisanz erhielt dies Ende des 19. Jahrhunderts dadurch, dass die polnische Nationalbewegung und germanisierungsorientierte deutsche Volksschule die sprachlichen Verhältnisse in Oberschlesien aus ihrer jeweiligen nationalen Sicht als ungenügend erachteten und mit eigenen Programmen gegenzusteuern versuchten. Während die polnische Seite, an den Rand der Illegalität gedrängt und vielfacher Behinderung und Verfolgung ausgesetzt, mithilfe kirchlicher Bildungsangebote hochpolnische Standards zu etablieren versuchte, war die deutsche Schule zur Bekämpfung des Polnischen verpflichtet. Selbst in Klassen mit nur polnischsprachigen Kindern – und obwohl viele Lehrer selbst aus gemischtsprachigen Milieus stammten – war die Benutzung des Polnischen bei strenger Strafandrohung verboten. Stattdessen entstand unter hohem Aufwand eine eigene Didaktik für „zweisprachige Volksschulen", wobei unter „zweisprachig" hier nicht die Verwendung zweier Sprachen im Unterricht verstanden wurde, sondern dass die Kinder in einer anderen, der deutschen Sprache, zu unterrichten waren als in der, die sie verstanden, der polnischen nämlich. Im Ergebnis wurden in Lehrprogrammen und einer eigenen didaktischen Zeitschrift *Die zweisprachige Volksschule* Unterrichtsmodelle entwickelt, die nicht vielfach denjenigen für den Taubstummenunterricht ähnelten – welch letzterer zu dieser Zeit aus Oberschlesien wichtige Impulse empfing (Joachimsthaler 2011, Bd. 2: 262–397).

In Polen wie in Deutschland folgte die Geschichtsschreibung zu Oberschlesien lange Zeit einer jeweils nationalen Doktrin, die ihren Gegenstand exklusiv in der eigenen Nationalgeschichte verankerte und diese Geschichte ausschließlich mit einer, nämlich der eigenen Nationalsprache, verknüpft sah. Neuere Ansätze versuchen, die geschichtlichen Besonderheiten Oberschlesiens und ihrer Bewohner jenseits nationalstaatlicher Kategorisierungen zu erfassen (vgl. Kamusella 2007; Wiatr 2016). Auf dieser Grundlage eröffnen sich für Polen wie für Deutsche neue Perspektiven einer gemeinsamen Beschäftigung mit der Entwicklung von Mehrsprachigkeit in Oberschlesien.

3 MehrSpracheN in der schulischen Praxis

Auch in den beiden im vorliegenden Band folgenden Beiträgen geht es um Entwicklungen von Mehrsprachigkeit in Schule und Unterricht außerhalb des sog. „deutschen Sprachraums" – im ersten Fall aus der Perspektive der Geschichte der Deutschdidaktik und mit Blick auf allgemeinbildende Schulen, im zweiten Fall aus dem Blickwinkel der Geschichte der Fremdsprachendidaktik, hier mit dem Fokus auf die berufliche Bildung.

Anna Maria Harbig geht in ihrem Beitrag auf die Besonderheiten der Sprachverhältnisse an den Pfarrschulen der griechisch-katholischen, mit Rom unierten Kirche im österreichischen Galizien bis 1848 ein. Sie greift damit – und ebenso in ihrer kürzlich veröffentlichten Habilitationsschrift über die Rolle des Deutschen in den Schulen Galiziens 1722–1848 (vgl. Harbig 2016) – ein Thema auf, das in der deutschsprachigen Forschung zur Geschichte mehrsprachiger Bildung bislang nur wenig Beachtung gefunden hat, aber besondere Aufmerksamkeit verdient: Denn die Komplexität nicht nur der sprachlichen, sondern auch der gesellschaftlichen und konfessionellen Verhältnisse in Galizien und die darüber geführten Auseinandersetzungen in Politik und Administration fand in der propagierten sprachlichen Bildung, in den Lehr-Lernmitteln und schließlich auch in der Praxis an den Schulen ihren lebhaften Niederschlag. Aufschlussreich ist nicht nur die schulpolitische Akteurskonstellation – von der Rolle Wiens bis zu jener der für die Schulen zuständigen Kirchenbeamten der griechisch-katholischen Diözesen –, sondern auch der Gebrauch von nicht weniger als vier Sprachen an den griechisch-katholischen Pfarrschulen: Kirchenslawisch, Ruthenisch (Ukrainisch), Polnisch und Deutsch. Harbig analysiert vor diesem Hintergrund in ihrem Beitrag nicht nur mehrsprachige Lehrbücher, die an diesen Schulen zum Einsatz kamen, sondern erläutert auch die Auseinandersetzungen um die Unterrichtssprache und in diesem Zusammenhang die zunehmende Bedeutung des Ruthenischen sowie den anhaltenden Stellenwert des Polnischen als Zweitsprache.

Die Schweiz wird historisch wie aktuell als in vielfältiger Weise mehrsprachig beschrieben: Sie schöpft ihre Identität aus mehreren Sprachen, sie anerkennt mit Deutsch, Französisch, Italienisch und Rätoromanisch vier Sprachen als offizielle Sprachen, und ihre Bewohner verfügen in großer Zahl über mehrsprachige Kompetenzen (vgl. Lüdi & Werlen 2005; Grütz im vorliegenden Band). Blaise Extermann widmet sich vor diesem Hintergrund in seinem Beitrag den Zusammenhängen von Handel, Technik und Mehrsprachigkeit im Fremdsprachenunterricht an kaufmännischen Fortbildungsschulen und Handelsschulen der Westschweiz um die Wende vom 19. zum 20. Jahrhundert. Gestützt auf statistische Daten für den Kanton Genf befasst er sich mit fremdsprachlichen Bildungsangeboten im Bereich der beruflichen Bildung und geht der Frage nach dem Niederschlag von wirtschaftlichen Themen in den verwendeten Lehrbüchern für den Fremdsprachenunterricht nach. Er zeigt auf, dass im Untersuchungszeitraum im Fremdsprachenunterricht an den kaufmännischen Fortbildungsschulen und Handelsschulen vor allem auf solche Lehrbücher zurückgegriffen wurde, in denen Handel und Technik nur wenig behandelt wurden, und er diskutiert diesen Befund unter Einbeziehung kultureller Strömungen der Schweiz in der Zeit der vorletzten Jahrhundertwende.

Über die konkreten Befunde hinaus eröffnen die beiden genannten Beiträge einen Blick auf die Vielfalt möglicher Zugänge zur Geschichte von Mehrsprachigkeit in Schule und Unterricht. Nicht zuletzt zeigen sie, in welch vielfältigen Formen individuelle Mehrsprachigkeit und ihre schulische Vermittlung und Aneignung an allgemeine gesellschaftliche und politische Faktoren gebunden ist.

4 Literatur

Ammersbach, Enrico (1689): Neues A B C Buch: *Daraus ein Junger Knab / Die nöhtigsten vier Haupt-Sprachen / Ebreisch / Griechisch / Lateinisch / Teutsch / mit sonderbahrem Vortheil auf gewisse Weise lernen kan: Wobey auch insonderheit Eine Anweisung zu den Rabbinischen Teutschen Büchern un Brieffen / ohne Puncten dieselben zulesen / Der Jugend / wie auch andern Liebhabern guter Künste und Sprachen zum Nutzen heraus gegeben.* Maadeburg: Johann Daniel Müller.
Anonymus (1846): Wünsche und Vorschläge eines oberschlesischen Land-Schullehrers. *Der katholische Jugendbildner* 8 (6): 346–354.
Anonymus (1851): Schlesische Schulzustände. *Der deutsche Schulbote* 10 (4): 366–367.
Bogedain, Bernhard (1843): Disposition eines ersten utraquistischen Lesebuches. *Der katholische Jugendbildner* 5 (1): 64–66.
Die zweisprachige Volksschule. Pädagogische Monatsschrift. Redaktion: Anton Jelitto. Breslau, Krappitz: s.n. 1893–1919.

Felbiger, Johann I. von (1772): *Kleine Schulschriften, nebst einer ausführlichen Nachricht von den Umständen und dem Erfolge der Verbesserung der katholischen Land- und Stadt-Trivialschulen in Schlesien und Glatz*. Bamberg, München: Göbhardtische Buchhandlung.
Geißler, Gert; Sroka, Wendelin & Wojdon, Joanna (Hrsg.) (2011): *Lesen lernen ... mehrsprachig! Fibeln und Lesebücher aus Europa und Amerika.* Katalog zur Ausstellung im Rahmen der Tagung „Mehrsprachigkeit und Schulbuch" vom 22.–24.9.2011 an der Freien Universität Bozen in Brixen/Bressanone. Bonn-Essen: Selbstverlag.
Glück, Helmut (1979): *Die preußisch-polnische Sprachenpolitik. Eine Studie zur Theorie und Methodologie der Forschung über Sprachenpolitik, Sprachbewußtsein und Sozialgeschichte am Beispiel der preußisch-deutschen Politik gegenüber der polnischen Minderheit vor 1914*. Hamburg: Buske.
Glück, Helmut & Schröder, Konrad (2007): *Deutschlernen in den polnischen Ländern vom 15. Jahrhundert bis 1918. Eine teilkommentierte Bibliographie.* Bearbeitet von Yvonne Pörzgen und Marcelina Tkocz. Wiesbaden: Harrassowitz.
Grundzüge für Unterrichtspläne einklassiger katholischer Schulen des Regierungs-Bezirks Oppeln vom 1. März 1867, verfügt von der Königlichen Regierung des Regierungsbezirks Oppeln (1867). *Centralblatt für die gesammte Unterrichts-Verwaltung in Preußen*, 304–314.
Harbig, Anna (2016): *Die aufgezwungene Sprache. Deutsch in galizischen Schulen (1772–1848)*. Białystok: Uniwersytet w Białymstoku.
Holenz, Johann Wilhelm (1835): *Die deutsche Sprache als Schulsprache und Unterrichts-Gegenstand in den Elementarschulen derjenigen Distrikte Schlesiens, wo noch die polnische die Sprache des Volkes ist*. Brieg: Selbstverlag.
Hrusik, Alois (1838). *Der einzige, unfehlbar zum Ziel führende Weg, die deutsche Sprache unter den Polnischsprechenden im Verlauf eines Menschenalters allgemein einzuführen.* Oppeln: Weinhold.
Joachimsthaler, Jürgen (2011): *Text-Ränder. Die kulturelle Vielfalt in Mitteleuropa als Darstellungsproblem deutscher Literatur.* 3 Bde. Heidelberg: Winter.
Kamusella, Tomasz (2007): *Silesia and Central European Nationalisms. The Emergence of National and Ethnic Groups in Prussian Silesia and Austrian Silesia, 1848–1918*. West Lafayette: Purdue University Press.
Knabe, Ferdinande (2000): *Sprachliche Minderheiten und nationale Schule in Preußen zwischen 1871 und 1933. Eine bildungspolitische Analyse.* Münster u.a.: Waxmann.
Kosler, Alois A. (1929): *Die preußische Volksschulpolitik in Oberschlesien 1742–1848.* Breslau: Priebatsch.
Lüdi, Georges & Werlen, Iwar (2005): *Die Sprachenlandschaft in der Schweiz.* Neuchâtel: Office Fédéral de la Statistique.
Münch, Matthias C. (1842): Art. „Utraquistische oder zweisprachige Schulen". In Münch, Matthias C. (Hrsg.): *Universal-Lexicon der Erziehungs- und Unterrichtslehre für ältere und jüngere christliche Volksschullehrer.* Augsburg: Schlosser, 167–171.
Madeja, Josef (1960): *Elementarze i nauka elementarna czytania i pisania na Śląsku w wiekach XVIII i XIX (1763–1848).* Katowice: Śląski Katowice.
Madeja, Josef (1965): *Elementarze i nauka elementarna czytania i pisania na Śląsku w wiekach XIX i XX (1848–1930).* Katowice: Śląsk.
Neueingerichtetes ABC (1765): *Neueingerichtetes ABC Buchstabir und Lesebüchlein zum Gebrauche besonders der Oberschlesischen Schulen Polnisch und Deutsch verfasset / Nowo-zebráne obiecadło do sylábizowánia y czytánia dla potrzebu osobliwie Gornego*

Śląská szkoł po polsku i po niemiecku wypráwione. Sagan: Verlag der katholischen Trivialschule.
Onderka, Anton (1867): *Elementarz polsko-niemiecki, oder Polnisch-Deutsches Lesebuch für die utraquistischen Elementarschulen*. 11. Aufl. Breslau: Schletter'sche Buchhandlung.
Reich, Hans (2014): *Über die Zukunft des Herkunftssprachlichen Unterrichts*. www.uni-due.de/imperia/md/content/prodaz/reich_hsu_prodaz.pdf *(23.05.2018)*.
Sarter, Heidemarie (2013): *Mehrsprachigkeit und Schule. Eine Einführung*. Darmstadt: WBG.
Słomczyńska, Otylia (1982): Polsko-niemieckie podręczniki szkolne w czasach pruskich na Górnym Śląsku. *Roczniki Biblioteczne* 26: 23–40.
Tornow, Siegfried (2005): *Was ist Osteuropa? Handbuch zur osteuropäischen Text- und Sozialgeschichte von der Spätantike bis zum Nationalstaat*. Wiesbaden: Harrassowitz.
Unterrichtssprache in utraquistischen Schulen (1872). *Centralblatt für die gesammte Unterrichts-Verwaltung in Preußen*. Berlin, 761–762.
Utraquistischer Sprach-Unterricht in dem Seminar zu Creuzburg und der mit demselben verbundenen Uebungsschule (1864). *Centralblatt für die gesammte Unterrichts-Verwaltung in Preußen*. Berlin, 220–228.
Wiatr, Marcin (2016): *Oberschlesien und sein kulturelles Erbe. Erinnerungspolitische Befunde, bildungspolitische Impulse und didaktische Innovationen*. Göttingen: V&R.

Anna Maria Harbig
Kulturelle Wiedergeburt.
Die mehrsprachigen Lehrbücher der griechisch-katholischen Pfarrschulen in Galizien 1815–1848

1 Sprachen und Schulen in Galizien

Galizien entstand in der Ersten Teilung Polens (1772) als östlichstes Kronland des Habsburger Reiches. Etwa 2,5 Millionen Bewohner(innen) der südöstlich gelegenen Gebiete der polnischen Adelsrepublik wurden der Macht eines absolutistischen Staates unterstellt (Fellerer 2005: 10). Die Wiener Sprach- und Schulpolitik brachte das Deutsche nach Galizien. Die Wirkung blieb nicht auf die Sprache der Ämter, der höheren Gerichte sowie des Unterrichts der staatlichen Schulen beschränkt. Was sich ebenfalls veränderte, waren der Status und die Verwendungsbereiche der einheimischen Sprachen.[1]

Das Polnische war Volkssprache der Mehrheit der römisch-katholischen Bevölkerung im Westen Galiziens und wurde als Verkehrssprache des ehemaligen Königreichs Polen-Litauen auch in den anderen Landesteilen verstanden und gebraucht. Die Landbevölkerung im Osten Galiziens gehörte mehrheitlich zur griechisch-katholischen Kirche, einer mit Rom unierten Ostkirche, die den orthodoxen Ritus in kirchenslawischer Sprache pflegte. In Wien bezeichnete man die Gläubigen dieser Kirche als Ruthen(inn)en. Deren Volkssprache existierte gegen Ende des 18. Jahrhunderts nur noch als mündliches Idiom. Die Elite des Landes, der Adel und die Bischöfe, hatte sich dem Polentum assimiliert, so dass die schriftsprachlichen Traditionen der Ruthen(inn)en nicht mehr geläufig waren (Moser 2011: 99; s.a. Danylenko 2006: 108).

Die habsburgische Verwaltung Galiziens versuchte zunächst, in möglichst vielen Orten staatliche Schulen zu gründen. Erst nachdem sich diese Bestrebungen als erfolglos erwiesen, erteilte man den kirchlichen Behörden die Erlaubnis, an Orten, wo keine staatliche Schule bestand, neue Pfarrschulen zu

---

[1] Der vorliegende Beitrag basiert auf einer eingehenden Untersuchung der Verfasserin (vgl. Harbig 2016) zur habsburgischen Sprach- und Schulpolitik in Galizien und deren fremdsprachdidaktischen Implikationen in den Volksschulen.

gründen (Pelczar 2009: 9). Das Interesse des Klerus, eigene Pfarrschulen zu betreiben, wurde durch Rückgabe der pädagogischen Aufsicht über die Schulen nach Inkrafttreten der Politischen Verfassung (1806) befördert. Verstärkung erfuhr diese Tendenz insbesondere in den Gemeinden der griechisch-katholischen Kirche, als die Schulaufsicht zwischen den beiden Kirchen (1815) geteilt wurde.

Der Wettbewerb des Klerus um die Gläubigen entschied sich mit zunehmender Schuldichte an Sprache und Ritus der Katechisation der jeweiligen Pfarrschule. Dementsprechend begann die Initiative zum Ausbau des Pfarrschulwesens vor allem im Grenzland zwischen West- und Ostgalizien, wo Pol(inn)en und Ruthen(inn)en nah beieinander lebten. Das Zentrum dieser Region war Przemyśl. Die Stadt liegt heute in Polen an der Grenze zur Ukraine. Die Residenzen der Bischöfe beider Kirchen sowie die zahlreichen Kirchenbauten, Synagogen, Druckereien und Bildungseinrichtungen verliehen dem Ort unter allen ethnokonfessionellen Gemeinschaften ein hohes religiöses und kulturelles Prestige.

Die Zahl der Pfarrschulen, die seit der zweiten Dekade des 19. Jahrhunderts in Galizien entstanden, war umfangreicher als die der staatlichen Schulen. In Trägerschaft des habsburgischen Staates gab es rund 30 Haupt- und kaum mehr als etwa 300 Trivialschulen. Dagegen registrierte man im Jahr 1842 in Ostgalizien 1458 Pfarrschulen, davon 785 in der Lemberger und 673 in der Przemyśler Eparchie (Kozik 1973: 34).

Begleitet war der Ausbau des Pfarrschulwesens der griechisch-katholischen Kirche von sprachpolitischen Auseinandersetzungen um die Unterrichtssprache(n). Laut Anweisung des Guberniums aus dem Jahre 1818 war der uneingeschränkte Gebrauch des Ruthenischen nur im eigentlichen Religionsunterricht gestattet – zur Erklärung kirchenslawischer Schriften und der Liturgie. In allen anderen Fächern – auch in der religiös konnotierten Sittenlehre, die sich mit der Entwicklung der Lesefähigkeit verband – war das Ruthenische als Unterrichtssprache nur in solchen Pfarrschulen erlaubt, die nicht ebenfalls von polnischen Kindern besucht wurden. Zudem musste in allen Pfarrschulen das Lesen und Schreiben auf Polnisch gelernt werden. Behinderung erfuhr die schulsprachliche Emanzipation des griechisch-katholischen Klerus in Galizien auch in der Anordnung, dass ruthenische Pfarrschulen, die in Orten gegründet werden, wo schon eine Schule der römischen Kirche Bestand hatte, keine staatliche Förderung erhalten sollen (Moser 2001: 104ff.).

Die Einflussnahme der habsburgischen Beamten auf die in Trägerschaft der Kirchgemeinden stehenden Pfarrschulen war geringer als auf die subventionierten Trivialschulen und Hauptschulen, die einheitlichen Lehrplänen mit vorgeschriebenen Schulbüchern folgten, zur Dokumentation verpflichtet waren und durch die Kreisämter kontrolliert wurden (v.a. durch die auf Deutsch gehaltenen halbjährlichen öffentlichen Prüfungen). In den Pfarrschulen bestimmten und beaufsichtigten die Pfarrer den Schulbetrieb. Die wesentliche Forderung des Lemberger Guberniums an die Pfarrschulen beinhaltete das Lesenlernen der Landessprache Polnisch, jedoch keinen verpflichtenden Deutschunterricht wie in den nach habsburgischen Lehrplänen eingerichteten Schulen. Während in den staatlichen Schulen für jede Lernstufe (die sog. Klasse) ein Lehrer und ein Schulraum zur Verfügung stehen mussten (die Hauptschulen führten drei bis vier Klassen), hatte die Pfarrschule nur einen Lehrer und nur eine *sztuba*. Die wichtigste Aufgabe war, die Kinder zu alphabetisieren – zwecks Katechisation, die in den Pfarrschulen Ostgaliziens dem griechischen Ritus in kirchenslawischer Sprache folgen durfte. Der Gebrauch der Volkssprache war im Religionsunterricht erlaubt, um die kirchenslawischen Texte auf Ruthenisch zu erklären. Dagegen wurde in den staatlichen Schulen ein deutsch-polnischer Katechismus der römischen Kirche verwendet. Ob außer dem Lesen und der Religion in den Pfarrschulen noch Weiteres gelehrt wurde, konnte von Ort zu Ort verschieden ausfallen. Auch war die Einteilung der Lernstufen in den Pfarrschulen nicht einheitlich, sondern wurde entsprechend der Zusammensetzung der Schülerschar geregelt. Üblich dürfte eine Einteilung in zwei Gruppen gewesen sein: mit jüngeren Kindern, die noch das Lesen lernten und den älteren, die auch im Schreiben und Rechnen oder sogar in Grammatik unterrichtet wurden. Seit den 1830er-Jahren bestand die Tendenz, die Pfarrschulen den Lehrplänen der staatlichen Trivialschulen nach und nach anzugleichen. Allerdings wurden deren Zeugnisse zur Aufnahme in weiterführende staatliche Schulen dennoch nicht anerkannt.

Die Pfarrschulen standen im habsburgischen Volksschulwesen auf dem untersten Rang. Doch erreichte dieser Schultyp im Umfang des sprachlichen Angebots ein Maximum. Die mehrklassigen staatlichen Schulen hatten als weiterführende Bildungseinrichtungen der „Verbreitung des Deutschen" zu dienen und duldeten das Polnische lediglich als „Hilfssprache". Ebenso behandelten sie Latein als Sprache der römisch-katholischen Liturgie nur randständig, mit einer Wochenstunde in der dritten Klasse zur Vorbereitung aufs Gymnasium. Hingegen legten die griechisch-katholischen Pfarrschulen auf die traditionelle Religionslehre – anhand älterer Schriften und einschließlich der Erklärung der Liturgie – großen Wert. Seit den 1830er-Jahren hatten die Pfarrschulen bis zu vier Sprachen im Programm: Ruthenisch, Kirchenslawisch, Polnisch und Deutsch.

2 Die Mehrsprachigkeit des Unterrichts in den Lehrplänen der griechisch-katholischen Pfarrschulen

Der Lehrplan für die Pfarrschulen aus dem Jahr 1837, den Ivan Lavrivs'kyj, Direktor des Instituts *Cantorum et Magistrorum Scholae* in Przemyśl, in seinem Entwurf zum Lehrerhandbuch angab, zeigt das Programm der Pfarrschulen entsprechend der Empfehlung des Konsistoriums: Der Unterricht galt der katechetischen Lehre, der Entwicklung der Lesefähigkeit im Ruthenischen und im Polnischen, der Einführung in die ruthenische und in die kirchenslawische Grammatik sowie dem Übersetzen einiger Gebete aus dem Kirchenslawischen ins Ruthenische. Dazu kam das Schreiben auf Ruthenisch und Polnisch sowie Rechnen und Kirchgesang (Abdruck des Lehrplans in Kmit 1909: 137). Im Gegensatz zu den Stundentafeln der staatlichen Schulen wurden keine Titel vorgeschriebener Lehrbücher genannt und es gab auch keine Abgrenzung nach Klassenstufen. Die umfangreichsten Lehrgegenstände der staatlichen Schulen, nämlich der Deutschunterricht durch das „Uibersetzen mittelst der vorgeschriebenen Lehrbücher" (*Nahmenbüchlein, Komenius, Sittenbüchlein* und weitere deutsche Lesebücher) sowie durch die Lehrfächer „die deutsche Sprachlehre" und „das Diktando-Schreiben", wurden im Lehrplan für die Pfarrschulen nicht angeführt. In den Pfarrschulen legte man den Schwerpunkt auf die Erklärung der liturgischen Feier. Die Sprache des Gottesdienstes (Kirchenslawisch), Beten und Kirchgesang waren eigenständige Lehrfächer. In der Form des Religionsunterrichts und in der Wahl dessen Sprachen lag der eigentliche Unterschied zwischen den Schularten. Denn in den nach habsburgischen Plänen eingerichteten Trivial- und Hauptschulen stand zur Erklärung der lateinischen Liturgie der römischen Kirche kein Lehrfach auf dem Plan, sondern das Lernen der „Glaubenslehren" mit einem deutsch-polnischen Katechismus und die Erziehung zur „Sittlichkeit" anhand von moralisierender Kinderliteratur.

Das sprachliche und inhaltliche Repertoire der Schulen in den Dörfern war nach oben offen. Die Stundenpläne der Pfarrschulen konnten von Ort zu Ort voneinander abweichen und zusätzliche Unterrichtsgegenstände enthalten. In einigen Pfarrschulen nahm man auch die Lehrbücher der unteren Klassen der staatlichen Schulen in den Unterricht auf: *Elementarz* (die polnische Übersetzung der deutschen Fibel *Nahmenbüchlein*) und *Książka moralna* (die polnische Übersetzung von Campes *Sittenbüchlein*). Das bedeutete eine Modernisierung des Religionsunterrichts anhand von moralisierender Kinderliteratur. Auch das sprachliche Programm der Pfarrschulen (mit dem schulgesetzlich geforderten

Polnischlernen und dem von Seiten des Klerus gewünschten Übersetzen vom Kirchenslawischen ins Ruthenische) erfuhr in den meisten Pfarrschulen mit zusätzlichem Unterricht im Schreiben und in Grammatik Erweiterungen. In Prusy wurde 1842 das Lesen in den drei Sprachen Ruthenisch, Polnisch und Deutsch unterrichtet. Das Schreiben blieb dagegen dem Ruthenischen und Polnischen vorbehalten. In Łąka (1847) lernten die Kinder Lesen und Schreiben und sogar das Kopfrechnen in drei Sprachen – auf Ruthenisch, Polnisch und Deutsch (Pelczar 2009: 208). Einen ähnlichen Lehrplan gab es 1848 in Solec (Rzemieniuk 1991: 128).

Das Deutschlernen in den Pfarrschulen war eine Ergänzung der regulären Schulbildung für Fortgeschrittene. Das gibt u.a. die Dokumentation der Pfarrschule in Żółtańce zu erkennen. Im Jahr 1830 besuchten diese Schule 16 Jungen (von 174 schulfähigen Mädchen und Jungen). Alle 16 Kinder erhielten Unterricht auf Ruthenisch im Lesen und jeweils acht im Schreiben und im Rechnen. Sechs der Schulkinder wurden in diesen Fächern auch auf Polnisch unterrichtet. Am zusätzlichen fakultativen Unterricht im Lesen auf Deutsch nahmen aber nur fünf Kinder teil (Dz'oban & Tumočko 2003: 266).

Einen sehr umfangreichen Wochenstundenplan für die älteren Kinder hatte die Pfarrschule der griechisch-katholischen Gemeinde in Buców. Die Ortschaft liegt nahe Przemyśl und befand sich in der Grenzregion der Siedlungsgebiete von Polen und Ruthenen mit besonders gemischter Bevölkerung (Bucóẃ liegt heute in der Ukraine). 1843 wurde dort außer Ruthenisch, Kirchenslawisch und Polnisch das Deutschlernen sogar als regulärer Unterricht geführt. Der Plan war ambitioniert, denn alle drei Neusprachen (Ruthenisch, Polnisch, Deutsch) wurden nicht nur im Lesen, sondern auch im Schreiben unterrichtet. Das Kirchenslawische bekam wenig Unterrichtszeit: lediglich am Sonntag und in den meisten Schulstunden am Samstag. Den hohen Status des Polnischen an dieser ruthenischen Schule erkennt man am Unterricht in Grammatik, denn dieser war ausschließlich dem Polnischen vorbehalten (Harbig 2016: 178; s.a. Pelczar 2009: 214).

Dass das Polnische nicht nur an dieser Pfarrschule, sondern insgesamt im ruthenischen Pfarrschulwesen eine privilegierte Position einnahm, erklärt sich nicht nur aus der schulgesetzlichen Maßgabe, sondern auch aus den ungleich verteilten Sprachverwendungsbereichen der beiden konkurrierenden Slavinen. Denn im Gegensatz zum Ruthenischen war die polnische Sprache im öffentlichen Leben Galiziens präsent. In den Kreisämtern wurde das Polnische im äußeren Verkehr mit der Bevölkerung verwendet (Fellerer 2005: 154). Die Gesetze sowie Verordnungen wurden zweisprachig deutsch-polnisch gedruckt (Grodziski 1971: 140) und es gab außer der deutschen auch eine polnischsprachige Presse (Röskau-Rydel 1993: 303–324). In den staatlichen Schulen war die Ausgangssprache des Deutschunterrichts ausschließlich das Polnische. Der Anfangsunterricht im Deutschen vollzog sich an mündlichen Übersetzungen deutscher Lehrbücher ins Polnische (Harbig 2017: 550–557). Nicht zuletzt wandte sich der hohe Klerus der griechisch-katholischen Kirche in Hirtenbriefen und Predigten auf Polnisch an das Volk und an die Ortsgeistlichen (Moser 2005: 159). An der Lemberger Universität wurde der Lehrstuhl für die ruthenische Sprache erst 1848/49 eingerichtet (Bieder 2000: 179), während ein Lehrstuhl für Polnisch seit 1826 bestand (Röskau-Rydel 1993: 48). Obwohl das Ruthenische die Umgangssprache der Mehrheitsbevölkerung Ostgaliziens war, konnte deren Volkssprache, im Gegensatz zum Polnischen, in der Epoche bis 1848, im öffentlichen Leben Galiziens kaum Bedeutung erlangen.[2]

Das Hauptmotiv, in Pfarrschulen Deutschunterricht anzubieten, dürfte darin bestanden haben, den Schulkindern den Übertritt in weiterführende staatliche Schulen zu erleichtern. Dass das zusätzliche Angebot an Deutschunterricht durch die Konsistorien gefördert wurde, zeigen die ruthenischen Fibeln, die seit Ende der 1830er-Jahre um einen deutschsprachigen Teil erweitert wurden.

3 Mehrsprachige Lehrbücher der ruthenischen Pfarrschulen

3.1 Die Fibeln

Erst nachdem 1815 die Konsistorien die Schulaufsicht erhielten, kam eine Schriftform der Muttersprache der ruthenischen Schulkinder in die Fibel (ruth. *Bukvar'*). Der Verfasser war Ivan Mohyl'nyc'kyj. Er amtierte nach 1816 als Schulaufseher in der Eparchie Przemyśl und bewirkte in Przemyśl die Gründung einer Bildungsanstalt für Kantoren und Lehrer. Mit Mohyl'nyc'kyjs Fibeln konnten die Kinder das Lesen in drei Sprachen lernen: auf Kirchenslawisch, Ruthenisch und Polnisch. Die lange Auflagenserie gibt zu erkennen, dass hohe Nachfrage bestand. Nach der ersten Ausgabe 1816 in Buda erschienen vier weitere in Lemberg (1819, 1826, 1827 und 1837).

Die polnischen Texte im *Bukvar'* von 1819 zeigen mehr als die Tatsache, dass die Pfarrschulen auch zum Unterricht des Polnischen verpflichtet waren.

---

[2] Auch für die soziokulturelle Situation nach 1848 konstatiert Hofeneder (2009: 13), dass die polnische Kultur in Galizien nicht nur im öffentlichen Raum dominant war, sondern ruthenische Familien ebenso in privater Umgebung teilweise das Polnische gebrauchten.

Die Texte erklärten den Bauernkindern auf Polnisch ihre soziale Stellung mit den Pflichten zur Gehorsamkeit. Dass man für solche Aussagen nicht das Ruthenische wählte, hatte vor allem sprachliche Gründe. Zwar hatte man bereits 1817 die programmatische Schrift *Pflichten der Unterthanen gegen ihren Monarchen* in ruthenischer Übersetzung herausgegeben, doch wurde in Texten zu sozialen und politischen Themen das Kirchenslawische mit dem Polnischen vermischt, wogegen ruthenisch-ukrainische Sprachelemente noch im Hintergrund blieben (Moser 2001: 116).

Dass die polnischen Texte in der Fibel für Schulkinder bestimmt waren, die im Lesen des Kirchenslawischen und des Ruthenischen schon Fortschritte gemacht hatten und das Lesenlernen auf Polnisch nicht zu früh einsetzen sollte, wurde dem Lehrer in der Fibel zur Beachtung gegeben (Mohyl'nyc'kyj 1819: 2).

Nach dem Jahr 1838 stand den Schulkindern eine weitere Fibel, mit vier Sprachen, zur Verfügung. Es handelt sich um die früheste Fibel der griechischkatholischen Pfarrschulen, die einen deutschsprachigen Teil enthielt. Weitere Ausgaben kamen 1842 und 1845. Ihr Autor war Ivan Lavrivs'kyj, der Nachfolger Ivan Mohyl'nyc'kyjs im Amt des Direktors des Przemyśler Geistlichenseminars.

Die Gliederung dieser Fibel folgte in allen Teilen dem gemeinsamen Schema mit Alphabet, Silbentabellen, syllabisch gesetzten Wortlisten und Texten. Doch differierten der Umfang und die thematischen Inhalte, die im *Bukvar'* von Lavrivs'kyj (1842) den einzelnen Sprachen gewidmet waren. Die Eigenart dieser Fibel wird deutlich im Vergleich zum polnisch-deutschen Fibelpaar *Nahmenbüchlein/Elementarz*, das in den städtischen Schulen, die in staatlicher Trägerschaft standen, eingesetzt wurde. Nicht der Sittenlehre, wie im *Nahmenbüchlein* und im *Elementarz*, war der größte Teil der ruthenischen Texte gewidmet, sondern traditioneller Religionslehre und der ruthenischen Sprache selbst. Lavrivs'kyjs ruthenische Fibel stand im Vergleich zum polnischen *Elementarz* in einer anderen Funktion. Der Regelapparat war ausschließlich für das Ruthenische gestellt. Regeln zur Aussprache des Deutschen, wie im polnischen *Elementarz*, waren im *Bukvar'* nicht enthalten. Während das polnisch-deutsche Fibelpaar inhaltsgleich angelegt war, so dass der polnische Erstleseunterricht dem Deutschlernen Vorbereitung leisten konnte, standen die Texte der sprachlichen Teile im *Bukvar'* beziehungslos zueinander. Das deutschsprachige Material bot nur einen geringen Auszug aus der deutschen Lautlehre im Vergleich zum *Nahmenbüchlein*. Den Übungen im Buchstabieren und Syllabieren auf Deutsch waren zehn Silbentabellen und drei Wortlisten mit insgesamt rund 450 Silben beigegeben. Alle deutschen Wörter erhielten ruthenische Übersetzungen. Die erste Wortreihe enthielt 30 einsilbige Adjektive und Adverbien sowie die Grundzahlwörter, die zweite 80 einsilbige und die dritte 14 zweisilbige Substantive

(Lavrivs'kyj 1842: 47–51). Die Wortlisten standen in alphabetischer Sortierung. Thematisch-lexikalische Kriterien der Auswahl sind nicht erkennbar. Weniger frequente Lexik wurde vermieden. Die geringe Auswahl des sprachlichen Materials reichte nicht aus, um den Grundwortschatz zu vermitteln. Beabsichtigt war offenbar, nur einen Überblick zum deutschen Lautinventar vorzustellen (Harbig 2016: 260f.). Auch die Auswahl der Drucktypen für das Deutsche war beschränkt. Im Gegensatz zum *Nahmenbüchlein*, in dem das deutsche Lesen in vier Schriftarten gelernt werden musste, stand im *Bukvar'* das Deutsche lediglich in Frakturbuchstaben.

Den deutschen Einzelwörtern folgten rund 60 Verhaltensregeln und Volksweisheiten auf Deutsch. Während im ruthenischen Teil moralisierende Aussagen Alltag und Religion betrafen, gaben die deutschen Sprüche vorwiegend Ratschläge zu Arbeit und Wirtschaft: „Bleib bei deinem Berufe, treibe recht, was du am Besten verstehst." (Lavrivs'kyj 1842: 59) Die deutschen Sinnsprüche waren ins Ruthenische übersetzt – im Gegensatz zum polnischen Textteil, der einsprachig gedruckt wurde. Erklärungen und Regeln zur Aussprache des Deutschen, wie im *Nahmenbüchlein*, waren im deutschen Abschnitt des *Bukvar'* nicht gegeben.

Die im *Bukvar'* angelegte Sprachfolge sowie die Verteilung des Lehrstoffs nach Umfang und Inhalt auf die sprachlichen Teile proklamierte eine Hierarchie im Status der Sprachen. Priorität genoss die Volkssprache der Ruthenen als diejenige Sprache, die zuerst zu lesen gelernt wurde. Das Ruthenische nahm den größten Raum im *Bukvar'* ein und erschien in mehr Verwendungsbereichen als das Deutsche und das Polnische. Das Ruthenische war nicht nur die Sprache der Sittenlehre (das Kirchenslawische die Sprache der Religion), sondern auch die Sprache der Alltagswelt der Kinder (die Sprache der Eltern, die Sprache der Schule) und zudem die Sprache der Wissenschaft (Grammatik und Naturkundliches). Dagegen entsprach der in den ruthenischen Fibeln proklamierte Status des Polnischen (nach Sprachenfolge und Umfang der Lehrinhalte) nicht der tatsächlichen Konstellation in den galizischen Dorfgemeinden. Immerhin war das Polnische die Sprache der lokalen Autoritäten, des grundbesitzenden Adels und dessen Gefolges. Das Polnische auf den letzten Rang hinter das Deutsche zu verweisen, machte auch schulgesetzlich keinen Sinn. Denn Deutsch war kein Pflichtfach in den niedrig organisierten Pfarrschulen, wohl aber das Polnische. Die Sprachenfolge im *Bukvar'* verstieß auch gegen die schulorganisatorisch generierte Stufung des Lernens der Fremdsprachen. Die polnische Sprache erfüllte für die Kinder der griechisch-katholischen Gemeinden eine Mittlerrolle zwischen dem Ruthenischen und dem Deutschen, da in den weiterführenden städtischen Schulen bis 1848 ausschließlich das Polnische als Ausgangssprache des Deutschunterrichts verwendet wurde. Nicht zuletzt ließ sich die sprachliche Nähe zwischen dem Polnischen und Ruthenischen auch einsetzen, um eine allmähliche Lernprogression herzustellen. Das alles wurde mit der Abfolge der Sprachen – Ruthenisch, Deutsch, Polnisch – in Lavrivs'kyjs Fibel nicht beachtet.

Der polnische Text von Lavrivs'kyjs Fibel war nicht an Schulanfänger, sondern an Fortgeschrittene gerichtet und transportierte Aussagen, die eher dem deutschen Teil zugestanden hätten. Denn die Rede war von der Treue zum Wiener Monarchen, die sich nach habsburgischer Schulpropaganda in guten Deutschkenntnissen manifestierte. Ebenso stand der deutsche Text mit den Sinnsprüchen außerhalb der Lebenswelt der Kinder. Die lexikalisch-semantischen Mittel boten thematisch keine Möglichkeiten zu kindgemäßer Ansprache und keinen Reiz, um die sprachlichen Mittel einzuprägen. Der Verfasser ließ außer Acht, was seit Comenius aus den Erfahrungen des Frühfremdspracherwerbs bekannt war und was philanthropische Didaktik vor mehr als zwei Generationen dem Elementarunterricht an Hinwendung zum Kind zur Erleichterung des Lernens gebracht hatte. Die didaktische Qualität des polnischen und deutschen Teils der Fibel war den Herausgebern offenbar weniger wichtig, als den sprachlichen Ausbau der Volkssprache voranzutreiben und zu demonstrieren (Harbig & Sroka 2016: 22ff.).

3.2 Der Komenius

In Polen spielten die *Comeniana* für den Anfangsunterricht im Deutschen und im Polnischen schon im 17. und 18. Jahrhundert eine große Rolle (Glück 2013: 276). In den staatlichen Volksschulen Galiziens galten die deutsch-polnischen Bearbeitungen des *Orbis pictus*, dem sog. *Komenius*, als effektivstes Lehrmittel des deutschen Anfangsunterrichts. Der Direktor der Lemberger Normalschule, Kasimir Wohlfeil, stellte im *Handbuch für Lehrer, Aeltern und Erzieher* (Lemberg 1798) an Beispieltexten aus dem *Komenius* ein holistisches Lehrverfahren vor (damals „das Uibersetzen" und das „sokratische Gespräch"), das keine feste Grenze zwischen Grammatik und Lexikon zog, um – ähnlich wie im heutigen Ansatz der Konstruktionsgrammatik – das Lernen der Fremdsprache im Einprägen von Phrasemen (*chunks*) aufgehen zu lassen. Die von Wohlfeil vorgestellte Didaktik berücksichtigte, dass kleine Kinder noch keine Bewusstheit der Grammatik ihrer Muttersprache erlangen können, und vermied im Anfangsunterricht das Lernen anhand von Regelparagraphen.

Das Schulbuch *Komenius* kam auch in einigen griechisch-katholischen Pfarrschulen zum Einsatz. Den Gebrauch einer deutsch-polnischen Ausgabe des *Komenius* seit Anfang der 1840er-Jahre in zwei griechisch-katholischen Pfarrschulen in den Ortschaften Buców und Dołhe stellte Pelczar (2009: 214) fest. Die Umsetzung des sprachdidaktischen Konzepts der Übersetzungsmethode auf die Pfarrschulen in den griechisch-katholischen Gemeinden hätte eine ruthenisch-deutsche Bearbeitung des *Orbis pictus* erfordert, die das Konsistorium der Lemberger Eparchie 1844 in Auftrag gab. Mit dieser Aufgabe wurde Josyf Levyc'kyj betraut, ein Vertreter der ruthenischen Erneuerungsbewegung. Seine deutsch-ruthenische Version des *Komenius* wurde 1849 in Przemyśl gedruckt (Dz'oban & Tumočko 2003: 263).

3.3 Levyc'kyjs ruthenisch-deutsche Grammatik

Im Jahr 1845 erschien die erste ruthenisch-deutsche Grammatik für den Deutschunterricht in den griechisch-katholischen Pfarr- und Trivialschulen. Der Verfasser war der schon erwähnte Josef Levyc'kyj, der als bischöflicher Kaplan in Przemyśl und als Landpfarrer wirkte. Er unterrichtete die kirchenslawische Sprache, übersetzte weltliche Literatur ins Ruthenische und publizierte Dichtungen sowie eine umfangreiche Grammatik des Ruthenischen (Stępień 1999: 130f.).

1840 beteiligte sich Levyc'kyj an der Ausschreibung zur Schaffung der ersten ruthenisch-deutschen Grammatik für den Deutschunterricht in den griechisch-katholischen Pfarr- und Trivialschulen. Vorlage war Joseph Peitls *Deutsche Sprachlehre* – ein für den Orthografieunterricht geschriebenes Lehrbuch der deutschen Muttersprache. Das Schulbuch von Peitl war nach 1820 das offizielle Deutschlehrbuch in allen staatlichen Volksschulen im Habsburger Reich. Es erlebte zahlreiche Auflagen und stand bis 1848 in Gebrauch.

Außer Levyc'kyj reichten fünf weitere Kleriker Entwürfe für eine ruthenisch-deutsche Grammatik am griechisch-katholischen Konsistorium in Lemberg ein. Was den für das Ausschreibungsverfahren verantwortlichen Referenten des Konsistoriums, Mychajlo Kuzems'kyj, an den Einsendungen interessierte, betraf allerdings kaum die Darbietung der deutschen Grammatik. Von den rund 150 Korrekturforderungen an Levyc'kyj galt nur eine der deutschen Grammatik. Die Korrekturen betrafen vor allem das allgemeinsprachige Lexikon des Ruthenischen in den Beispielsätzen der Grammatik und außerdem die grammatische Terminologie auf Ruthenisch. Levyc'kyjs Mitbewerber wurden wegen mangelhafter Darbietung des Ruthenischen kritisiert. Wichtig war Kuzems'kyj, deutliche Kontraste zwischen der Morphologie des Ruthenischen und des Polnischen aufscheinen zu lassen. Beispielsweise hatte er gegen eines der Manuskripte einzuwenden, dass die ruthenische Lexik „nach dem Polnischen rücksichtslos modulirt" sei (zit. nach Voznjak 1910: 83).

Didaktische Fragen des schon seit jeher für fragwürdig befundenen Grammatikunterrichts für Kinder waren ausgeblendet, obwohl Kuzems'kyj bemängelte, dass sich Levyc'kyj „zu ängstlich an die wörtliche Uibersetzung des deutschen Schulbuches hielt, wodurch die Verständlichkeit in Etwas erschwert ist" (zit. nach Voznjak 1910: 83). Trotz dieser Kritik erhielt der Entwurf Levyc'kyjs Akzeptanz und wurde als Schulbuch an die Studien-Hofkommission in Wien empfohlen. Der Referent des griechisch-katholischen Konsistoriums bezeichnete Levyc'kyj nicht als Autor, sondern als Übersetzer und lobte dessen Ausrichtung an Peitls Schulgrammatik (Voznjak 1910: 87). 1845 erschien in Wien die Erstausgabe (Dz'oban & Tumočko 2003: 271).

Was Levyc'kyj seiner auszugsweisen Übersetzung der *Deutschen Sprachlehre* Peitls hinzufügte, war eine Beschreibung der Grammatik des Ruthenischen, die der kategorialen Einteilung der deutschen Grammatik folgte. Die einzelnen Lektionen wurden durch knappe allgemeingrammatische Erklärungen eingeleitet und für das Ruthenische an Sprachbeispielen und paradigmatischen Schemata deutlich gemacht. Erst dann folgten Darlegungen der Regularitäten des Deutschen, die knapper ausfielen als jene zur Muttersprache. Die ruthenischen Beispiele erhielten nur in wenigen Fällen Übersetzungen ins Deutsche. Eine sprachkontrastive Darlegung war im ruthenischen Teil des Deutschlehrbuchs mit diesem Beschreibungsverfahren kaum möglich.

In der Darstellung der deutschen Grammatik war die Deklination der Pronomen die einzige wesentliche Abweichung, die sich der Verfasser von der Vorlage des Wiener Schulbuchs gestattete. Denn die Deklination der Pronomen wurde in gemeinsamen ruthenisch-deutschen Paradigmen dargeboten. Levyc'kyj erweiterte dazu das deutsche Kasussystem auf sechs Kasus und ließ im ruthenischen Sieben-Kasus-System den Vokativ aus. Das war auch der einzige Regelparagraph im Manuskript, der dem Konsistorium für eine Korrekturforderung an der Darstellung der deutschen Grammatik zum Anlass wurde. Bemängelt wurde, dass, statt der in Schulgrammatiken seit Adelung üblichen vier Kasus, ein Sechs-Kasus-System angesetzt war (Voznjak 1910: 85). Offenbar ließ sich der Referent überzeugen, die zweisprachigen Paradigmen der Pronomen in dieser Sechs-Kasus-Auslegung im Lehrbuch zu gestatten. In dieser Darstellungsweise gewann das deutsche Deklinationssystem gegenüber dem ruthenischen – zumindest für die Pronomen – an Vergleichbarkeit.

Im Ergebnis entstand allerdings kein Lehrbuch des Anfangsunterrichts, sondern ein Nachschlagewerk für die ruthenische und die deutsche Grammatik. Vom Schulreferenten des griechisch-katholischen Konsistoriums wurde der didaktische Wert dieses Schulbuchs insgesamt für gering befunden: „Lewicki [sic!] hat die Grammatik, was die Regeln betrifft, gut dargestellt, jedoch ist [er] in einigen Fällen zu weitschweifig, wodurch das Buch voluminös erscheint, und in Berücksichtigung der Kinder, für welche es geschrieben ist, zu abschreckend" (zit. nach Voznjak 1910: 83).

Levyc'kyj stützte sich auf eine Methodik des Unterrichts des Deutschen, die die Kenntnis der Grammatik der ruthenischen Muttersprache zur Bedingung stellte (Dz'oban & Tumočko 2003: 271), und gewichtete die Rolle der Ausgangssprache noch stärker als beispielsweise Ploetz in der sog. Grammatik-Übersetzungsmethode, die seit Anfang des 19. Jahrhunderts mit Meidingers Französischlehrbüchern im deutschen Sprachraum populär wurde.

Levyc'kyjs Werk wies kaum Eigenschaften eines Lehrbuchs für Kinder auf, konnte aber als Lehrerhandbuch dem Deutschunterricht dienlich sein. Im Gegensatz zum schulgesetzlich für alle habsburgischen Volksschulen vereinbarten grammatischen Deutschlehrbuch von Peitl, das einsprachig deutsch verfasst war, entlastete die ruthenisch-deutsche Grammatik den Lehrer von der Aufgabe, den Kindern die Regelparagraphen in ihre Muttersprache zu übersetzen. Zudem war die vorangestellte Darbietung der ruthenischen Grammatik hilfreich, die Kinder an das Thema der jeweiligen Lektion heranzuführen. Didaktisch vorteilhaft gegenüber der offiziellen Wiener Schulgrammatik waren Erläuterungen, die zumindest einige jener morphologischen Schwierigkeiten betrafen, die die deutsche Grammatik den Lernenden mit slawischen Ausgangssprachen entgegensetzt. Der Schwerpunkt in Levyc'kyjs Erklärungen zu grammatischen Unterschieden zwischen den beiden Sprachen lag auf der Nominalphrase. Mehrere Kommentare betrafen die Artikelwörter: dass diese Wortart im Ruthenischen nicht existiert, sich die Wörter *der*, *die* und *das* nicht exakt übersetzen lassen (Levyc'kyj 1845: 12, 16), aber die Demonstrativpronomen im Ruthenischen eine ähnliche Funktion hätten wie die deutschen Artikel (Levyc'kyj 1845: 44). Auch machte der Verfasser darauf aufmerksam, dass sich das Genus der Nomen in den beiden Sprachen nicht deckt und dass die ruthenische Sprache das Genus anders zu erkennen gibt (Levyc'kyj 1845: 16). Hilfreich war sicher die Bemerkung, dass die Pluralbildung im Deutschen keinen allgemeingültigen Regeln folgt und deshalb durch Gebrauch gelernt werden muss. Zur Rektion der Kasus wurde erklärt, dass diese zwischen dem Ruthenischen und dem Deutschen meist verschieden ausfallen (Levyc'kyj 1845: 20ff.). Zum Pronomen bemerkte Levyc'kyj (1845: 81) zwar, dass man es im Ruthenischen kaum benötigt, weil die Endungsmorpheme der Konjugation die Person zu erkennen geben, doch fehlte die Aufforderung, das Pronomen im Deutschen immer mitzusprechen.

An den zweisprachigen Beispielsätzen und einigen Gebrauchstexten im Anhang von Levyc'kyjs Grammatik konnte der Lehrer das Behalten des Wortschatzes durch Übersetzen fördern. Auch ließen sich die Texte für Übungen im

Lesen, Schönschreiben und im Diktat verwenden. So war es dem Lehrer zwar möglich, Wissen über die Fremdsprache zu vermitteln, aber kein Sprachkönnen. Unvorteilhaft war auch, dass neben einigen Musterbriefen die Texte im Anhang der Grammatik die Lebenswelt der Kinder nicht berührten: Es gab dort Rechnungen, Quittungen sowie ein Testament.

Mit der Pädagogik der Spätaufklärung, die einen kindgemäßen Unterricht zum Ziel gestellt hatte und mit dem Lernen am Text sowie mit Serien von Mustersätzen ein plausibles Konzept zum Grammatikerwerb vorweisen konnte, hatte Levyc'kyjs Deutschlehrbuch nichts gemein. Es provozierte den Lehrer zum Abfragen von Regelformulierungen und Vokabeln sowie zum Auswendiglernenlassen von Flektionsparadigmen.

4 Schlussbemerkungen

Die Mehrsprachigkeit der griechisch-katholischen Pfarrschulen in Galizien basierte auf dem Sprachgebrauch des soziokulturellen Umfeldes der Schulkinder. Neben der Volkssprache, dem Ruthenischen, hatten zwei weitere Sprachen Bedeutung im Leben der ostgalizischen Landbevölkerung: das Kirchenslawische zur Pflege des religiösen Ritus und das Polnische als Sprache des Adels. Doch war die Durchsetzung eines Lehrplans, der nicht nur dem tradierten Kirchenslawisch und dem schulgesetzlich geforderten Lesenlernen der Landessprache Polnisch genüge tat, sondern auch die Muttersprache der Kinder zum Gegenstand und zum Medium der Pfarrschulen der unierten ruthenischen Katholiken machte, ein über Jahrzehnte währender Prozess.

Die Fibeln für die griechisch-katholischen Pfarrschulen dokumentieren, dass sich das Gewicht des Unterrichts vom Kirchenslawischen nach 1815 auf die Volkssprache verlagerte und dass die Bedeutung des Polnischen als Zweitsprache der ruthenischen Landbevölkerung auch unter habsburgischer Herrschaft erhalten blieb. Levyc'kyjs ruthenisch-deutsche Grammatik aus den 1840er-Jahren gibt den zunehmenden Ausbau der Volkssprache der Ruthen(inn)en und Distanzierung von den benachbarten Slavinen zu erkennen.

Die Motive für die Einführung eines Deutschunterrichts in Pfarrschulen dürften darin bestanden haben, einigen Kindern den Übertritt in weiterführende staatliche Schulen zu erleichtern. Wichtig war aber vor allem die sprachpolitische Wirkung der ruthenischen Erklärungen zum deutschen Lehrstoff. Es ging den Herausgebern darum, den Ausbau und die Kodifizierung des Ruthenischen voranzutreiben und die Volkssprache der griechisch-katholischen Bevölkerung gegenüber den habsburgischen Beamten als Sprache des Unterrichts zu rechtfertigen.

Die kulturelle Wiedergeburt der ruthenischen Bevölkerung Galiziens in der ersten Hälfte des 19. Jahrhunderts, an der die Verfasser der hier vorgestellten Schulbücher teilhatten, zerfiel im Streit um den dialektalen Ausgleich zwischen West- und Ostukraine und um das Alphabet (kirchenslawische Lettern vs. russische Zivilschrift). Die Entwicklung zur modernen Schriftsprache setzte für das Ukrainische in den 20er-Jahren des 20. Jahrhunderts ein, wurde aber durch das stalinistische Regime zugunsten einer Russifizierung gestoppt. Seit der Erklärung der Unabhängigkeit der Ukraine vollzogen sich Prozesse der (ruthenischen) Spracherneuerung, die die westukrainische Variante in der Standardsprache wieder berücksichtigt (Bieder 2014: 1417).

5 Literatur

Bieder, Hermann (2000): Ukrainische Sprachwissenschaft im österreichischen Galizien (1848–1918). In Besters-Dilger, Juliane; Moser, Michael & Simonek, Stefan (Hrsg.): *Sprache und Literatur der Ukraine zwischen Ost und West*. Bern u.a.: Lang, 177–194.

Bieder, Hermann (2014): Herausbildung der Standardsprachen. Ukrainisch und Weißrussisch. In Gutschmidt, Karl; Kempgen, Sebastian; Berger, Tilman & Kosta, Peter (Hrsg.): *Die slavischen Sprachen. Ein internationales Handbuch zu ihrer Struktur, ihrer Geschichte und ihrer Erforschung*. Bd. 2. Berlin u.a.: de Gruyter Mouton, 1412–1422.

Campe, Joachim H. (o.J., EA 1777): *Sittenbüchlein für die Jugend in den Städten*. Krakau: Traßler.

Danylenko, Andrii (2006): 'Prostaja mova', 'Kitab' and Polissian Standard. *Die Welt der Slaven* LI: 80–115.

Dz'oban, Oleksandr & Tumočko, Marija (2003): Parafjial'ni školi ta pidručniki, vidani v Peremyšli ukrajins'koju movoju: kinec' XVIII – perša polovina XIX stolittja [Die Przemyśler Pfarrschul-Lehrbücher für die ukrainische Sprache: Ende des 18. Jh. bis erste Hälfte des 19. Jh.]. In Zabrovarny, Stepan (Hrsg.): *Peremyšl' i Peremys'ka zemlja protjagom vikiv* [Die Stadt Przemyśl und ihre Umgebung im Lauf der Jahrhunderte]. Peremyśl', L'viv: o.V., 260–272.

Elementarz do używania w szkołach mieyskich cesarsko-królewskich państw dziedzicznych (1827) [Fibel zum Gebrauch in städtischen Volksschulen der kaiserlich-königlichen Staaten]. Lwów: Piller.

Fellerer, Jan (2005): *Mehrsprachigkeit im galizischen Verwaltungswesen (1772–1914). Eine historisch-soziolinguistische Studie zum Polnischen und Ruthenischen (Ukrainischen)*. Köln: Böhlau.

Glück, Helmut (2013): *Die Fremdsprache Deutsch im Jahrhundert der Aufklärung und der Klassik*. Wiesbaden: Harrasowitz.

Grodziski, Stanisław (1971): *Historia ustroju społeczno-politycznego Galicji 1772–1848*. [Die sozialpolitische Entwicklung Galiziens in den Jahren von 1772 bis 1848]. Wrocław, Warszawa, Kraków, Gdańsk: Wydawnictwo Polskiej Akademii Nauk [Verlag der Polnischen Akademie der Wissenschaften].

Harbig, Anna Maria & Sroka, Wendelin (2016): Bukvar' narodnoho ruskoho jazyjka: a trilingual – or rather quadrilingual – reading primer, published around 1840 in Austrian Galicia. *Reading Primers International Newsletter* 12: 16–26.

Harbig, Anna Maria (2016): *Die aufgezwungene Sprache. Deutsch in galizischen Schulen (1772–1848)*. Białystok: Wydawnictwo Uniwersytetu w Białymstoku [Verlag der Universität Białystok].

Harbig, Anna Maria (2017): Der fremdsprachliche Deutschunterricht im Handbuch für Lehrer, Aeltern und Erzieher (1798) von Kasimir Wohlfeil. In Philipp, Hannes & Ströbel, Andrea (Hrsg.): *Deutsch in Mittel-, Ost- und Südosteuropa Geschichtliche Grundlagen und aktuelle Einbettung. Beiträge zur 2. Jahrestagung des Forschungszentrums Deutsch in Mittel-, Ost- und Südosteuropa, Budapest, 1.–3. Oktober 2015*. Regensburg: Pustet, 545–559.

Hofeneder, Philipp (2009): *Galizisch-ruthenische Schulbücher in der Zeit von 1848 bis 1918. Sprachliche Konzeption und thematische Ausrichtung*. Wien: Dissertation der Universität Wien.

Kmit, Jurij (1909): Pidručnyk metodyky Ivana Lavrivs'koho (1837) [Das Handbuch der Methodik von Ivan Lavrivs'kyj (1837)]. In *Ukrajins'ko-rus'kyj Archyv. Bd. IV: Materjaly do istoriji Halyc'ko-rus'koho Škil'nyctva XVIII i XIX vv* [Ukrainisch-Ruthenisches Archiv. Bd 4: Materialien zur Geschichte des Galizo-Ruthenischen Schulwesens im 18. und 19. Jh.]. L'viv: Ševčenko, 112–150.

Kozik, Jan (1973): *Ukraiński ruch narodowy w Galicji w latach 1830–1848* [Die ukrainische Erneuerungsbewegung in Galizien in den Jahren 1830–1848]. Kraków: Wydawnictwo Literackie Kraków [Literaturverlag Krakau].

Lavrivs'kyj, Ivan (1842): *Bukvar' narodnoho ruskoho jazyka v krolevstvach Halyciy, y Lodomerjiy užyvanoho, oraz německoho y polskoho, dl'a škol parafjialnych ruskych* [Fibel der ruthenischen Volkssprache zum Gebrauch im Königreich Galizien und Lodomerien, nebst der deutschen und polnischen Sprache, für ruthenische Pfarrschulen]. Peremyšl: v Tipohrafjii Episkopskoj [Przemyśl: Episkopal-Druckerei].

Levyc'kyj, Josyf (1845): *Hrammatyka Německoho Jazyka, dl'a Studentov peršoy y druhoy Kl'assy, po školach Trjivji'al'nych y Parafji'al'nych vo Korolestvach Halyciy y Lodomerjiy* [Grammatik der deutschen Sprache für Schüler der ersten und zweiten Klasse der Trivial- und Pfarrschulen im Königreich Galizien und Lodomerien]. V Vědny: Yždyvenijem c. k. knyh škol'nych Admjinjistracjij [Wien: k. k. Schulbücher-Verschleiß-Administration].

Mohyl'nyc'kyj, Ivan (1819): *Bukvar' slavenoruskaho jazyka. Za Blahoslovenijem y povelenijem Jeho Preosv'aščenstva Kir Michayla Leveckaho Archijepiskopa Lvovskaho [...] K Nastavleniju Junošestva v školach parafialnych* [Fibel der slavenorussischen Sprache. Mit dem Segen und der Erlaubnis Seiner Exzellenz Michael Lewicki Erzbischof Lembergs Metropolit Galiziens [...]. Zur Bildung der Jugend in den Pfarrschulen]. L'viv: Piller.

Moser, Michael (2001): Zwei „ruthenische" (ukrainische) Erstlesefibeln aus dem österreichischen Galizien und ihre sprachliche Konzeption. *Wiener Slavistisches Jahrbuch* 47: 93–122.

Moser, Michael (2005): Das Ukrainische im Gebrauch der griechisch-katholischen Kirche in Galizien (1772–1859). In Moser, Michael (Hrsg.): *Das Ukrainische als Kirchensprache. Slavische Sprachgeschichte*. Bd. 1. Wien: LIT, 151–242.

Moser, Michael (2011): Ausbau, Aufklärung und Emanzipation. Zu den Grundlagen und Ideologemen des polnisch-ruthenischen (ukrainischen) Sprachenkonflikts im österreichischen Galizien. In Reutner, Richard (Hrsg.): *Sprachtheorie und germanistische Linguistik. Eine internationale Zeitschrift. Supplement 2: Die Nationalitäten- und Sprachkonflikte in der Habsburgermonarchie*. Münster: Nodus Publikationen, 25–61.

Nahmenbüchlein zum Gebrauche der Stadtschulen in den kaiserl. königl. Staaten (1826): Lemberg: Piller.
Peitl, Joseph (1823): *Deutsche Sprachlehre für Schüler der ersten und zweyten Classe der Normal- Haupt- und Trivialschulen in den kais. königl. Staaten*. Lemberg: Piller.
Pelczar, Roman (2009): *Szkoły parafialne na pograniczu polsko-ruskim (ukraińskim) w Galicji w latach 1772–1869* [Die Pfarrschulen im polnisch-ruthenischen (ukrainischen) Grenzland in Galizien in den Jahren 1772–1869]. Lublin: Wydawnictwo KUL [Verlag der Katholischen Universität Lublin].
Röskau-Rydel, Isabel (1993): *Kultur an der Peripherie des Habsburger Reiches. Die Geschichte des Bildungswesen und der kulturellen Einrichtungen in Lemberg von 1772 bis 1848*. Wiesbaden: Harrasowitz.
Rzemieniuk, Florentyna (1991): *Unickie szkoły początkowe w Królestwie Polskim i w Galicji 1772–1914* [Unierte Elementarschulen im Königreich Polen und in Galizien 1772–1914]. Lublin: Towarzystwo Naukowe Katolickiego Uniwersytetu Lubelskiego [Wissenschaftliche Gesellschaft der Katholischen Universität Lublin].
[Komenius]: *Sammlung der nöthigsten Benennungen sinnlicher Dinge nach Art des Komenius Bilderwelt. Zum Behufe der Anfänger in der deutschen Sprache, besonders der niedrigsten Schulen. Zbiór naypotrzebnieyszych nazwisk pod zmysły podpadających rzeczy podług obrazkowego świata Komeniusza. Dla pożytku poczynających się uczyć języka niemieckiego, osobliwie dla dzieci naynizszych szkół (1828)*. Lemberg: Piller.
Stępień, Stanisław (1999): *Rola Przemyśla w ukraińskim odrodzeniu narodowym w Galicji w pierwszej połowie XIX w.* [Die Bedeutung der Stadt Przemyśl für die ukrainische Erneuerungsbewegung in Galizien in der ersten Hälfte des 19. Jh.]. *Warszawskie Zeszyty Ukrainoznawcze* 8-9: 127–137.
Voznjak, Mychajlo (1910): Studien über die galizisch-ukrainischen Grammatiken des XIX. Jahrh. *Mitteilungen der Ševčenko-Gesellschaft der Wissenschaften* XCVIII: 75–146.
Wohlfeil, Kasimir (1798): *Handbuch für Lehrer, Aeltern und Erzieher*. Lemberg: Piller.

Blaise Extermann
Handel, Technik und Mehrsprachigkeit. Fremdsprachenlernen in der Schweiz in der Zeit der zweiten industriellen Revolution 1880–1914

1 Einleitung

Es wird generell angenommen, dass die Industrialisierung, das Wachstum des Handels und der Technologie einen Ausbau des Fremdsprachenunterrichts in den Schulen verlangten (vgl. Hüllen 2007; Howatt & Widdowson 2004; Lévy 2016). Dabei hat die Verbindung zwischen kaufmännischer Ausbildung und Fremdsprachenlernen eine lange Tradition (vgl. Häberlein & Kuhn 2010). Die Tatsache aber, dass wirtschaftliche, technologische oder berufsbezogene Themen in den Lehrbüchern für den Fremdsprachenunterricht selten thematisiert werden, wird auf die Dominanz formaler Bildungsziele in der neuhumanistischen Tradition des Gymnasiums zurückgeführt. Diese besteht nämlich in einer grammatikalischen Schulung auf der einen Seite und in der Kenntnis der literarischen Meisterwerke auf der anderen Seite (vgl. Puren 1988; Giesler 2014).

In diesem Artikel wird die Spannung zwischen gesellschaftlicher Nachfrage und didaktischem Angebot in der Zeit der zweiten industriellen Revolution näher untersucht. Die Analyse ist fokussiert auf den fremdsprachlichen Unterricht in den kaufmännischen Fortbildungskursen und in den Handelsschulen. Zuerst wird die gesellschaftliche Nachfrage nach Fremdsprachen um 1900 dargestellt. Dann wird das didaktische Angebot anhand von drei Lehrwerken beschrieben. Wie andere Autor(inn)en nachgewiesen haben, kontrastieren die praktischen Bedürfnisse der Teilnehmer(innen) und der Inhalt und die Ziele der Sprachkurse. Für diesen Tatbestand werden dann einige mögliche Erklärungen genannt. Zum Schluss wird die These vertreten, dass der relativ geringe Niederschlag von wirtschaftlichen Themen in den Lehrbüchern zum Erlernen der Fremdsprachen nicht einfach auf eine Ablehnung von zeitgemäß adäquaten bzw. utilitaristischen Motiven zurückzuführen ist, sondern dass er auch soziopolitischen Verhältnissen sowie kulturellen Bedürfnissen der Zeitgenoss(inn)en entspricht.

2 Die gesellschaftliche Nachfrage nach Fremdsprachenlernen

Die Zeitspanne, die hier berücksichtigt wird, ist die sog. zweite industrielle Revolution zwischen 1880 und 1914, die auf Französisch auch als *la Belle Époque* bezeichnet wird. Der Untersuchungsraum ist die mehrsprachige Schweiz, wobei die Beispiele sich in erster Linie auf Genf konzentrieren, ab und zu mit einem Bezug auf andere französischsprachige Kantone in der Westschweiz.

Wirtschaftlich gesehen ist Genf ein Stadtkanton: Banken, Handelshäuser, Uhrenindustrie und Maschinenbau sind die wichtigsten Sektoren. Genf verfügt hingegen über keine Großindustrie. Seit dem Mittelalter ist die Stadt an vielen internationalen Netzwerken religiöser, philanthropischer, kommerzieller und wissenschaftlicher Art beteiligt. Exemplarisch dafür steht das 1863 gegründete Rote Kreuz. Zur Ausstrahlung der Stadt trägt ab Ende des 18. Jahrhunderts der von den englischen Reisenden eingeführte Tourismus bei. Will man auch hier ein symbolisches Datum finden, so muss das Jahr 1816 festgehalten werden, in dem Lord Byron sein berühmtes Gedicht *The Prisoner of Chillon* und Mary Shelley ihren Roman *Frankenstein* anlässlich eines gemeinsamen Aufenthaltes am Genfer See verfassten.

2.1 Die Schweizer Sprachenpolitik und das Fremdsprachenlernen

1815 trat Genf der helvetischen Eidgenossenschaft bei. Diese politische Entscheidung hatte aber kaum Konsequenzen für den Fremdsprachenunterricht. Denn dieses Datum fiel mit der Restauration zusammen und die Regierenden waren nicht geneigt, am alten Schulsystem zu rütteln und die öffentliche Bildung in den modernen Unterrichtsfächern voranzutreiben.

Die Gründung des modernen schweizerischen Bundesstaates 1848 gab dagegen Anlass zu etlichen Neuerungen im wirtschaftlichen wie auch im politischen und schulischen Bereich. Waren es also nationalpolitische Gründe, die zur Förderung der Mehrsprachigkeit durch die Schule führten? Dies war nur teilweise der Fall, weil die Kantone und in einigen Fällen die Gemeinden für die Sprachenpolitik zuständig waren. Außerdem gehörten Erziehung und Kultur auch in den Kompetenzbereich der Kantone und nicht des Bundes (vgl. Widmer, Coray, Aklin Muji & Godel 2004).

Eine Ausnahme bildete dagegen der Bereich der höheren Berufsbildung, wo die Kantone noch keine entsprechenden Anstalten eröffnet hatten und der

Schweizer Bundesrat seine Zuständigkeit durchsetzen konnte. So wurde 1854 die *Eidgenössische Technische Hochschule* (ETH) in Zürich gegründet. Als einzige Institution dieser Art im ganzen Land unter der Obhut einer gesamtschweizerischen Obrigkeit hätte das *Polytechnicum* einen Einfluss auf die Schweizer Sprachenpolitik nehmen können. Theoretisch hätte es eine mehrsprachige Institution sein sollen, aber in der Tat gab es nur wenige Vorlesungen auf Französisch und keine auf Italienisch.

Aber auch die Tatsache, dass die einzige Hochschule nur in der Deutschschweiz existierte,[1] hätte dem Deutschunterricht in der französischsprachigen Schweiz Auftrieb geben können. Die Eintrittsanforderungen haben in der Tat in gewisser Hinsicht die französischsprachigen Kantone dazu veranlasst, den Deutschunterricht zu verstärken. Allerdings haben sie sich nicht in Richtung einer praktischen Sprachbeherrschung ausgewirkt, sondern zur Betonung des formalen Sprachunterrichts beigetragen. Die mehrsprachige Schweiz bildete in dieser Hinsicht keine Ausnahme in der Geschichte des damaligen Fremdsprachenunterrichts. Bezeichnend sind dafür die eidgenössischen Verordnungen zur Anerkennung der kantonalen Maturitätszeugnisse von 1880 bis 1968. Anlass zu diesen Verordnungen gaben die Forderungen der Mediziner bezüglich der Freizügigkeit der Medizinstudenten innerhalb des Landes. Die entscheidende Voraussetzung war nicht in erster Linie das Niveau der wissenschaftlichen Vorbildung oder die aktive Beherrschung einer zweiten Nationalsprache, sondern ein Maturitätsabschluss mit Latein. So war dies auch die Eintrittsbedingung in die ETH Zürich am Ende des 19. Jahrhunderts. Anders als in Deutschland und Frankreich wurden also in der Schweiz die Abschlusszeugnisse der Realgymnasien ohne Latein erst spät anerkannt.

Die früheren Industrieschulen oder Sekundarschulen ohne Latein (Realschulen), die unter verschiedenen Namen im Laufe des Jahrhunderts aufgetaucht waren, entbehrten somit ihrer stärksten Daseinsberechtigung. Sie waren geschaffen worden, um den Nachwuchs für den wirtschaftlichen Fortschritt zu fördern, aber da sie ab 1880 keinen Zugang zu den lukrativsten Qualifikationen gewähren durften, waren sie praktisch zum Verschwinden verurteilt.

Diese Industrieschulen waren keine Berufsschulen, sondern allgemeinbildende Schulen, wo die Fremdsprachen wohl eine stärkere Stellung als im klassischen Gymnasium innehatten, aber trotz praktischer[2] Ausrichtung des Unter-

---

1 Die zweite und in der französischsprachigen Schweiz gelegene ETH erwuchs erst Mitte des 20. Jahrhunderts aus der Universität Lausanne.
2 Im Kontext des Fremdsprachenunterrichts des 19. Jahrhunderts bedeutete *praktisch* nicht kommunikativ ausgerichtet, sondern wies auf didaktische Methoden hin, die auf Memorie-

richts die gleichen Bildungsziele verfolgten. In den meisten Fällen blieb der Erfolg dieser Schulen aus, denn sie waren von Anfang an mit strukturellen Fehlern behaftet: Sie hatten einerseits keine Oberstufe, die den Zugang zu bestimmten Hochschulen hätte gewährleisten können, andererseits wurden sie von den Arbeitgeber(inne)n nicht anerkannt. Ein spezifisches didaktisches Angebot mit einer praktischen und beruflichen Orientierung konnte sich also in diesem Rahmen nicht entfalten.

2.2 Kaufmännische Fortbildungsschulen und Handelsschulen um die Wende zum 20. Jahrhundert

Mit den kaufmännischen Fortbildungs- und Handelsschulen bekamen zur gleichen Zeit die Fremdsprachen eine neue Chance. Bei diesen Fortbildungsschulen handelte es sich um verschiedene berufsbegleitende Teilzeitschulen sowie kaufmännische Abendkurse. Solche Schulen florierten zwischen 1870 und 1914 auch in Deutschland (vgl. Horlebein 1991).

Diese Fortbildungsschulen und -kurse sind aus zwei Gründen von besonderem Interesse: Erstens ging deren Gründung meistens von privaten oder lokalen Initiativen aus, entweder von kaufmännischen Verbänden oder von Kommunen und Städten. Daher waren sie den örtlichen Bedürfnissen besonders gut angepasst. In Genf gab es zwei Anbieter solcher Kurse: die kantonale Obrigkeit mit ihren *Cours commerciaux du soir* und den lokalen kaufmännischen Verband mit seinen *Cours du soir de l'Association des Commis*. Zweitens kannten diese Kurse noch keinen normierten Lehrplan, keine anerkannte Abschlussprüfung. Auf der einen Seite war die unstabile Organisation dieser Kurse und vermutlich die sehr ungleichmäßige Qualität des Unterrichts ein Nachteil. Nichtsdestotrotz genossen diese Kurse einen beträchtlichen Erfolg. Auf der anderen Seite ließ der Mangel an zwingendem Lehrplan seitens der Arbeitgeber(in) oder an festgeschriebener Berufsbildungsformate den Teilnehmer(inne)n eine große Freiheit in der Wahl der Kurse, die sie besuchen wollten. Das ausufernde Angebot, das Bedürfnis nach Normierung und nach Anerkennung führte schließlich die Obrigkeit dazu, Statistiken zu führen, um das Ausmaß dieses Fortbildungsangebotes zuerst zur Kenntnis zu nehmen und dann zu reglementieren. Diese besonderen Verhältnisse gewähren dem/der Fremdsprachenhistoriker(in) einen seltenen

---

rung, Wiederholung und Imitieren von Beispiel- und Übungssätzen basierten (vgl. Extermann 2013).

objektiven Einblick in die Nachfrage nach Fremdsprachenunterricht zur Zeit der zweiten industriellen Revolution in der Schweiz.

Im Jahre 1914 wollte der Bundesrat den Anlass der Landesausstellung nutzen, um diese flächendeckende Untersuchung durchzuführen. Die Berufsbildung gehörte in seinen Zuständigkeitsbereich und die schweizerischen Wirtschaftsverbände verlangten eine Verbesserung der Rahmenbedingungen, um den Rückstand in der Förderung qualifizierter Arbeitskräfte aufzuholen. Zum Zweck der Subventionierung brauchte der schweizerische Bundesstaat eine zuverlässige Bestandsaufnahme.

Hier muss auf den demographischen Kontext verwiesen werden, um das Fremdsprachenangebot dieser Schulen richtig einzuschätzen: Die multinationale Zusammensetzung der Gesellschaft hatte sich im Laufe des 19. Jahrhunderts maßgeblich verändert. Tabelle 1 vergleicht zwei Epochen und verschiedene Schultypen. Es fällt auf, dass bereits am Anfang des 20. Jahrhunderts der Ausländer(innen)anteil in der Bevölkerung sehr hoch war (heute 41 %) und dass das kaufmännische Bildungsangebot für diese besonders geeignet war.

Tab. 1: Vergleich des Ausländer(innen)anteils in Genfer Schulen in den Jahren 1850 und 1912 (nach Extermann 2017)

Jahr	Gesamtbevölkerung im Kanton Genf	Ausländer(innen)quote in der Schüler(innen)schaft				
		Kanton Genf	Klassisches Gymnasium	Industrieschule (1848–1886)	Handelsschule (seit 1888)	Kantonale kaufmännische Abendkurse
1850	64.146	24 %	7 %	10 %	-	?
1912	168.685	42 %	26 %	-	53 %	37 %

Im Jahr 1912 nahmen 1651 Personen an den beiden kaufmännischen Fortbildungskursen teil. Im Gegensatz zu anderen schweizerischen Städten wurden in Genf die Teilnehmer(innen) nach Geschlecht verteilt (1074 Männer und 577 Frauen). Zum Vergleich zählten im gleichen Jahr die Töchterschule und das Gymnasium in Genf 1320 bzw. 949 Schüler(innen).

In diesen Kursen gab es vier Gruppen, wobei nicht bekannt ist, wie stark jede Gruppe vertreten war. Die Angestellten als Mitglieder der kaufmännischen Verbände, die selber die Initiative zu diesen Kursen ergriffen hatten, bildeten die erste Teilnehmer(innen)gruppe. Auch Lehrlinge profitierten vom Angebot, entweder aus eigener Entscheidung oder dem Wunsch ihres Arbeitgebers bzw. ihrer Arbeitgeberin folgend. Der Unterricht fand am Abend statt, weil die Arbeitgeber(innen) nicht willens waren, die Beschäftigten während der Arbeitsstunden freizustellen. Ein anderer Grund für diese zeitliche Organisation mag die Anwesenheit von Schüler(inne)n aus anderen Schulen gewesen sein, wo das fremdsprachliche Angebot ungenügend war.

Tabelle 2 zeigt, dass die Gruppe der Ausländer(innen) in diesen Kursen beträchtlich war. Jedoch gibt die Genfer Statistik keine vollständigen Details über die Herkunftsländer der Schüler(innen). Aus den gesamten Statistiken für die Westschweizer Schulen kann man diese Lücke aber schließen: Durchschnittlich kommen Deutsche an erster Stelle, dann Franzosen und Französinnen, Italiener(innen), Österreicher(innen), Engländer(innen) und Russ(inn)en. Unter den Ausländer(inne)n befinden sich viele Französischsprachige, aber Nicht-Frankophone (Deutschschweizer Schüler[innen] mitgerechnet) machen immerhin 36 % in der Handelsschule und 20 % in der kaufmännischen Abteilung der Töchterschule aus.

Tab. 2: Nationalität und Muttersprache der Schüler(innen) in der Handelsschule und in den kaufmännischen Abendschulen in Genf im Jahr 1912 (vgl. L'enseignement commercial en Suisse 1914)

Schule	Schüler(innen)-anzahl	Ausländer-(innen)	Schweizer-(innen) (andere Kantone)	Nicht-Frankophone
Handelsschule	228	53 %	16 %	36 %
Kaufmännische Abteilung der Töchterschule	112	32 %	30 %	20 %
Kaufmännische Abendkurse	1651	37 %	31 %	k.A.

Tabelle 3 zeigt, welche Kurse bevorzugt wurden. Der Vergleich der Genfer Kurse mit der gesamten französischsprachigen Schweiz weist auf ähnliche Verhältnisse hin.

Tab. 3: Anmeldungen in den einzelnen kaufmännischen Abendkursen in Genf im Jahr 1912 (vgl. L'enseignement commercial en Suisse 1914)

	Französisch	Französisch als Fremdsprache	Deutsch	Englisch	andere Kurse	Buchführung	Gesamt
Eingeschriebene Schüler(innen) in den kaufmännischen Abendkursen des Kantons Genf	148	218	211	131	306	78	1014
Anteil aller besuchten kaufmännischen Abendkurse in Genf	14,6 %	21,5 %	20,8 %	12,9 %	30,2 %	7,7 %	100 %
Eingeschriebene Schüler(innen) in den kaufmännischen Abendkursen der Westschweiz (N=18)	819	310	690	307	1171	414	3711
Anteil aller besuchten kaufmännischen Abendkurse in der Westschweiz	22 %	8,4 %	18,6 %	8,3 %	31,5 %	11,2 %	100 %
Lehrplan 1912/13 der Genfer Handelsschule (Wochenstunden in drei Jahren)	11	eine Klasse[3]	13	12	12[4]	14	-

Auf Platz eins kommt Französisch als Fremdsprache. Das ist leicht nachvollziehbar, da keine entsprechende Institution in der Schweiz wie die *Alliance française* zur Verfügung stand. Die starke ausländische Nachfrage haben die Handelsschulen aufgenommen. In den Universitäten Genf, Lausanne und Neuchâtel wurden auch Sprachkurse eröffnet, um einer ähnlichen Nachfrage

---

[3] Ohne Angabe der Anzahl der Schüler(innen).
[4] Italienisch oder Spanisch als Wahlfächer.

entgegenzukommen. Angehende Fremdsprachenlehrer(innen) (besonders deutsche) konnten oder mussten einen Teil ihres Probejahres in einem französischsprachigen Land verbringen (vgl. Cuq & Kahn 1997).

Der zweite Rang des Deutschunterrichts (inklusive Handelskorrespondenz) verdient hervorgehoben zu werden. Man mag sich wundern, dass Deutsch vor Französisch als Muttersprache rangiert, obwohl die Beherrschung der eigenen Sprache (schriftlich wie mündlich) deutlich die Priorität in den Diskursen über den Sprachunterricht war, in Genf wie auch in anderen europäischen Ländern (vgl. Gogolin 1994). Italienischkurse erreichen einen Anteil von 4,1 % des gesamten Angebots in der Westschweiz. In den Genfer Statistiken kommen sie jedoch nicht vor. Der Genfer Bericht erwähnt ansonsten noch Esperantokurse, die aber an ungenügender Beteiligung gescheitert waren.

Umso auffälliger ist in Tabelle 3 die Stellung der Sprachen vor der Buchführung, dem Handelsfach schlechthin.[5] Die Zahlen für die gesamte Westschweiz tendieren zum gleichen Resultat. Dagegen nehmen in Deutschland nach Horlebein (1991) Buchführung und Stenographie den ersten Platz in den Fortbildungskursen ein.

Interessanterweise haben die Handelsschulen diese Nachfrage etwas gedämpft. Die Buchführung erobert ihre Dignität in den Lehrplänen zurück, auch wenn der Fremdsprachenunterricht weiterhin gepflegt wird. Es wurden in diesen Jahren Sprachkurse z.B. in Russisch und Portugiesisch angeboten, die in den heutigen Handelsschulen nur selten vorgehalten werden. Französisch als Fremdsprache blieb auch im Angebot der Handelsschulen um die Jahrhundertwende fest verankert. Als neue Institutionen mussten sie sich noch bewähren und waren auf eine ausreichende Schüler(innen)schaft angewiesen. Daher warben sie für Schüler(innen) in ausländischen Zeitungen in ganz Europa.

Nach alledem kann man eindeutig eine starke Nachfrage nach Fremdsprachenunterricht in einem stark multilingualen Umfeld in der schweizerischen *Belle Époque* nachweisen. Die kaufmännischen Abendkurse kamen diesem Bedürfnis entgegen, wie in gewissem Maße die Handelsschulen, auch wenn sie einen normierten Lehrplan anstrebten, in welchem sich die Verhältnisse zwischen den verschiedenen Fächern im Laufe der Zeit zu Ungunsten der Fremdsprachen entwickelten.

---

5 Keines der anderen nicht-sprachlichen Fächer erreicht in den Statistiken einen so hohen Anteil.

3 Das didaktische Angebot in den Lehrbüchern der kaufmännischen Kurse und der Handelsschulen

Wie haben sich die Fremdsprachenlehrer(innen) der Abendkurse und der Handelsschulen den Bedürfnissen der Teilnehmer(innen) bzw. der Arbeitgeber(innen) angepasst? Die von ihnen ausgewählten Lehrbücher sind als Indiz dieser Anpassung zu interpretieren. Die Bundesstatistik von 1914 gibt Auskunft über das verwendete Lehrmaterial, so dass daraus die Inhalte und auch die Ziele dieser Sprachkurse erschlossen werden können.

Hier sollen drei Beispiele untersucht werden. Natürlich benutzen viele Kurse und Schulen spezifische Lehrbücher im Unterricht der Handelskorrespondenz in der Fremdsprache. Meistens werden aber andere Lehrbücher erwähnt, wie z.B. Lesebücher. Im Folgenden wird das thematische Angebot daraufhin gesichtet, ob und wie Themen aus der Berufswelt behandelt wurden.

Die *Lectures pratiques d'allemand commercial*[6] von Michel Becker (1893) wurden zwar in vier Handelsschulen und -kursen der Westschweiz verwendet, stellen aber wegen ihres Inhalts und ihrer praktischen beruflichen Orientierung einen Sonderfall dar. Das Buch erlebte bis 1922 vier Auflagen[7] in Frankreich. Beckers Lesebuch bietet viele Texte aus dem Bereich Handel und Technologie, wie den Buchdruck, aber auch die Baumwolle, die Eisenbahnen, das Petroleum. Alle werden aus einer internationalen Sicht präsentiert. Nicht nur die Leipziger Messe wird dargestellt, das deutsche Münzsystem, die Industrie im Thüringerwald usw., sondern auch die Kunstfertigkeit der Briten, Benjamin Franklin, die Chinesen als Handelsvolk, eine italienische Handelsrepublik, das „Straßenleben" in Petersburg und anderes mehr. Frankreich hingegen kommt selten vor (z.B. die Weltausstellungen in Paris). Kolonialistische Akzente sind oft spürbar: der Elfenbeinhandel in Deutsch-Ostafrika, eine Faktorei im tropischen Westafrika, der große Bazar in Konstantinopel usw. Aber Becker ist auch ein Idealist: Er setzte sich für eine internationale Hilfssprache ein und hat ein Esperantokursbuch verfasst und veröffentlicht. Es ist kein zweites Lehrbuch bekannt, das in dieser Zeit so konsequent für die Handelsschulen in Frankreich oder in der Schweiz konzipiert wurde.

---

6 In den späteren Ausgaben heißt das Lehrbuch *Lectures pratiques d'allemand moderne*.
7 Zum Vergleich wurde der *Cours d'allemand commercial* (Handelskorrespondenz) des gleichen Autors 17 Mal aufgelegt.

Das 1898 erstmals erschienene *Lehrbuch für den Unterricht in der deutschen Sprache auf Grundlage der Anschauung* von Alexandre Lescaze ist das Lehrbuch, das am häufigsten in der Bücherliste des Berichtes über die kaufmännischen Kurse von 1914 erwähnt wird. Es wurde von einem Genfer Deutschlehrer in Anlehnung an die direkte Methode geschrieben und galt über 30 Jahre lang als offizielles Lehrwerk im Kanton Genf. In dieser Zeitspanne wurde es immer wieder umgestaltet und adaptiert und sollte in allen Mittelschultypen verwendet werden. Lescazes Lehrwerk bestand aus mehreren Bänden, die insgesamt 33 Auflagen erlebten. Ein Lehrwerk also, das auf Genfer Verhältnisse der *Belle Époque* zugeschnitten war. Darin finden die Schüler(innen) traditionelle Bilder der Anschauungsmethode, die im Anfangsunterricht die vier Jahreszeiten auf einem Bauernhof darstellen. Lescaze gibt manchmal einen realistischen Einblick in die Lebensverhältnisse der Bauern, aber meistens handelt es sich um eine idealisierte Landschaft. Wie in vielen Lehrwerken der direkten Methode haben die Autoren die praktischen Ziele in ihren Grundsätzen großgeschrieben. Der Bezug auf die Alltagswelt der Kinder[8] (Schule, Zuhause, Natur) gehörte zum Programm. Auch die Stadt wird zum Thema, aber nur in geringerem Umfang. Das Stadtbild wird sachlich beschrieben, die Arbeitswelt der Städte aber kaum thematisiert. Im Zusammenhang mit dem Methodenstreit um die Jahrhundertwende richteten sich die meisten Kritiken der Lehrer(innen)schaft in den Gymnasien gegen die methodischen Verfahren selbst; aber auch die Betonung der ländlichen, bäuerlichen Themen wurde kritisiert. Im letzten Band des Lehrwerks, wenn die Lernenden in der Lage sind, längere Texte zu lesen, verschwindet das Thema Stadt völlig. Dagegen werden Texte beigegeben, die eine pessimistische Einstellung zum technischen Fortschritt aufweisen, wie etwa Leonardo da Vincis unglückliche Versuche mit seinen Flugmaschinen oder die ängstlichen Reaktionen der Zürcher Bauern, als sie zum ersten Mal einen Zeppelin im Himmel erblickten (Lescaze 1922: 37). Wenn hie und da von einer Eisenbahn oder von einem Dampfschiff die Rede ist, dann nur in Bezug auf touristische Ausflüge (Lescaze 1922: 111). Dem Fortschrittsenthusiasmus von Becker wird hier deutlich eine Abwehr gegen die industrielle Welt entgegengesetzt. Trotzdem war dieses Lehrbuch in den Handelsschulen und in den kaufmännischen Kursen beliebt. Warum wurde Lescaze den Lehrbüchern von Becker vorgezogen, während letztere zweckmäßiger und altersgerechter schienen?

---

8 Eigentlich handelte es sich um Schüler(innen) ab elf Jahren. Die Anschauungsmethode wurde aber ursprünglich für jüngere Schüler(innen) im Unterricht der Muttersprache verwendet.

Ein drittes Beispiel bieten die Lehrbücher der Methode Gaspey-Otto-Sauer, ein Programm des Verlags Julius Groos in Heidelberg, das nach den gleichen didaktischen Richtlinien gestaltet war, was als Werbeargument galt. Sie waren international weit verbreitet. Der Katalog des Verlags ist in dieser Hinsicht beeindruckend, da er etwa 300 Sprachkurse nach der gleichen Methode umfasst und alle möglichen Sprachen miteinander kombiniert. Nicht nur europäische Sprachen sind im Verlagsangebot, sondern auch Arabisch, Japanisch, Kongolesisch, sogar die Hausa-Sprache, die am meisten gesprochene Sprache in West-Zentral-Afrika; ein Zeugnis also für die Bedeutung der Mehrsprachigkeit um die Jahrhundertwende. In den Schweizer Handelsschulen und in den kaufmännischen Kursen wurden diese Lehrbücher besonders für Englisch und Italienisch verwendet. Inhaltlich bieten aber auch sie nur wenige Themen aus der beruflichen Welt. In der Englischgrammatik von Mauron & Verrier (1913) wird zwar London als *largest City in the world* und als Weltmetropole gefeiert, aber in erster Linie werden die historischen Gebäude beschrieben und nicht das *Business* in der City. Das gleiche gilt für die Italienischgrammatik von Motti (1916). Die landeskundlichen Inhalte werden aus der Sicht eines Touristen präsentiert. Ab und zu findet man stereotypische Vorstellungen wie z.B. in dieser Übersetzungsübung: „*Nous étions six à dîner et nous parlâmes beaucoup de l'industrie de l'Angleterre, de la gloire de la France et des beautés de la (nature en) Suisse.*" (Mauron & Verrier 1913: 190)

Es bestätigt sich, dass die Themen Handel und Technik nur wenig behandelt wurden, und dies auch in den Handelsschulen und -kursen in der Zeit der zweiten industriellen Revolution.

4 Erklärungsfaktoren

Anschließend soll nach den Gründen dieser Vernachlässigung gefragt werden. Dabei dürfen aber nicht die heutigen Maßstäbe auf die Fremdsprachenmethoden früherer Epochen projiziert werden, indem man hervorhebt, was aus heutiger Sicht negativ oder fehlerhaft erscheint. Es spielten sicher auch positive Motive eine Rolle, die zu den didaktischen Entscheidungen der Fremdsprachenlehrer(innen) in den damaligen kaufmännischen Kursen und Handelsschulen geführt haben. Es scheint fraglich anzunehmen, dass die Kursteilnehmer(innen) der kaufmännischen Abendschulen letztendlich vom vorhandenen Angebot enttäuscht waren und darin nicht fanden, was sie suchten. Der Erfolg dieser Kurse verbietet eine solche Interpretation. Es wird eher davon ausgegangen, dass die oben beschriebenen Lehrwerke auch für die Zwecke ihrer Zeit angemessen waren. Welche Zwecke waren dies?

Der Forschungsliteratur kann man mehrere Erklärungen der Vernachlässigung praktischer Unterrichtsziele im Fremdsprachenunterricht entnehmen: Ringer (2003) hat gezeigt, wie die abendländischen Staaten zuerst versuchten, den Eintritt ins klassische Gymnasium zu regulieren, und deshalb neue Bildungsanstalten schafften, um den Strom der nach einem praktischen Nutzen strebenden Schüler(innen) umzuleiten. Sodann drifteten diese neuen Bildungseinrichtungen vom ursprünglichen Ziel ab und orientierten sich wieder am Gymnasialstandard. Diese Tendenz konnte man schon in der Renaissance beobachten, als das kaufmännische Fremdsprachenlernen „zwischen Berufsbildung und sozialer Distinktion" stand (Kuhn 2010: 47–74).

In der *Belle Époque* wurde in den europäischen Ländern das Idealbild einer bäuerlichen und idyllischen Heimat als Gegenbild zur städtischen industrialisierten Welt gepflegt (vgl. Reinfried 1992; Helbling 1994). Die Industrialisierung stellte eine Bedrohung nicht nur für die Landschaft, sondern auch für die kulturelle Identität dar. Die Sehnsucht nach dem bedrohten heimatlichen Brauchtum kam in der schweizerischen Landesausstellung 1896 in Genf deutlich zum Ausdruck: Am Rand der Stadt wurde ein künstliches *Village suisse* in den traditionellen bäuerlichen Baustilen aller Kantone nachgebaut. Wenige Jahre später wurde der Heimatschutz gegründet, der für die Erhaltung der Landschaft und der historischen Gebäude gegen die Eingriffe der Industrialisierung kämpfte (vgl. Walter 2008). Die patriotische Idylle sollte zum gemeinsamen Nenner einer ideologisch gespaltenen Gesellschaft werden. Diese sozialpolitische Dimension mag so stark gewesen sein, dass ein Zweck des Lehrwerks, wie das von Lescaze mit seiner idyllischen Weltanschauung durchaus zeitgemäß war, darin bestand, den Schüler(inne)n aller Schultypen ein gleiches konsensfähiges Vorbild anzubieten.

Im Falle des Deutschunterrichts mag auch eine sog. *Théorie des deux Allemagnes* ein Hindernis für die Berücksichtigung wirtschaftlicher und technologischer Themen in den Lehrbüchern gewesen sein. Unter den französischen Intellektuellen wurde eine Dichotomie zwischen einem guten klassischen, idealistischen Deutschland und einem bösen, industriellen, militärischen Deutschland eingeführt, was wahrscheinlich auch einen Einfluss auf die thematische Auswahl in den Deutschlehrbüchern hatte (vgl. Mombert 2001). Darauf weist auch das oben zitierte Beispiel: Es war unter Umständen möglich, im positiven Sinne von der englischen Industrie zu sprechen, wie von der *gloire de la France*. Das galt aber für die deutsche Wirtschaft nicht.

Schließlich war der nationalistische Monolingualismus trotz der großen fremdsprachlichen Nachfrage eine ideologische Bremse für die Förderung einer aktiven Mehrsprachigkeit in der Bevölkerung (vgl. Gogolin 1994). Und das auch in der Schweiz, wo sich ein Purismus verbreitete, der vor einem zu engen Kontakt der Sprachen miteinander, oder schlimmer noch vor einer Mischung der Sprachen warnte.

Herrschte deswegen ein Mangel an adäquatem Unterrichtsmaterial, weil die Lehrbücherproduktion ganz auf die Bildungsziele des Gymnasiums oder auf die Pflege der Muttersprache ausgerichtet gewesen war? Diese Hypothese ist wenig plausibel. Beckers Lesebücher sind ein Beleg dafür, dass berufsspezifische Themen im Fremdsprachenunterricht der Zeit unter Umständen möglich waren. Becker war zwar Deutschlehrer in einer fortschrittlichen Privatschule in Paris, in der *École alsacienne*, und hatte darum bestimmt einen größeren Spielraum als seine Kolleg(inn)en in den öffentlichen Schulen (vgl. Mombert 2016). Über diesen Freiraum verfügten aber auch Verleger wie Julius Groos und nutzten ihn trotzdem nicht. So stark sich der Fremdsprachenunterricht in den öffentlichen Schulen entwickelt hatte, war dennoch die Nachfrage im Privatbereich groß genug, um die Veröffentlichung von berufsorientierten Lehrbüchern in den Fremdsprachen rentabel zu machen.

Die Berlitz-Schulen waren schon zu dieser Zeit wenn nicht die erfolgreichsten, so doch die beliebtesten Sprachschulen, obwohl sie unter den Lehrer(in)ne)n der öffentlichen Schule einen schlechten Ruf hatten. Sie setzten radikal auf die „natürliche Methode" und zielten auf ein breites Publikum. Auch Genf hatte seit 1900 seine Berlitz-Schule. Im Jahr 1908/1909 waren dort 756 Teilnehmer(innen) angemeldet. Allerdings waren auch die Inhalte der Berlitz-Kurse nicht hauptsächlich und direkt auf die berufliche Nützlichkeit ausgerichtet. Man kann sich darüber wundern, wenn man annimmt, dass die Entwicklung des Handels und der Industrie eng mit dem Fremdprachenlernen verknüpft ist. Wie in den schulischen Lehrbüchern der direkten Methode für Kinder behandeln die ersten Lektionen der Berlitz-Lehrwerke für Erwachsene alltägliche Themen der Privatsphäre. Kommt man in die gesellschaftliche Sphäre, dann tauchen Themen der Unterhaltung und der Reise auf, ohne die geringste Spur beruflicher Aktivitäten.

Die erwachsenen Teilnehmer(innen) aller Sprachkurse, wie die Lehrbuchautoren bestimmt auch, strebten aller Wahrscheinlichkeit nach einen neuen bürgerlichen Lebensstandard an; sie wollten sich neue Geselligkeitsformen aneignen über Freizeit, Tourismus, Kultur und Konversation. Und vielleicht wollten sie sich auch schon eine Ablenkung vom beruflichen Alltag gönnen.

5 Verdrängung zu Zwecken der Integration?

Von einer Verdrängung von Handel und Technik aus dem Fremdsprachenunterricht zu sprechen, scheint einseitig. Das humanistische Bildungsideal war sicher vorherrschend und das fremdsprachliche Angebot kannte noch keine Kurse wie etwa das *Wall Street English* heute. Die Diskrepanz zwischen formalen und praktisch-beruflichen Bildungszielen trifft sicher für das Gymnasium im Rahmen des langwierigen Methodenstreites zu. Sie ist aber für das Fremdsprachenlernen außerhalb des öffentlichen Schulunterrichts irrelevant.

Was Lehrer(innen) und Sprachenlerner(innen) anstrebten, hat sowohl idealistisch-kulturelle wie auch utilitaristische Gründe. Fremdsprachen waren für die Kursteilnehmer(innen) der *Belle Époque* in ihrem Alltag bestimmt nützlich. Die Kombination von einem vorhandenen Lesebuch und einem Lehrbuch für die Handelskorrespondenz mag für sie zufriedenstellend gewesen sein. Für die Kursanbieter wie auch für die Universitäten war der Fremdsprachenunterricht (insbesondere Französisch für Ausländer[innen]) ein rentables Geschäft. Sie fühlten sich von einem Lebensideal angezogen, in dem sich bürgerlicher Komfort und Fernreisen die Waage hielten. Und damit waren auch Ängste verbunden vor den möglichen Fehlentwicklungen des industriellen Fortschrittes und deren Auswirkungen auf die natürliche Umwelt, die kulturellen Traditionen und den sozialen Frieden.

Handel und Technik wären von starker Relevanz für die Gestaltung eines zweckmäßigen fremdsprachlichen Unterrichts (gewesen). Diese Themen sind jedoch vergleichsweise schwach in den Lehrbüchern und in den Lehrplänen repräsentiert. Die Lehrwerke erfüllen indes andere, weitere Zwecke ideeller, politischer und sozialer Natur. Sie haben so nicht nur zur professionellen, sondern auch zur gesellschaftlichen Integration von jungen Frauen und Männern verschiedener Nationalitäten wesentlich beigetragen.

6 Literatur

Becker, Michel (1893): *Lectures pratiques d'allemand commercial*. Paris: Larousse.

Cuq, Jean-Pierre & Kahn, Gisèle. (Dir.) (1997): *L'apport des centres de français langue étrangère à la didactique des langues. Documents pour l'histoire du français langue étrangère ou seconde 20*. Paris: SIHFLES.

Extermann, Blaise (2013): *Une langue étrangère et nationale. Histoire de l'enseignement de l'allemand en Suisse romande (1790–1940)*. Neuchâtel: Alphil.

Extermann, Blaise (2017): *Histoire de l'enseignement des langues en Suisse romande (1725–1945)*. Neuchâtel: Alphil.

Giesler, Tim (2014): School Languages between Economy and Politics. The Foreign Language Curriculum in Northern German Schools (1850 to 1900). In Reinfried, Marcus (Hrsg.): *Français, anglais et allemand: trois langues rivales entre 1850 et 1945. Documents pour l'histoire du français langue étrangère ou seconde* 53: 33–48.
Gogolin, Ingrid (1994): *Der monolinguale Habitus der multilingualen Schule*. Münster, New York: Waxmann.
Häberlein, Mark & Kuhn, Christian (Hrsg.) (2010): *Fremde Sprachen in frühneuzeitlichen Städten. Lernende, Lehrende und Lehrwerke*. Wiesbaden: Harrassowitz.
Helbling, Barbara (1994): *Eine Schweiz für die Schule. Nationale Identität und kulturelle Vielfalt in den Schweizer Lesebüchern seit 1900*. Zürich: Chronos.
Horlebein, Manfred (1991): Kaufmännische Berufsbildung. In Berg, Christa (Hrsg.): *Handbuch der deutschen Bildungsgeschichte*. Band IV: 1870–1918. Von der Reichsgründung bis zum Ende des Ersten Weltkriegs. München: Beck, 404–409.
Howatt, Anthony P. R. & Widdowson, Henry George (1984/2004): *A History of Englisch Language Teaching*. Oxford: University Press.
Hüllen, Werner (2007): *Kleine Geschichte des Fremdsprachenlernens*. Berlin: ESV.
Kuhn, Christian (2010): Fremdsprachenlernen zwischen Berufsbildung und sozialer Distinktion. Das Beispiel der Nürnberger Kaufmannsfamilie Tucher im 16. Jahrhundert. In Häberlein, Mark & Kuhn, Christian (Hrsg.): *Fremde Sprachen in frühneuzeitlichen Städten. Lernende, Lehrende und Lehrwerke*. Wiesbaden: Harrassowitz.
L'enseignement commercial en Suisse présenté par le Département fédéral du commerce et les institutions d'enseignement commercial à l'Exposition nationale de Berne (1914). Zürich: Orell Füssli.
Lescaze, Alexandre (1898–1905): *Lehrbuch für den Unterricht in der deutschen Sprache auf Grundlage der Anschauung*. 3 Bde. Genève: Atar.
Lévy, Paul (1952/2016): *Die deutsche Sprache in Frankreich*. Vol. II. Übersetzt von Barbara Kaltz. Wiesbaden: Harrassowitz.
Mauron, A. & Verrier, Paul (1913): *Grammaire anglaise. Méthode Gaspey-Otto-Sauer pour l'étude des langues vivantes*. Méthode Gaspey-Otto-Sauer. Heidelberg, Paris: Julius Groos.
Mombert, Monique (2001): *L'enseignement de l'allemand en France. 1880–1918. Entre "modèle allemand" et "langue de l'ennemi"*. Strasbourg: Presses Universitaires de Strasbourg.
Motti, Pietro (1916): *Petite grammaire italienne. Méthode Gaspey-Otto-Sauer*. 6. Aufl. Heidelberg: Julius Groos.
Puren, Christian (1988): *Histoire des méthodologies de l'enseignement des langues*. Paris: Nathan CLE International.
Reinfried, Marcus (1992): *Das Bild im Fremdsprachenunterricht. Eine Geschichte der visuellen Medien am Beispiel des Französischunterrichts*. Tübingen: Narr.
Ringer Fritz K. (2003) : La segmentation des systèmes d'enseignement : les réformes de l'enseignement secondaire français et prussien, 1865–1920. *Actes de la recherche en sciences sociales*, n°149, 2003, 6–20.
Walter, François (2008): *Catastrophes. Une histoire culturelle. XVIe–XXIe siècle*. Paris: Seuil.
Widmer, Jean; Coray, Renata; Acklin Muji, Dunya & Godel, Eric (2004): *Die Schweizer Sprachenvielfalt im öffentlichen Diskurs/ La diversité des langues en Suisse dans le débat public. Eine sozialhistorische Analyse der Transformationen der Sprachenordnung von 1848 bis 2000/Une analyse socio-historique des transformations de l'ordre constitutionnel des langues de 1848 à 2000*. Bern u.a.: Lang.

Monika Angela Budde
Zum Panel *MehrSpracheN im Fach*

1 Die Bedeutung von Sprache im (Fach-)Unterricht

Dass wir es auch mit Sprache zu tun haben, wenn wir uns mit mathematischen Gleichungen, biologischen Darstellungen, chemischen Formeln oder auch mit Bildbetrachtungen in der Kunst beschäftigen, kommt uns im ersten Moment oder in alltäglichen Situationen nur sehr selten in den Sinn. Sobald wir aber in den Diskurs mit anderen treten, denken wir über angemessene Formulierungen und Bezeichnungen nach, und bei Verständigungsschwierigkeiten suchen wir nach korrekten sprachlichen Ausdrucksweisen. Wir reflektieren über Sprache und machen sie uns zum Gegenstand des Nachdenkens, im Bemühen um Verstehen und Verständigung. Dieser kognitive Vorgang der Reflexion über Sprache trägt zur Bewältigung des Alltags, zur Bewältigung von Fachkommunikation, aber auch in Erwerbssituationen zum schulisch gesteuerten Ausbau der Sprachfähigkeiten erheblich bei. In der Sprachdidaktik wird das dazu erforderliche Potenzial mit „Sprachbewusstheit" bezeichnet.

Die Förderung von Sprachbewusstheit ist ein ausdrückliches Anliegen des Deutschunterrichts, in den anderen Fächern jedoch nicht vorrangig. Das ist nachvollziehbar, geht es doch um fachliches Lernen und nicht um Sprache. Allerdings wird die Sprache benötigt, um Fachinhalte zu erlernen und um sich über die fachlichen Inhalte auszutauschen. Eine zentrale Aufgabe in der fachdidaktischen Forschung ist es daher, Erkenntnisse über die Relevanz von Sprache für das Lernen im Fachunterricht zu gewinnen und ein Bewusstsein für ihre Bedeutung bei Lehrenden und Lernenden zu wecken. Dies kann geschehen, indem im Lernprozess die Aufmerksamkeit auf die sprachbezogenen Anteile im fachlichen Lernen gelenkt und damit Sprachbewusstheit für die dort verwendete Fachsprache erzeugt wird.

2 Kennzeichen der Fachsprache und der in der Schule vermittelten fachsprachlich geprägten Bildungssprache

Um die spezifischen Ausprägungen der im Fachunterricht verwendeten Sprache zu erfassen, muss man sowohl die Funktionen von Fachsprache in kommunikativen Situationen berücksichtigen als auch die Funktion von Fachsprache in schulischen Vermittlungssituationen und die lexikalischen, grammatischen und textstrukturellen Besonderheiten von Fachsprachen in Fachtexten beachten. Generell dient der Gebrauch von Fachsprache dazu, Informationen über fachspezifische Sachverhalte und Vorgänge auszutauschen, sich über Verfahren der Erkenntnisgewinnung zu verständigen und sich gegenseitig oder andere Fachleute über gewonnene Theorien und Modelle zu informieren (Fluck 2006: 289). Da jedes Fach bzw. jede Fachdisziplin ihre eigenen Verfahren der Erkenntnisgewinnung entwickelt hat, ist die sprachliche Realisierung auch fachspezifisch ausgeprägt. Sie weist auf der einen Seite fachliche Eigenheiten wie mathematische Gleichungen, physikalische Formeln, Formelzeichen und Gleichungen, chemische Formeln und Symbole auf (vgl. dazu Budde & Busker in diesem Band). Diese können aber auf der anderen Seite auch Gemeinsamkeiten in verschiedenen Fachgebieten oder Fächern beinhalten (wie z.B. die Sprache der Chemie und der Physik). Fachsprache dient dazu, dass sich Expert(inn)en möglichst effektiv und eindeutig über ihre fachbezogenen Inhalte verständigen können. Fachliche Inhalte sind auch in verschiedenen Situationen Gegenstand der Kommunikation, die nicht oder nicht nur unter Fachleuten stattfinden, sondern sich im Ausmaß der sozialen und fachlichen Nähe und Distanz unterscheiden und jeweils unterschiedliche fachsprachliche Realisierungen erfordern.

Hoffmann (1985) unterscheidet fünf Stufen in einer Kategorisierung, die er für die Erfassung der Fachsprache in kommunikativen Situationen mit ihren jeweiligen Sprachnutzer(inne)n vornimmt. Diese sind u.a. bei Rautenstrauch (2017) zusammengefasst:

Abstraktionsstufe	Milieu	Äußere Sprachform: Semiotische und sprachliche Merkmale	Teilnehmer der Kommunikation (soziale Distanz/Nähe)
5 Höchste Stufe	Sprache der theoretischen Grundlagenwissenschaften	Künstliche Symbole für Elemente und Relationen	Wissenschaftler ⇌ Wissenschaftler
4 Sehr hohe Stufe	Sprache der experimentellen Wissenschaften	Künstliche Symbole für Elemente; natürliche Sprache für Relationen (Syntax)	Wissenschaftler (Techniker) ⇌ Wissenschaftler (Techniker) ⇌ wissenschaftlich-technische Hilfskräfte
3 Hohe Stufe	Sprache der angewandten Wissenschaften und Technik	Natürliche Sprache mit einem sehr hohen Anteil an Fachterminologie und einer streng determinierten Syntax	Wissenschaftler (Techniker) ⇌ wissenschaftliche und technische Leiter der materiellen Produktion
2 Niedrige Stufe	Sprache der materiellen Produktion oder der produktiven (gesellschaftlichen) Tätigkeit	Natürliche Sprache mit einem hohen Anteil an Fachterminologie und einer relativ ungebundenen Syntax	wissenschaftliche und technische Leiter der materiellen Produktion ⇌ Meister ⇌ Facharbeiter (Angestellte)
1 Sehr niedrige Stufe	Sprache der Konsumption	Natürliche Sprache mit einigen Fachtermini und ungebundener Syntax	Vertreter der materiellen Produktion ⇌ Vertreter des Handels ⇌ Konsumenten ⇌ Konsumenten

Abb. 1: Vertikale Schichtung nach Hoffmann (1985: 64ff.) in Rautenstrauch (2017: 18)

Die Fachsprachen sind keine Fremdsprachen, sondern sie sind Teil einer Gemeinsprache, und sie bedienen sich der sprachlichen Mittel der Gemeinsprache. Fluck (2006) klassifiziert die Fachsprachen jeweils hinsichtlich ihres Gebrauchs und ihrer Funktion (sozial, situativ, funktional und areal) und unterscheidet ihre Realisierungsformen hinsichtlich der jeweiligen Kommunikationssituation; diese kann eine innerfachliche Kommunikation sein, aber auch eine überfachliche Kommunikation oder eine öffentlichkeitszugewandte Kommunikation. Alle Faktoren bedingen die jeweils fachsprachliche Ausprägung. In einer reinen Gemeinschaft zwischen Fachexpert(inn)en, die sich vorrangig über fachtheoretische Inhalte verständigen, dominiert die fachsprachliche Ausprägung, bei einer Medienreportage z.B., in der fachliche Inhalte einem breiten Publikum übermittelt werden, überwiegen gemeinsprachliche Ausprägungen.

In der Schule ist der Erwerb von fachsprachlichen Fähigkeiten vorgesehen, der sukzessive und mit zunehmender Fachexpertise erfolgt. Der schulische Gebrauch der Fachsprache kann als ein fachsprachlich orientierter Sprachgebrauch bezeichnet werden, der zur Vermittlung von Fachkompetenzen benötigt wird und sich allmählich mit zunehmender Fachkompetenz weiterentwickelt.

Bildungserfolg hängt maßgeblich mit der Sprachkompetenz in der Bildungssprache zusammen, die in der Schule zum Lernen benötigt wird. In Unterrichtssituationen werden bildungssprachliche Fähigkeiten ebenso gefordert und auch dieses sprachliche Register muss (meist) explizit gelernt werden. Zusätzlich zu der zunehmend in jedem Fach verwendeten Fachsprache müssen

Schüler(innen) auch den wachsenden Anforderungen an eine bildungssprachlich ausgerichtete Sprachkompetenz (vgl. Feilke 2012; Hodaie & Raml, Grütz und Hofmann in diesem Band) begegnen.

Fachsprachen weisen Gemeinsamkeiten untereinander und mit der Bildungssprache auf, die auf der Wort-, Satz- und Textebene vorliegen. Beim Wortschatz kennzeichnet die Fachlexik die Fachsprache in erheblichem Maß. Dabei sind viele Begriffe der Gemeinsprache entnommen und einem fachbezogenen Kontext zugeführt (z.B. der Begriff *Druck*: Zeitungsdruck in der Gemeinsprache, auch im metaphorischen Gebrauch im Sinne von bedrohlicher Anspannung; in der Physik wird mit dem Druck p eine berechenbare Einheit eines Körpers auf eine Fläche bezeichnet, in der Kunst ist ein Druck eine künstlerische Arbeit, die in einem bestimmten [Druck-]Verfahren entsteht usw.). Gemeinsam ist den Fachsprachen und der Bildungssprache auch, dass ihre Fachbegriffe durch Wortbildungsmöglichkeiten wie Komposition, Derivation, Kürzungen und Konversion gebildet werden. Auf der Satzebene finden sich ebenso Gemeinsamkeiten: In Texten gibt es u.a. vermehrt unpersönliche Formulierungen, Passivkonstruktionen, Funktionsverbgefüge, erweiterte Attribute (z.B. Roelcke 2009: 11f.; Budde & Michalak 2014). Auch finden sich bei Fachtexten übergreifende Merkmale, z.B. standardisierte Textmuster und Textbaupläne für bestimmte Sprachhandlungsmuster wie Beschreiben, Erklären oder Argumentieren.

3 Forschungen zum Erwerb der Fachsprache im Unterricht

Vor allem waren es die Ergebnisse der PISA-Studie 2000, die in der Bildungspolitik und -forschung den Anstoß gegeben haben, dem Zusammenhang zwischen erfolgreichem Bildungsweg und der Beherrschung der Bildungssprache nachzugehen und die nicht ausreichend geförderte Sprachentwicklung in Deutsch als Zweitsprache zu verbessern. Seit den letzten 15 Jahren wird eine intensive Diskussion um die Relevanz der Sprache und der Sprachfähigkeiten der Schüler(innen) für das Lernen im Fachunterricht geführt, die bereits durch den sog. PISA-Schock der Jahrtausendwende ihren Anfang nahm. Zunächst ging es um die Lernenden mit sog. Migrationshintergrund, die in ihren Fähigkeiten des Leseverstehens erheblich hinter den Lernenden mit Deutsch als Erstsprache lagen. Diese „schwachen Leser" wurden als Risikogruppe bezeichnet. Ihnen fehlten die sprachlichen Voraussetzungen, um die in der Schule und in Texten verwendete Sprache zum Lernen und Weiterlernen zu nutzen. In der Folge wurden zunächst DaZ-Maßnahmen entwickelt und die Förderung der Lese- und Textkompetenz der Kinder und Jugendlichen mit nicht-deutscher Erstsprache stand im Vordergrund. Nachfolgend gerieten andere, sog. Bildungsverlierer(innen) in den Fokus, so dass sich die Förderung auf eine inklusive Sprachförderung zum Erwerb der Bildungssprache bzw. der in der Schule verwendeten Sprache ausweitete.

An dem umfassenden Sprachförderprogramm *FörMig* (2004-2009) beteiligten sich zehn Bundesländer mit dem Ziel der „Förderung von Kindern und Jugendlichen mit Migrationshintergrund – FörMig". Hier wurden wissenschaftlich fundierte und empirisch begleitete Fördermaßnahmen entwickelt und Maßnahmenprogramme implementiert. Das Programm *Durchgängige Sprachbildung* ist in vielen Bundesländern umgesetzt worden. Es sieht eine kontinuierliche Sprachförderung vor, die die zunehmende Sprachkompetenz über einen langen Zeitraum begleitet. Neben der Sprachförderung ist eine Unterstützung im Lernen in den Unterrichtsfächern vorgesehen, wobei der Anschluss an den Regelunterricht insbesondere durch die sprachliche Förderung im Fachunterricht hergestellt wird.

Die aktuelle Forschung in Bezug auf Fachsprache im Unterricht beschäftigt sich mit Fördermaßnahmen in der im jeweiligen Fach verwendeten Sprache (siehe dazu Becker-Mrotzek, Schramm, Thürmann & Vollmer 2013; Ahrenholz 2010). Forschungsgegenstand sind die Fachsprache auf Wort-, Satz- und Textebene und ihr Erwerb durch Sprachfördermaßnahmen. Erforscht werden aktuell auch die sog. Operatoren (wie Erklären, Beschreiben, Darstellen), die im Fachunterricht eingesetzt werden und die Erkenntnisgewinnung unterstützen sollen.

Einen weiteren Schwerpunkt bilden Studien, die die Qualifizierung von Lehrenden in der Sprachförderung begleiten. Besonders im Rahmen der *Qualitätsoffensive Lehrerbildung* sind es derzeit zahlreiche Hochschulen und Institutionen verschiedener Bundesländer, die Konzepte zur Professionalisierung in der Sprachförderung entwickeln, begleiten und evaluieren (z.B. „ProFaLe" an der Universität Hamburg; *Umbrüche gestalten* als Verbundprojekt der Universitäten in Niedersachsen).

4 Das Panel

Das Panel hatte zwei Schwerpunkte: Erstens die Anforderungen an unterrichtsbezogene sprachliche Fähigkeiten, die sich sowohl auf die Fachsprache als auch auf die Bildungssprache beziehen. Hier standen zum einen empirische Arbeiten zur Analyse von Schüler(innen)texten im Vordergrund, zum anderen wurden Unterrichtskonzepte für einen sprachsensiblen Fachunterricht vorgestellt. Zweitens waren die besonderen Anforderungen an die sprachbezogene Berufsorientierung ein wichtiger thematischer Schwerpunkt, der insbesondere im Zuge der aktuellen Flüchtlingssituation eine hohe Relevanz besitzt.

4.1 Empirische Arbeiten zur Analyse von Schüler(innen)texten

Katrin Bochnik und Stefan Ufer präsentierten eine Studie in ihrem Projekt „LaMa", die sich mit den fachlichen und fachsprachlichen Fähigkeiten von Drittklässler(inne)n im Fach Mathematik beschäftigt und anhand von Testdaten die Korrelation beider Bereiche herzustellen versucht. Ausschnitte aus Lückentexten zur Erhebung des Fachwortschatzes und von Interviewdaten zum fachbezogenen Gebrauch des Sprachinventars konnten ansatzweise Zusammenhänge zu mathematischen Leistungen veranschaulichen.

Sven Oleschko befasste sich in seinem Beitrag mit der Entwicklung eines Kategorienkatalogs zur Auswertung der fachlichen Qualität von Schüler(innen)texten aus dem gesellschaftswissenschaftlichen Unterricht anhand sprachlicher Merkmale. Die Aufgabenstellung zur Textproduktion war das Beschreiben einer Abbildung.

Evelyn Beck und Magdalena Michalak widmeten sich in ihrem Projekt der Erforschung der Auswirkungen von sprachlichen Kompetenzen auf den fachlichen Umgang mit diskontinuierlichen Darstellungsformen im Fachunterricht. Auch sie verwendeten das Beschreiben (und die Auswertung einer Grafik) als Aufgabenstellung, um Texte von Schüler(inne)n mit Deutsch als Erst- bzw. als Zweitsprache auszuwerten, und präsentierten erste Analyseergebnisse.

Der Frage, wieweit sich die schriftsprachlichen Fähigkeiten zur Erstellung eines Versuchsprotokolls im Physikunterricht auf die fachbezogenen Fähigkeiten auswirken, wurde im Forschungsprojekt von Christine Boubakri, Erkan Gürsoy und Heike Roll nachgegangen, das auf der Grundlage von zweisprachigem Unterricht (Deutsch, Türkisch) Einflüsse auf die Schreibkompetenz der Lernenden zu erfassen versucht. Hier zeigt sich, dass die Entwicklung von Analysekategorien eine besondere Herausforderung darstellt.

Ein weiteres Projekt nahm die Mehrsprachigkeit der Lernenden zum Ausgangspunkt und widmete sich der deutsch- und türkischsprachigen Sprachförderung im Mathematikförderunterricht. Taha Kuzu, Alexander Schüler-Meyer und Susanne Prediger zeigten in ihrem Beitrag, welche sprachlich-inhaltlichen, didaktischen und fachlichen Herausforderungen sich ergeben, wenn deutschsprachige Materialien für den Förderunterricht in Mathematik ins Türkische übersetzt werden. Anhand von ersten Daten wurde die Anwendbarkeit der erarbeiteten Materialien aufgezeigt.

4.2 Unterrichtskonzepte für einen sprachsensiblen Fachunterricht

Mit der Sprachlichkeit und der Sprachförderung im Fachunterricht setzten sich vier weitere Beiträge auf konzeptioneller Ebene auseinander:

Esther Brunner veranschaulichte die Fachbezogenheit der Sprachförderung anhand von Textaufgaben im Mathematikunterricht. Sie stellte in ihrem Konzept die mündliche Produktion der Verstehensvorgänge im Erarbeitungsprozess einer texthaltigen Mathematikaufgabe in den Vordergrund. Mündlichkeit und Gespräche sind ein zentraler Anknüpfungspunkt, um genaue Unterstützungsangebote für die Lernenden entwickeln zu können.

Wie wichtig Gespräche für das Lernen im Fach (Mathematik) sind, zeigte auch Peter Gallin in seinem Ansatz des dialogischen Lernens. Das bereits in den 90er-Jahren entwickelte Konzept zur gedanklich-sprachlichen Auseinandersetzung mit mathematischen Problemstellungen, die in Form von Lernjournals und im Dialog zwischen Lehrendem und Lernendem geführt werden, gewinnt aktuell eine weitere Bedeutungsdimension hinzu, wenn es darum geht, auf individuelle Wissenshintergründe, Vorstellungswelten und Sprachkompetenzen aufzubauen und diese zu nutzen, um zu generalisierbaren Erkenntnissen zu gelangen.

Tanja Fohr stellte Material für den Unterricht im Fach Kunst vor, das dem Prinzip der Sprachsensibilisierung verpflichtet ist. Mit dem aufmerksamen Umgang mit sprachlichen Anteilen in der Auseinandersetzung mit Phänomenen des Kunstunterrichts, wie dem Wahrnehmen und Verstehen von Bildern, schlug sie ein Konzept für den Erwerb des Deutschen als Zweitsprache im Fach Kunst vor.

Kristina Matschke ging auf die Übergänge zwischen Mündlichkeit und Schriftlichkeit ein und verdeutlichte anhand von Unterrichtsausschnitten aus dem Fach Geschichte die besondere Bedeutung von Unterrichtskommunikation, in der auf medial mündlicher Ebene der Erwerb von konzeptioneller Schriftlichkeit unterstützt werden kann.

4.3 Anforderungen an die sprachbezogene Berufsorientierung

Jörg Roche und Elisabetta Terrassi-Haufe stellten ein Konzept für den Unterricht an Berufsschulen vor, der sich im Fach *Sprache und Unterrichtskommunikation Deutsch* an Lernende mit Deutsch als erster und zweiter Sprache richtet. Dem Konzept unterliegt ein Ansatz von Sprachunterricht, der von echten Handlungssituationen ausgeht und in dem die Lernenden in kollaborativen Lernkonstellationen in beruflich relevanten Situationen sprachlich handelnd tätig sind.

Den sprachlichen Anforderungen in der dualen Ausbildung (Schule und Berufsausbildung) im kaufmännischen Bereich widmete sich die Studie von Nina Pucciarelli, die in einer empirischen Analyse die sprachlichen Anforderungen und Fähigkeiten der Lernenden mit nicht-deutscher Herkunftssprache untersuchte. Anhand der Anforderung der Kundenorientierung zeigte sie auf, inwiefern sowohl angemessene Diagnoseinstrumente als auch geeignete Förderformate für die Bereiche Erkennen, Verstehen und Handeln notwendig sind und welchen Beitrag der Herkunftssprachenunterricht darin leisten kann.

Für die gewerblich-technischen Bildungsgänge an Berufsschulen sind wiederum andere Anforderungen an die fachbezogene Sprachkompetenz erforderlich, die von Christina Keimes und Volker Rexing aufgezeigt wurden. Insbesondere ist es die Lesekompetenz, deren Förderung anders zu gestalten ist, als es die Vorschläge aus der allgemeinen Lesedidaktik vorsehen. Wenn beruflich relevante Textsorten wie Materialbestellungen auf Bestellvordrucken gelesen und in Handlungskontexte übertragen werden müssen, so ist eine allgemeine Lesefähigkeit dafür alleine nicht hinreichend. Auf der Grundlage empirischer Befunde wurden adressatenorientierte didaktisch-methodische Vorschläge für entsprechende Fördermaßnahmen vorgestellt.

Quer zu den Schwerpunkten tauchte immer wieder die Frage auf, wie stark die Fachkompetenz mit der fachsprachlichen Kompetenz korreliert und inwiefern hier messbare Zusammenhänge aufgezeigt werden können, so dass eine passgenaue Förderung der fachsprachlichen Fähigkeiten sich nachweislich auf die kognitiven Fähigkeiten im Fach auswirken kann. Weitergehend ist zu überlegen, ob die bisher im Kontext der Förderung des Deutschen als Zweitsprache erfolgte Sprachförderung deshalb viel stärker als bisher an das jeweilige Fach zu binden ist und eine effektive Fach-Sprach-Förderung in Fächerkooperationen entwickelt werden sollte (Fluck 2002: 4).

Die Beiträge des Panels fokussierten vor allem die sprachlichen bzw. fachsprachlichen Anforderungen im Fachunterricht, die von Schüler(inne)n bewältigt werden müssen. Ergebnisse und Erkenntnisse dieser Studien lassen auf entsprechende Anforderungen an die Lehrer(innen) schließen, die zwar nicht durch die Beiträge selbst abgebildet, jedoch in den anschließenden Diskussionen intensiv diskutiert wurden. Die Zusammensetzung der Zuhörer(innen)schaft erwies sich als äußerst fruchtbar, denn sowohl Fachlehrer(innen) als auch Fortbildner(innen) und Hochschullehrende brachten ihre jeweilige Perspektive und Expertise ein und regten zur Reflexion über die praxisbezogene Nutzung der Forschungsergebnisse an. Maßnahmen zur Lehrer(innen)fortbildung für sprachsensiblen Fachunterricht gibt es bereits seit Längerem, entsprechende Qualifizierungsmaßnahmen werden jedoch erst seit kurzem durch Studien wie BISS empirisch begleitet. Auch die DaZ-bezogenen Maßnahmen zur Vorbereitung der Lehramtsstudierenden auf den Unterricht mit sprachheterogenen Lerngruppen und auf den sprachsensiblen Fachunterricht wurden in den Diskussionsphasen thematisiert. Erste Auswertungen dazu liegen vor (vgl. Döll, Hägi-Mead & Settinieri 2017).

5 Zwei exemplarisch ausgewählte Beiträge

Die folgenden zwei Beiträge sind repräsentativ für die thematischen Schwerpunkte des Panels. Zum einen ist es der Beitrag von Budde & Busker, der einen Ansatz zur Lehrer(innen)professionalisierung im Fachunterricht aufzeigt, zum anderen die Überlegungen von Keimes & Rexing, die die fachbezogenen sprachlichen Anforderungen im Hinblick auf die domänenspezifische Förderung in den Blick nehmen.

Budde & Busker stellen ein theoretisches Modell für die Professionalisierung zur Sprachförderung vor, das im Lehramtsstudium des jeweiligen Faches verankert ist. Sie begründen die frühzeitige Verankerung im Studienverlauf anhand des Lehrer(innen)professionalisierungsmodells nach Park & Oliver (2008) und zeigen weiter auf, wie die sprachbezogenen Inhalte in die einzelnen Komponenten des Modells eingebettet sind. In die interdisziplinäre Zusammenarbeit werden Erkenntnisse der Spracherwerbsforschung und der Fremdsprachenerwerbsforschung einbezogen. Dem Konstrukt Sprachbewusstheit bzw. *Language Awareness* wird in ihrem Professionalisierungsmodell eine hohe Bedeutung eingeräumt. Die Fähigkeit, die Aufmerksamkeit auf die sprachbezogenen Anforderungen in den Studieninhalten zu richten und somit Sprachbewusstheit aufzubauen, gewinnt damit eine besondere Bedeutung und wird als ein grundlegendes Ziel im Ausbildungsverlauf formuliert. Auf dieser Grundlage sollen didaktische Kompetenzen zur Sprachförderung und Sprachlehrbewusstheit im Fach aufgebaut werden.

Keimes & Rexing widmen sich der Adressatengruppe Berufsschüler(innen), die eine spezifische Ausbildung von Lesekompetenz für ihr Berufsfeld Maurer(in) und Straßenbauer(in) benötigen. Mittels eines Mehr-Methoden-Forschungsdesigns werden in einem ersten Schritt die berufsspezifischen Lese-Situationen erfasst und in einem zweiten Schritt die daraus resultierenden Anforderungen beim Leseverstehen ermittelt. Es ergeben sich andere Anforderungsbereiche als die in der Leseforschung angenommenen Bereiche *Informationen entnehmen*, *Informationen miteinander in Beziehung bringen* und *Reflektieren und Bewerten*. Nach dem Modell der Funktionalen Lesekompetenz von Ziegler, Balkenhol, Keimes & Rexing (2012) sind es die Anforderungen *Identifizieren*, *Integrieren* und *Generieren*, die für das Leseverstehen von spezifischen Texten wie Arbeitsplänen, Lieferscheinen, Betriebsanleitungen in der Ausübung der Berufstätigkeit eine Rolle spielen. In einem dritten Schritt wird die gering vorhandene Lesemotivation der Berufsschüler(innen) erfasst und es werden abschließend Vorschläge zur domänenspezifischen Förderung von Lesekompetenz entwickelt.

6 Literatur

Ahrenholz, Bernt (2010): *Fachunterricht und Deutsch als Zweitsprache*. Tübingen: Narr.
Becker-Mrotzek, Michael; Schramm, Karen; Thürmann, Eike & Vollmer, Helmut J. (Hrsg.) (2013): *Sprache im Fach. Sprachlichkeit und fachliches Lernen*. Münster: Waxmann.
Budde, Monika & Michalak, Magdalena (2014): Sprachenfächer und ihr Beitrag zur fachsprachlichen Förderung. In Michalak, Magdalena (Hrsg.): *Sprache als Lernmedium in allen Fächern*. Baltmannsweiler: Schneider, 9–33.
Döll, Marion; Hägi-Mead, Sara & Settinieri, Julia (2017): „Ob ich mich auf eine sprachlich-heterogene Klasse vorbereitet fühle? – Etwas!" Studentische Perspektiven auf DaZ und das DaZ-Modul (StuPaDaZ) an der Universität Paderborn. In Becker-Mrotzek, Michael; Rosenberg, Peter; Schroeder, Christoph & Witte, Annika (Hrsg.): *Deutsch als Zweitsprache in der Lehrerbildung*. Münster: Waxmann, 203–215.
Hoffmann, Lothar (1985*): Kommunikationsmittel Fachsprache. Eine Einführung*. Tübingen: Narr.
Feilke, Helmut (2012): Bildungssprachliche Kompetenzen – fördern und entwickeln. *Praxis Deutsch* 233: 4–13.
Fluck, Hans-Rüdiger (2002): Fachkommunikation und Deutschunterricht. Zur Einführung. *Der Deutschunterricht* 5: 3–7.
Fluck, Hans-Rüdiger (2006): Fachsprachen und Fachkommunikation im Sprachunterricht. In Neuland, Eva (Hrsg.): *Variation im heutigen Deutsch. Perspektiven für den Sprachunterricht*. Frankfurt a. M. u.a.: Lang, 289–304.
Klieme, Eckhard; Artelt, Cordula; Hartig, Johannes; Jude, Nina; Köller, Olaf; Prenzel, Manfred; Schneider, Wolfgang & Stanat, Petra (Hrsg.) (2010): *PISA 2009. Bilanz nach einem Jahrzehnt*. Münster u.a.: Waxmann.
Park, Soonhye & Oliver, James S. (2008): Revisiting the Conceptualisation of Pedagogical Content Knowledge (PCK): PCK as a Conceptual Tool to Understand. *Research in Science Education* 4: 261–284.

Rautenstrauch, Hanne (2017): *Erhebung des (Fach-)Sprachstandes bei Lehramtsstudierenden im Kontext des Faches Chemie*. Berlin: Logos.
Roelcke, Thorsten (2009): Fachsprachliche Inhalte und fachkommunikative Kompetenzen als Gegenstand des Deutschunterrichts für deutschsprachige Kinder und Jugendliche. *Fachsprache. International Journal of Specialized Communication* 1-2: 6–20.
Ziegler, Birgit; Balkenhol, Aileen; Keimes, Christina & Rexing, Volker (2012): Diagnostik „funktionaler Lesekompetenz". *bwp@* 22, 1–19.

Monika Angela Budde, Maike Busker

Fach-ProSa: Ein Modell zur *fach*bezogenen *Pro*fessionalisierung zur *S*prachförderung in der Lehramtsausbildung der Fächer Chemie und Deutsch

1 Einführung

Das fachintegrierte Modell zur Sprachförderung (Fach-ProSa) sieht eine Vorbereitung der angehenden Lehrer(innen) auf die Herausforderungen der sprachlichen Vielfalt in Schulen vor, die bereits in der universitären Fachlehrer(innen)ausbildung beginnt. Diesem Modell liegt die Annahme zugrunde, dass die fachspezifische Auseinandersetzung mit sprachlichen Anforderungen bereits bei den Studierenden und ihren eigenen sprachlichen und fachsprachlichen Fähigkeiten beginnen muss und dass diese Fähigkeiten Voraussetzung für die zukünftigen Anforderungen einer fachbezogenen Sprachförderung sind. Auf der Grundlage des PCK-Modells von Park & Oliver (2008) aus den naturwissenschaftlichen Didaktiken und der Überlegungen zu *Teacher Language Awareness* (Sprachlehrbewusstheit) (vgl. Andrews 2007) aus der Fremdsprachendidaktik hat das interdisziplinäre Projekt der Fächer Chemie und Deutsch ein Modell für die Lehramtsausbildung konzipiert, das curricular in das Studium der Fächer eingebunden ist und das Ziel hat, erstens die eigenen fachsprachlichen und metasprachlichen Fähigkeiten der Studierenden auszubilden und zweitens darauf aufbauend Kompetenzen zur Sprachförderung im Fach anzulegen.

2 Sprachliche Anforderungen im schulischen Lernen

2.1 Bildungssprachliche und fachspezifische sprachliche Anforderungen

Die Relevanz der Sprachfähigkeiten im Fachunterricht wird bildungspolitisch als sehr hoch eingestuft und spiegelt sich auch in der bildungswissenschaftlichen Forschung wider. Zentrale Themen sind die Analyse der sprachlichen

Anforderungen im Unterrichtsdiskurs und in der Arbeit mit Lehrtexten. Ein weiteres zentrales Forschungsthema sind die sprachlichen Fähigkeiten der Lernenden. Mit Eintritt in die Schule benötigen die Lernenden sprachliche Fähigkeiten, die über die Verwendung der mündlichen Alltagssprache hinausgehen (vgl. Fluck 2006). Sie benötigen Fähigkeiten zum Verstehen und im Gebrauch eines konzeptionell schriftsprachlich geprägten Registers, mit dem Bildungsinhalte vermittelt werden und in dem ein Austausch von Wissen stattfindet. Diese in der didaktischen Diskussion so bezeichnete „Bildungssprache" (vgl. Feilke 2012) muss in der Schule explizit erworben werden, ihre Beherrschung ist die Basis für erfolgreiches Lernen. Die Erkenntnisse der PISA-Studie 2009 (vgl. Klieme et al. 2010) machen deutlich, dass der Erwerb der in der Schule und in den einzelnen Fächern verwendeten Sprache sich nicht von allein vollzieht, sondern im Schulverlauf unterstützt werden muss (Feilke 2012: 4). In jedem Fach werden mit zunehmendem Lernalter Wissen und Kenntnisse über schriftlich fixierte Texte erworben. Sie sind zwar bildungssprachlich geprägt, darüber hinaus jedoch in einer fachspezifischen Form ausgestaltet. Diese Besonderheit wird derzeit wenig berücksichtigt.

Darauf aufbauend kann die Diskussion über die Anforderungen an Lehrkräfte hinsichtlich ihrer Vermittlungsfähigkeiten zur Sprachförderung erfolgen. Bisherige Modelle gehen von einer allgemeinen Sprachförderung aus und/oder fokussieren dabei meist ein Fach, z.B. Biologie, Geschichte, Mathematik. Wir plädieren im Modell Fach-ProSa in der Lehrer(innen)professionalisierung für die interdisziplinäre Zusammenarbeit der Fächer mit dem Fach Deutsch, in dem bildungssprachliche und fachübergreifende fachsprachliche Kenntnisse vermittelt werden. Die spezifisch fachliche Ausrichtung muss im jeweiligen Fach erfolgen. Lehrkräfte müssen also in der Fachsprache ihres Faches ausgebildet sein und Kompetenzen zu deren Vermittlung im Verlauf ihrer Professionalisierung erwerben.

2.2 Funktionen von Fachsprache

Jedes Fach wendet eine spezifische Vorgehensweise in der Erkenntnisgewinnung an, es nimmt die Darstellung dieser, den Austausch darüber und die Weitergabe in jeweils spezifischer Art vor und benutzt seine eigene Sprache bzw. seine eigenen entsprechenden kommunikativen Strukturen, seine eigene Zeichen-, Symbol- und/oder Formelsprache (vgl. Buhlmann & Fearns 1987). Die Fachsprache basiert auf der Gemeinsprache (hier die Sprache Deutsch), ihrem Wortschatz, ihrer Grammatik und ihren Satz- und Textstrukturen.

Experten eines Faches nutzen ihre Fachsprache aus funktionalen Gründen: Sie muss möglichst effizient, genau und exakt fachspezifische Gegenstände und Sachverhalte darstellen und eine Verständigungsgrundlage (von Experte(in) zu Experte(in), von Experte(in) zu Lernendem, von Experte(in) zu Laien) herstellen. Ihre zur Erkenntnisgewinnung angewendeten Verfahren müssen eindeutig verständlich und nachvollziehbar bezeichnet und beschrieben, Ergebnisse und Erkenntnisse transparent und in der Fachwelt diskutierbar gemacht werden (vgl. Hoffmann 1985; Buhlmann & Fearns 1987; Fluck 2002; Roelcke 2009). Die Verwendung der Fachsprache untersteht den „Postulaten von Exaktheit, Explizitheit, Ökonomie und Sachbezogenheit" (Fluck 2006: 291). Die Fachsprachenforschung weist die Wechselbeziehung zwischen Fachdenken, Fachgegenstand, Fachsprache und Fachsprachgebrauch nach (vgl. Baumann 1996) und beschäftigt sich mit der sprachlich-stilistischen Realisierung in den einzelnen Fachwissenschaften. Baumann (2008: 188f.) unterscheidet drei Komplexe der Einzelwissenschaften und ihrer Fachsprachen: die Fachsprachen der Naturwissenschaften, der Gesellschaftswissenschaften und der Technikwissenschaften. Er zeigt anhand der kognitiven Grundelemente des jeweiligen Komplexes und seiner Methoden der Erkenntnisgewinnung auf, dass es in diesen Komplexen sowohl fachspezifische als auch fachübergreifende Denkstrukturen und Denkstrategien gibt, die sich in ihrer sprachlichen Realisierung auf Wort-, Satz- und Textebene teilweise ähneln, teilweise stark unterscheiden.

Im Hinblick auf den schulischen Erwerbskontext bedeutet dies, dass die Fachsprachenvermittlung insbesondere an das Fach, aber auch an den entsprechenden Komplex (z.B. der Naturwissenschaften) gebunden ist und darüber hinaus auch übergreifende Elemente zu berücksichtigen sind, derer sich z.B. das zentrale Fach Deutsch annehmen könnte. Fachsprachenunterricht muss also sowohl im jeweiligen Fachunterricht als auch im Sprachunterricht stattfinden. Fluck (2002: 4) stellt die Notwendigkeit der interdisziplinären Zusammenarbeit (der Komplexe) heraus: „Die [...] generell beschriebenen Aufgaben zur Entwicklung einer allgemeinen Fachsprachenkompetenz können weder von einem einzelnen Fach noch von einer Einzelwissenschaft geleistet werden, sondern sind nach wie vor möglichst interdisziplinär anzugehen." Auch zeigt er auf, welche Aufgaben der Deutschunterricht im Hinblick auf die Thematisierung von Fachsprache zu erfüllen hat:

> Dabei geht es im Deutschunterricht nicht darum, eine Einführung in die Fachsprachen, deren Beherrschung häufig auch in Prüfungsbestimmungen gefordert wird, vorzubereiten oder gar durchzuführen. Vielmehr muss es darum gehen, einen sinnvollen Gebrauch von Fachsprache zu erlernen, Fachsprachenverwendung richtig einzuordnen und auch hinterfragen zu lernen, sowie Leistung, Funktion und Strukturen von Fachsprachen (auf den

verschiedenen Ebenen Wort, Satz und Text) – exemplarisch – kennen und für die Aufschließung von Fachinformationen anwenden zu können. (Fluck 2002: 3)

Für den Fachunterricht betont Fluck die Ausbildung von Kompetenzen, die über den Erwerb von Fachlexik hinausgehen:

> Von dem traditionellen Ziel allgemeiner, auf die alltägliche Umwelt bezogener Sprachausbildung unterscheidet sich fachbezogener Sprachunterricht also durch seinen Bezug auf einen bestimmten Arbeits-, Erfahrungs- oder Wissensbereich, d.h. auf eine außersprachliche (vorhandene oder noch aufzubauende) fachliche Kompetenz. Fachsprache darf dabei nicht auf bestimmte morphologische, lexikalische, syntaktische oder textuelle Strukturen reduziert werden, sondern ist im Sinne der modernen Fachsprachenlinguistik ganzheitlich zu begreifen als die „Sprache im Fach". (Fluck 2006: 295)

Die Verwendung der Sprache im Fach unter funktional-kommunikativen Gesichtspunkten muss im Fachunterricht explizit gefördert werden. Der Deutschunterricht hat die Aufgabe, die Funktionen von Fachsprache(n) selbst zu thematisieren und anwendungsorientierte Fähigkeiten für den Umgang mit Fachsprache zu vermitteln: z.B. zur Rezeption und Verarbeitung von fachbezogenen Texten, Erarbeitung eines fachbezogenen Spezialwortschatzes, Teilhabe an einer fachbezogenen Diskussion, Präsentation von Fachinhalten, Produktion von Fachtexten (vgl. Fluck 2016).

Für die Bedeutung der Sprache im Fach auf ihren unterschiedlichen Ebenen (Baumann 2008: 191ff.) müssen zunächst die Lehrkräfte und angehenden Lehrer(innen) selbst vorbereitet bzw. ausgebildet sein, bevor sie in der Lage sind, die Verwendung der Fachsprache in kommunikativen Zusammenhängen angemessen zu fördern. Lehramtsstudierende müssen auf ihrem Weg zum Expert(inn)entum für die verschiedenen Dimensionen der Sprache im Fach sensibilisiert werden. Entsprechend sind die Sensibilisierung für die sprachlichen Anforderungen, die Weiterentwicklung der eigenen sprachlichen Handlungsfähigkeiten und die Sensibilisierung für die Anforderungen zur Vermittlung der Fachsprache bzw. des schriftsprachlichen Registers der Schule wesentliche Bausteine einer Professionalisierung zur Sprachförderung.

Über eine solche Sensibilisierung hinaus sieht das Modell Fach-ProSa einen systematischen Aufbau von fachsprachlichen Kompetenzen vor. Bisher ist kaum geklärt, in welchen Zuständigkeitsbereich die Vermittlung der Bildungssprache und/oder die bildungssprachlich geprägte Sprache der Schule fällt und ob sie gekoppelt mit der fachsprachlichen Förderung stattfinden soll. Wir plädieren in der Lehrer(innen)professionalisierung bereits im Universitätsstudium für eine konsequente Berücksichtigung der Sprache und Fachsprache im jeweiligen Fach und, damit verschränkt, für einen curricularen Aufbau von fachdidaktischen Fähigkeiten zur Sprachförderung. Grundlegend ist die interdisziplinäre Zusammenarbeit der Fächer mit dem Fach Deutsch.

Das Modell Fach-ProSa ist in der interdisziplinären Zusammenarbeit zwischen den Fächern Chemie und Deutsch entwickelt worden (vgl. Budde & Busker 2015) mit der Zielstellung, dass eine Übertragung auf jedes Fach möglich ist und Überschneidungen und Querschnittsinhalte zwischen den Fächern Deutsch und einem weiteren Fach berücksichtigt werden. Die weiteren Ausführungen zeigen, wie das Modell exemplarisch für das Fach Chemie umgesetzt wird (für ausführlichere Darstellungen vgl. Budde & Busker 2016). Aus diesem Grund soll im nun folgenden Überblick über den Forschungsstand vorrangig das Fach Chemie betrachtet werden.

3 Forschungsstand

3.1 Forschungen zur fachbezogenen Sprachförderung in den naturwissenschaftlichen Fächern

Bezogen auf das Fach Chemie sind die Fachsprache und ihre angemessene Verwendung bereits seit geraumer Zeit Inhalte der Forschung in den naturwissenschaftlichen Fachdidaktiken. Bereits 1990 stellt Lemke fest, dass Fachsprache nicht ein Teil der Alltagssprache von Schüler(inne)n ist und deswegen ihr Erwerb einer expliziten Förderung bedarf. Mit der Einführung der Bildungsstandards (vgl. KMK 2004) wird im Fach Chemie ein eigener Kompetenzbereich *Kommunikation* ausgewiesen. Die dort zusammengefassten Kompetenzen weisen nach Kobow & Walpuski (2012) drei Teilbereiche auf: Informationen erschließen, Informationen weitergeben und Argumentieren. Diese Bereiche sind geprägt durch einen Adressat(inn)en- und Sachbezug, durch die bewusste, situationsbezogene Verwendung von Alltags- bzw. Fachsprache sowie durch den Einsatz verschiedener Darstellungsformen (vgl. Kobow & Walpuski 2012). Aktuelle Forschungen zur sprachlichen Förderung in naturwissenschaftlichen Fächern fokussieren die Ausgestaltung des Registers Bildungssprache im jeweiligen Fach (vgl. Parchmann & Bernholt 2013; Prediger 2013, 2016; Knobloch, Sumfleth & Walpuski 2011) und sehen eine gekoppelte Förderung der fachsprachlich geprägten Sprache des Unterrichts und im konkreten Fach vor. Es finden sich für den naturwissenschaftlichen Unterricht bereits unterschiedliche empirisch begleitete Ansätze zur Sprachförderung, darunter das Konzept des sprachsensiblen Fachunterrichts (vgl. Tajmel & Starl 2009; Markic, Broggy & Childs 2013). Für die Ebenen der Lexik, der Syntax und für die Textebene finden sich verschiedene Vorschläge für Methodenwerkzeuge im Fach Physik (vgl. Leisen 2013).

Deutlich zeigt sich, dass zur angemessenen Förderung eigene schriftsprachliche und fachsprachliche Kompetenzen der Lehrkräfte vorhanden sein und daneben metasprachliche Fähigkeiten entwickelt werden müssen, die sprach- und fachsprachbezogenen Phänomene wahrzunehmen, zu beschreiben, zu erklären, didaktisch zu modellieren. Entsprechende Fähigkeiten können mittels der Sensibilisierung für Sprache im Fach aufgebaut und in der curricularen Einbindung im Professionalisierungsprozess im Studienverlauf vertieft und ausgebaut werden. Aussagekräftige Erkenntnisse zum Erwerb der sprach- und fachsprachbezogenen Kompetenzen und der entsprechenden didaktischen Kompetenzen liegen noch nicht vor.

3.2 Bildungssprache im Lehramtsstudium

Den fachbezogenen sprachlichen Fähigkeiten der angehenden Lehrer(innen) ist erst seit kurzer Zeit vermehrt Aufmerksamkeit geschenkt worden. Zwar gibt es eine lange Tradition in der Fachsprachendidaktik, die sich u.a. mit der Bedeutung und Vermittlung von Wissenschaftssprache beschäftigt (z.B. Ehlich 1995), doch dies erfolgt meist im Kontext des Deutschen als Fremdsprache. Es besteht Konsens in den Fachwissenschaften, dass Studierende ihre eigenen wissenschaftlich-sprachlichen Fähigkeiten in ihrem Fach entwickeln müssen, um an der wissenschaftlichen Kommunikation teilnehmen zu können, aber es wird vorausgesetzt, dass sich diese Entwicklung von selbst vollzieht (vgl. Fluck 1992). Da die wissenschaftliche Kommunikation hauptsächlich in schriftlicher Form stattfindet und die Schrift in der Wissenschaft als das Medium des Denkens und Handelns fungiert (Steinhoff 2007: 36), ist der Aufbau von wissenschaftlicher Textkompetenz im Studium notwendig.

Die vorherigen Ausführungen zur Sprache im Fach in Schule und Studium zeigen, dass für eine erfolgreiche Professionalisierung zur Sprachförderung in der ersten Phase der Lehrer(innen)bildung eine Qualifikation im Fach erfolgen muss, in der sowohl die Wissenschaftssprache im jeweiligen Fach als auch fachdidaktisches Wissen über die Bedeutung der Verwendung von Sprache im Fachunterricht fokussiert werden. Dabei umspannt das Professionswissen von Lehrer(inne)n verschiedene Facetten. Im Folgenden soll das Modell Fach-ProSa theoretisch hergeleitet und vorgestellt werden, das die anzusprechenden Facetten des Professionswissens in Bezug auf die fachsprachlichen und metasprachlichen Fähigkeiten der Lehramtsstudierenden und ihre didaktischen Fähigkeiten zur Sprachförderung im Fach berücksichtigt.

4 Das Modell Fach-ProSa

4.1 Entwicklung des Professionswissens von Lehrkräften

Studien zur Erforschung von Lehrer(innen)kompetenzen liegt ein Modell der Professionalisierung zugrunde, in dem der/die Lehrende und die Entwicklung seiner/ihrer Expertise im Zentrum stehen (König 2010: 42). Hier geht es um die Ausbildung von Expertise, die sich über den Erwerb von Wissen und Fähigkeiten hinaus auf die praxisbezogene Umsetzung in Handlungsphasen und auf die stetige Weiterentwicklung von Kompetenzen in der reflexiven Wechselwirkung von Theorie und Praxis (Bromme 1992: 96ff.) bezieht. Die Kompetenzen lassen sich beschreiben als das Ineinanderwirken von Wissensdomänen, die aus deklarativem und prozeduralem Wissen (vgl. Anderson 1982) bestehen und Erfahrungswissen einbeziehen. Eine weitere Domäne stellen die affektiv-motivationalen und selbstregulativen Faktoren dar, die den Kompetenzerwerb im Professionalisierungsprozess beeinflussen. Forschungen dazu setzen sich mit der Bedeutung von *beliefs* (vgl. Hachfeld 2012) und „Selbstwirksamkeitserwartungen" (vgl. *self-efficacy*, Bandura 1982) in der Gestaltung von Unterricht auseinander.

Der Entwicklungsprozess der Lehrperson wird im PCK-Modell (*Pedagogical Content Knowledge*) nach Shulman (1986) abgebildet. Das Modell sieht über die fachwissenschaftlichen, fachdidaktischen und pädagogischen Fähigkeiten hinaus die Wechselwirkung im Prozess zwischen Theorie und Praxis und die Reflexion über die eigene Entwicklung von Fähigkeiten vor. In diesem Modell (vgl. Shulman & Shulman 2004) geht es vor allem um das reflexive Ineinandergreifen der drei zentralen Bereiche des professionellen Handlungswissens von Lehrerkräften: a) das fachbezogene, inhaltliche Wissen (*subject matter content knowledge*), b) das pädagogische Wissen, das sich auf die didaktische Aufbereitung der Inhalte in Orientierung an den Lernenden bezieht (*pedagogical content knowledge*) und c) das fachdidaktische Wissen über die curriculare Planung, über Lehr- und Lernmaterial und über Lernsettings (*curricular knowledge*). PCK entwickelt sich, indem Wissen und Kenntnisse im Professionalisierungsverlauf in den unterschiedlichen Bezugsdisziplinen erworben und in den Verarbeitungsprozessen in Praxis- oder weiteren Anwendungsphasen aufeinander bezogen werden.

4.2 PCK in den Naturwissenschaften

Für den naturwissenschaftlich-mathematischen Bereich fassen Park & Oliver (2008) verschiedene Arbeiten zu PCK von Lehrkräften zusammen. Sie strukturieren die Lehrer(innen)professionalität in den naturwissenschaftlichen Fächern in sechs Komponenten. Die erste Komponente ist *Orientations to Teaching Science,* worunter Wissensbereiche und Einstellungen/Überzeugungen verstanden werden, die sich auf Absichten und Ziele des naturwissenschaftlichen Unterrichtens hinsichtlich einer bestimmten Lerngruppe beziehen. Die zweite Komponente ist *Knowledge of Students' Understanding in Science*, verstanden als Wissen über die vorhandenen Fähigkeiten und Kenntnisse, aber auch über die Schwierigkeiten, Motivationen usw. der Lernenden zu einem Thema. Die dritte Komponente *Knowledge of Science Curriculum* umfasst sowohl fachdidaktische als auch curriculare Kenntnisse. Innerhalb der vierten Komponente *Knowledge of Instructional Strategies and Representations for Teaching Science* unterscheiden Park & Oliver (2008) zwei Bereiche: zum einen die fachspezifischen Strategien in Form von allgemeinen methodisch-konzeptionellen Ansätzen und zum anderen die themenspezifischen Strategien bzw. Ansätze. Die fünfte Komponente *Knowledge of Assessment of Science Learning* umfasst Kenntnisse und Wissen um Lehr-/Lernprozesse im naturwissenschaftlichen Unterricht hinsichtlich verschiedener Gesichtspunkte, z.B. das Ermitteln von Anforderungsstufen oder das Beurteilen und Auswerten von Lernzuwachs. Als wesentlichen Faktor und sechste Komponente im PCK weisen Park & Oliver (2008) die Selbstwirksamkeitserwartungen (*self-efficacy*) der Lehrer(innen) aus. Diese können den Erwartungen und Überzeugungen zugeordnet werden (vgl. Bandura 1982) und umfassen die Überzeugung einer Person von den eigenen Fähigkeiten und ihre Erwartungen hinsichtlich ihrer Fähigkeiten, um eine Handlung durchzuführen (vgl. Moschner & Dickhäuser 2006). Banduras Konstrukt *self efficacy* wird im Bereich des Lernens sowohl allgemein, wie bspw. in der allgemeinen Lehrer(innen)selbstwirksamkeit (vgl. Schmitz & Schwarzer 2002) als auch fachspezifisch (z.B. Selbstwirksamkeitserwartung im Fach Chemie) (vgl. Dalgety & Coll 2006; Busker 2010) betrachtet.

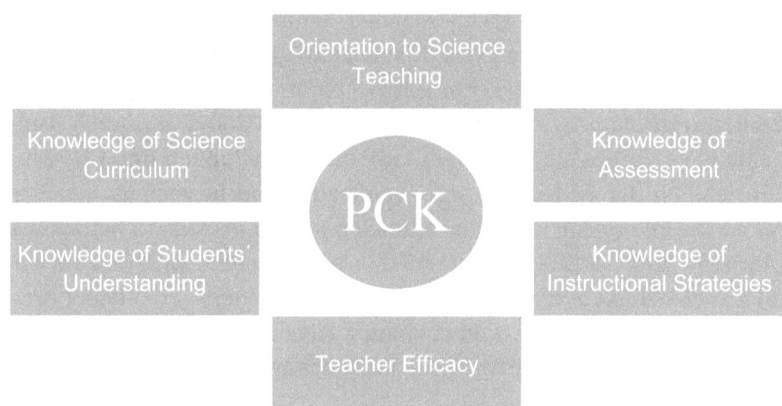

Abb. 1: Pedagogical Content Knowledge (Park & Oliver 2008)

4.3 Sprachbewusstheit und Sprachlehrbewusstheit

Für den Bereich *Sprache und Vermittlung von Sprache* sehen Forschungen zum Sprach- bzw. Fremdsprachenerwerb eine wichtige Komponente im Konstrukt *Language Awareness* (LA) (vgl. Baur & Hufeisen 2011; Breidbach, Elsner & Young 2011). Das Vorhandensein von *Language Awareness* (in deutschsprachiger Verwendung „Sprachbewusstheit") wirkt sich auf die Entwicklung von Sprachfähigkeiten erheblich aus. *Language Awareness* ermöglicht es, auf sprachliche Aspekte innerhalb eines Kontextes aufmerksam zu werden, diese gezielt zu fokussieren und über ihre Beschaffenheit und Funktion zu reflektieren (vgl. Hawkins 1987; Gnutzmann 2010). Damit Lehrkräfte diese Kompetenzen bei ihren Lernenden aufbauen können, müssen sie selbst mit entsprechenden Fähigkeiten ausgestattet sein (vgl. Andrews 2007; Sangster, Anderson & O'Hara 2013). Diese Fähigkeiten werden als *Teacher Language Awareness* (TLA) bezeichnet (Breidbach, Elsner & Young 2011: 12). Empirische Forschungen zu diesem Teilaspekt von LA sehen in der TLA die Größe, die sich auf die sprachbezogenen Fähigkeiten der Lehrperson bezieht und vor allem auf ihre Fähigkeiten, im Unterrichtskontext ihre Aufmerksamkeit auf Sprache und sprachliche Phänomene, auf Sprecher(innen) und ihre Sprachkompetenz zu richten und diese in ihren Unterricht sinnvoll einzubeziehen (vgl. Sangster, Anderson & O'Hara 2013).

Hervorzuheben ist im PCK/TLA-Modell nach Andrews, dass sich TLA auf der Grundlage der eigenen, fachbezogenen Kenntnisse (*subject matter knowledge of language*), der eigenen sprachlichen Fähigkeiten (*language proficiency*) und der metakognitiven Fähigkeiten entwickelt, um über das eigene Können zu reflektieren (*reflection on that knowledge*) (Andrews 2007: 28). Auch Andrews sieht eine enge Verbindung zu *beliefs* (z.B. die Einstellungen und Überzeugungen hinsichtlich der Bedeutung von Grammatik) und bezeichnet den Bereich *subject matter knowledge* in seinem aktuellen Modell als *subject matter cognitions* (Andrews 2007: 40ff.). Ein zusätzlicher einflussnehmender Faktor wird in den Selbstwirksamkeitserwartungen gesehen: „teacher's confidence in own explicit grammar knowledge, and communicative ability [...] confidence about assuming responsibiliy for shaping the language-related content of the lesson" (Andrews 2007: 40ff.).

4.4 PCK und Language Awareness im Modell Fach-ProSa

Das für die naturwissenschaftlichen Fächer von Park & Oliver konstruierte Modell PCK bildet zusammen mit TLA die Grundlage für das Modell Fach-ProSa. Als ein zentrales Element in allen Komponenten sind die Sprache bzw. Fachsprache und die sprachliche bzw. fachsprachliche Professionalisierung zu sehen, die sich in der Entwicklung der eigenen fachsprachlichen und sprachlichen Fähigkeiten und dem Aufbau von fachsprachbezogenen fachdidaktischen Förderfähigkeiten ausbilden: „As such, PCK is seen as the overarching knowledge base, and TLA is seen as one subset of the teacher's knowledge bases" (Andrews 2007: 30) (vgl. Abbildung 2).

Die erste Komponente im Modell Fach-ProSa *Orientations to Teaching Science* fokussiert u.a. die *beliefs*, die die Vorstellungen und Überzeugungen widerspiegeln über den Einsatz und die Bedeutung von Sprache im Fach und über die Notwendigkeit, die Bedeutung und die Möglichkeiten der Sprachförderung im Fachunterricht. Die zweite Komponente *Knowledge of Students' Understanding* fokussiert das Wissen über die sprachlichen und fachsprachlichen Fähigkeiten der Lernenden. Hierzu gehört das Wissen über typische sprachliche und fachsprachliche Lernschwierigkeiten und das Wissen über Schüler(innen)vorstellungen im Kontext der Fachsprache. Die dritte Komponente *Knowledge of Science Curriculum* hebt beim fachdidaktischen Wissen und beim Wissen über curriculare Vorgaben die sprachlichen und fachsprachlichen Lernziele hervor und bezieht sich auf die vermittlungsbezogenen Kompetenzen, um sprachliche Fähigkeiten über die Fächergrenzen und innerhalb eines Faches über die gesamte Schulzeit hinweg aufzubauen. Der Bereich umfasst auch die Einordnung von Fachinhalten und fachsprachspezifischen Inhalten (z.B. sprachliche Handlungsformen, vgl. Ehlich & Rehbein [1979] zu sprachlichen Handlungsmustern) in den curricularen Zusammenhang und die Bedeutung dieses einzelnen Bereichs innerhalb des gesamten Curriculums. Die vierte Komponente *Knowledge of Instructional Strategies and Representations* bezieht sich u.a. auf fachsprachspezifische Strategien und allgemeine sprachliche Strategien. Unter allgemeine sprachliche Strategien werden allgemeine methodisch-konzeptionelle Ansätze zur Sprachförderung gefasst, die Lehrkräfte als vereinbar mit den Zielen ihres Fachunterrichts einordnen. Zu den fachsprachspezifischen Strategien werden solche gezählt, die speziell auf den Erwerb der Fachsprache ausgerichtet sind. Die fünfte Komponente *Knowledge of Assessment* bezieht sich auf den Bereich der Erfassung sprachlicher Fähigkeiten der Lernenden und auf den Bereich der Evaluation von Sprachfördermaßnahmen. Die sechste Komponente *self-efficacy*, die Selbstwirksamkeitserwartungen, bezieht sich hier sowohl auf die Einstellungen und Haltungen und auf das Zutrauen hinsichtlich der eigenen sprachlichen und fachsprachlichen Fähigkeiten als auch hinsichtlich der Fähigkeiten zur (fach-)sprachlichen Förderung.

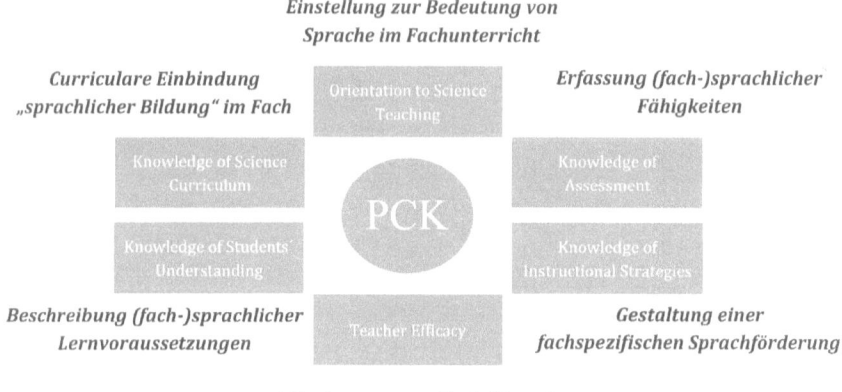

Abb. 2: Fachspezifische Professionalisierung zur Sprachförderung (Fach-ProSa)

4.5 Curriculare Einbindung im Fach

Das Modell Fach-ProSa ist ein entwicklungsorientiertes Modell, in dem der Professionalisierungsprozess des bzw. der Lehramtsstudierenden durch die Wechselwirkung von Theorie und Praxis und durch die Reflexion über den eigenen Entwicklungsprozess vorgesehen ist. Insofern ist der Professionalisierungsprozess im Hinblick auf Ausbau und Entwicklung sprachlicher und fachsprachlicher Fähigkeiten curricular in den gesamten Ausbildungsprozess einzubinden. Die Fachsprache stellt in allen drei Bereichen (Fachwissenschaft, Pädagogik, Fachdidaktik) in allen Komponenten ein wichtiges Element dar, das innerhalb der fachbezogenen Themengebiete mit den fachsprachlichen und sprachlichen Anforderungen verzahnt wird. Grundlegend erfolgt beim Aufbau der sprachbezogenen Fähigkeiten die Sensibilisierung für die Bedeutung der Sprache bzw. der Fachsprache und die Reflexion über den eigenen Kompetenzerwerb.

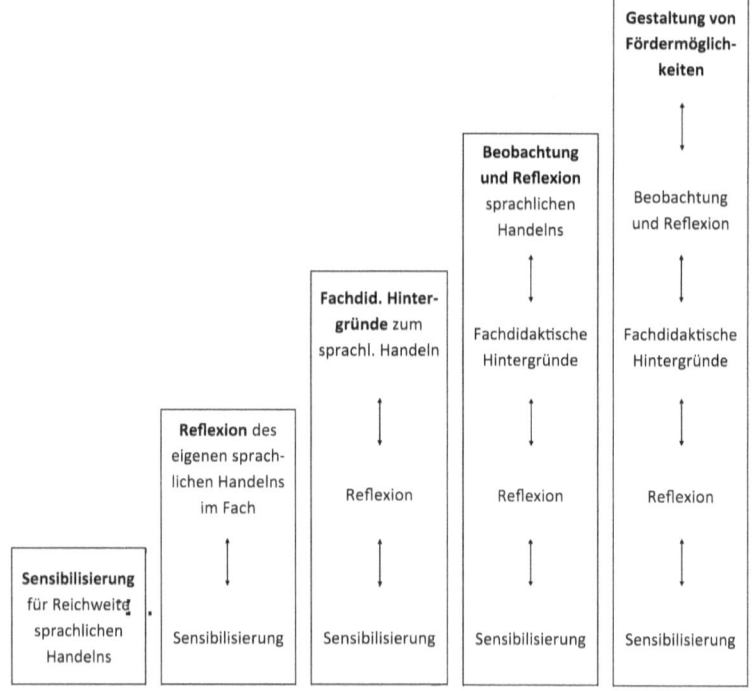

Abb. 3: Curricularer Aufbau

4.6 Konkretisierung am Beispiel der curricularen Verankerung im Fach Chemie

An der Universität Flensburg erfolgt eine Übertragung des Modells Fach-ProSa und seine curriculare Verankerung im Fach Chemie durchgängig ab dem ersten Semester in den fachwissenschaftlich/fachdidaktischen Modulen erstmals seit dem Wintersemester 2013/2014. Es ist vorgesehen, dass es fortlaufend in die Lehrveranstaltungen des Chemiestudiums implementiert wird.

Im Chemiestudium ist die Professionalisierung in enger Anbindung an das fachliche und fachdidaktische Lernen vorgesehen. So beginnt in den ersten drei Semestern eine Förderung der Studierenden in der Befähigung zur Wissenschaftssprache Chemie, indem Anlässe zur mündlichen und vor allem zur schriftsprachlichen Kommunikation gegeben werden. Entsprechende Schreibanlässe finden sich in den ersten Laborpraktika und Tutorien, um insbesondere die akademische Textkompetenz der Studierenden zu fördern. Im weiteren Verlauf werden im dritten und vierten Semester fachdidaktische Hintergründe zur Bedeutung der Sprache im Fach und Möglichkeiten, Schüler(innen) im Kontext des Fachunterrichts zu fördern, beleuchtet. Im vierten Semester absolvieren die Studierenden ein fachdidaktisches Schulpraktikum. In diesem erhalten sie Beobachtungsaufgaben mit dem Fokus auf das sprachliche Handeln im Fachunterricht. Zum Ende des Studiums werden Lerngelegenheiten geschaffen, in denen die Studierenden Förderangebote für Lernende entwickeln, im Unterricht einsetzen und reflektieren lernen. Dazu bietet das Praxissemester im *Master of Education* die entsprechenden Möglichkeiten. Insgesamt ist damit ein kumulativer Aufbau der Professionalisierung zur Sprachförderung gegeben. Wesentlich ist dabei, dass die konzipierten Lehr-Lernmaterialien eng mit dem fachlichen und fachdidaktischen Lernen verknüpft sind.

5 Empirische Begleitforschung

Bisherige Forschungen im Bereich der sprachlichen Förderung im Fach setzen sich vor allem mit den Auswirkungen von spezifischen Förderprogrammen im Hinblick auf den Aufbau von Schüler(innen)kompetenzen auseinander (vgl. Becker-Mrotzek, Schramm, Thürmann & Vollmer 2013). Andere Erhebungen nehmen Bestandsaufnahmen von Lehr-Lernmaterialien in Bezug auf die fachbezogenen sprachlichen Anforderungen vor. In Studien wie COACTIV (vgl. Baumert & Kunter 2006) geht es jeweils um die fachbezogenen Fähigkeiten der Studierenden in den naturwissenschaftlichen bzw. mathematischen Fächern, die Studien TEDS-LT und TEDS-M (vgl. Blömeke et al. 2012) beziehen die Fächer Deutsch und Englisch mit ein, betrachten aber nicht die fachsprachlichen Fähigkeiten von Studierenden. Für das allgemeine sprachliche Können von Lehramtsstudierenden zeigen Scholten-Akoun & Baur (2012) in ihrer Studie, dass dort ein deutlicher Handlungsbedarf besteht. Über die sprachlichen Fähigkeiten im Kontext des Fachs Chemie arbeitet Rautenstrauch (2017).

Zu den Selbstwirksamkeitserwartungen liegen Studien im Bereich des jeweiligen Fachs (vgl. Dalgety & Coll 2006; Busker 2010) oder allgemein bezogen auf den Lehrer(innen)beruf (vgl. Schmitz & Schwarzer 2002) vor, Forschungen zu den Selbstwirksamkeitserwartungen für Lehramtsstudierende in Bezug auf die Sprache im Fach stehen aus.

Insgesamt ist für das Forschungsfeld der Professionalisierung zur Sprachförderung als eine interdisziplinäre Aufgabe zwischen dem Fach Deutsch und den weiteren Fächern ein Forschungsdesiderat zu beschreiben, in dem bisher keine Ergebnisse vorhanden sind. Kenntnisse auf der Grundlage von fachbezogenen Studien aus Einzeldisziplinen lassen vermuten, dass eine tiefergehende Erforschung der genannten Aspekte lohnenswert ist und eine vertiefte Professionalisierung im Hinblick auf Sprachförderung ermöglicht. Ebenso besteht in vielen Bereichen Entwicklungsbedarf für geeignete Testinstrumente. Das Projekt „Fach-ProSa" versucht, diese Forschungslücke zu schließen. Es werden Testinstrumente entwickelt und formativ evaluierend eingesetzt, mit dem Ziel, aufschlussreiche Daten über den Zugewinn einer fachintegrierten sprachbezogenen Professionalisierung zu erhalten. Es erscheint für die Entwicklung von Lernumgebungen notwendig, multiperspektivisch Kenntnisse über die sprachlichen Fähigkeiten im Kontext des Fachs, Selbstwirksamkeitserwartungen sowie Überzeugungen und Vorkenntnisse zur Sprache im Fach und der Sprachförderung im jeweiligen Fach und im Fach Deutsch zu betrachten und diese aufeinander zu beziehen.

6 Literatur

Anderson, John R. (1982): *Kognitive Psychologie*. Heidelberg: Springer.
Andrews, Stephen (2007): *Teacher Language Awareness*. Cambridge: Cambridge University Press.
Bandura, Albert (1982): *Self-efficacy. The exercise of control*. New York: Freeman.
Baumann, Klaus-Dieter (1996): Fachtextsorten und Kognition. Erweiterungsangebote an die Fachsprachenforschung. In Kalverkämper, Hartwig & Baumann, Klaus-Dieter (Hrsg.): *Fachliche Textsorten. Komponenten – Relationen – Strategien*. Tübingen: Narr, 355–387.

Baumann, Klaus-Dieter (2008): Fachstile als Reflex des Fachdenkens. In Krings, Hans P. & Mayer, Felix (Hrsg.): *Sprachenvielfalt im Kontext von Fachkommunikation, Übersetzung und Fremdsprachenunterricht.* Berlin: Frank & Timme, 185–196.

Baumert, Jürgen & Kunter, Mareike (2006): Stichwort: Professionelle Kompetenz von Lehrkräften. *Zeitschrift für Erziehungswissenschaft* 4: 469–520.

Baur, Ruprecht S. & Hufeisen, Britta (Hrsg.) (2011): *„Vieles ist sehr ähnlich". Individuelle und gesellschaftliche Mehrsprachigkeit als bildungspolitische Aufgabe.* Baltmannsweiler: Schneider.

Becker-Motzek, Michael; Schramm, Karen; Thürmann, Eike & Vollmer, Helmut J. (Hrsg.) (2013): *Sprache im Fach. Sprachlichkeit und fachliches Lernen.* Münster: Waxmann.

Blömeke, Sigrid; Bremerich-Vos, Albert; Kaiser, Gabriele; Nold, Günter; Haudeck, Helga; Keßler, Jörg U. & Schwippert, Knut (Hrsg.) (2012): *Professionelle Kompetenzen im Studienverlauf. Weitere Ergebnisse zur Deutsch-, Englisch- und Mathematiklehrerausbildung aus TEDS-LT.* Münster: Waxmann.

Breidbach, Stephen; Elsner, Daniela & Young, Andrea (Hrsg.) (2011): *Language awareness in teacher education. Cultural-political and social-educational perspectives.* Frankfurt a. M.: Lang.

Bromme, Rainer (1992): *Der Lehrer als Experte. Zur Psychologie des professionellen Wissens.* Bern u.a.: Huber.

Budde, Monika A. & Busker, Maike (2015): Modell der Professionalisierung zur Sprachförderung im Fachunterricht: Fach-ProSa. In Bernholt, Sascha (Hrsg.): *Naturwissenschaftliche Bildung zwischen Science- und Fachunterricht. GDCP Tagungsband 2014.* Kiel: IPN, 49–51.

Budde, Monika A. & Busker, Maike (2016): Das Projekt Fach-ProSa – Ein fachintegriertes Modell in der Lehramtsausbildung zur Professionalisierung in der Sprachförderung. In Menthe, Jürgen; Höttecke, Dietmar; Zabka, Thomas; Hammann, Marcus & Rothgangel, Martin (Hrsg.): *Befähigung zu gesellschaftlicher Teilhabe. Beiträge der fachdidaktischen Forschung.* Münster: Waxmann, 69–80.

Buhlmann, Rosemarie & Fearns, Anneliese (1987): *Handbuch des Fachsprachenunterrichts.* Tübingen: Narr.

Busker, Maike (2010): *Entwicklung einer adressatenbezogenen Übungskonzeption im Übergang Schule – Universität auf Basis empirischer Analysen von Studieneingangsvoraussetzungen im Fach Chemie.* Tönning: Der Andere Verlag.

Dalgety, Jacinta & Coll, Richard K. (2006): Exploring First-Year Science Students' Chemistry Self-Efficacy. *International Journal of Science and Mathematics Education* 4: 97–116.

Ehlich, Konrad (1995): Die Lehre der deutschen Wissenschaftssprache. Sprachliche Strukturen, didaktische Desiderate. In Kretzenbacher, Heinz L. & Weinrich, Harald (Hrsg.): *Linguistik der Wissenschaftssprache.* Berlin, New York: de Gruyter, 325–351.

Ehlich, Konrad & Rehbein, Jochen (1979): Sprachliche Handlungsmuster. In Soeffner, Hans-Georg (Hrsg.): *Interpretative Verfahren in den Sozial- und Textwissenschaften.* Stuttgart: Metzler, 243–273.

Feilke, Helmut (2012): Bildungssprachliche Kompetenzen – fördern und entwickeln. *Praxis Deutsch* (233): 4–13.

Fluck, Hans-Rüdiger (1992): *Didaktik der Fachsprachen.* Tübingen: Narr.

Fluck, Hans-Rüdiger (2002): Fachkommunikation und Deutschunterricht. Zur Einführung. *Der Deutschunterricht* 5: 3–7.

Fluck, Hans-Rüdiger (2006): Fachsprachen und Fachkommunikation im Sprachunterricht. In Neuland, Eva (Hrsg.): *Variationen im heutigen Deutsch: Perspektiven für den Sprachunterricht.* Frankfurt a. M.: Lang, 289–304.

Fluck, Hans-Rüdiger (2016): Zur Rolle der Sprache in der Bildung im Zuge der Etablierung technisch-naturwissenschaftlicher Fächer an Universitäten und Schulen. In Kilian, Jörg; Brouër, Birgit & Lüttenbert, Dina (Hrsg.): *Handbuch Sprache der Bildung.* Berlin, Boston: de Gruyter, 205–228.

Gnutzmann, Claus (2010). Language Awareness. In Hallet, Wolfgang & Königs, Frank G. (Hrsg.): *Handbuch Fremdsprachendidaktik.* Seelze-Velber: Klett, Kallmeyer, 115–119.

Hachfeld, Axinja (2012): Lehrerkompetenzen im Kontext sprachlicher und kultureller Heterogenität im Klassenzimmer. Welche Rolle spielen diagnostische Fähigkeiten und Überzeugungen? In Winters-Ohle, Elmar; Seipp, Bettina & Ralle, Bernd (Hrsg.): *Lehrer für Schüler mit Migrationsgeschichte.* Münster: Waxmann, 47–65.

Hawkins, Eric W. (1987). *Awareness of language. An introduction.* Rev. ed. Cambridge [Cambridgeshire], New York: Cambridge University Press.

Hoffmann, Lothar (1985): *Kommunikationsmittel Fachsprache: Eine Einführung.* Tübingen: Narr.

Klieme, Eckhard; Artelt, Cordula; Hartig, Johannes; Jude, Nina; Köller, Olaf; Prenzel, Manfred; Schneider, Wolfgang & Stanat, Petra (Hrsg.) (2010): *PISA 2009. Bilanz nach einem Jahrzehnt.* Münster u.a.: Waxmann.

Knobloch, Rebecca; Sumfleth, Elke & Walpuski, Maik (2011): Analyse der Schüler-Schüler-Kommunikation im Chemieunterricht. *CHEMKON* 18: 1–6.

Kobow, Iwen & Walpuski, Maik (2012): Entwicklung und Validierung eines Tests zur Kommunikationskompetenz. In Bernholt, Sascha (Hrsg.): *Konzepte fachdidaktischer Strukturierung für den Unterricht.* Berlin: LIT, 506–508.

König, Johannes (2010): Lehrerprofessionalität. Konzepte und Ergebnisse der internationalen und deutschen Forschung am Beispiel fachübergreifender, pädagogischer Kompetenzen. In König, Johannes & Hofmann, Bernhard (Hrsg.): *Professionalität von Lehrkräften. Was sollen Lehrkräfte im Lese- und Schreibunterricht wissen und können?* Berlin: DGLS, 40–105.

Kultusministerkonferenz (KMK) (2004): *Bildungsstandards im Fach Chemie für den mittleren Schulabschluss.* Beschluss vom 16.12.2004.

Leisen, Josef (2013): *Handbuch Sprachförderung im Fach. Sprachsensibler Fachunterricht in der Praxis. Grundlagenwissen, Anregungen und Beispiele für die Unterstützung von sprachschwachen Lernern und Lernern mit Zuwanderungsgeschichte beim Sprechen, Lesen, Schreiben und Üben im Fach.* Stuttgart: Klett.

Markic, Silvija; Broggy, Joanne & Childs, Peter (2013): How to deal with linguistic issues in the chemistry classroom. In Eilks, Ingo & Hofstein, Avi (Hrsg.): *Teaching Chemistry – A studybook. A practical guide and textbook for student teachers, teacher trainees and teachers.* Rotterdam: Sense, 127–152.

Moschner, Barbara & Dickhäuser, Oliver (2006): Selbstkonzept. In Rost, Detlef H. (Hrsg.): *Handwörterbuch Pädagogische Psychologie.* Weinheim: Beltz, 760–767.

Parchmann, Ilka & Bernholt, Sascha (2013): In, mit und über Chemie kommunizieren. Chancen und Herausforderungen von Kommunikationsprozessen im Chemieunterricht. In Becker-Mrotzek, Michael; Schramm, Karen; Thürmann, Eike & Vollmer, Helmut J. (Hrsg.): *Sprache im Fach. Sprachlichkeit und fachliches Lernen.* Münster: Waxmann, 241–253.

Park, Soonhye & Oliver, James S. (2008): Revisiting the Conceptualisation of Pedagogical Content Knowledge (PCK): PCK as a Conceptual Tool to Understand. *Research in Science Education* 4: 261–284.

Prediger, Susanne (2013): Darstellungen, Register und mentale Konstruktion von Bedeutungen und Beziehungen. Mathematikspezifische sprachliche Herausforderungen identifizieren und überwinden. In Becker-Mrotzek, Michael; Schramm, Karen; Thürmann, Eike & Vollmer, Helmut J. (Hrsg.): *Sprache im Fach. Sprachlichkeit und fachliches Lernen.* Münster: Waxmann, 167–183.

Prediger, Susanne (2016): Wer kann es auch erklären? Sprachliche Lernziele identifizieren und verfolgen. *Mathematik differenziert* 7 (2): 6–9.

Rautenstrauch, Hanne (2017): *Erhebung des (Fach-)Sprachstandes bei Lehramtsstudierenden im Kontext des Faches Chemie. Studien zum Physik- und Chemielernen.* Berlin: Logos.

Roelcke, Thorsten (2009): Fachsprachliche Inhalte und fachkommunikative Kompetenzen als Gegenstand des Deutschunterrichts für deutschsprachige Kinder und Jugendliche. *Fachsprache. International Journal of Specialized Communication* 1-2: 6–20.

Sangster, Pauline; Anderson, Charles & O'Hara, Paul (2013): Perceived actual levels of knowledge about language amongst primary and secondary student teachers. Do they know what they think they know? *Language Awareness* 22 (4): 293–319.

Scholten-Akoun, Dirk & Baur, Rupprecht (2012): Der C-Test als ein Instrument zur Messung der Schriftsprachkompetenzen von Lehramtsstudierenden (auch) mit Migrationshintergrund – eine Studie. In Ahrenholz, Bernt & Knapp, Werner (Hrsg.): *Sprachstand erheben – Spracherwerb erforschen.* Freiburg: Fillibach, 307–330.

Shulman, Lee S. (1986). Those who understand. *Educational Researcher* 15: 4–14.

Shulman, Lee S. & Shulman, Judith H. (2004): How and what teachers learn: a shifting perspective. *Journal of Curriculum Studies* 36: 257–271.

Schmitz, Gerdamarie S. & Schwarzer, Ralf (2002): Individuelle und kollektive Selbstwirksamkeitserwartung von Lehrern. *Zeitschrift für Pädagogik Beiheft* 44: 192–214.

Steinhoff, Torsten (2007): *Wissenschaftliche Textkompetenz. Sprachgebrauch und Schreibentwicklung in wissenschaftlichen Texten von Studenten und Experten.* https://books.google.de/books?id=cTGzXdScnw4C *(15.05.2018).*

Tajmel, Tanja & Starl, Klaus (2009): *Science Education Unlimited.* Münster u.a.: Waxmann.

Christina Keimes, Volker Rexing
Textrezeptive Anforderungen in der Ausbildung. Eine Studie zur Bedeutung von Lesekompetenz in gewerblich-technischen Ausbildungsberufen

1 Problemstellung und Ausgangslage

Im Vergleich zur ersten PISA-Studie (vgl. Artelt, Stanat, Schneider & Schiefele 2001) zeichnet sich in Hinblick auf textrezeptive Fähigkeiten durchaus ein positiver Entwicklungstrend ab. Die Gruppe der leistungsschwachen Schüler(innen) hat sich allerdings weiterhin nicht verändert. So bleibt insgesamt immer noch eine große Gruppe der 15-Jährigen auf den untersten Kompetenzstufen (Weis et al. 2016: 267). Wie die Befunde der ULME-Studien (Untersuchungen von Leistungen, Motivation und Einstellungen) zeigen, sind die Leseleistungen auch nach dem Eintritt in die berufliche Bildung bedenklich. So konstatieren die Ergebnisse der dritten ULME-Studie, dass lediglich 5,6 % der Jugendlichen fähig waren, detailreiche und komplex strukturierte Dokumente zu analysieren und ihnen gezielt Informationen zu entnehmen (vgl. Behörde für Schule und Berufsbildung 2013).

Dass solche Befunde von erheblicher Reichweite sind, ist offensichtlich. Mangelnde Lesekompetenz betrifft nicht nur das lebenslange Lernen, sondern auch Fragen nach den kulturellen, sozialen und nicht zuletzt ökonomischen Teilhabemöglichkeiten in einer Gesellschaft. Die große Anzahl sog. funktionaler Analphabeten in Deutschland illustriert dies unmissverständlich: Seit der leo. (Level-One Studie) ist bekannt, dass 7,5 Millionen Deutsch sprechende Erwachsene im Alter zwischen 18 und 64 Jahren nicht die gesellschaftlichen Mindestanforderungen an die Beherrschung der Schriftsprache erfüllen (vgl. Grotlüschen & Riekmann 2012). Sie verfügen nur über begrenzte Lese- und Schreibkenntnisse, die einer selbstständigen gesellschaftlichen Teilhabe entgegenstehen, und haben große Schwierigkeiten, den beruflichen Anforderungen der modernen Arbeitswelt zu genügen. Dabei sind sprachliche Kompetenzen, insbesondere Lesekompetenz, Medium zum Erwerb und Grundstein beruflicher Handlungskompetenz (vgl. z.B. Ziegler 2016).

Die Reaktionen auf die Defizitbefunde sind vielfältig und spiegeln sich vor allem in den zahlreichen Förderinitiativen wider, deren Zielperspektive die Förderung literaler Kompetenzen ist. Auch für die berufliche Bildung wurde eine Reihe von Förderkonzepten bzw. Modellversuchen konzipiert, die allesamt Berufsschüler(innen) bei der Entwicklung ihrer Basis- und vorrangig Lesekompetenzen zu unterstützen suchten. In diesem Zusammenhang sind zahlreiche Projekte der Deutschdidaktik, der Berufs- und Wirtschaftspädagogik und außeruniversitären Institutionen entstanden. Eine nähere Auseinandersetzung mit den einzelnen Förderbemühungen zeigt allerdings, dass diese nur wenige Aussagen zu deren tatsächlicher Wirksamkeit gestatten (vgl. hierzu Keimes & Rexing 2011, i.Dr.). Auf die Lesekompetenz bezogene Förderprogramme wurden entweder unzureichend evaluiert oder konnten keine substanziellen Befunde hervorbringen. Lediglich ein Projekt zur Leseförderung im berufsbildenden Bereich wurde mit belastbaren Daten hinsichtlich seiner Wirksamkeit evaluiert. Allerdings ließen sich auch für *Reciprocal Teaching* – für das in anderen Kontexten weit überdurchschnittliche Effektstärken berichtet werden konnten – im Unterricht der Berufsschule kaum signifikante Effekte erzielen (vgl. im Überblick Gschwendtner 2012).

Als ursächlich für die ausbleibenden Fördererfolge nehmen Norwig, Ziegler, Kugler & Nickolaus (2013) verschiedene Ursachen an: Schwierige Lernvoraussetzungen, konzeptionelle Schwächen der Förderprogramme oder diagnostische Defizite sind einige der vermuteten Gründe für ausbleibende Erfolge. Neben den geringen Interventionseffekten zeichneten sich überdies teilweise problematische motivationale Entwicklungen ab. Das heißt, die Motivation der Auszubildenden stagnierte bzw. entwickelte sich mitunter sogar ungünstig (vgl. hierzu Norwig, Ziegler, Kugler & Nickolaus 2013).

So liegt der Schluss nahe, dass es einer Interventionsforschung bedarf, die die Besonderheiten der beruflichen Bildung – im Sinne einer adressaten- und domänenspezifischen Förderung – in den Blick nimmt. Im Anschluss an Nickolaus (2013) wäre beispielsweise zu klären, ob Förderbemühungen, die die beruflichen Handlungskontexte systematischer berücksichtigen, eher zu den gewünschten Effekten führen. In dieser Zielperspektive scheint es sinnvoll zu sein, die betriebliche Ausbildungsrealität zum Ausgangspunkt aller Förderbemühungen zu machen. Ein solches Vorgehen erlaubt es, Leseförderung handlungsorientiert in authentischen Kontexten und angebunden an reale berufliche Anforderungen umzusetzen.

2 Forschungsstand

Obwohl die Bedeutung sprachlich-kommunikativer Kompetenz für den Erwerb und die Ausübung beruflicher Handlungskompetenz außer Frage steht, war über die vielfältigen sprachlich-kommunikativen Anforderungen, die in einzelnen Ausbildungsberufen bestehen, lange Zeit vergleichsweise wenig bekannt.

Zwischenzeitlich liegen erste Studien zu sprachlich-kommunikativen Anforderungen in der Ausbildung, hier insbesondere am Lernort Betrieb, vor. Diese beziehen sich z.B. auf sprachlich-kommunikative Schwierigkeiten in der betrieblichen Ausbildung (vgl. Bethscheider, Käferlein & Kimmelmann 2016) oder auf erwachsene Erwerbstätige im Hinblick auf zweit- und fremdsprachliches Handeln (vgl. z.B. DIE 2010; im Überblick Efing 2013). Weitere Untersuchungen fokussieren die spezifischen kommunikativen Anforderungen an Auszubildende (vgl. Efing 2010 für Auszubildende in der Industrie, 2012; Knapp, Pfaff & Werner 2008; insbesondere aus der Subjektperspektive Radspieler 2014; zu schriftsprachlichen Kompetenzen z.B. Baumann & Siemon 2013). Ferner liegen Untersuchungen zu sprachlich-kommunikativen Anforderungen in Fachbüchern bzw. Fachtexten vor (vgl. Niederhaus 2010; für Auszubildende mit besonderem Förderbedarf vgl. Eckardt-Hinz, Hanisch, Heisler & Mannhaupt 2013) sowie Inhaltsanalysen von beruflichen Ordnungsmitteln (vgl. z.B. Efing 2013; Kaiser 2012). Darüber hinaus wurden vereinzelt Vorschläge für die Sprachförderung von Berufsschüler(inne)n mit und ohne Migrationshintergrund veröffentlicht (z.B. Brünner 2007; Grundmann 2007; Ohm, Kuhn & Funk 2007), die mitunter detailreiche und praxisnahe methodische Hinweise und Materialien bereitstellen und breit rezipiert werden (vgl. insbesondere Leisen 2010).

Was jedoch fehlte, ist eine systematische Untersuchung der (Ausbildungs-)realität in einem Berufsfeld, die durchgängig die Lesekompetenz fokussiert sowie die domänenspezifischen Leseanforderungen analysiert und reflektiert. Ebendieses Desiderat wurde im Rahmen einer explorativen Studie aufgegriffen. Folgende Fragestellungen waren hier leitend:

1. Welche Relevanz hat Lesekompetenz in der (Ausbildungs-)Realität gewerblich-technischer Bildungsgänge?
2. Welche kognitiven Anforderungen stellen die identifizierten Leseanlässe/Texte an Auszubildende (und Facharbeiter[innen])?
3. Welche motivationalen Implikationen zeigen sich bei Auszubildenden gewerblich-technischer Bildungsgänge?

3 Anlage der Studie

Im Zentrum der Untersuchung standen die Ausbildungsberufe Maurer(in) bzw. Straßenbauer(in). Die Wahl dieser Zielgruppe resultierte im Wesentlichen aus folgenden Überlegungen: Auszubildende im Bereich des Handwerks, die 2013 bzw. 2014 einen Ausbildungsvertrag neu abgeschlossen haben, verfügten als höchsten allgemeinbildenden Schulabschluss überwiegend über einen Hauptschulabschluss (2013: 49,2 %, 2014: 46,2 %; BIBB 2016: 165). Insofern ist davon auszugehen, dass überwiegend Jugendliche mit formal eher schwächeren Qualifikationen in das duale System bzw. in handwerkliche Ausbildungsberufe einmünden, zu deren Kreis mit einiger Sicherheit auch Auszubildende zum/zur Maurer(in) bzw. Straßenbauer(in) gehören dürften (vgl. hierzu Eckardt-Hinz, Hanisch, Heisler & Mannhaupt 2013). Angesichts der erheblichen Leseschwächen, die insbesondere bei Schüler(inne)n der Hauptschule diagnostiziert wurden[1] (Prenzel, Sälzer, Klieme & Köller 2013: 237), ist begründet anzunehmen, dass in der beruflichen Ausbildung nicht mit einer ausreichend ausgeprägten Lesekompetenz der Auszubildenden gerechnet werden kann. Dies gilt vermutlich auch für die Zielgruppe der Untersuchung.

Ferner liegen für die ausgewählten Ausbildungsberufe repräsentative Auszubildendenzahlen vor – im Jahr 2012 gehörte z.B. der Ausbildungsberuf des Maurers zu den 25 am häufigsten von jungen Männern besetzten Berufen (BMBF 2013: 20). Auch der aktuelle Berufsbildungsbericht des BMBF (2016) kommt zu demselben Ergebnis. Demnach ist der Beruf des Maurers auch nach Abschluss der Untersuchung einer der beliebtesten Ausbildungsberufe bei jungen Männern. Neben der Repräsentanz der Ausbildungsberufe wurden die Straßenbauer(in) und Maurer(in) gewählt, da viele Charakteristika beider Berufsbilder im Hinblick auf Tätigkeiten, Arbeitsorganisation etc. auch für andere Berufe des Berufsfeldes typisch sind und insoweit ggf. eine Übertragbarkeit der Erkenntnisse erlauben.

Als Zugang zu diesem vergleichsweise komplexen Forschungsfeld wurde im Sinne einer Methoden-Triangulation eine Kombination mehrerer Verfahren zur Datenerhebung und -auswertung gewählt, um die Forschungsfragen mehrperspektivisch zu untersuchen (vgl. Tabelle 1). Da das Forschungsfeld als bislang

---

[1] Der Anteil der leseschwachen 15-Jährigen (Kompetenzstufe Ia oder darunter) liegt bei Schüler(inne)n, die eine Hauptschule besuchen, bei 43,8 %. In der jüngsten PISA-Studie hat keine Unterscheidung nach den einzelnen Schularten in Deutschland stattgefunden. Hier wurde lediglich zwischen gymnasialen oder nicht gymnasialen Schularten unterschieden – insoweit wird hier nicht die aktuelle Studie zitiert.

wenig erschlossen einzuschätzen ist, diente die Studie zunächst vorrangig der Exploration und Deskription. Entsprechend dem Forschungsgegenstand folgten die Forschungsmethoden primär der berufswissenschaftlichen Qualifikationsforschung (Spöttl 2008: 163). Dies resultierte aus der primären Zielperspektive des Projektes, die leserelevanten Inhalte berufsförmig organisierter Arbeit so zu erschließen, dass sich aus dieser Perspektive Empfehlungen für die Förderung von Lesekompetenz ableiten lassen.

Tab. 1: Forschungsfragen und Methoden (eigene Darstellung)

Forschungsfrage	Methodischer Zugang
Welche Relevanz hat Lesekompetenz in der (Ausbildungs-)Realität gewerblich-technischer Bildungsgänge?	Experteninterviews mit Akteuren der Baupraxis bzw. Ausbildern (N=14) Gruppeninterviews (N=32)
Welche kognitiven Anforderungen stellen die identifizierten Leseanlässe/Texte an Auszubildende (und Facharbeiter[innen])?	Kognitionstheoretische Analyse der Leseanlässe/Texte in Anlehnung an das Modell funktionaler Lesekompetenz (vgl. Ziegler et al. 2012)
Welche motivationalen Implikationen zeigen sich bei Auszubildenden gewerblich- technischer Bildungsgänge?	Schriftliche Befragungen von Auszubildenden (N=188)

Konkret wurden zum einen 14 systematisierende Experteninterviews (Bogner & Menz 2009: 63f.) mit Ausbildungsverantwortlichen durchgeführt. Befragt wurden hierzu formal bzw. informell qualifizierte Ausbilder, die neben ihrem Blick auf die betriebliche Ausbildungspraxis über praxisbasiertes Handlungs- und Erfahrungswissen verfügten (Bogner & Menz 2005: 37). Im Fokus stand die Bedeutung von Lesekompetenz für eine erfolgreiche Berufsausbildung und langfristige berufliche Tätigkeit.

Zum anderen wurden leitfadengestützte Gruppeninterviews mit 32 männlichen Auszubildenden zum Maurer bzw. Straßenbauer geführt, um deren subjektiv wahrgenommene Bedeutung von Lesekompetenz in betrieblichen Arbeits- und Ausbildungsprozessen zu erfassen. Die Interviews wurden als halbstrukturierte Interviews angelegt, um in einer offenen Interviewsituation seitens der Befragten Narrationen herauszufordern und Raum für multiperspektivische Breite zu bieten. Für das Gelingen der Interviews resultierte daraus die Notwendigkeit eines Leitfadens, der nicht im Sinne eines starren Ablaufschemas, sondern eines thematischen Tableaus verwendet und situationsgerecht ad hoc angepasst werden konnte.

Die Auswertung des erhobenen Datenmaterials erfolgte in mehreren Teilschritten: Zunächst wurden die Tonaufzeichnungen der Experteninterviews gemäß dem gesprächsanalytischen Transkriptionssystem verschriftlicht. Vor dem Hintergrund des Forschungsanliegens war die Erstellung von Basistranskripten ausreichend (vgl. hierzu Keimes 2014). Anders als bei den Experteninterviews wurde aus forschungsökonomischen Gründen bei den Gruppeninterviews auf eine detaillierte Transkription verzichtet. Stattdessen wurden ausführliche Gesprächsinventare angelegt, in denen die Gesprächsbeiträge der Auszubildenden z.T. wörtlich, aber sprachlich geglättet erfasst wurden. Auf diese Weise wurden elaborierte Gesprächsabbilder erzeugt, die die Basis für die weitere Auswertungsarbeit darstellten (vgl. Keimes 2014).

Die Auswertung der Interviews erfolgte in Anlehnung an die qualitative Inhaltsanalyse (vgl. Mayring 2015). Im Unterschied zu anderen Interpretationsverfahren besteht deren Stärke in der Zergliederung des Analyseprozesses in einzelne Interpretationsschritte, die einen methodisch kontrollierten und – insoweit – intersubjektiv überprüfbaren Analysevorgang unterstützen. Im Sinne inhaltsanalytischer Gütekriterien war der Auswertungsprozess geprägt von den Prinzipien der formativen und summativen Reliabilitätsprüfung. Im Rahmen der formativen Reliabilitätsprüfung wurde der gesamte Auswertungsprozess von zwei Kodierern durchgeführt und überprüft. Für die Experteninterviews erfolgte zusätzlich eine summative Reliabilitätsprüfung. Hierzu wurde die Maßzahl der Interkoderreliabilität mithilfe entsprechender Software (MAXQDA) ermittelt, um das Kodierverhalten der beiden Rater zu vergleichen. Das Ergebnis der Reliabilitätsprüfung zeigte bei einer dem wissenschaftlichen Standard entsprechenden Prozentschwelle von 90 Werte zwischen .81 und 1.0 und ist damit als gut bis sehr gut zu bewerten (vgl. ausführlich Keimes 2014).

Für die Erfassung der Lesemotivation wurde eine schriftliche Befragung mit 188 Auszubildenden an überbetrieblichen Berufsbildungsstätten der Handwerkskammer Aachen sowie der Industrie- und Handelskammer Köln durchgeführt. Der eingesetzte Fragebogen bestand aus drei Teilen mit insgesamt 30 Items. Teil 1 umfasste Items zu persönlichen und soziodemografischen Angaben der Befragten. Teil 2 beinhaltete Fragen zur habituellen und schulspezifischen Lesemotivation. Teil 3 des Fragebogens fokussierte explizit die berufliche Relevanzzuschreibung von Lesen als bedeutsamem Prädiktor für die habituelle und aktuelle Lesemotivation (vgl. ausführlich Rexing, Keimes & Ziegler 2016).

Die über die Interviews erhobenen beruflich relevanten Texte und Leseanforderungen stellten die Basis dar, um im Sinne von Forschungsfrage 2 die den Textmaterialien inhärenten Leseanforderungen kognitionstheoretisch zu analysieren. Die Analyse erfolgte dabei in Anlehnung an das Modell der funktionalen

Lesekompetenz (vgl. hierzu Ziegler, Balkenhol, Keimes & Rexing 2012), das im Rahmen der Ergebnisdarstellung skizziert wird.

4 Ausgewählte Ergebnisse

Nachfolgend werden entlang der einzelnen Forschungsfragen wesentliche Ergebnisse des Forschungsprojektes skizziert. Dabei wird weder Vollständigkeit noch Repräsentativität beansprucht.

4.1 Forschungsfrage 1

Aus der Erfahrung der befragten Ausbildungspersonen ist Lesen in der betrieblichen Praxis offensichtlich nicht notwendig. Auch in der Wahrnehmung eines Auszubildenden werden sie nur wenig im Lesen beruflich relevanter Texte eingebunden. Insoweit kann festgehalten werden, dass betriebliche Lehr- und Lernprozesse in den untersuchten Berufen offenkundig wenig textgebunden sind.

Tab. 2: Leserelevante Dokumente in der betrieblichen (Ausbildungs-)Praxis (Keimes 2014: 168)

Textmaterial	Hierarchieebene		
	Auszubildende	Facharbeiter	Personen mit Führungsverantwortung
Zeichnungen	•	•	•
Betriebsanleitungen von Geräten	•	•	•
Produkt-/Verarbeitungshinweise	•	•	•
Arbeitsanweisungen	•	•	•
Sicherheitshinweise	•	•	•
Unfallverhütungsvorschriften	•	•	•
Lieferscheine		•	•
Materialzettel		•	•
Aufgaben- und Auftragsmappen		•	•
Personaleinsatzpläne		•	•

Textmaterial	Hierarchieebene	
Leistungsverzeichnisse	•	•
Checklisten	•	•
gesetzliche Vorschriften	•	•
Tabellenwerke		•
Fachzeitschriften		•
Normen		•
Bodengutachten		•
Statiken		•
E-Mails/Schriftverkehr		•
Genehmigungen		•
Tagesberichte		•
Bauzeitenpläne		•
Kalkulationen		•

Eine Ausnahme stellen dabei offensichtlich Personen mit Führungsverantwortung dar. Im mittleren Baumanagement ist eine Auseinandersetzung mit schriftlichen Dokumenten durchaus notwendig. Mit zunehmender beruflicher Verantwortung steigt die Bedeutung des Textverstehens. Die Relevanz des Lesens innerhalb eines Betriebes ist insoweit gewissermaßen hierarchiegebunden.

Die These der Hierarchiegebundenheit des Lesens spiegelt sich auch sehr deutlich in den Texten, die aus dem Interviewkorpus extrahiert werden konnten (vgl. Tabelle 2). Wie aus der Übersicht hervorgeht, können für Auszubildende vergleichsweise wenige leserelevante Dokumente identifiziert werden; mit zunehmender Qualifikation wächst das Korpus bzw. das Spektrum relevanter Texte jedoch und damit auch die Anforderung an das Textverstehen. Tätigkeiten, die textrezeptive Fähigkeiten voraussetzen, obliegen hauptsächlich Personen mit Führungsverantwortung und in geringerem Maße Facharbeiter(inne)n. Mit Ausnahme von Bauzeichnungen gibt es nur wenige schriftliche Dokumente, die von Auszubildenden regelmäßig gelesen werden müssen.

Weiterhin wurden, ausgehend von der Analyse der Experten- und Gruppeninterviews, kontextsensitiv textrezeptive Handlungsfelder abgeleitet, die typische Anforderungen betrieblicher Arbeit an die Lesekompetenz abbilden (vgl. Tabelle 3). Die Ergebnisse der Untersuchung und deren Systematisierung sind als Versuch zu verstehen, einen Überblick über die arbeitsplatzunabhängigen, berufstypischen Leseanforderungen darzustellen. Der Begriff Handlungsfeld ist dabei aus dem berufspädagogischen Kontext adaptiert und bezeichnet „zusammengehörige Aufgabenkomplexe mit beruflichen [...] Handlungssituationen, zu deren Bewältigung befähigt werden soll" (Bader & Schäfer 1998: 229).

Die im Rahmen des Projektes entwickelten textrezeptiven Handlungsfelder zeichnen sich ebenfalls durch ihre Nähe zu den realen betrieblichen Strukturen der untersuchten Ausbildungsberufe aus und bilden jene Arbeitssituationen ab, in denen zur Bewältigung einer betrieblichen Anforderung Textverstehen notwendig ist (vgl. hierzu Keimes 2014).

Insgesamt wurden aus der Synopse der Interviewtranskriptionen elf Handlungsfelder abgeleitet, die die textrezeptiven Anforderungen in konkreten beruflichen Handlungssituationen beinhalten. Die Handlungsfelder 9 bis 11 sind in Tabelle 3 in kursiver Schrift aufgeführt, weil sie sich von den übrigen insofern abgrenzen, als es sich hierbei um eher situationsübergreifende Handlungsfelder handelt, die Arbeitsprozesse fortwährend begleiten.

Tab. 3: Textrezeptive Handlungsfelder (Keimes 2014: 179)

Textrezeptive Handlungsfelder	Bezeichnung	Textmaterial (Auswahl)
HF 1	Arbeitsplanung/-organisation	Zeichnungen Personaleinsatzpläne Leistungsverzeichnisse
HF 2	Materialbeschaffung und -annahme	Lieferscheine Materialzettel
HF 3	Ausführung/Erstellung von Bauteilen	Leistungsverzeichnisse
HF 4	Arbeit mit Maschinen und Elektrogeräten	Betriebsanleitungen von Geräten
HF 5	Gewährleistung der Sicherheit	Sicherheitshinweise Unfallverhütungsvorschriften gesetzliche Vorschriften
HF 6	Reaktion auf Bauablaufstörungen	Bodengutachten Statiken
HF 7	Qualitätskontrolle und -sicherung	Produkt- und Verarbeitungshinweise Checklisten
HF 8	Kontrolle der Wirtschaftlichkeit	Kalkulationen
HF 9	Kommunikation mit internen Akteuren	Arbeitsanweisungen Aufgaben- und Auftragsmappen

Textrezeptive Handlungsfelder	Bezeichnung	Textmaterial (Auswahl)
HF 10	Kommunikation mit externen Akteuren	E-Mails/Schriftverkehr
HF 11	Lehr-/Lernprozesse im Kontext Aus- und Weiterbildung	Tagesberichte Fachzeitschriften

Ein Beispiel zur Illustration: Handlungsfeld 1 umfasst z.B. Tätigkeiten und Aufgaben, welche die Ausführung und Erstellung von Bauteilen betreffen. Bei allen Arbeitsabläufen in Unternehmen kommt es mit der Erfüllung von Arbeitsaufgaben zu Ergebnissen der geleisteten Arbeit. Diese reichen von der Erstellung einzelner Bauteile über Gewerke bis zur Fertigstellung eines gesamten Bauwerks. Die Ergebnisse unterstehen einer mehr oder weniger stark formalisierten Kontrolle durch Vorgesetzte, interne oder externe Bauleitungen und sind in den Leistungsverzeichnissen aufgeführt. Diese dokumentieren „vom Auftraggeber genau die Arbeiten [...], die draußen produziert oder erstellt werden sollen" (Experteninterview 1). Ein qualifizierter Geselle bzw. Facharbeiter muss daher „das Leistungsverzeichnis konkret lesen, das heißt, er muss wissen, was er baut, muss die einzelnen Leistungspositionen verstehen und dann praktisch umsetzen können" (Experteninterview 1) (Keimes 2014: 181f.).

Zu Zwecken der Qualitätskontrolle und -sicherung werden Produkt-, Ausführungs- und Verarbeitungshinweise gelesen. Diese beinhalten Informationen zu Baustoffen im Hinblick auf deren Zusammensetzung und Eigenschaften. Darüber hinaus regeln sie i.d.R. Lagerung, Verarbeitung und Nutzung der Baustoffe. Ein Befragter formuliert dies wie folgt:

> Die [Mitarbeiter] müssen natürlich Texte verstehen können, zum Beispiel auf einem Sack Fliesenkleber, damit die sich die Verarbeitungshinweise durchlesen und wissen, wie lange sie mit dem Material arbeiten können, welche Temperaturen sie mindestens haben müssen, um das Material einsetzen zu können. Man kann selbst als Polier nicht alles wissen. Wir müssen uns jeden Tag aufs Neue auf Materialien einlassen und uns immer wieder auf neue Gegebenheiten einstellen und somit auch lesen. (Experteninterview 6)

4.2 Forschungsfrage 2

Mit Blick auf die Frage, wie nun eine gelingende Förderung von Lesekompetenz zu gestalten sei, erscheint es unerlässlich, die berufsspezifischen Leseanforderungen weiter zu konkretisieren. Zur Ermittlung der Leseanforderungen wird auf das Modell der funktionalen Lesekompetenz rekurriert. Der Begriff funktionale Lesekompetenz wurde von Ziegler, Balkenhol, Keimes & Rexing (2012: 5) geprägt und bezeichnet „das Lesen in alltäglichen und beruflichen Handlungskontexten [...]; zentrale Funktion des Lesens ist die Umsetzung der Informationen". Das Modell der funktionalen Lesekompetenz wurde originär als Diagnoseinstrument für die Erfassung von Lesekompetenzen in authentischen beruflichen Anforderungskontexten entwickelt, um die besonderen Charakteristika domänenspezifischer Leseanforderungen angemessener zu berücksichtigen (vgl. Ziegler, Balkenhol, Keimes & Rexing 2012). Im Rahmen des Projektes wurde der Versuch unternommen – sozusagen aus einer umgekehrten Blickrichtung – reale domänenspezifische Leseanforderungen mithilfe dieses Modells zu systematisieren. Das Modell der funktionalen Lesekompetenz fußt dabei auf den kognitionstheoretischen Überlegungen zum Modell des Text- und Bildverstehens von Schnotz & Bannert (2003: 145).

Im Modell der funktionalen Lesekompetenz werden die domänenspezifischen Leseanforderungen systematisiert und kognitionstheoretisch reflektiert. Dazu wird das berufsspezifische Material in Abhängigkeit von den identifizierten betrieblichen Handlungssituationen in eine von drei Anforderungsklassen bzw. Repräsentationsformaten des Modells funktionaler Lesekompetenz eingeordnet (vgl. hierzu Ziegler, Balkenhol, Keimes & Rexing 2012).

Tab. 4: Einordnung der Texte in das Modell der funktionalen Lesekompetenz (Keimes 2014: 192)

Anforderungsklassen	Repräsentationsformate		
	deskriptional (Auswahl)	depiktional (Auswahl)	gemischte Formate (Auswahl)
Identifizieren			Personaleinsatzpläne (HF 1)
Integrieren	Unfallverhütungsvorschriften (HF 5)	Sicherheitshinweise (HF 5)	Lieferscheine (HF 2) Leistungsverzeichnis (HF 8) Kalkulationen (HF 8)
Generieren		Zeichnungen (HF 1)	Betriebsanleitungen (HF 4) Produkt-/Verarbeitungshinweise (HF 7) Bauzeitenpläne (HF 1)

Wie in Tabelle 4 erkennbar ist, handelt es sich bei der Mehrzahl der Texte um sog. gemischte Formate, die verknüpft sind mit primär integrierenden bzw. generierenden Leistungen im Hinblick auf die zugrunde liegenden Informationsverarbeitungsprozesse. Das heißt, die Bewältigung textrezeptiver Aufgaben setzt in diesen Fällen die Konstruktion eines mentalen Modells voraus.

Zur Illustration wird das Beispiel eines Lieferscheins (vgl. Abbildung 1) herangezogen; hier eingeordnet in die Kategorie der Mischformate bzw. in die Stufe Generieren. Die Charakterisierung als gemischtes Format ergibt sich aus der typischen Struktur dieser Textart. Es handelt sich um ein standardisiertes Formular, das aus Symbolzeichen besteht, jedoch keine kohärente Textstruktur aufweist. Die Zuordnung in die Anforderungsklasse Generieren wird deutlich, wenn man sich die konkrete Anforderungssituation vergegenwärtigt, in der ein Lieferschein gelesen wird. In der hier rekonstruierten Anforderungssituation wird ein Lieferschein im Kontext einer Betonlieferung auf die Baustelle genutzt. Hierzu müssen einzelne Informationen des Lieferscheins wie bspw. die gelieferte Menge, die Betonsorte und Expositionsklasse miteinander in Beziehung gesetzt und z.B. mit dem Bestellschein verglichen werden, der dieser Lieferung zugrunde liegt. Für den Abgleich der verbal-symbolischen Informationen auf dem Lieferschein ist folglich zunächst zumindest die Bildung einer propositionalen Repräsentation erforderlich, was der Anforderungsstufe des Integrierens entspräche. Für die korrekte Augenscheinprüfung, die per Norm vorgeschrieben ist, muss darüber hinaus allerdings nicht nur die begriffliche Bedeutung des Konsistenzbereichs F3 bekannt sein, sondern auch eine bildliche Vorstellung davon, wie ein Beton dieser Konsistenz aussieht, das heißt, ein mentales Modell muss generiert werden. In Anlehnung an das Modell der funktionalen Lesekompetenz entspricht die hier dargestellte Leseanforderung folglich der Anforderungsklasse Generieren.

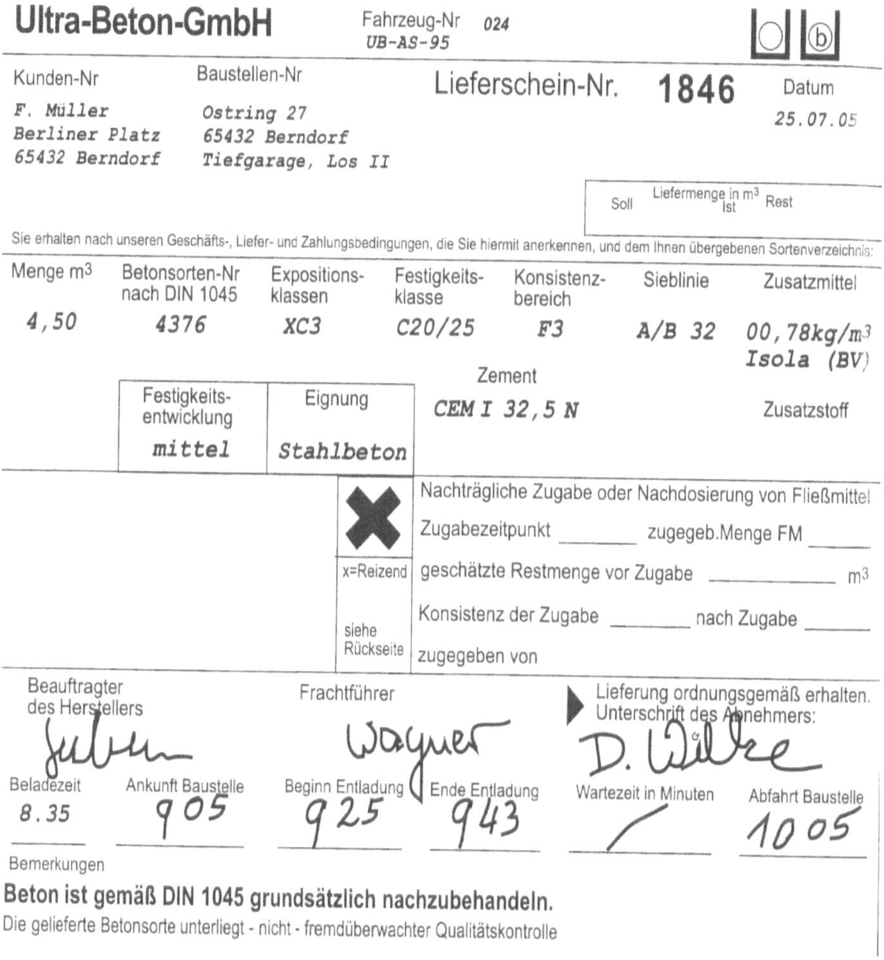

Ultra-Beton-GmbH
Fahrzeug-Nr 024
UB-AS-95

Kunden-Nr
F. Müller
Berliner Platz
65432 Berndorf

Baustellen-Nr
Ostring 27
65432 Berndorf
Tiefgarage, Los II

Lieferschein-Nr. 1846

Datum 25.07.05

Liefermenge in m³: Soll | Ist | Rest

Sie erhalten nach unseren Geschäfts-, Liefer- und Zahlungsbedingungen, die Sie hiermit anerkennen, und dem Ihnen übergebenen Sortenverzeichnis:

Menge m³	Betonsorten-Nr nach DIN 1045	Expositions-klassen	Festigkeits-klasse	Konsistenz-bereich	Sieblinie	Zusatzmittel
4,50	4376	XC3	C20/25	F3	A/B 32	00,78kg/m³ Isola (BV)

Festigkeits-entwicklung	Eignung
mittel	Stahlbeton

Zement: CEM I 32,5 N

Zusatzstoff

x=Reizend
siehe Rückseite

Nachträgliche Zugabe oder Nachdosierung von Fließmittel
Zugabezeitpunkt ______ zugegeb.Menge FM ______
geschätzte Restmenge vor Zugabe ______ m³
Konsistenz der Zugabe ______ nach Zugabe ______
zugegeben von

Beauftragter des Herstellers
Frachtführer: Wagner
Lieferung ordnungsgemäß erhalten. Unterschrift des Abnehmers: D. Wilke

Beladezeit	Ankunft Baustelle	Beginn Entladung	Ende Entladung	Wartezeit in Minuten	Abfahrt Baustelle
8.35	905	925	943	/	1005

Bemerkungen

Beton ist gemäß DIN 1045 grundsätzlich nachzubehandeln.

Die gelieferte Betonsorte unterliegt - nicht - fremdüberwachter Qualitätskontrolle

Abb. 1: Prototypisches Beispiel eines Lieferscheins (Frey et al. 2005: 292)

4.3 Forschungsfrage 3

Mit Blick auf die Frage nach der Lesemotivation ergab die Auswertung der schriftlichen Befragung, dass die Auszubildenden insgesamt wenig lesemotiviert sind. Skizziert werden nachfolgend ausgewählte Ergebnisse zur schulspezifischen Lesemotivation. Darunter ist die Bereitschaft zu verstehen, in schulischen Lehr- und Lernprozessen zu lesen. Zur Frage „Wie gern lesen Sie in der Schule?“ (Item 18) gab mehr als die Hälfte aller Befragten (53,9 %) an, „eher nicht gern" oder „überhaupt nicht gern" zu lesen. Damit korrespondierend wurde als Lieblingsfach am häufigsten das Fach Sport/Gesundheitsförderung (43,8 %) gewählt. Das Fach Deutsch/Kommunikation wurde lediglich von fünf der Befragten (2,5 %) als Lieblingsfach benannt. Bedenkt man, dass die Förderung von Lesekompetenz (immer noch) als vorrangige Aufgabe des Deutschunterrichts betrachtet wird, ist die ablehnende Haltung zum Fach problematisch. Übereinstimmend mit der Wahl der Lieblingsfächer wird auch die Bedeutung der berufsbezogenen Fächer als hoch eingeschätzt. Die Fächer Baustoff- und Baukonstruktionstechnik (88,2 %) und Bautechnische Kommunikation (70,3 %) bewerten die Befragten für eine erfolgreiche Ausbildung als sehr wichtig. In diesem Zusammenhang zeigte sich, dass die schulspezifische Relevanzzuschreibung des Lesens (Item 20) maßgeblich von der beruflichen Relevanzzuschreibung beeinflusst wird. Dies spiegelt sich in den hoch signifikanten Zusammenhängen zu den Fragen nach der Bedeutung des Lesens in der betrieblichen Ausbildung (Item 28a) (r_s=0.41; p≤.01) und der Bedeutung für das weitere Berufsleben (Item 30) (r_s=0.30; p≤.01). Lediglich acht Auszubildende schätzen eine ausgeprägte Lesekompetenz als bedeutsam für eine erfolgreiche Ausbildung ein. Zum Vergleich: Sekundärtugenden (wie Pünktlichkeit und Zuverlässigkeit) werden von nahezu allen Auszubildenden benannt (88,3 %) (vgl. hierzu ausführlich Rexing, Keimes & Ziegler 2016).

5 Implikationen für die Förderung von Lesekompetenz

Zunächst ist festzuhalten, dass die Förderung von Lesekompetenz auch weiterhin eine große didaktische und pädagogische Herausforderung darstellt, obwohl in der Ausbildungsrealität dem Lesen eine untergeordnete Bedeutung zugemessen wird. Die Relevanz des Lesens scheint nach Abschluss der Ausbildung und mit zunehmender Verantwortung innerhalb des Betriebs jedoch durchaus zu steigen. Angesichts dieser Hierarchiegebundenheit einerseits und gering lesemotivierter Auszubildender andererseits besteht eine naheliegende Schlussfolgerung zunächst darin, die Einsicht der Auszubildenden zu fördern, dass Lesekompetenz für die berufliche Weiterentwicklung entscheidend ist. Dies impliziert, dass alle an der Ausbildung beteiligten Akteurinnen und Akteure – insbesondere das betriebliche Ausbildungspersonal – für die Bedeutung von Lesekompetenz sensibilisiert werden sollten (vgl. Keimes & Rexing 2015; hierzu auch Bethscheider 2012).

Obwohl am Lernort Betrieb sicherlich keine unterrichtspraktische Leseförderung geleistet werden kann, könnte sein Beitrag darin bestehen, eine grundsätzlich positive Lesekultur zu schaffen und bereits Auszubildende an Leseaufgaben partizipieren zu lassen, die sie für Aufgaben als künftige Facharbeiter(innen) benötigen; schließlich soll die Berufsausbildung im Sinne beruflicher Handlungskompetenz auf eine sich anschließende Berufstätigkeit vorbereiten. Denkbar wäre, die an der Ausbildung beteiligten Lernorte – die Berufsschule, den Betrieb und ggf. die überbetrieblichen Ausbildungsstätten – stärker denn bisher zu verzahnen, um die Förderung von Lesekompetenz zum Anliegen aller an der Ausbildung Beteiligten zu machen. Lesekompetenzförderung darf nicht als Aufgabe allein an den Fachunterricht Deutsch/Kommunikation delegiert werden. Wie die Auswertung der Befragung dargelegt hat, bieten die berufsbezogenen Fächer aufgrund ihrer Beliebtheit grundsätzlich Potenzial für eine in berufsfachliches Lernen integrierte Leseförderung. Berufsfeldnähere Texte, deren inhaltliche Bedeutung für die beruflichen Ziele klarer erkennbar ist, dürften die ansonsten fehlende schulspezifische Lesemotivation begünstigen (vgl. hierzu auch Artelt & Moschner 2005; Norwig, Petsch & Nickolaus 2010; Ziegler & Gschwendtner 2010). Die textrezeptiven Handlungsfelder könnten in diesem Zusammenhang als Grundlage dienen, um didaktisch reflektierte Handlungssituationen zu gestalten, in denen anhand authentischer Lernsituationen die (funktionale) Lesekompetenz der Auszubildenden weiterentwickelt werden kann. Damit einher geht das Postulat der Autor(inn)en, stärker als bisher die spezifischen Adressaten und Domänen bei der Förderung von Lesekompetenz zu berücksichtigen (vgl. hierzu auch Rexing & Keimes 2013; Rexing, Keimes & Ziegler 2016).

In diesem Zusammenhang sei bemerkt, dass sich das theoretische Modell zur funktionalen Lesekompetenz bislang nur begrenzt empirisch bestätigen ließ. Es konnten keine Anforderungsunterschiede hinsichtlich der drei Repräsentationsformate nachgewiesen werden. Die Annahmen zu den kognitiven Anforderungsklassen bestätigten sich hingegen zumindest in Teilen. Aufgaben der Anforderungsklasse Identifizieren sind signifikant einfacher zu bewältigen als Anforderungen auf der Klasse des Integrierens oder Generierens (vgl. Ziegler & Balkenhol 2016; ausführlich auch Balkenhol 2016). Grundsätzlich geht es hier aber vor allem um die Orientierung an und die Passung der spezifischen (eben funktionalen) Lesekompetenz zur Domäne. Inwieweit diese funktionale Lesekompetenz tatsächlich domänenspezifisch (oder eher berufsfeldweit bzw. für alle gewerblich-technischen Berufe) spezifiziert werden kann, bedarf einer weitergehenden empirischen Klärung (vgl. Balkenhol & Ziegler 2014). Angenommen wird, dass über die Förderung des funktionalen Lesens langfristig auch eine positive Entwicklung der auf weitere Lebenskontexte bezogenen allgemeinen (nicht funktionalen) Lesekompetenz (vgl. Baumert et al. 2001) möglich erscheint bzw. sich die gering ausgeprägte Lesemotivation der Auszubildenden kompensieren lassen könnte. Konkret wird hier eine positive Beeinflussung der habituellen (vgl. z.B. Pekrun 1993) und insbesondere der aktuellen (BMBF 2007: 19) Lesemotivation erwartet.

6 Literatur

Artelt, Cordula; Stanat, Petra; Schneider, Wolfgang & Schiefele, Ulrich (2001): Lesekompetenz. Testkonzeption und Ergebnisse. In Baumert, Jürgen; Klieme, Eckhard; Neubrand, Michael; Prenzel, Manfred; Schiefele, Ulrich; Schneider, Wolfgang; Stanat, Petra; Tillmann, Klaus-Jürgen & Weiß, Manfred (Hrsg.): *PISA 2000. Basiskompetenzen von Schülerinnen und Schülern im internationalen Vergleich*. Opladen: Leske + Budrich, 69–137.

Artelt, Cordula & Moschner, Barbara (2005): *Lernstrategien und Metakognition. Implikationen für Forschung und Praxis*. Münster u.a.: Waxmann.

Bader, Reinhard & Schäfer, Bettina (1998): Lernfelder gestalten. *Die berufsbildende Schule* 50 (7-8): 229–234.

Balkenhol, Aileen (2016): *Lesen in beruflichen Handlungskontexten. Anforderungen, Prozesse und Diagnostik*. http://tuprints.ulb.tu-darmstadt.de/5209/1/Lesen%20im%20beruflichen%20Handlungskontext.pdf (28.05.2018).

Balkenhol, Aileen & Ziegler, Birgit (2014): Lesekompetenz in der beruflichen Ausbildung und im Berufsalltag. *berufsbildung* 68 (146): 20–22.

Baumann, Katharina & Siemon, Jens (2013): Wie viel schriftsprachliche Fähigkeit ist für eine erfolgreiche Berufsausbildung erforderlich? *Die berufsbildende Schule* 65 (10): 285–288.

Baumert, Jürgen; Klieme, Eckhard; Neubrand, Michael; Prenzel, Manfred; Schiefele, Ulrich; Schneider, Wolfgang; Stanat, Petra; Tillmann, Klaus-Jürgen & Weiß, Manfred (Hrsg.) (2001): *PISA 2000. Basiskompetenzen von Schülerinnen und Schülern im internationalen Vergleich*. Opladen: Leske + Budrich.

Behörde für Schule und Berufsbildung (Hrsg.) (2013): *ULME III. Untersuchung der Leistungen, Motivation und Einstellungen der Schülerinnen und Schüler in den Abschlussklassen der Berufsschulen*. Münster u.a.: Waxmann.

Bethscheider, Monika (2012): Sprachförderung in der betrieblichen Ausbildung. *BWP* 41 (2): 22–23.

Bethscheider, Monika; Käferlein, Anna & Kimmelmann, Nicole (2016): Sprachlich-kommunikative Schwierigkeiten in der betrieblichen Ausbildung. In Siemon, Jens; Ziegler, Birgit; Kimmelmann, Nicole & Tenberg, Ralf (Hrsg.): *Beruf und Sprache. Anforderungen, Kompetenzen und Förderung*. Beiheft 28. Stuttgart: Franz Steiner, 165–182.

Bogner, Alexander & Menz, Wolfgang (2005): Das theoriegenerierende Experteninterview. Erkenntnisinteresse, Wissensformen, Interaktion. In Bogner, Alexander; Littig, Beate & Menz, Wolfgang (Hrsg.): *Das Experteninterview – Theorie, Methode, Anwendung*. 2. Aufl. Wiesbaden: Springer VS, 33–70.

Bogner, Alexander & Menz, Wolfgang (2009): Experteninterviews in der qualitativen Sozialforschung. Zur Einführung in eine sich intensivierende Methodendebatte. In Bogner, Alexander; Littig, Beate & Menz, Wolfgang (Hrsg.): *Das Experteninterview – Theorie, Methode, Anwendung*. 3. Aufl. Wiesbaden: Springer VS, 7–31.

Brünner, Gisela (2007): Mündliche Kommunikation im Beruf. Zur Vermittlung professioneller Gesprächskompetenz. *Der Deutschunterricht* 1: 39–48.

Bundesinstitut für Berufsbildung (BIBB) (Hrsg.) (2016): *Datenreport zum Berufsbildungsbericht 2016. Informationen und Analysen zur Entwicklung der beruflichen Bildung.* www.bibb.de/dokumente/pdf/bibb_datenreport_2016.pdf (*28.05.2018*).

Bundesministerium für Bildung und Forschung (BMBF) (2007): *Förderung von Lesekompetenz. Expertise. Bildungsforschung Band 17.* www.bmbf.de/pub/Bildungsforschung_Band_17.pdf (*28.05.2018*).

Bundesministerium für Bildung und Forschung (BMBF) (2013). *Berufsbildungsbericht 2013.* www.bmbf.de/pub/Berufsbildungsbericht_2013.pdf (*28.05.2018*).

Bundesministerium für Bildung und Forschung (BMBF) (2016): *Berufsbildungsbericht 2016.* www.bmbf.de/pub/Berufsbildungsbericht_2016.pdf (*28.05.2018*).

Deutsches Institut für Erwachsenenbildung (DIE) (2010): *Expertise. Sprachlicher Bedarf von Personen mit Deutsch als Zweitsprache in Betrieben.* http://www.bamf.de/SharedDocs/Anlagen/DE/Publikationen/Expertisen/expertise-sprachlicher-bedarf.pdf?__blob=publicationFile (*28.05.2018*).

Eckardt-Hinz, Birgit; Hanisch, Henriette; Heisler, Dietmar & Mannhaupt, Gerd (2013): Funktionaler Analphabetismus als Herausforderung für eine Fachdidaktik Deutsch in der Berufsbildenden Schule. Zur Gestaltung von Fachbüchern für individualisierte, adressatenbezogene Lehr-Lernprozesse. *bwp@* 24: 1–14. www.bwpat.de/ausgabe24/eckardt-hinz_etal_bwpat24.pdf (*23.05.2018*).

Efing, Christian (2010): Kommunikative Anforderungen an Auszubildende in der Industrie. *Fachsprache* 1-2: 2–17.

Efing, Christian (2013*)*: *Ausbildungsvorbereitung im Deutschunterricht der Sekundarstufe I. Die sprachlich-kommunikativen Facetten von „Ausbildungsfähigkeit".* Frankfurt a. M.: Lang.

Frey, Hansjörg; Hermann, August; Krausewitz, Günter; Kuhn, Volker; Lilich, Joachim; Nestle, Hans; Nutsch, Wolfgang; Schulz, Peter; Traub, Martin; Waibel, Hans & Werner, Horst (2005): *Bautechnik. Fachkunde Bau*. 11. Aufl. Haan-Gruiten: Europa-Lehrmittel.

Grotlüschen, Anke & Riekmann, Wibke (Hrsg.) (2012): *Funktionaler Analphabetismus in Deutschland. Ergebnisse der ersten leo. – Level-One Studie.* Münster u.a.: Waxmann.

Grundmann, Hilmar (2007): Erweiterung der Sprachkompetenz im Rahmen der Kundenorientierung. Ein Unterrichtsprojekt zur Förderung der Kommunikationsfähigkeit zukünftiger MechatronikerInnen. In Grundmann, Hilmar (Hrsg.): *Sprachfähigkeit und Ausbildungsfähigkeit. Der berufsschulische Unterricht vor neuen Herausforderungen.* Baltmannsweiler: Schneider, 97–159.

Gschwendtner, Tobias (2012): *Lesekompetenzförderung in Benachteiligtenklassen der beruflichen Bildung. Eine empirische Untersuchung zur praktischen Bedeutsamkeit von reciprocal teaching.* Aachen: Shaker.

Kaiser, Franz (2012): Sprache – Handwerkszeug kaufmännischer Berufe. *Berufsbildung in Wissenschaft und Praxis* 41 (2):14–17.

Keimes, Christina (2014): *Lesen – eine empirische Studie zur Relevanz des Lesens in gewerblich-technischen Bildungsgängen.* Marburg: Tectum.

Keimes, Christina & Rexing, Volker (2011): Förderung der Lesekompetenz von Berufsschülerinnen und Berufsschülern. Bilanz von Fördermaßnahmen. *Zeitschrift für Berufs- und Wirtschaftspädagogik* 107 (1): 77–92.

Keimes, Christina & Rexing, Volker (2015): Die Relevanz von Lesekompetenz in Bauberufen. Ansatzpunkte für eine berufsfeldbezogene Leseförderung. *Berufsbildung in Wissenschaft und Praxis* 44 (6): 54–57.

Keimes, Christina & Rexing, Volker (i.Dr.): Förderung von Lesekompetenz im Bereich der beruflichen Bildung. In Efing, Christian & Kiefer, Karl-Hubert (Hrsg.): *Sprache und Kommunikation in der beruflichen Aus- und Weiterbildung. Ein interdisziplinäres Handbuch*. Tübingen: Narr.

Knapp, Werner; Pfaff, Harald & Werner, Sybille (2008): Kompetenzen im Lesen und Schreiben von Hauptschülerinnen und Hauptschülern für die Ausbildung. Eine Befragung von Handwerksmeistern. In Schlemmer, Elisabeth & Gerstberger, Herbert (Hrsg.): *Ausbildungsfähigkeit im Spannungsfeld zwischen Wissenschaft, Politik und Praxis*. Wiesbaden: Springer.

Leisen, Josef (2010): *Handbuch Sprachförderung im Fach. Sprachsensibler Fachunterricht in der Praxis. Grundlagenwissen, Anregungen und Beispiele für die Unterstützung von sprachschwachen Lernern und Lernern mit Zuwanderungsgeschichte beim Sprechen, Lesen, Schreiben und Üben im Fach*. Bonn: Vaurus.

Mayring, Philipp (2015): *Qualitative Inhaltsanalyse. Grundlagen und Techniken*. Weinheim: Beltz.

Nickolaus, Reinhold (2013). Wissen, Kompetenzen, Handeln. *Zeitschrift für Berufs- und Wirtschaftspädagogik* 109 (1): 3–17.

Niederhaus, Constanze (2010): Fachtexte in der Berufsausbildung. Ein linguistischer Vergleich von Texten aus Fachkundebüchern für die Berufsfelder Körperpflege und Elektrotechnik. *Die berufsbildende Schule* 62 (2): 54–59.

Norwig, Kerstin; Petsch, Cordula & Nickolaus, Reinhold (2010): Förderung lernschwacher Auszubildender. Effekte des berufsbezogenen Strategietrainings (BEST) auf die Entwicklung der bautechnischen Fachkompetenz. *Zeitschrift für Berufs- und Wirtschaftspädagogik* 106 (2): 220–239.

Norwig, Kerstin; Ziegler, Birgit; Kugler, Gabriela & Nickolaus, Reinhold (2013): Förderung der Lesekompetenz mittels Reciprocal Teaching – auch in der beruflichen Bildung ein Erfolg? *Zeitschrift für Berufs- und Wirtschaftspädagogik* 109 (1): 67–93.

Ohm, Udo; Kuhn, Christina & Funk, Hermann (2007): *Sprachtraining für Fachunterricht und Beruf. Fachtexte knacken – mit Fachsprache arbeiten*. Münster u.a.: Waxmann.

Pekrun, Reinhard (1993): Facets of adolescents' academic motivation: A longitudinal expectancy-value approach. In Maehr, Martin L. & Pintrich, Paul R. (Eds.): *Advances in motivation and achievement*. Greenwich: JAI Press, 139–189.

Prenzel, Manfred; Sälzer, Christine; Klieme, Eckhard & Köller, Olaf (Hrsg.) (2013): *PISA 2012. Fortschritte und Herausforderungen in Deutschland*. Münster u.a.: Waxmann.

Radspieler, Andrea (2014): Ermittlung relevanter berufssprachliche Kompetenzen aus der Subjektperspektive über Critical Incidents. *bwp@* 26: 1–18. www.bwpat.de/ausgabe26/radspieler_bwpat26.pdf (23.05.2018).

Rexing, Volker & Keimes, Christina (2013): Förderung von Lesestrategien in der beruflichen Bildung – Analyse von Förderkonzeptionen. *Die berufsbildende Schule* 65 (2): 50–55.

Rexing, Volker; Keimes, Christina & Ziegler, Birgit (2016): Motivationale Haltungen zum Lesen und Relevanzzuschreibungen bei Auszubildenden im Berufsfeld Bautechnik. Konsequenzen für Förderkontexte. *Zeitschrift für Berufs- und Wirtschaftspädagogik* 28: 147–164.

Schnotz, Wolfgang & Bannert, Maria (2003): Construction and Interference in Learning from Multiple Representation. *Learning & Instruction* 13: 141–156.

Spöttl, Georg (2008): Der Arbeitsprozess als Untersuchungsgegenstand berufswissenschaftlicher Qualifikationsforschung und die besondere Rolle von Experten(-Facharbeiter)workshops. In Pahl, Jörg-Peter; Rauner, Franz & Spöttl, Georg (Hrsg.): *Berufliches Arbeitsprozesswissen. Bildung und Arbeitswelt.* Baden-Baden: Nomos, 205–221.

Weis, Mirjam; Zehner, Fabian; Sälzer, Christine; Artelt, Cordula; Strohmaier, Anselm & Pfost, Maximilian (2016): Lesekompetenz in PISA 2015. Ergebnisse, Veränderungen und Perspektiven. In Reiss, Kristina; Sälzer, Christine; Schiepe-Tiska, Anja; Klieme, Eckhard & Köller, Olaf (Hrsg.): *PISA 2015. Eine Studie zwischen Kontinuität und Innovation.* Münster: Waxmann.

Ziegler, Birgit (2016): Sprachliche Anforderungen im Beruf. Ein Ansatz zur Systematisierung. *Berufsbildung in Wissenschaft und Praxis* 45 (6): 9–13.

Ziegler, Birgit & Gschwendter, Tobias (2010): Leseverständnis als Basiskompetenz. Entwicklung und Förderung im Kontext beruflicher Bildung. *Zeitschrift für Berufs- und Wirtschaftspädagogik* 106 (4): 534–555.

Ziegler, Birgit; Balkenhol, Aileen; Keimes, Christina & Rexing, Volker (2012): Diagnostik „funktionaler Lesekompetenz". In *bwp@* 22: 1–19.

Ziegler, Birgit & Balkenhol, Aileen (2016). Lesekompetenzdiagnostik. Anforderungen und Ansätze in der beruflichen Bildung. *Die berufsbildende Schule* 68 (7-8): 255–261.

Susanne Becker, Doris Fetscher
Zum Panel *MehrSpracheN im Zeichen von Migration*. Die Verhandlung von Migration und Mehrsprachigkeit im Diskursfeld Schule

1 Einleitung

Es ist schwierig, der Diskussion von zwei intensiven Tagungstagen mit kontrovers diskutierten Themen gerecht zu werden und diese pointiert zusammenzufassen. Dies kann nur teilweise und theoretisch unterkomplex gelingen. Grundsätzlich bewegten sich die Kontroversen im Spannungsfeld folgender Paradigmen: Ausschluss und Beteiligung, Markiertheit und Normalität, essentialistisches Paradigma und interaktionistisches Paradigma. Durch einen experimentellen Beitrag wurde die Diskussion noch zugespitzt: Katharina Schitow und Nina Simon kritisierten in Kooperation mit einem Künstler(innen)kollektiv radikal die Machtverhältnisse in der wissenschaftlichen Wissensproduktion, indem sie mit dem konventionellen Format eines wissenschaftlichen Vortrags brachen. Stattdessen performten verschiedene Künstler(innen) eindrucksvoll zu dem Themenkomplex „Macht-Ausschluss-Beteiligung". Es schloss sich eine kritische Diskussion über Machtverhältnisse in der Wissenschaft an.[1]

Für vorliegende Publikation wurden zwei Beiträge ausgewählt, die das Spannungsverhältnis der oben genannten Paradigmen in schulischen und außerschulischen Praktiken und Diskursen vorstellen. Die Beiträge zeigen exemplarisch den eklatanten Unterschied zwischen den Diskursen der Schule und den Diskursen und Praktiken des Alltags bzw. der Populärkultur: Der Beitrag von Séverine Behra, Rita Carol und Dominique Macaire bietet einen Blick ins Klassenzimmer und setzt Schüler(innen)- und Lehrer(innen)verhalten zueinander in Beziehung. Der Beitrag von Edina Krompák und Luca Preite eröffnet hin-

---

[1] Performative Methoden verzichten auf eine explizite Aussage und überlassen ihrem Publikum die Interpretation des Erfahrenen. Dahinter steht die Kritik an der Praxis, dass eine wissenschaftliche Analyse mit der Darstellung der Ergebnisse in Form einer Publikation oder eines Vortrags abgeschlossen ist. Performative Methoden der Sozialforschung betonen die Rolle des Publikums und seiner Rezeption der Performance in der Wissensproduktion (vgl. Denzin 2001). Konsequenterweise haben Schitow und Simon eine Veröffentlichung in einem konventionellen Format wie dem vorliegenden Band abgelehnt.

gegen einen Blick auf Diskurse und Praktiken der Mehrsprachigkeit außerhalb der Schule und fragt danach, was passiert, wenn Jugendliche die Möglichkeit haben, sich den Diskurs selbstironisch und kreativ anzueignen.

In Anlehnung an verschiedene Perspektiven der Diskurstheorie wird im Folgenden eine diskursanalytische Verortung der Debatten des Panels erfolgen. Dabei wird der Versuch unternommen, generelle Tendenzen der Diskurse um Migration und Mehrsprachigkeit zu identifizieren. Bezug wird dabei genommen auf einen Foucault'schen Diskursbegriff (1981), eine daran anschließende Wissenssoziologische Diskursanalyse nach Rainer Keller (2011) sowie einen an Antonio Gramsci anschließenden Hegemoniebegriff aus der Hegemonietheorie nach Laclau & Mouffe (2006).

2 Das Diskursfeld Schule

Ein Diskursfeld bzw. ein diskursives Feld kann nach Keller (2011: 67) als Arena verstanden werden, in der verschiedene Diskurse um die Konstitution bzw. Definition eines Phänomens wetteifern. In unserem Fall verstehen wir Unterricht und Schule als Diskursfeld, in dem verschiedene Diskurse das Phänomen Migration konstituieren. In diesem Beitrag wird der wissenschaftliche Spezialdiskurs im Diskursfeld Schule und Unterricht auf der Grundlage verschiedener Äußerungen und damit verbundener Aussagen der Vortragenden, die sie in ihren Abstracts gemacht haben, analysiert. Dadurch werden verschiedene Diskurse und Diskurspositionen sichtbar, die gemeinsam das Phänomen Migration in der Schule konstituieren. Dabei ist unsere Annahme, dass die erarbeiteten Diskurse und Diskurspositionen innerhalb des Panels auch auf gesellschaftliche Diskurszusammenhänge außerhalb des Spezialdiskurses Wissenschaft verweisen.

2.1 Diskurs und wissenschaftlicher Spezialdiskurs

Während alltagssprachlich unter Diskurs häufig jede Form des Gesprächs verstanden wird, haben sich in verschiedenen Wissenschaftsdisziplinen unterschiedliche Verständnisse des Diskursbegriffs herausgebildet.[2] In den Sozialwissenschaften hat sich ein an Foucault orientierter Diskursbegriff etabliert. Die

---

[2] Für einen Überblick über unterschiedliche Diskursbegriffe und die damit verbundenen Diskursanalysen vgl. Keller (2011).

Grundlage der Foucault'schen Diskurstheorie ist eine konstruktivistische Perspektive, die von der sozialen (und damit diskursiven) Konstruktion von Realität ausgeht. Aus einer diskurstheoretischen Perspektive entsteht gesellschaftliche Bedeutungszuweisung durch die Verknüpfung einzelner Sprachereignisse. Diese Sprachereignisse formen Diskurse, die sich zu gesellschaftlichen Wissensordnungen formieren (Keller 2011: 13–17). Diskurse sind deshalb nach Foucault konstitutiv für gesellschaftliche Wissensordnungen. Dabei spielen wissenschaftliche Diskurse eine zentrale Rolle in der Etablierung gesellschaftlicher Wissensordnungen (Ploder & Stadlbauer 2013: 144). Nach Foucault können Diskurse also als institutionalisierte Redeweisen bzw. Aussagepraktiken verstanden werden (Bührmann & Schneider 2008: 25). Diskurse sind damit wirklichkeitskonstituierende Aussageformationen,[3] die Wahrheiten und Selbstverständlichkeiten hervorbringen. Damit schaffen Diskurse ihre Gegenstände und sind nicht nur deren Abbild:

> Diskurse produzieren und formen ihre Gegenstände, Objekte, indem sie entlang „machtvoller Regeln" über sie sprechen, und indem die jeweiligen diskursiven Praktiken bestimmen, was in welchem Diskurs gesprochen, was verschwiegen, was als wahr anerkannt und als falsch verworfen wird. (Bührmann & Schneider 2008: 27)

Im Gegensatz zu linguistischen Diskursanalysen interessiert sich die Foucault'sche Diskursanalyse immer auch für die wirklichkeitskonstituierenden Machteffekte eines Diskurses und damit für die kollektiven Wissensbestände, die Diskurse hervorbringen. Um kollektive Wissensbestände analysieren zu können, schlägt Foucault (1981: 58) vor, Diskursformationen zu identifizieren:

> In dem Fall, wo man in einer bestimmten Zahl von Aussagen ein ähnliches System der Streuung beschreiben könnte, in dem Fall, in dem man bei den Objekten, den Typen der Äußerung, den Begriffen, den thematischen Entscheidungen eine Regelmäßigkeit [...] definieren könnte, wird man übereinstimmend sagen, dass man es mit einer diskursiven Formation zu tun hat. [...] Man wird Formationsregeln die Bedingungen nennen, denen die Elemente dieser Verteilung unterworfen sind (Gegenstände, Äußerungsmodalität, Begriffe, thematische Wahl). Die Formationsregeln sind Existenzbedingungen [...] in einer gegebenen diskursiven Verteilung.

Im Anschluss an Foucaults diskursanalytische Überlegungen entwickelt der Soziologe Rainer Keller seinen Ansatz der Wissenssoziologischen Diskursanaly-

---

3 Hierbei muss zwischen Äußerung und Aussage unterschieden werden: Äußerungen sind einmalige Ereignisse, die nicht wiederholbar sind; Aussagen hingegen konstitutive systematische Bestandteile diskursiver Formierungen bzw. von Diskursen (Bührmann & Schneider 2008: 35f.).

se. Keller (2011) unterscheidet hierbei verschiedene Komponenten, die auch als Anhaltspunkt für diese Analyse dienen sollen. Als Sprecher(innen)positionen im Diskurs beschreibt er die Akteure bzw. die Akteurinnen, die im Diskurs als Sprecher(innen) auftreten, in unserem Fall wären dies also die einzelnen Vortragenden im Panel. Als Äußerung/Aussageereignis versteht er die konkret dokumentierte, für sich genommen je einmalige sprachliche Materialisierung eines Diskurses bzw. eines Diskursfragments. Hierfür verwenden wir als Basis die Abstracts der Beiträge. Eine Aussage ist der typisierbare und typische Gehalt einer konkreten Äußerung bzw. einzelner darin enthaltener Sprachsequenzen, der sich in zahlreichen verstreuten Äußerungen rekonstruieren lässt. Diese Rekonstruktion von Aussagen stellt somit den ersten Analyseschritt dar. Die Aussagen müssen also aus den Abstracts herausgearbeitet werden.

2.2 Der hegemoniale Diskurs und die Rolle von Schule

Bezugnehmend auf eine hegemoniekritische Theorietradition in den Sozialwissenschaften gehen wir davon aus, dass es einen Diskurs gibt, der präsenter, machtvoller und dominanter ist als andere. Im Anschluss an Gramcis Hegemoniekonzept[4] und an Laclau & Mouffes Hegemonietheorie (2012) sprechen wir hier also von einem hegemonialen Diskurs. Hegemonietheorien setzen voraus, dass alle gesellschaftlichen Verhältnisse und damit auch Diskurse in Machtverhältnisse eingebunden sind. Während Foucault (1981) dafür plädiert, in der Analyse gesellschaftlicher Machtverhältnisse auf nicht-staatliche Diskurse zu fokussieren, schreibt Bourdieu (1981) dem Staat und insbesondere der Schule als staatlicher Institution eine zentrale Rolle in den gesellschaftlichen symbolischen Kämpfen zu, also den Kämpfen um die Legitimität von Diskursen. Für Bourdieu stellt die Deutungsmacht des Staates um symbolische Kämpfe eine zentrale Größe in der Reproduktion gesellschaftlicher Ungleichheiten dar. Die beiden hier zur Veröffentlichung ausgewählten Beiträge fokussieren sowohl die staatliche Institution Schule als auch die Diskurse jenseits der staatlichen Institution Schule. Erst wenn man die außerschulischen Diskurse betrachtet, können Möglichkeiten für Gegendiskurse gegen den hegemonialen Diskurs sichtbar werden.

---

4 Gramcis Hegemoniekonzept versteht Herrschaft „nicht einfach [als] Dominanz einer gesellschaftlichen Gruppe oder eines Staates über andere. Vielmehr wird mit dem Begriff auch der konsensuale Charakter von gesellschaftlichen Verhältnissen betont." (Dzudzek, Kunze & Wullweber 2014: 31)

2.3 Akteurinnen und Akteure im Panel *MehrSpracheN im Zeichen von Migration*

Die Vortragenden im Panel „MehrSpracheN im Zeichen von Migration" beschäftigten sich mit dem Diskursfeld Schule aus ganz unterschiedlicher Perspektive. Ein Überblick über die Akteurinnen und Akteure ist wichtig, weil er zeigt, dass die Diskurse, die in der folgenden Analyse herausgearbeitet werden konnten, über nationale Grenzen, Schularten und wissenschaftliche Disziplinen hinweg geführt werden und wirksam sind.

Dem Bereich der Migrationsforschung aus soziologischer und erziehungswissenschaftlich/pädagogischer Perspektive können folgende Kolleg(inn)en zugeordnet werden: Susanne Becker ist wissenschaftliche Mitarbeiterin am Max-Planck-Institut. Ihre Forschungsschwerpunkte sind die Migrationsforschung und Ungleichheitsforschung. Mit Migrationsforschung, vor allem im Bereich Bildung und Jugend, beschäftigt sich auch Luca Preite von der Universität Basel. Der zentrale Forschungsschwerpunkt der Literaturwissenschaftlerin Heidi Rösch von der Pädagogischen Hochschule Karlsruhe ist die sprachlich-literarisch-kulturelle Bildung in der Migrationsgesellschaft. Robert Hilbe von der Pädagogischen Hochschule St. Gallen arbeitet zu den Themen selbstorganisiertes Lernen, Lernmotivation und Illettrismus. Katharina Schitow beschäftigt sich an der Universität Bielefeld mit Inklusion und migrationsgesellschaftlicher Bildungsforschung. Nina Simon von der Universität Bayreuth reflektiert die Didaktik des Deutschen als Zweitsprache gesellschaftstheoretisch und beschäftigt sich mit postmigrantischem Theater und rassismuskritischer Pädagogik. Katrin Huxel von der Westfälischen Wilhelms-Universität Münster setzt sich ebenfalls mit den Themen Migration, Bildung und soziale Ungleichheit auseinander.

Eine sprachwissenschaftlich und sprachdidaktisch ausgerichtete Forschungsrichtung wird von Edina Krompák vertreten, deren Arbeitsschwerpunkte an der Pädagogischen Hochschule der Fachhochschule Nordwestschweiz sprachliche Diversität in der Migrationsgesellschaft sowie erziehungswissenschaftliche Ethnographie sind. Dominique Macaire und Séverine Behra forschen an der Université de Lorraine zu Mehrsprachigkeitsdidaktik, ebenso wie Rita Carol, die sich an der Université de Strasbourg außerdem mit den Bereichen Zweit- und Fremdsprachenerwerb sowie Bilingualismus auseinandersetzt. Mit Mehrsprachigkeitsdidaktik beschäftigt sich auch Kerstin Theinert an der Pädagogischen Hochschule Weingarten. Dominik Unterthiner von der Pädagogischen Hochschule Vorarlberg kombiniert in seiner Forschung Mehrsprachigkeit und Psycholinguistik.

Mit interkulturellen Lehr- und Lernprozessen und interkultureller Pragmatik beschäftigt sich Doris Fetscher von der West-sächsischen Hochschule Zwickau. Anette Pöhlmann-Lang von der Universität Würzburg stellt mit der Betreuung des Projekts „Kul(tur)-Kids: Studierende betreuen Kinder nicht-deutscher Muttersprache" und ihrer langjährigen Tätigkeit im Schuldienst die direkteste Verbindung von der Forschung zu den Akteurinnen und Akteuren aus der schulischen Praxis her. Muhittin Arslan von der Mittelschule Zirndorf ist als Berater für Migration für die Regierung Mittelfranken tätig und zuständig für die „Lehrkräfte mit Migrationsgeschichte" für das Staatsinstitut für Schulqualität. Alparslan Bayramli und Emina Arabie sind Lehrkräfte am Städtischen Lion-Feuchtwanger-Gymnasium in München und entwickeln Unterrichtsprojekte, mit denen die Wertschätzung für Mehrsprachigkeit gesteigert werden soll.

3 Analyse

Wie bereits oben erwähnt, können Diskurse nach Foucault als institutionalisierte Redeweisen bzw. Aussagepraktiken verstanden werden (Bührmann & Schneider 2008: 25). Abstracts, mit denen sich Wissenschaftler(innen) für eine Tagungsteilnahme bewerben, folgen in der Regel einem stark institutionalisierten Muster. Ehlich (2003:17) weist darauf hin, dass „[d]ie unterschiedlichsten Erscheinungsformen kollektiven Lernens in entwickelten Gesellschaften jeweils bestehende Diskurs- und Textarten charakteristisch genutzt bzw. neue Diskurs- und Textarten herausgebildet [haben]." Dies gilt vor allem auch für die Universität. Abstracts erfüllen nicht nur in Form und Aufbau die von den Tagungsorganisator(inn)en gesetzten Standards, sie versuchen vor allem inhaltlich Interesse zu wecken, indem sie sich entweder sehr gut an den im Call verankerten Diskurs anpassen oder einen bestehenden Diskurs infrage stellen. In jedem Fall kann erwartet werden, dass Abstracts mit ihrem besonders kurzen Format eine Verdichtung von typisierbaren Aussagen enthalten. Sie können deshalb par excellence als sprachliche Materialisierungen des wissenschaftlichen Spezialdiskurses betrachtet werden. Siegfried Jäger (2015) verweist in seiner Einführung in die kritische Diskursanalyse, die sich als qualitatives Verfahren versteht, auf die Schwierigkeit einer gut begründeten Auswahl des zu analysierenden Materials: „Der kritischen Diskursanalyse geht es nicht darum, das gesamte Weltwissen zu beschreiben und zu kritisieren, sondern – sehr viel bescheidener – um die Analyse und Kritik brisanter Themen und notwendigerweise kritisierbarer Gegenstände in bestimmten Zeiten und Räumen." (Jäger 2015: 92). Im Folgenden bezeichnet Jäger ein begründet reduziertes Korpus als

Dossier. Unser Dossier umfasst alle Abstracts zum oben beschriebenen Panel. Das Material kann einem klar definierten thematischen und institutionellen Raum zugeordnet werden. Die Tagung wurde zu einem Zeitpunkt abgehalten, zu dem das Thema der Mehrsprachigkeit in der Schule, aufgrund der Aufnahme einer großen Zahl von Geflüchteten in Deutschland, in Gesellschaft, Politik und Wissenschaft besonders intensiv und kontrovers diskutiert wurde. Selbstverständlich besitzen die Ergebnisse der folgenden Analyse ausschließlich in Bezug auf dieses Dossier Gültigkeit. Es können aber Hypothesen abgeleitet werden, die sich auf das gesamte Diskursfeld Schule beziehen. Unser selbstkritischer Ansatz zielt dabei auf die Frage ab, inwieweit wir als Akteurinnen und Akteure des Panels selbst einen hegemonialen Diskurs führen, bzw. Gegendiskurse zu einem bestehenden hegemonialen Diskurs entwickeln.

3.1 Diskurse im Panel *MehrSpracheN im Zeichen von Migration*

In der Analyse der elf Abstracts für das Panel konnten wir folgende Diskurse feststellen: einen Umwertungsdiskurs, einen offen machtkritischen Diskurs und einen handlungsorientierten Diskurs. In einem der Abstracts findet sich nur ein Diskurs, in neun Abstracts eine Kombination aus jeweils zwei Diskursen und lediglich in einem Abstract lassen sich Spuren aller drei Diskurse finden. Im folgenden Überblick haben wir die Diskursfragmente[5] aus den Abstracts herausgelöst und markiert. Um die Fragmente besser sichtbar zu machen, wurde der **Umwertungsdiskurs** fett markiert, der *offen machtkritische Diskurs* kursiv gesetzt und der handlungsorientierte Diskurs unterstrichen. Die Diskurse können folgendermaßen beschrieben werden:

1. Der **Umwertungsdiskurs** geht wie der machtkritische Diskurs davon aus, dass Diversity und Mehrsprachigkeit im Schulalltag nicht wertgeschätzt werden. Es wird betont, dass beide eine große Entwicklungschance für das Schulleben und die Gesellschaft bieten und darauf verwiesen, dass es sich um natürliche Phänomene handelt, die historisch schon immer gegeben waren.

---

[5] Als Diskursfragmente bezeichnen wir die betrachteten Textausschnitte im Gegensatz zum „Diskurs", mit dem eine Gesamtheit oder Menge der Aussagen gemeint ist, die nach demselben Muster oder Regelsystem gebildet werden, auch wenn sie an unterschiedlicher Stelle erscheinen.

2. Der *offen machtkritische Diskurs* stellt fest, dass das Schulsystem nicht offen ist für Diversity und Mehrsprachigkeit. Der Diskurs prangert an, dass die Schulsprache dominiert und dies zum Ausschluss derjenigen führt, die die Schulsprache nicht beherrschen.
3. Der handlungsorientierte Diskurs geht davon aus, dass Diversity und Mehrsprachigkeit für Lehrer(innen) eine große Herausforderung darstellen. Die Überlegung, was man konkret tun kann, um die Lehrer(innen) vorzubereiten und zu unterstützen, ist hier zentral.

3.2 Zuordnung der Diskursfragmente zu den Diskursen

Im Abstract von Becker *Diskurse über Sprache – Sensibilisierung für das Feld Schule* dominiert der offen machtkritische Diskurs: „In der Analyse treten vier zentrale *ungleichheitsgenerierende Mechanismen* in den Vordergrund. [...] Welche *Auf- und Abwertungen* lassen sich in metasprachlichen Diskursen in der Schule finden?" Das Abstract schließt mit einem handlungsorientierten Diskursfragment: „Und wie kann eine Sensibilisierung der Schule für die beschriebenen Mechanismen *Abwertungstendenzen* vermeiden?"

Krompák und Preite stellen in ihrer Studie *Legitime und illegitime Sprachen in der Migrationsgesellschaft* empirische Befunde zur Mehrsprachigkeit von Kindern und Jugendlichen vor. Bereits der Titel kann einem machtkritischen Diskurs zugeordnet werden. Im Abstract lässt sich dann in Bezug auf den zweiten Teil der Studie deutlich der Umwertungsdiskurs identifizieren: „Erstens lässt sich festhalten, dass mehrsprachige Kinder ihren Sprachgebrauch dem sozialen Kontext anpassen und im schulischen Kontext die Familiensprache als *‚illegitime'* Sprache einerseits und die Schulsprache als *‚legitime'* Sprache andererseits klar voneinander trennen. [...] Zweitens lassen sich vermehrt **Entwicklungen** von superdiversen Jugendsprachen als **kreative** und **künstlerische Stellungnahmen** insbesondere in außerschulischen Kontexten erkennen."

In dem vollständig in diesem Sammelband vorliegenden Beitrag bleiben diese beiden Diskurse dominant. Krompák kommt zu dem Fazit, dass sich die legitime Schulsprache durch explizite Regeln der Bildungsinstitution äußert, während die Verwendung der illegitimen Sprachen durch implizite Vereinbarungen, *hidden rules*, gesteuert wird. Preite sieht in der „Aneignung einer Differenzkonstruktion, die ungleich mächtig über diese Jugendlichen gelegt wurde, nämlich die des sprachenschwachen und bildungsfernen Migranten", ein wichtiges „widerständiges" Element. Die humoristische, selbstironische Aneignung durch die Jugendlichen könnte dann ähnlich wie beim Umwertungsdiskurs als eine Transformation des Machtdiskurses verstanden werden.

Arslan setzt sich mit der *Rolle der Diversität in der Schulentwicklung* auseinander. In seinem Abstract listet er positive Maßnahmen auf, die bereits in die Praxis umgesetzt wurden. Es dominiert der handlungsorientierte Diskurs. Die Ausdrücke „interkulturelle Öffnung" und „interkulturelle Werteerziehung" lassen sich jedoch eher dem Umwertungsdiskurs zuordnen: „Gibt es praktikable Modelle für eine interkulturelle **Öffnung** der Schulen und den Einsatz von Mehrsprachigkeit im Unterricht? [...] Wie kann man den Einsatz von Mehrsprachigkeit und interkulturelle **Werte**erziehung an Schulen unterstützen? [...] Auch werden bereits existierende Unterstützungsstrukturen der Schulaufsicht im Bereich Migration und Schule in Bayern kurz anschaulich dargestellt."

Huxel berichtet über Ergebnisse des Projekts „MIKS", ein Interventionsprojekt mit qualitativer Begleitforschung in der Grundschule. In Huxels Abstract finden sich Spuren aller identifizierten Diskurse. Wie bei Arslan dominieren der handlungsorientierte und der Umwertungsdiskurs: „Gegenstand des Projekts ist ein Professionalisierungs- und Schulentwicklungskonzept: Durch Interventionen werden Grundschulkollegien darin unterstützt [...] **Mehrsprachigkeit als Ressource** wahrzunehmen und [...] **produktiv** für das Lernen zu nutzen. [...] Leitend ist die Fragestellung, ob und wie es gelingen kann, den monolingualen Habitus der Lehrkräfte und die *monolinguale Illusion* des Feldes Schule zu verändern?" Im letzten Satz zeigt sich deutlich, wie die neutralere Formulierung des handlungsorientierten Diskurses „den monolingualen Habitus verändern" und die ideologisch aufgeladenere Formulierung des machtkritischen Diskurses „die monolinguale Illusion verändern", miteinander verzahnt sein können.

Behra, Carol und Macaire verfolgen ebenfalls einen interventionistischen Forschungsansatz. In ihrem Beitrag *Wie weit ist der Weg von der ‚superdiversity' zur Anerkennung der frühen ‚Mehrsprachigkeit' im französischen Vorschulkontext?* beschäftigen sie sich mit der Frage, wie sich frühe Mehrsprachigkeit im Vorschulkontext äußert und was Vorschullehrer(innen) über den Erwerb der Schulsprache mehrsprachiger Kinder denken. In ihrem Abstract finden sich lediglich Spuren des handlungsorientierten Diskurses: „Im Sinne der ‚superdiversity' ist die sprachliche Heterogenität der Kinder in fast allen Vorschulklassen bemerkbar und bedeutet für die Lehrkraft eine wichtige didaktische und pädagogische Herausforderung. [...] Die Schlussfolgerungen der Studie zielen auf den Entwurf eines ‚interventionistischen' Forschungsansatzes im Bereich der Vorschuldidaktik." Der im vorliegenden Band folgend präsentierte Beitrag zeigt jedoch eine äußerst kritische Positionierung zum französischen Vorschulsystem. Die empirische Studie im Rahmen des Projekts „Kidilang", das seit 2012 von den Universitäten bzw. den Pädagogischen Hochschulen in Nancy und Straßburg durchgeführt wurde, beobachtete bisher per Video 15 Vorschulklassen in der Region Elsaß/Lothringen. Die Aufnahmen wurden nach konversationsanalytischen Prinzipien ausgewertet. Die Studie stellt damit die komplexeste Unterrichtsbeobachtung im Panel vor. Die Autorinnen kommen zu dem Schluss, dass sich das Schulsystem bisher als zu starr und unfähig erweist, um sich an ‚superdiversity' anpassen zu können.

Im Beitrag von Fetscher über *Interkulturelle pädagogische Diagnostik* ist ebenfalls der handlungsorientierte Diskurs dominant. Die Autorin stellt die Frage, ob und unter welchen Bedingungen es sinnvoll sein kann, „ein Förderinstrument für den Erwerb interkultureller Kompetenzen im Zusammenhang mit dem Spracherwerb von Schüler(inne)n im ‚super-diversifizierten' Klassenzimmer zu entwickeln". Die Frage nach dem Erwerb interkultureller **Kompetenzen** kann dem Umwertungsdiskurs zugeordnet werden. Das diversifizierte Klassenzimmer wird als Chance für interkulturelle Lernprozesse und nicht als Problem begriffen.

Bayramli und Arabie kommen aus der schulischen Praxis. In ihrem Abstract, in dem sie ein gemeinsames Unterrichtsprojekt vorstellen, stehen der kritische Machtdiskurs und der Umwertungsdiskurs in einem Wechselverhältnis: „Bisher wird Mehrsprachigkeit **nicht als Reichtum** wahrgenommen, sondern eher als *Hindernis*. Noch immer gibt es eine *Sprachhierarchie* und kaum Unterrichtskonzepte, die vorhandene Mehrsprachigkeit **als Potenzial** nutzen. […] Die Kinder sollten gemeinsam ausgewählte Sprachen-Mini-Online-Kurse entwickeln mit dem Ziel, die **Wertschätzung** für die eigene Mehrsprachigkeit und die ihrer Mitschüler_innen zu **steigern.**"

Pöhlmann-Langs Vortrag trägt den Titel *Fokus mehrsprachige Schüler*innen – Deutsch als Zweitsprache in der Lehrerausbildung*. Sie ist die erste Vortragende, die den machtkritischen Diskurs auf die institutionelle Anerkennung der DaZ-Lehrer(innen) ausweitet: „Auf der einen Seite gibt es in der universitären Lehrerausbildung immer noch kein Pflichtmodul Deutsch als Zweitsprache. Auf der anderen Seite werden DaZ-Lehrer(innen) ähnlich den Flüchtlingen vor Europa an den ‚Lern-Außengrenzen unseres Schulsystems' gehalten. Erfolgreiche Schullaufbahnen von DaZ-Lerner(inne)n sind spärlich. Obschon Aspekte wie Inklusion und ‚superdiversity' die Rahmenbedingungen für die aktuelle Situation in unseren Schulen stellen. […] Durch das oben erwähnte Mentoring-Projekt soll dann ein Beispiel der Verzahnung von universitärer und praxisbezogener Lehrerausbildung aufgezeigt werden, um den späteren Herausforderungen des Lehrer(innen)- und Schulalltags gerecht zu werden."

Der Beitrag von Unterthiner, Theinert und Hilbe bezieht sich nicht in erster Linie auf das superdiverse Klassenzimmer, sondern ganz allgemein auf die *Sprachenübergreifende Leseförderung*. Am Beispiel des Projektes „MeVol: Mehrsprachiges Vorlesen der Lehrperson in Schul- und Fremdsprache zur Förderung der Lesemotivation und Sprachbewusstheit in der Sekundarstufe I" wird ein entsprechendes Unterrichtsdesign vorgestellt. Zum ersten Mal wird der Umwertungsdiskurs wissenschaftlich legitimiert und der Praxistransfer methodisch reflektiert: „Linguist(inn)en haben nachgewiesen, dass sprachübergreifendes Lernen **positive Effekte** für Sprachverwender **haben kann** [...]. Die Mehrsprachigkeitsdidaktik ist das Bindeglied, um die Ergebnisse für die Lehrpersonen in die Praxis zu transferieren. Davon ausgehend ist es das Ziel des MeVol-Projektes [...] ein mehrsprachiges Unterrichtsdesign zu entwickeln, das von Lehrpersonen und Lernenden in der Praxis gut angenommen wird."

Rösch stellt in ihrem Vortrag *Mehr sprachliche Bildung im Literaturunterricht* eine komplexe Literaturdidaktik vor. Teil dieser Didaktik ist das Explizieren der in der Migrationsgesellschaft bestehenden Machtdiskurse: „Ausgehend von mehrsprachigem Schreiben [...] wird eine Literaturdidaktik entwickelt, die sprachlicher Diversität verpflichtet ist und Unterricht weder für, noch aus der Perspektive von Schüler(inne)n mit Migrationshintergrund, sondern im Blick auf die in der Migrationsgesellschaft *relevanten Machtdiskurse* gestaltet und dabei u.a. lebensweltliche Mehrsprachigkeit als Lerngegenstand etabliert." Die Sprach- und Literaturreflexion wird so konzipiert, „dass auch Lernende des Deutschen als Zweitsprache daran nicht nur partizipieren, sondern diese aktiv mitgestalten können". Rösch macht den kritischen Machtdiskurs selbst zum Unterrichtsgegenstand. Sprachliche Diversität ist gesetzt und wird selbstverständlich als Lerngegenstand etabliert. Der Umwertungsdiskurs tritt dadurch in den Hintergrund. Lediglich im letzten Abschnitt geht die Selbstverständlichkeit verloren, wenn darauf verwiesen wird, dass „auch" Lernende des Deutschen als Zweitsprache im Rahmen dieser Didaktik „nicht nur" partizipieren, sondern aktiv mitgestalten können.

Im letzten Abstract von Schitow und Simon zum Thema Sprache – Macht – Was?/! steht dann wieder der kritische Machtdiskurs im Vordergrund: „Über Sprache wird Macht ausgeübt, in jeglichen Bildungskontexten. Unter dem Trugbild einer fiktiven Einsprachigkeit wird die faktische Mehrsprachigkeit zum Negativum erklärt und [werden] naturalisierende Zugehörigkeiten und Ausschlüsse legitimiert." Schitow und Simon fordern dann ähnlich wie Rösch, aber für die universitäre Lehrer(innen)ausbildung, ein machtkritisches Lernen „mit" anstelle eines Lernens „über": „theaterpädagogische Methoden [scheinen] vielversprechend, wenn ein machtkritisches Lernen mit, anstelle eines Lernens über ermöglicht werden und Selbstreflexionsprozesse angestoßen werden sollen." Hier sind der machtkritische und der handlungsorientierte Diskurs am deutlichsten verwoben.

Die Analyse legt offen, dass sich die drei verschiedenen Diskurse ausgewogen auf die Abstracts verteilen. Der offen machtkritische Diskurs und der Umwertungsdiskurs konnten je siebenmal identifiziert werden, der handlungsorientierte Diskurs achtmal. Der wissenschaftliche Spezialdiskurs, der im Panel geführt wurde, kann demnach als ein Diskurs bezeichnet werden, der in ausgewogener Weise offen machtkritische Äußerungen mit einer impliziten Kritik am System (Umwertungsdiskurs) und konkreten Handlungsvorschlägen kombiniert. Im offen machtkritischen Diskurs wird der monolinguale und hegemoniale Habitus des Schulsystems und der Lehrer(innen)ausbildung aufgegriffen. Im Umwertungsdiskurs wird versucht, eine Einstellungsveränderung zu erreichen und im handlungsorientierten Diskurs werden konkrete Hilfestellungen zur Bewältigung der neuen Herausforderungen angeboten.

4 Diskussion

Der selbstkritische Blick, mit dem wir die Abstracts analysiert und die Diskurse identifiziert haben, hat uns vor allem klar gezeigt, dass wir als Wissenschaftler(innen) den Diskurs nicht definieren, sondern kritisch bzw. pragmatisch auf einen bestehenden hegemonialen Diskurs reagieren. Ein Blick auf das Grußwort von Anja Ballis im Tagungsprogramm macht deutlich, dass sich die im Panel identifizierten Diskurse auch in anderen Textsorten wiederfinden können. Ballis fordert hier u.a. offen und machtkritisch, dass der stetig ansteigenden Zahl der Schüler(innen) mit einer anderen Erstsprache als Deutsch schon lange institutionell Rechnung getragen hätte werden müssen und betont dann im Sinn des Umwertungsdiskurses, dass es das Ziel der Tagung ist, „über das Potenzial von sprachlicher Vielfalt für Schule nachzudenken" (Ballis 2016: 5) sowie deren produktive Bedeutung für Lehren und Lernen. Unter diesem Blickwinkel könnte man die gesamte Tagung als einen Versuch bezeichnen, die identifizierten kritischen und konstruktiven Gegendiskurse zum Thema Mehrsprachigkeit in der Schule weiter zu stabilisieren.

Nach der Herausarbeitung der Diskurse im Panel stellen sich abschließend noch folgende Fragen: Welche Diskurse waren nicht sichtbar? Was leisten die Diskurse nicht? Was schließen die Diskurse ein, was schließen sie aus?

Es zeigte sich, dass die Einbettung der in der Schule identifizierbaren Diskurse in übergeordnete gesellschaftliche Verhältnisse nicht sichtbar geworden ist. Hier lassen sich Verschränkungen des Umwertungsdiskurses mit anderen kapitalistischen, neoliberal geprägten Verwertungsdiskursen vermuten. Aber auch der offen machtkritische Diskurs bezieht sich häufig auf den Kontext

Schule und lässt dabei unsichtbar, dass Schule – mit Bourdieu gesprochen – als Ort dient, um gesamtgesellschaftliche Ungleichheiten zu reproduzieren (vgl. Bourdieu & Passeron 1971). So schließt der im Panel beobachtbare machtkritische Diskurs in Bezug auf das Diskursfeld Schule häufig aus, dass es nicht nur um Nicht-Öffnung von Schulen für Mehrsprachigkeit oder Migration geht, sondern dass die Reproduktion von rassistischem und klassistischem Wissen in der Schule dazu dient, gesellschaftliche Dominanz- und Herrschaftsverhältnisse aufrechtzuerhalten.[6] Dass diese von Bourdieu und Passeron bereits in den 70er Jahren angesprochenen Mechanismen auch heute noch von Brisanz sind, zeigt die große Resonanz, auch in Deutschland[7], auf das Buch *Rückkehr nach Reims* (2016) des französischen Soziologen Didier Eribon. In seinem autobiographisch soziologischen Essay zeigt er am Beispiel Frankreichs und seiner eigenen Lebensgeschichte auf, wie ein Bildungssystem soziale Ungleichheit reproduzieren kann.[8]

Dieser Beitrag kann daher als Plädoyer verstanden werden, Diskurse und Praktiken im Diskursfeld Schule immer in ihren Verflechtungen mit gesamtgesellschaftlichen Verhältnissen zu betrachten. Schule ist ein zentraler Ort, um gesellschaftliche Ungleichheiten langfristig stabil zu halten. Damit muss das Ziel, Schule verändern zu wollen, immer auch zugleich bedeuten, Gesellschaft zu verändern. Was die identifizierten Diskurse dabei ebenfalls nicht leisten, ist eine kritische Betrachtung der historischen und aktuellen politischen Gründe, weshalb wir uns in Deutschland und in Europa heute überhaupt in einer solch „außergewöhnlichen Situation" befinden.

5 Literatur

Ballis, Anja (2016): „Grußwort". In *Programmheft Tagung MehrSpracheN. Ludwig-Maximilians-Universität München*. 18.–19.02.2016. München, 4f.
Bourdieu, Pierre & Passeron, Jean-Claude (1971): *Die Illusion der Chancengleichheit. Untersuchungen zur Soziologie des Bildungswesens am Beispiel Frankreichs*. Stuttgart: Klett.
Bourdieu, Pierre (1981): *Titel und Stelle. Über die Reproduktion sozialer Macht*. Hg. v. Helmut Köhler. Frankfurt a. M.: EVA.

---

6 Zur herrschaftsstabilisierenden Funktion des Bildungssystems vgl. Bourdieu & Passeron (1971), Bourdieu (1981) oder zusammenfassend Fröhlich & Rehbein (2009).
7 In Deutschland steht *Rückkehr nach Reims* auf zahlreichen Bestsellerlisten: Spiegel, Focus, Stern, SWR-Bestenliste, SZ/NDR Bestenliste.
8 Im Original: Eribon, Didier (2009): Retour à Reims. Paris: Flammarion

Bührmann, Andrea D. & Schneider, Werner (2008): *Vom Diskurs zum Dispositiv. Eine Einführung in die Dispositivanalyse*. Bielefeld: Transcript.

Denzin, Norman K. (2001): The reflexive interview and a performative social science. *Qualitative Research* 1 (1): 23–46.

Dzudzek, Iris; Kunze, Caren & Wullweber, Joscha (2014): *Diskurs und Hegemonie*. Bielefeld: Transcript.

Ehlich, Konrad (2003): „Universitäre Textarten, universitäre Struktur". In Ehlich, Konrad & Steets, Angelika (Hrsg.): *Wissenschaftlich schreiben – lehren und lernen*. Berlin, New York: de Gruyter, 13–28.

Eribon, Didier (2016): *Rückkehr nach Reims*. Frankfurt a. M.: Suhrkamp.

Foucault, Michel (1981): *Archäologie des Wissens*. Frankfurt a. M.: Suhrkamp.

Fröhlich, Gerhard & Rehbein, Boike (2009): *Bourdieu-Handbuch. Leben, Werk, Wirkung*. Stuttgart: Metzler.

Jäger, Siegfried (2015): *Kritische Diskursanalyse. Eine Einführung*. 7. Aufl. Münster: UNRAST-Verlag.

Keller, Reiner (2011): *Wissenssoziologische Diskursanalyse. Grundlegung eines Forschungsprogramms*. Wiesbaden: Springer VS.

Laclau, Ernesto & Mouffe, Chantal (2006): *Hegemonie und radikale Demokratie. Zur Dekonstruktion des Marxismus*. Wien: Passagen-Verlag.

Ploder, Andrea & Stadlbauer, Johanna (2013): Autoethnographie und Volkskunde? Zur Relevanz wissenschaftlicher Selbsterzählungen für die volkskundliche-kulturanthropologische Forschungspraxis. *Österreichische Zeitschrift für Volkskunde* 116 (3+4): 373–404.

Séverine Behra, Rita Carol, Dominique Macaire
Wie weit ist der Weg von der *superdiversity* zur Anerkennung der frühen Mehrsprachigkeit im französischen Vorschulkontext?

Frankreich ist ein Land der Immigration. Insofern gehören Kinder, welche zu Hause eine andere Sprache als Französisch sprechen, zum gewohnten Schulalltag. In einer globalisierten Welt, der Welt der *superdiversity* (vgl. Blommaert 2013; Vertovec 2007), verfügt jede(r) über ein individuelles Sprachenrepertoire und kann als mehrsprachig bezeichnet werden (vgl. Hufeisen 2005; Castellotti 2008; Castellotti & Moore 2010; Oomen-Welke 1999; Jeuk 2007). In diesem Beitrag bezieht sich jedoch der Begriff frühe Mehrsprachigkeit/*plurilinguisme en herbe* (vgl. Macaire 2015) auf 3- bis 6-jährige Kinder, welche gleichzeitig mit mehreren Sprachen aufwachsen, bzw. sich die Landessprache Französisch, die in ihrem Schulalltag dominant ist, allmählich aneignen.

Die französische *école maternelle* hat den Auftrag, zur sozialen und schulischen Integration aller Kinder beizutragen (vgl. Ministère de l'Éducation nationale 2015a; 2015b). Ihr schulischer Erfolg hängt entscheidend vom Beherrschen der Schulsprache ab (vgl. OECD 2006). Um diesen Erfolg zu ermöglichen, spielt die frühe Einschulung eine wichtige Rolle für die Kinder, welche aus einer soziokulturell benachteiligten Schicht kommen (vgl. OECD 2006, 2013b). Da viele mehrsprachig aufwachsende Kinder aus sozial benachteiligten Familien mit Migrationshintergrund (der ersten oder zweiten Generation) stammen, bedürfen sie zumeist einer besonderen sprachlichen Förderung. So meinen Thürmann, Vollmer & Pieper (2010: 6), „alle folgenden Faktoren enthalten Konstanten, welche die soziale Kohäsion bedrohen: der sozio-ökonomische Status, die Ethnie, die Sprache und das kulturelle Milieu haben ein starkes Gewicht in der schulischen Erziehung".

Zahlreiche Studien wie z.B. Auger (2010) beschäftigen sich mit Sprachproblemen von Kindern, welche die Schulsprache Französisch noch erlernen müssen. Die Mehrsprachigkeit in der *école maternelle* wurde bisher jedoch wenig erforscht (vgl. Feuillet 2008; Gaonac'h 2006; Behra et al. 2016; Macaire et al. 2015; Carol, Macaire & Behra 2016; Carol, Behra & Macaire 2016; Macaire & Behra 2016), obwohl allgemein die französische Vorschule als eine entscheidende Etappe in der Vorbereitung auf das künftige Schulleben betrachtet wird. Ihr wird eine wichtige Rolle im Erwerb der Schulsprache zugeschrieben, welcher grundsätzlich für alle Kinder eine Schwierigkeit darstellt, unabhängig davon, welche Sprache zu Hause gesprochen wird (vgl. Florin 1991).

Bei Kindern mit Migrationshintergrund kommt die zusätzliche Schwierigkeit hinzu, dass die Schulsprache eine noch zu erlernende Zweitsprache darstellt. Dieser Bruch zwischen familiärer und schulischer Kommunikation macht den Aufbau einer mehrsprachigen Identität zum Problem. Um diesen Kindern helfen zu können, benötigen Lehrer(innen) reichliche Informationen über diese Kinder, was nicht bedeutet, dass sie deren Sprache und Kultur im Detail kennen müssen.

Dieser Beitrag interessiert sich dafür, ob und wie Vorschullehrer(innen) in Frankreich die soziale *superdiversity* und den Diskurs über Heterogenität (vgl. Groupe Français d'Éducation Nouvelle 2017) in den Lehr- und Lernprozess integrieren. Etymologisch gesehen verweist der Begriff Heterogenität auf „den anderen": eine Klasse impliziert Diversität, denn jedes Kind hat „seine" Persönlichkeit. Mit Médioni (2017: 3) können bezüglich des schulischen Grundphänomens Heterogenität folgende Fragen gestellt werden: „Heterogenität im Klassenzimmer – was ist das? Eine schändliche Krankheit, die von einer sich ständig ändernden Gesellschaft erzeugt wurde und vor der man Angst haben muss? Oder reflektiert sie einfach die Tatsache, dass Schule und Gesellschaft sich von nun an ähnlich sind?"

Wenn für viele nicht-frankophone Kinder die *école maternelle* den entscheidenden Ort darstellt, an dem sie die Landes- und Schulsprache erlernen, so stellt sich die Frage, welche Lernmöglichkeiten ihnen in diesem Rahmen angeboten werden. Wenn weiterhin davon ausgegangen wird, dass der Spracherwerb und die kognitive Organisation der Sprache auf der Erfahrung mit Sprache basiert, so ist es wichtig zu wissen, an welchen sprachlichen Interaktionen ein Kind in der *école maternelle* teilnimmt. Wie wird in dieser Einrichtung kommuniziert? Wie wird die Mehrsprachigkeit der Kinder in diesem Rahmen gefördert?

Mit diesen Fragen setzt sich das Forschungsprojekt „Kidilang" auseinander, das seit 2012 von den Universitäten bzw. Pädagogischen Hochschulen Nancy und Straßburg getragen wird. Für dieses Projekt wurden 15 Vorschulklassen in der Region Elsaß/Lothringen gefilmt. Die ethnographischen Unterrichtsaufnahmen dauern zwei bis drei Stunden pro Klasse, wobei eine Kamera die Lehrerin sowie die Gesamtgruppe filmt, während die zweite auf ein Kind gerichtet ist, dessen Familiensprache nicht Französisch ist. Die Aufnahmen wurden transkribiert und nach konversationsanalytischen Prinzipien ausgewertet. Die Daten wurden durch eine Internetumfrage ergänzt, auf die 254 Vorschullehrer(innen) geantwortet haben. Interviews, *focus groups* und Autokonfrontationen mittels

Unterrichtsaufnahmen lieferten zusätzliche Informationen, die jedoch in diesen Beitrag nicht integriert wurden.

Damit der Kontext dieser Studie verständlich wird, sollen in einem ersten Schritt die *école maternelle* und die ihr zugrunde liegende Konzeption vorgestellt werden, welche sich stark von derjenigen der Kindergärten oder Kitas in Deutschland und in anderen europäischen Ländern unterscheidet. Grundsätzliche Unterschiede bestehen in der Auffassung von der Erziehung eines Kleinkindes sowie in den Erziehungsprogrammen der Vorschule. In einem zweiten Schritt werden die Vorstellungen der Vorschullehrer(innen) über frühe Mehrsprachigkeit thematisiert. Abschließend werden die Praktiken gezeigt, welche den Erwerb der Schulsprache Französisch betreffen.

1 Kindliche Erziehung und die *école maternelle*

1.1 Die *école maternelle* ist kein Kindergarten

In Europa sind Vorschulkinder auf unterschiedliche Weise mit der Institution Schule verbunden (vgl. OECD 2013a, 2013b). Dabei können zwei völlig konträre Hauptkonzeptionen unterschieden werden: Die erste zielt auf eine holistische Entwicklung des Kindes durch eine Erziehung zur Autonomie ab. Dies geschieht in einer offenen Umgebung, in der die Erzieher(innen) zwar die erzieherische Verantwortung tragen, die Eltern jedoch in den Erziehungsprozess mit einbezogen werden. Die zweite sieht in der Vorschule eine Vorbereitung auf die Grundschule. Sie stützt sich auf ein Erziehungsprogramm, das die kollektive Sozialisierung sowie eine altersgemäß kognitive Entwicklung durch Unterricht anstrebt. Es handelt sich um eine wirkliche Schule, in der ausgebildete Lehrer(innen) unterrichten, die von pädagogischen Expert(inn)en (*conseillers pédagogiques*) beraten werden.

Die erste Konzeption, welche auf eine harmonische Entwicklung des Kindes abzielt, ist in Europa am weitesten verbreitet, während in Frankreich die zweite etabliert ist. Dies bedeutet, dass die *école maternelle* als eine wahre „Vorschule" zu verstehen ist. Beide Konzeptionen vertreten nicht nur unterschiedliche Vorstellungen über die Erziehung des Kindes, sondern bedingen auch unterschiedliche Schulpraktiken, um der jeweiligen Konzeption gerecht zu werden. Die Zahl der Kinder, welche die *école maternelle* besuchen, ist in Frankreich sehr hoch. Infolgedessen beginnen auch früh gewisse Schwierigkeiten, wie der Bericht der OECD (2015: 20) betont:

Alle Studien weisen darauf hin, dass die in Frankreich bestehenden Diskriminierungen und Schwierigkeiten bereits in der *école maternelle* auftreten – wo fast alle Kinder ab 3 Jahren eingeschult sind – und die sich bis zur Sekundarstufe und noch weiter, sowie in der Entwicklung der Kompetenzen über das ganze Leben hin verstärken. (Vgl. auch Haut Conseil de l'Éducation 2007; France Stratégie 2015)

Heutzutage leidet die französische Vorschule unter verschiedenen Problemen, darunter ist auch die Unfähigkeit der Institution zu sehen, mit der Mehrsprachigkeit der Kinder umzugehen. Diese wird in der Institution zum Problem, weil Schule mit sprachlicher und kultureller Diversität schwer umgehen kann. Außerdem kommen die Lehrer(innen) selten in ihrer Ausbildung mit interkultureller Erziehung/*Antibias*-Erziehung in Berührung. Das Schulsystem erweist sich bisher als starr und damit als wenig anpassungsfähig an Vorstellungen der *superdiversity*.

1.2 Die Schule ist ein Hindernis für den Erwerb der Mehrsprachigkeit

Seit einigen Jahren besteht in Frankreich eine bedeutende Diskrepanz zwischen den schulischen Zielen der *école maternelle* und den sozialen Bedingungen. Der Weg zur Inklusion ist trotz der Neuorientierung der offiziellen Curricula zugunsten des mündlichen Spracherwerbs weit[1] (vgl. Ministère de l'Éducation nationale 2015a, 2015b). Der oben genannte OECD-Bericht (2015: 20) ist in dieser Hinsicht besonders aufschlussreich: Er stellt fest, dass die französische Schule der Diversität gegenüber Widerstand leistet, und macht deshalb Vorschläge, um diese Situation zu verändern. Sie betreffen die Aus- und Fortbildung der Lehrer(innen), Strategien der Zusammenarbeit von Eltern und Schule insbesondere bei Kindern aus sozial benachteiligten Schichten, die Verstärkung der schulischen Integrationspolitik zugunsten der Kinder mit Migrationshintergrund und sprachliche Fördermaßnahmen zum Erwerb der Schulsprache Französisch.

Die vorliegende Studie bestätigt die Notwendigkeit der genannten Hilfsmaßnahmen und zeigt darüber hinaus, dass eine wohlwollende Einstellung zur Diversität nicht ausreichend ist für ihre angemessene Berücksichtigung im Erziehungsbereich (vgl. Carol, Macaire & Behra 2016; Carol, Behra & Macaire 2016). Weiterhin verweisen die Analysen auf die Notwendigkeit, dass Lehrer(innen) sich in ihrer Ausbildungszeit ihrer Vorstellungen über Sprachen, mehrsprachige

---

[1] Die mündliche Sprachkompetenz ist ein Hauptziel der *école maternelle*; auch wenn die Inklusion nicht-frankophoner Kinder nicht selbstverständlich ist.

Kinder und über die Vermittlung der Schulsprache bewusst werden sollten. Für diesen Bewusstwerdungsprozess erweist sich die Verankerung in der eigenen Erfahrung und den damit verbundenen Emotionen als besonders günstig. Außerdem erhellt die Analyse der Praktiken im Klassenzimmer die ihnen zugrunde liegenden Ideologien.

2 Mentale Vorstellungen der Vorschullehrer(innen)

In der Studie „Kidilang" sprechen sich 254 französische Vorschullehrer(innen) zugunsten der Mehrsprachigkeit in der Vorschule aus. Außerdem besteht Einigkeit darüber, dass unabhängig von der Erstsprache alle Kinder die Schulsprache erlernen müssen, um komplexe Diskurformen zu konstruieren (vgl. Macaire et al. 2015). Die Unvollkommenheit von Sprachkompetenz wird allgemein akzeptiert. Diese Behauptungen stehen in einem gewissen Kontrast zu Praktiken, die im Unterricht beobachtet werden können.

2.1 Kinder, deren Familiensprache nicht Französisch ist

Die Umfrage der Studie zeigt, dass die meisten Vorschullehrer(innen) den Umgang mit Heterogenität einer Vorschulklasse als unproblematisch für ihre Unterrichtsorganisation betrachten. Die sprachliche und kulturelle Diversität hingegen wird als ein Handicap für den Lernprozess der Kinder wahrgenommen. Obwohl die Kinder, deren Erstsprache nicht Französisch ist, oft in der Lage sind, Anweisungen, Aktivitäten und Verhaltensregeln zu verstehen, wird grundsätzlich davon ausgegangen, dass ihre Verstehenskompetenz nicht ausreicht, um effektiv an sprachlichen Interaktionen teilnehmen zu können. Die Erwartungen der Lehrer(innen) sind ausschließlich auf ihre Kompetenz im sprachlichen Ausdruck gerichtet. So geben z.B. Vorschullehrer(innen) im Rahmen von Auto-Konfrontationen zu, dass sie während ihrer Sprachlektionen die nicht-sprachlichen Zeichen der Kinder nicht wahrgenommen haben. In ihrem Sprachunterricht werden insbesondere die Lexik und die grammatische Korrektheit in den Vordergrund gestellt (vgl. Behra et al. 2016; Carol, Macaire & Behra 2016; Carol, Behra & Macaire 2016). Soziale Aspekte des Sprachgebrauchs, wie sprachliche Bedürfnisse des Kindes sowie sein mehrsprachiges Repertoire, werden nicht berücksichtigt. So wirkt die kulturelle und sprachliche Komplexität als Hemmnis auf die schulische Kommunikation, obwohl gerade diese Komplexität für den kommunikativen Austausch besonders fruchtbar ist, wie Médioni betont (2001: 4): „Heterogenität generiert Komplexität und genau aus dieser Komplexität entsteht ein für den Austausch fruchtbares Feld."

Die Komplexität gebrauchen bedeutet für die Vorschullehrer(innen), den „Sprung" in die *superdiversity* zu wagen, ohne sich dabei mit einer Lösung zu begnügen, ohne Furcht, nicht alles zu wissen, Irrtümer zu begehen oder nicht der/die alleinige Inhaber(in) von Wissen zu sein – eine wahre kopernikanische Revolution in den französischen Schulpraktiken! Um diese Veränderungen herbeizuführen, müssten die Vorschullehrer(innen) in ihrer Ausbildungszeit für die Wahrnehmung sprachlicher und nichtsprachlicher Zeichen des Verstehensprozesses sensibilisiert werden. Da die gegenwärtige soziale Diversität sich wesentlich von derjenigen vor zehn Jahren unterscheidet, benötigen die Lehrer(innen) mehr Informationen über die Migrationsgeschichte der Kinder, über Strategien ihrer Inklusion und über die Art, wie Vorurteile bekämpft werden können (*Antibias*-Erziehung).

2.2 Über eine differenzierende Didaktik der Mehrsprachigkeit

Im Allgemeinen trifft man in den Klassen der 3- bis 6-jährigen auf große sprachliche Unterschiede, die sowohl bei Kindern mit Erstsprache Französisch bemerkbar sind als auch bei Kindern, welche zu Hause eine andere Sprache als die Landessprache Französisch sprechen. Viele von ihnen kommen erst mit dem Eintritt in die *école maternelle* mit der Landessprache in Kontakt.

Dies bedeutet für die Lehrer(innen), dass sich der Unterricht sprachlich an ein Kontinuum von Nullanfänger(inne)n bis zu fließend sprechenden Kindern richtet. Auf diese Komplexität der Klassensituation müsste eine Differenzierung bzw. eine Individualisierung der didaktischen Anforderungen antworten. Dies ist in der Regel jedoch nicht der Fall, da dazu die theoretische und praktische Ausbildung der Lehrer(innen) fehlt. So haben z.B. erfahrene Lehrer(innen) mit mehr als 15 Jahren Berufserfahrung an der vorliegenden Studie teilgenommen. Doch keine(r) ist im Umgang mit Mehrsprachigkeit ausgebildet worden. Dies kann als ein wesentlicher Grund dafür betrachtet werden, dass in den beobachteten Klassen die real vorhandene Mehrsprachigkeit meist ignoriert und die Kommunikation im Klassenzimmer ausschließlich auf Französisch geführt wird. Andere Erstsprachen werden weder thematisiert noch zur Schulsprache in Beziehung gesetzt. Zahlreiche Lehrer(innen) sind unfähig, sich eine Didaktik der Mehrsprachigkeit im Kindergarten vorzustellen. Der Grund dafür ist in ihrer Aus- und Fortbildung zu suchen, in der die potenzielle Mehrsprachigkeit der Klassen kaum vorbereitet wird (vgl. Behra, Carol & Macaire 2016).

3 Kommunikation im Kindergartenalltag in Frankreich

Kommunizieren im französischen Kindergarten bedeutet, die Sprache des Lehrenden sprechen und lernen. Die vorliegende Studie fokussiert infolgedessen den Umgang mit der Schulsprache Französisch, die im Folgenden mit Blick auf das Klassenzimmer mehrperspektivisch reflektiert wird.

3.1 Hypothesen zum Spracherwerb

Zahlreiche interne und externe Faktoren beeinflussen den Spracherwerb. Sie sind sowohl an die Person des Lernenden, als auch an den Lernkontext oder an die zu lernende(n) oder bereits gelernte(n) Sprache(n) gebunden. Im Folgenden sollen die Lernbedingungen untersucht werden, welche die Interaktion im Klassenzimmer bereitstellt. Insbesondere soll die Frage gestellt werden, inwieweit das kommunikative Geschehen im Klassenzimmer als spracherwerbsfördernd betrachtet werden kann.

Die Analysen gründen sich auf Leontievs (1978) Hypothese, dass soziales Handeln der Hauptantrieb für Lernen und Handeln darstellt. Die menschliche Kognition ist in der sozialen Interaktion verankert. Kognitive Prozesse und soziale Interaktionen bedingen sich gegenseitig: So beruht der Spracherwerb von Kindern im Kindergartenalter auf unbewussten kognitiven Prozessen, welche in der sozialen Interaktion gefordert sind (vgl. Becker-Mrotzek & Vogt 2009). Das Kind lernt eine Sprache durch ihren Gebrauch in der Interaktion. Das persönliche Handeln, der handelnde Umgang mit Dingen im sprachlichen Austausch führt zur Perzeption der Sprache. Das Kind entdeckt, wie andere mit Worten ausdrücken, was sie tun. Es bemüht sich, die kommunikative Absicht der Sprachbeiträge zu verstehen, wobei vertraute, routinemäßige Handlungsabläufe seinen Verstehensprozess erleichtern. Die Wiederholung sprachlicher Elemente in verschiedenen Kontexten führt zur Identifizierung ihrer Funktion und ihrer Memorisierung (vgl. Bruner 1987; Levy & Nelson 1994). Eigenständiges sprachliches Handeln gibt dem Kind die Gelegenheit, selbst Form und Bedeutung zu verbinden. Im sprachlichen Handeln organisiert sich das komplexe sprachliche System. Das Kind beginnt mit einzelnen Wörtern oder memorisierten Spracheinheiten. Das Nebeneinandersetzen einfacher Strukturen generiert allmählich komplexe Strukturen.

Die kindliche Sprachkompetenz beruht nicht auf der Anwendung grammatischer Regeln, sondern auf dem Gebrauch memorisierter Spracheinheiten (vgl.

Bybee 1985; Hopper 1987), welche wie ein Mosaik zusammengesetzt werden. Ihre häufige Anwendung bewirkt ihre Konsolidierung und ihren automatisierten Gebrauch. Kindlicher Spracherwerb wird nicht vom Erwerb grammatischer Regeln bestimmt, sondern von der Multiplizierung kommunikativer Interaktionen, an denen das Kind teilnimmt.

Die kognitive Organisation von Sprache beruht auf der Erfahrung mit Sprache. Die aktive Teilnahme an sprachlichen Interaktionen mit kompetenteren Sprecher(inne)n ist der entscheidende Parameter für den Spracherwerb (vgl. Hopper 1987). An der sprachlichen Interaktion teilnehmen heißt nicht, dass der eine den sprachlichen Input liefert, welchen der andere rezeptiv verarbeitet. Die Bedeutung und der Gebrauch von Sprache können nicht einfach unterrichtet werden, sondern müssen vom Lernenden durch aktiven Gebrauch rekonstruiert werden (vgl. Vygotsky 1988). Das Kind muss folglich zum selbstbestimmten Gebrauch der Sprache motiviert werden. Nur so kann es seine Sprachkompetenz entwickeln bzw. die Effizienz des Gelernten erfahren.

3.2 Lernkontext Klassenzimmer

Sprache ist nicht nur ein Kommunikationsmittel, sondern erlaubt auch die innere Abbildung der Welt. Sprachliche Formen helfen, die Welt in Begriffe zu gliedern, und tragen zur mentalen Strukturierung bei (Vygotsky 1988: 111). Diese entscheidenden Funktionen in der kindlichen Entwicklung können als Rechtfertigung dafür gesehen werden, dass in den staatlichen Lehrplänen (vgl. Ministère de l'Éducation nationale 2015a, 2015b) der Erwerb der Schulsprache Französisch zum Hauptziel der *école maternelle* erklärt worden ist. Welche Möglichkeiten bietet der schulische Kontext, um dieses Ziel zu erreichen?

Grundsätzlich kann davon ausgegangen werden, dass die Kinder in der *école maternelle* einer reichen sprachlichen Umgebung ausgesetzt sind, da bereits für die Jüngsten Lehrprogramme bestehen, welche verschiedene Bereiche wie Sprache, Sport, Kunst und Sachkunde umfassen. Die Unterrichtsbeobachtung zeigt jedoch, dass die zahlreichen sprachlichen Handlungsangebote, welche die Aktivitäten in den oben genannten Bereichen begleiten, nicht als Gelegenheit betrachtet werden, den Spracherwerb gezielt zu fördern. Handeln, Spielen und Sprachenlernen werden in Frankreich als getrennte Bereiche behandelt. Sprachfördernder Unterricht bedeutet, Lektionen zum Thema Sprache zu organisieren. In anderen Handlungsbereichen wird das Themenfeld Sprache ignoriert.

Die Kommunikation zwischen Lehrperson und Kindern beruht fast ausschließlich auf der von Mehan (1979) beschriebenen Elizitationssequenz: Die Lehrperson stellt Fragen, das Kind antwortet und die Lehrperson reagiert auf seine Antwort. Die Dominanz dieser Interaktionsform bewirkt beim Kind ein im Wesentlichen reaktives Kommunikationsverhalten. Vom Kind wird erwartet, dass es die Absichten der Lehrperson erkennt und die erwartete Antwort kalkuliert. Sein Einfluss auf den Inhalt seiner Antwort ist gering, da seine Aufgabe darin besteht, herauszufinden, was die Lehrperson hören will. Die Omnipräsenz dieser Interaktionsform lässt dem Kind wenig Gelegenheit, eigene Absichten zu äußern, bzw. die volle Verantwortung für seine Sprachproduktion zu übernehmen.

Diese soziale Organisation der Kommunikation ist in den beobachteten Klassen relativ konstant. Bei einigen Lehrer(inne)n können jedoch Variationen beobachtet werden, je nachdem, ob sie sich an die ganze Klasse oder an ein Kind mit nicht-französischer Erstsprache wenden. Im ersten Fall werden eine reiche Lexik und oft komplexe syntaktische Strukturen gebraucht: Die Lehrperson richtet sich in ein und derselben Sprache an alle Kinder. Ihr unterschiedliches Sprachniveau wird weder durch einen differenzierenden Gebrauch der Lehrer(innen)sprache noch durch etwaige Hilfestellungen (*scaffolding*) oder Verstehenskontrollen berücksichtigt. Alle Kinder werden in dasselbe Sprachbad eingetaucht, welches vom meist unbewussten Sprachniveau der Lehrperson bestimmt wird.

Diese Gleichbehandlung aller Kinder verursacht jedoch Ungleichheit im Lernprozess: In dem Moment, in dem die Lehrperson wichtige Arbeitsanweisungen gibt, Phänomene erklärt oder kommentiert, wird das nicht-frankophone Kind in ein kaum verständliches Sprachbad getaucht. Der Zugang zu wichtigen Informationen bleibt ihm verwehrt. Es kann sich nur auf das stützen, was es in der Klasse wahrnimmt. Häufig imitiert es das sichtbare Verhalten der anderen, ohne die von der Lehrperson gegebenen Erklärungen zu verstehen. Sein Lernen gründet sich meist auf seine perzeptuellen Fähigkeiten und auf die Fähigkeit, Wesentliches aus seiner Perzeption zu inferieren.

Selten richten sich die Lehrer(innen) an einzelne Kinder mit Migrationshintergrund. Diese Gespräche sind relativ kurz und dauern nicht länger als zwei bis drei Minuten innerhalb einer Beobachtungszeit von zwei bis drei Stunden. In diesen Gesprächen können drei typische Verhaltensweisen beobachtet werden, die je nach Lehrkraft mit verschiedener Häufigkeit auftreten: sprachliche Immersion, die Vermittlung von Einzelwörtern und die Strategie des Wiederholens von sprachlich vorgegebenen Strukturen.

3.3 Kommunikationsformen im französischen Klassenraum

3.3.1 Immersion und Schulsprache

Die meistpraktizierte Kommunikationsform ist das Eintauchen des Kindes in ein Sprachbad wie im folgenden Beispiel, wo ein vierjähriges Kind ein Arbeitsblatt vor sich liegen hat und angeben soll, ob die Schildkröte nach links oder rechts orientiert ist:

> L (Lehrerin): .... *Wendet sich an S1 (Junge)*. Nun, bist du fertig? *S1 nickt*. Welche Hand? [Bezieht sich auf die Zeichnung vor dem Kind.] Ihr kleiner Kopf schaut auf welche Hand? Die Haaaaaand! Welche Hand ist das da? Ist es die Hand, mit der du schreibst oder nicht? Du schreibst mit welcher Hand?
> S1: Mit dieser.
> L: Mit dieser. Das ist die ..... Hand?
> S1: ... Linke.
> L: Nein, das ist die die rechte Hand. *Laut und autoritär*. Die rechte also, das ist blau. So! Los! Gut so. (...) Diesen wollen wir nicht mehr sehen. So, sie schaut auf welche Hand? Welche ist das? Es ist die...
> S1: ...Rechte.
> L: Die rechte. So es kommt, kommt so langsam. Sehr gut. So die letzte. Umkreise! Nö nö nö nö nö! *Beugt sich über S1 und nimmt seinen Arm*. Umkreise! Leg deine Hände auf beide Seiten, sie schaut auf welche Hand? Sie schaut auf die?
> S1: .... Linke.
> L: Ahhhhhhhh. Legt beide Hände an den Kopf. Nein!
> S1: Rechte.
> L: Ja.

3.3.2 Anpassung an das niedrige Sprachniveau als Kommunikationsstrategie

Einige Lehrer(innen) versuchen, sich dem niedrigen Sprachniveau des Kindes anzupassen, indem sie Strategien gebrauchen, welche minimale Ansprüche an die Sprachproduktion des Kindes stellen:

- Ein-Wort-Anweisungen: Es handelt sich in den meisten Fällen um Anweisungen, die aus einem Wort (Verb) bestehen wie „Nimm!" oder „Mach!". Diese Ein-Wort-Anweisungen sind in den meisten Fällen grammatikalisch falsch. Ihr Verstehen und ihre Ausführung haben im gegebenen Kontext Vorrang vor der sprachlichen Norm.
- Lückentexte: Die Lehrkraft formuliert einen Satz mit einer Lücke („Heute ist ...?"), welche das Kind auffüllen muss. Der kognitive Beitrag des Kindes ist in diesem Fall gering. Es muss weder die konzeptuelle Planung noch die

formelle Konzeption des Satzes ausführen. Die Aktivierung seines lexikalischen Gedächtnisses ist ausreichend, um das fehlende Wort zu ergänzen.
- Enge Fragen: Häufig werden auch Fragen gestellt, auf die nur mit Ja oder Nein bzw. mit einer entsprechenden Kopfbewegung geantwortet werden muss.
- Gegenstände benennen: Fragen nach der Bezeichnung von Gegenständen („Was ist das?") erlauben dem Kind, mit nur einem Wort zu antworten.
- Wiederholungen: Die Kinder wiederholen Sätze, welche von der Lehrkraft oder von anderen Kindern formuliert wurden. Nachdem die Satzreihe „Heute ist Dienstag, alle sind da, das Wetter ist trübe" von neun verschiedenen Kindern wiederholt wurde, wendet sich die Lehrerin (L) an ein Mädchen (S2) und sagt:

> L: Achtung, S2.
> S2: Heute ist Montag.
> L schüttelt den Kopf.
> Mehrere: Dienstag.
> S2: Heute ist Dienstag, ein Kind fehlt.
> L: Nein! Du wiederholst, was gestern war! Heu-te ...
> S2: Heute ist ...
> L: Ist? Zeigt Zettel, auf dem Dienstag geschrieben steht.
> S2: Dienstag. Alle sind da und das Wetter ist trübe.
> L: Und das Wetter ist trübe.

Hier herrscht die Vorstellung, dass das Wiederholen von vorgegebenen Wörtern und Sätzen ausreicht, um ihr Erlernen bzw. ihre Memorisierung zu bewirken. Wiederholen bedeutet jedoch nicht neu konstruieren. Das Kind ist nicht gezwungen, seine Absichten durch die Verbindung von Bedeutung und Form zu realisieren. Es ist lediglich fähig, Lautketten zu reproduzieren, ohne sie zu verstehen bzw. ohne sprachliche Regeln zu gebrauchen.

3.3.3 Sprachproduktion und Strategien der Kinder

Welche Auswirkung hat dieses Lehrer(innen)verhalten auf die mündliche Sprachproduktion des Kindes? In den meisten Fällen beschränken sich seine Beiträge auf einzelne Wörter oder auf Kopfbewegungen. Die Lehrer(innen) akzeptieren grundsätzlich solche Minimalantworten, ohne dass sie sprachlich ergänzt, korrigiert oder durch zusätzliche Informationen angereichert werden. Das sprachliche Defizit wird als solches hingenommen. Das fehlende Feedback hindert jedoch das Kind daran, das erwartete sprachliche Modell in der jeweiligen Situation kennenzulernen.

Man könnte nun vermuten, dass die Minimalansprüche der Lehrkräfte sich dem jeweiligen Sprachniveau der Kinder anpassen. Die vorliegende Studie zeigt jedoch, dass deren Sprachproduktion weitaus reicher und komplexer ist, sobald sie sich mit Gleichaltrigen austauschen. Ein Beispiel:

> S3 (Junge): Hast du das gesehen? Hier ist Sand.
> S4 (vierjähriges Mädchen; *seit einem Monat in der* école maternelle): So, ich bin fertig. Schau hier! Das ist für dich! Das ist für dich!

Und noch ein weiteres Beispiel: S5 ist ein fünfjähriger Junge; er wurde zu Beginn seines dritten Jahres in der *école maternelle* eingeschrieben. Sein Verhalten unterscheidet sich kaum von dem eines Frankophonen: Er ergreift zahlreiche Initiativen, antwortet ohne zu zögern, wenn andere Kinder ihn ansprechen. Seine noch begrenzte Sprachkompetenz hindert ihn nicht an spontanem kommunikativen Verhalten. Die Folge davon ist, dass die sprachlichen Interaktionsformen, an denen er teilnimmt, beträchtlich variieren. Dazu zeichnen sich die Peer-Gespräche durch eine große Themenvielfalt aus. Sie betreffen Aktivitäten im Unterricht, Ereignisse in der Familie oder den Status des Kindes in seiner Gruppe. In diesen Gesprächen sind Ein-Wort-Äußerungen sehr selten. Meist enthalten die Beiträge mehr Informationen und sind syntaktisch komplexer als in der Lehrer(innen)-Kind-Kommunikation. So gebraucht z.B. Serge, der nur auf der Ein-Wort-Ebene mit seiner Lehrerin kommuniziert, Verben in der Vergangenheit, das Futur, Modalverben oder komplexe Satzstrukturen:

> 2 Hauptsätze
> S5: Hey, Mathias kennt meinen Bruder. Doch, mein Bruder ist in der Schule von Mathias.
> Temporaladverb + 2 Hauptsätze
> S5: Heute morgen habe ich diese zwei Filzstifte gefunden. Da ist kein *rosaer dabei.
> Hauptsatz + Nebensatz
> S5: Oh hör auf, das zu sagen, das nervt mich.
> Alleinstehender Nebensatz
> S5: weil sie, sie kann das nicht, sie...

3.3.4 Interaktionen und komplexere Diskursformen

Erste komplexere Diskursformen, wie z.B. eine Argumentation oder eine Erzählung, werden sogar öfter gemeinsam in der Gruppe konstruiert:

S5: Hä! Mathias kennt meinen Bruder, doch mein Bruder ist in Mathias' Schule.
S6 (Mädchen): Ja, ich kenne dich. Hä, ich kenne deinen Bruder.
S5: Ja.
S7 (Junge): Ich, ich kenne deinen Bruder, hä?
S5 nickt bestätigend.
S6: Er hat ein rotes T-Shirt.
S5: Was?
S6: Doch, dein Bruder hat ein rotes T-Shirt, hä?
S5 nickt bestätigend.
S5: Doch, er hat ein rotes T-Shirt, doch, manchmal hat er eins ... aber ...
S7: Er hat auch ein blaues T-Shirt.
S5: Oh... Meine Mutter. Ich schwöre dir, da war ein ...
Mimt mit den Fingern, was er sagen will.
S5: ... und da war ein Loch.
S6: Wo?
S5: In der Mauer.
S6: Und seine Mutter, und deine Mutter hat ihn ausgeschimpft?
S5 verneint mit dem Kopf.
S5: Oh, weißt du, er war ganz ... *Gestikuliert.*

Insgesamt weisen die Daten darauf hin, dass die Peer-Kommunikation für den Spracherwerb ein unerlässliches Übungs- und Erfahrungsfeld darstellt. Der Austausch mit Gleichaltrigen hat einen entscheidenden Einfluss auf das Mitteilungsbedürfnis des Kindes. Der Wunsch und die Möglichkeit seine Persönlichkeit, seine Gefühle und seine persönlichen Bedürfnisse in Sprache auszudrücken, führt dazu, dass sein sprachlicher Ausdruck weitaus reicher und komplexer wird als in der Lehrer(innen)-Kind-Interaktion, welche dem kommunikativen Grundbedürfnis des Kindes wenig Platz lässt.

4 Abschließende Bemerkungen

Das Projekt „Kidilang" zeigt die große Diskrepanz zwischen der gesellschaftlichen Entwicklung zur *superdiversity* und deren Berücksichtigung in der schulischen Praxis. Alle Kinder einer Klasse, ob frankophon oder mehrsprachig, werden als eine homogene altersspezifische Gesamtgruppe behandelt. Dies führt zu Spannungen, Brüchen und Frustrationen, welche bei manchen Kindern zur Ablehnung der Schule führen.

Viele Vorschullehrer(innen) sind durchaus bereit, sich mit der sprachlichen und kulturellen Diversität auseinanderzusetzen. Da sie jedoch nicht über das dazu nötige theoretische Wissen verfügen, sind sie nur bedingt in der Lage, sich der Mehrsprachigkeit zu stellen und Fördermaßnahmen zu ergreifen. Sie sind auf einen quasi naiven Umgang mit Mehrsprachigkeit angewiesen. Dieser Umgang äußert sich in einem Kommunikationsverhalten, das zwischen zwei Extremen, nämlich Sprachbad oder Minimalanforderungen, pendelt. Falsche Vorstellungen über den kindlichen Spracherwerb erschweren zusätzlich den Umgang mit der Komplexität.

Ein weiteres Hindernis besteht auf Lehrer(innen)seite in Vorstellungen und Wahrnehmung von der Klasse. Sie wird als eine homogene Einheit und nicht als eine Zusammensetzung von Einzelpersonen betrachtet. Der Erwerb der Schulsprache wird somit zu einem identischen Erwerbsprozess aller Kinder, obwohl einige von ihnen mehrsprachig sind. Eine positive Einstellung zur Mehrsprachigkeit ist nicht ausreichend, um dieses Paradigma zu verändern. Die Ausbildung im Bereich Kommunikation und Spracherwerb erweist sich als eine unerlässliche Voraussetzung dafür, die eigene Praxis hinterfragen zu können. Die Lehrer(innen) müssen in ihrer Aus- und Fortbildung auf die Mehrsprachigkeit bzw. auf die Diversität der Erstsprachen der Kinder vorbereitet werden.

Außerdem sollten Studien und Forschungsprojekte lanciert werden, welche die Komplexität und damit die *superdiversity* und Inklusion integrieren. Eine vertiefte Reflexion über eine inklusive und nicht nur integrative Schule ist nötig. Die inklusive Schule betrachtet jedes Kind als eine Person mit mehreren Facetten, integriert die persönlichen Beiträge des Kindes und versucht den mehrsprachigen Spracherwerb zu berücksichtigen und gar als Ausgangspunkt der Mehrsprachigkeitsdidaktik zu betrachten. Die Schulsprache wird in der Erfahrung der Kinder verankert und Gespräche zwischen Peers werden in allen Kontexten genutzt.

Gegenwärtig sind institutionelle Angebote für Kinder, deren Familiensprache bzw. Erstsprache nicht Französisch ist, noch gering. Die Kompetenz, mit vielen Sprachen umzugehen, im Sinne von früh „auf und mit" verschiedenen Sprachen zu handeln und dabei gleichzeitig die sprachliche und kulturelle Diversität zu berücksichtigen, ist noch keine ausreichend verankerte Zieldimension. Es sind nicht nur die Kinder und ihre Lehrer(innen), die ein Problem haben, sondern auch die Institutionen, welche nur zögernd auf ihre Theorien und überholten didaktischen Verfahrensweisen verzichten. Auch Forscher(innen), Ausbilder(innen) und Praktiker(innen) sollten ihre Ideologien infrage stellen, damit die *superdiversity* in die *école maternelle* in Frankreich Eingang findet.

5 Literatur

Auger, Nathalie (2010*)*: *Élèves nouvellement arrivés en France, réalités, perspectives en classe*. Paris: Édition des archives contemporaines.
Becker-Mrotzek, Michael & Vogt, Rüdiger (2009): *Unterrichtskommunikation. Linguistische Analysemethoden und Forschungsergebnisse*. Tübingen: Niemeyer.
Behra, Séverine; Carol, Rita; Jarlégan, Annette; Macaire, Dominique & Tazouti, Youssef (2016): Le plurilinguisme en herbe à l'école maternelle. Kidilang, une recherche ethnométhodologique pluricatégorielle et pluridisciplinaire. In Marin, Brigitte & Berger, Dominique (Hrsg.): *Recherches en éducation, recherches sur la professionnalisation: consensus et dissensus. Le printemps de la recherche en ESPÉ 2015*. Paris: Réseau national des ESPÉ, 326–336.
Behra, Séverine; Carol, Rita & Macaire, Dominique (2016): L'apprentissage de la langue de scolarité: vers une école davantage inclusive. *L'oral en Question(s), Le Français aujourd'hui* 4 (195): Paris: Colin, 47–62.
Blommaert, Jan (2013): *Ethnography, Superdiversity and Linguistic Landscapes. Chronicles of Complexity*. Bristol: Multilingual Matters.
Bruner, Jérôme (1987): *Comment les enfants apprennent à parler*. Paris: Retz.
Bybee, Joan (1985): *Morphology. A study of the relation between meaning and form*. Amsterdam: Benjamins.
Carol, Rita; Macaire, Dominique & Behra, Séverine (2016): Du quotidien communicatif d'enfants allophones en classe maternelle. In Cadet, Lucile & Pegaz Paquet, Anne (Hrsg.): *Les langues à l'école, les langues de l'école*. Arras: Artois Presses Université, 89–103.
Carol, Rita; Behra, Séverine & Macaire, Dominique (2016): Les très jeunes enfants allophones à l'école maternelle: interactions langagières et appropriation du français. In Cambrone-Lasne, Stella; Krüger, Anne-Birte & Thamin, Nathalie (Hrsg.): *Diversité linguistique et culturelle à l'école primaire: accueil des élèves et formation des acteurs*. Paris: L'Harmattan, 47–67.
Castellotti, Véronique (2008): L'école française et les langues des enfants: quelle mobilisation de parcours plurilingues et pluriculturels? In Chiss, Jean-Louis (Hrsg.): *Immigration, École et didactique du français*. Paris: Didier, 231–279.
Castellotti, Véronique & Moore, Danielle (2010): Valoriser, mobiliser et développer les répertoires plurilingues pour une meilleure intégration scolaire. In Conseil de l'Europe (Hrsg.): *L'intégration linguistique et éducative des enfants et des adolescents issus de l'immigration*. Strasbourg: Conseil de l'Europe.
Feuillet, Jacqueline (Hrsg.) (2008): *Les enjeux d'une sensibilisation très précoce aux langues étrangères en milieu institutionnel*. Nantes: Éditions du CRINI.
Florin, Agnès (1991): *Pratiques de langage à l'école maternelle et prédiction de la réussite scolaire*. Paris: PUF.
France Stratégie (2015): *Jeunes issus de l'immigration, quels obstacles à leur insertion économique? La Note d'Analyse, mai 2015*. www.strategie.gouv.fr/publications/jeunes-issus-de-limmigration-obstacles-insertion-economique (17.05.2018).
Gaonac'h, Daniel (2006): *L'apprentissage précoce d'une langue étrangère*. Paris: Hachette Éducation.
Groupe Français d'Éducation Nouvelle (Hrsg.) (2017): *Éloge de l'hétérogénéité. Dialogue 163*. http://gfenprovence.fr/2017/dialogue-13-eloge-de-lheterogeneite/ (17.05.2018).

Haut Conseil de l'Éducation (2007): *L'école primaire, bilan des résultats de l'école – 2007*. http://www.ladocumentationfrancaise.fr/var/storage/rapports-publics/074000516.pdf *(17.05.2018)*.

Hopper, Paul J. (1987): *Emergent Grammar. Berkeley Linguistics Society, Proceedings of the Thirteenth Annual Meeting of the BLS 13*: 139–157. https://journals.linguisticsociety.org/proceedings/index.php/BLS/article/viewFile/1834/1606 *(17.05.2018)*.

Hufeisen, Britta (2005): Parler plusieurs langues: c'est facile! *Cerveau et Psycho* 11: 36–40.

Jeuk, Stefan (2007): Sprachbewusstheit bei mehrsprachigen Kindern im Vorschulalter. In Hug, Michael & Siebert-Ott, Gesa (Hrsg.): *Sprachbewusstheit und Mehrsprachigkeit*. Baltmannsweiler: Schneider, 64–78.

Leontiev, Aleksey N. (1978): *Activity, Consciousness, and Personality*. Englewood-Cliffs, NJ: Prentice-Hall.

Levy, Elena & Nelson, Katherine (1994): Words in discourse: a dialectical approach to the acquisition of meaning and use. *Journal of Child Language* 21: 367–389.

Macaire, Dominique (2015): Hétérogénéité et plurilinguisme en herbe à l'école maternelle en France. In Lebreton, Marlène (Hrsg.): *La didactique des langues et ses multiples facettes – Mélanges offerts à Jacqueline Feuillet*. Paris: Éditions Riveneuve, 109–135.

Macaire, Dominique & Behra, Séverine (2016): Quand la langue de la maison n'est pas celle de l'école: l'agir de l'enfant allophone arrivant en classe de maternelle. In Komur, Greta & Paprocka-Piotrowska, Urszula (Hrsg.): *Éducation plurilingue: contextes, représentations, pratiques*. Paris: Orizons, 217–230.

Macaire, Dominique; Carol, Rita; Jarlégan, Annette; Tazouti, Youssef & Behra, Séverine (2015): L'école maternelle, la difficile gestion du plurilinguisme. In Rolland, Yvon; Dumonteil, Julie; Gaillat, Thierry; Kanté, Issa & Tampoe, Vilasnee (Hrsg.): *Heritage and Exchanges – Multilingual and Intercultural Approaches in Training Context*. Newcastle: Cambridge Scholars Publishing, 209–230.

Médioni, Marie-Alice (2001): *Repères pour une Éducation Nouvelle. Enseigner et (se) former*. Paris: Chronique Sociale.

Mehan, Hugh (1979): *Learning Lessons. Social organization in the classroom*. Cambridge: Harvard University Press.

Ministère de l'Éducation nationale (2015a): *Programmes de l'école maternelle, Bulletin officiel spécial du 26 mars 2015*. www.education.gouv.fr/pid25535/bulletin_officiel.html?cid_bo=86940 *(17.05.2018)*.

Ministère de l'Éducation nationale (2015b): *Ressources maternelle: Mobiliser le langage dans toutes ses dimensions*. http://cache.media.eduscol.education.fr/file/Langage/42/3/Ress_c1_langage_oral_cadrage_456423.pdf *(17.05.2018)*.

OECD (2006): *Where Immigrant Students Succeed – a Comparative Review of Performance and Engagement in PISA 2003*. Paris: Éditions OECD Publishing.

OECD (2013a): *Éducation et accueil des jeunes enfants. L'éducation aujourd'hui 2013. La perspective de l'OCDE*. www.oecd-ilibrary.org/education/l-education-aujourd-hui-2013_edu_today-2013-fr *(17.05.2018)*.

OECD (2013b): *How do early childhood education and care (ECEC) policies, systems and quality vary across OECD countries? Education Indicators in Focus 2*. www.oecd.org/education/skills-beyond-school/EDIF11.pdf *(17.05.2018)*.

OECD (2015): *Vers un système d'éducation plus inclusif en France? Point d'étape sur les enjeux en matière d'égalité du système d'éducation et sur les réformes en cours, série Politiques meilleures.* Paris: OECD Publishing.

Oomen-Welke, Ingelore (1999): Sprachen in der Klasse. *Praxis Deutsch* 157: 14–23.

Thürmann, Eike; Vollmer, Helmut & Pieper, Irene (2010): Langue(s) de scolarisation et apprenants vulnérables. Document préparé pour le Forum politique: Le droit des apprenants à la qualité et à l'équité en éducation – Le rôle des compétences linguistiques et interculturelles. Genève 2–4 novembre 2010. In Conseil de l'Europe (Hrsg.): *L'intégration linguistique et éducative des enfants et des adolescents issus de l'immigration, Études et ressources n°2.* Strasbourg: Conseil de l'Europe. https://rm.coe.int/168059e6b7 (*17.05.2018*).

Vertovec, Steven (2007): Superdiversity and its Implications. *Journal of Ethnic and Racial Studies* 29 (6): 1024–1054.

Vygotsky, Lev S. (1988): *Denken und Sprechen.* Frankfurt a. M.: Fischer.

Edina Krompák, Luca Preite
Legitime und illegitime Sprachen in der Migrationsgesellschaft

Wenn es darum geht, die Bildungsleistungen und Bildungsbeteiligung von Kindern und Jugendlichen mit Migrationshintergrund über die Vor- bis zur Hochschule zu erklären, dient Sprache als mächtige Begründungs- und Legitimierungskategorie (Emmerich & Hormel 2015: 383). Von „Sprachproblemen" (Becker & Beck 2012: 139) und der „Sprache als Schlüssel der Sozialintegration" (Esser 2006, zit. nach Becker 2011: 11) ist dabei die Rede. Unklar und ungenannt bleibt dabei aber, was mit der „Beherrschung der deutschen Sprache in Wort und Schrift" (Diefenbach 2010: 145) letztlich konkret gemeint ist, und demnach, wer oder was wie darüber urteilt, was Sprachen überhaupt sind: „Es gibt Fälle, in denen der autorisierte Sprecher so viel Autorität hat, in denen er die Institution, die Marktgesetze, den ganzen sozialen Raum, so offensichtlich für sich hat, dass er sprechen kann, um nichts zu sagen, es spricht." (Bourdieu 1993: 118)

Der Beitrag setzt an dieser Stelle an und rückt Fragen nach der Aushandlung von Legitimität resp. Illegitimität von Sprachen in Migrationsgesellschaften in den Vordergrund der Analyse. Im Zentrum stehen dabei zwei empirische Befunde zur Mehrsprachigkeit von Kindern und Jugendlichen: Erstens lässt sich festhalten, dass mehrsprachige Kinder ihren Sprachgebrauch dem sozialen Kontext anpassen und in der Schule die Familiensprache als illegitime Sprache einerseits und die Schulsprache als legitime Sprache andererseits klar voneinander trennen (vgl. Krompák 2015). Diese Trennung von Sprachwelten kann als eine der *hidden rules* im Klassenzimmer verstanden werden (vgl. Krompák 2014). Zweitens lassen sich vermehrt Entwicklungen von postmigrantischen Jugendsprachen als kreative, humoristische und künstlerische Stellungnahme insbesondere in außerschulischen und außerfamiliären Freizeitbereichen erkennen (vgl. Preite 2016). Damit zeichnet sich ein vielfältiges Bild der Verwendung von Sprachen in unterschiedlichen Kontexten sowie eine Machtasymmetrie von legitimen und illegitimen Sprachen ab.

Der Beitrag untersucht diese Ergebnisse in einem interdisziplinären Ansatz aus bildungswissenschaftlicher, soziolinguistischer und soziologischer Perspektive und diskutiert die gesellschaftliche Konstruktion der Mehrsprachigkeit als Aushandlung in Schule, Familie und (Online-)Jugendkultur. Gemeint ist damit, in Anlehnung an Berger & Luckmann (2004), die reziproke und sich gegenseitig stützende subjektive Vergewisserung und objektive Institutionalisierung von Wirklichkeiten durch Menschen selbst. Neben der Frage, wie Mehrsprachigkeit dabei gesellschaftlich konstruiert wird, interessiert ebenso, wie diese in der Schule einerseits und den Bildungswissenschaften andererseits Eingang finden kann.

Im Folgenden werden in einem ersten Abschnitt ausgewählte Ergebnisse aus einer ethnographischen Studie (vgl. Krompák 2014, 2015) zum Sprachgebrauch von mehrsprachigen Kindern dargestellt, um daran anschließend im zweiten und dritten Abschnitt Befunde und weiterführende Überlegungen zur Erforschung und Position postmigrantischer Jugendkulturen[1] gegenüberzustellen (vgl. Preite 2016). Davon ausgehend wird im vierten Abschnitt eine Synthese angestrebt und die Frage der (Il-)Legitimitätsaushandlungen und -konstruktion von Mehrsprachigkeit in Migrationsgesellschaften diskutiert.

1 Getrennte sprachliche Welten

Vorliegende Überlegungen basieren auf empirischen Daten des ethnographischen Forschungsprojekts „MEMOS" (Mehrsprachigkeit und Mobilität im Übergang vom Kindergarten in die Primarschule in der Schweiz), die zwischen 2011 und 2014 in einem deutschschweizer Kindergarten und einer Primarschule erhoben wurden. Das MEMOS-Forschungsprojekt der Pädagogischen Hochschule der Fachhochschule Nordwestschweiz wurde als Anschlussprojekt des europäischen Forschungsprojekts „HeLiE" (Heterogenität und Literalität im Übergang vom Elementar- in den Primarbereich im europäischen Vergleich) der Universität zu Köln ins Leben gerufen und untersuchte den Umgang mit migrationsbe-

---

[1] Als „postmigrantisch" umschreibt Yildiz (2014: 22) „unterschiedliche[...] Verortungspraktiken" von sog. Jugendlichen mit Migrationshintergrund im Umgang mit ebendieser Fremdbezeichnung. Darin enthalten sind „Gegenstrategien und Selbstbezeichnungen, die oft irritierend auf etablierte Wahrnehmungen wirken: ‚Kanak Attack', ‚Tschuschenpower', ‚Migrantenstadl', ‚die Unmündigen' usw." Die in diesem Beitrag u.a. diskutierte *Uslender Production* kann in dieser Hinsicht als ein Beispiel postmigrantischer (männlicher) Jugendkultur gelten. Entscheidend dabei ist der performative Umgang mit der Fremd- resp. Selbstbezeichnung als „Ausländer" im „Uslender". Männlich dabei in dem Sinne, als dass in diesem Beitrag lediglich jugendkulturelle Erzeugnisse von männlichen Akteuren besprochen werden. Ebenso bewegt sich der Beitrag lediglich in einem deutsch-schweizerischen Raum. Damit sei aber nicht gesagt, dass analoge Jugendkulturen nicht auch von weiblichen Akteuren in unterschiedlich lokalen Kontexten erzeugt werden. Davon ausgehend wird im zweiten und dritten Abschnitt bei verschiedenen Begriffen (Künstler, Migrant und Ausländer) nur die männliche Schreibweise verwendet. Trotz dieser Fokussierung wäre es aber auch von Interesse, mediale Selbstinszenierung der Internet *It-Girls* Canzu Tuzak oder Céline Centino zu untersuchen.

dingter Heterogenität und Mehrsprachigkeit in frühkindlichen Bildungsinstitutionen in der Deutschschweiz (vgl. Krompák 2014, 2015; Panagiotopoulou & Kassis 2015; Panagiotopoulou & Krompák 2014). Im Rahmen des Forschungsprojekts wurden über zwei Jahre teilnehmende Beobachtungen, Interviews mit Fokus-Kindern, deren Eltern und den Lehrpersonen in ausgewählten Kindergärten sowie in Primarschulklassen durchgeführt. Durch die ethnographische Längsschnittstudie wurden erziehungswissenschaftliche Erkenntnisse über den sprachlichen Alltag sowie die Qualität von sprachlicher Bildung und Förderung in den pädagogischen Feldern des Kindergartens sowie der Primarschule angestrebt. Die Datenauswertung erfolgte anhand der *Grounded Theory* (vgl. Charmaz 2006; Strauss & Corbin 1996), indem datenbasiertes *initial coding* (Charmaz 2006: 46f.) und anschließend *focused coding* (Charmaz 2006: 55ff.) am Datenmaterial angewendet wurden.

An dieser Stelle werden ausgewählte Befunde diskutiert, die den Sprachgebrauch von mehrsprachigen Kindern in Bezug auf legitime und illegitime Sprachen erläutern. Die Ergebnisse weisen darauf hin, dass mehrsprachige Kinder im Übergang vom Kindergarten in die Primarschule eine bewusste Trennung zwischen den Familiensprachen und der Schulsprache vollziehen und ihren Sprachgebrauch dem jeweiligen Kontext anpassen (vgl. Krompák 2014, 2015). Während im Kindergarten der Einsatz der Familiensprachen ausschließlich in von den Lehrpersonen initiierten, ritualisierten Unterrichtssituationen vorkam (vgl. Panagiotopoulou & Krompák 2014), konnte man in der ersten Primarklasse zwei Situationen beobachten, in denen aus Eigeninitiative hervorgebrachte Familiensprache der Kinder Teil des Unterrichtsgeschehens wurde. Das folgende Protokoll beschreibt eine Szene, in der Samira als Übersetzerin Maurizio vermittelt, um Ausschlussprozesse wegen des Nicht-Beherrschens der Sprache zu vermeiden:

> Die Religionslehrerin zündet die Kerze in der Mitte des Kreises an und die Kinder dürfen erzählen, was sie am Vortag gemacht haben. Als Maurizio an der Reihe ist, sagt er nichts. Maurizio ist seit ca. 5 Monaten in der Schweiz und lernt seither Deutsch. Seine Familiensprache ist Italienisch. Samira, deren Familiensprache auch Italienisch ist, meldet sich und sagt, dass sie die Frage übersetzen kann und fragt Maurizio: ‚Che cosa ...[unverständlich]?'. Maurizio schaut sie überrascht an und fragt ‚Hmm?'. Vielleicht hat er nicht gehört, was sie gesagt hat, oder er hat nicht damit gerechnet, dass Samira ihn auf Italienisch anspricht. Die Lehrerin geht auf diese Kommunikation nicht ein und fragt schon das nächste Kind. Als alle Kinder erzählt haben, was sie ‚gestern' (am Wochenende) gemacht haben, meldet sich wieder Samira und erzählt, dass sie von Maurizio weiss, dass er gestern gespielt hat. (Beobachtungsprotokoll, Mai 2013 in Krompák 2015: 188)

In dieser Szene wird die Familiensprache der Kinder als Verkehrssprache von der Lehrerin stillschweigend akzeptiert. Der Gebrauch der Familiensprachen wird in der Schule zugelassen, allerdings nicht besonders gewürdigt oder gefördert. Weitere Ergebnisse der teilnehmenden Beobachtung und der mit den Kindern geführten Interviews weisen nicht nur auf die Trennung zwischen den Sprachen hin, sondern auf „implicit and hidden rules" (Krompák 2014: 15) der Schule, welche die Kinder verinnerlichen und daran ihren Sprachgebrauch dementsprechend anpassen. Obwohl sich Maurizio mithilfe von Samira auf Italienisch hätte verständigen können, folgt er den impliziten sprachlichen Regeln der Schule und schweigt, da er kein Deutsch kann.

Ein Auszug aus dem Interview mit der albanischsprechenden Luana verdeutlicht ihre Überzeugung zur Sprachverwendung eines Klassenkameraden, der zu Hause auch Albanisch redet. Die Interaktion zwischen Luana und der Forscherin bezieht sich auf eine Situation in der Schule, in der der Junge Albanisch geredet hat:

> Luana: Aber es hat mich genervt, immer wenn er etwas auf Albanisch sagt, nervt mich das.
> Interviewerin: Warum?
> L: Weil ich will nicht immer Albanisch reden weil (.) ich rede selber Albanisch, aber ich verstehe alles, was er sagt, aber er sagt das immer wieder.
> I: Er sagt (.) er sagt immer wieder etwas auf Albanisch?
> L: Ja.
> I: Und du möchtest das nicht? Warum möchtest du das nicht?
> L: Weil ich will es nur zu Hause sprechen. Er kann aber sagen, wenn ich zu Hause bin ((ihre Stimme wird höher)).
> I: Ah, wenn er bei dir zuhause ist.
> L: Ja kann er ((leise)) (Interview mit Luana, Mai 2013, in Krompák 2014: 14).[2]

Luana zeigt sich sichtlich irritiert über das „Regelbrechen" ihres Schulkameraden und macht die ungeschriebene Regel „Sprache der Schule vs. Sprache der Familie" deutlich: „Er kann aber sagen, wenn ich zu Hause bin ((ihre Stimme wird höher))" (Krompák 2014: 14). Schule und Familie stellen somit künstlich getrennte Sprachwelten dar, in denen mehrsprachige Kinder unterschiedliche sprachliche Praktiken aufzeigen und Code-Switching zwischen Sprachen und Systemen praktizieren.

---

[2] Hinweise zur Transkription: (.) (..) (...): Pausen (1, 2, 3 Sekunden); ((lacht)) para- oder nonverbaler Akt.

Diese künstliche Trennung der Sprachen konnte auch bei der Verwendung von Schweizerdeutschen und Standarddeutschen beobachtet werden. Im Gegensatz zu der sprachlichen Realität der Deutschschweiz, die sich durch die mediale Diglossie (vgl. Kolde 1981) äußert, wurde in den Bildungsinstitutionen eine klare Trennung zwischen der Schulsprache (Standarddeutsch) und dem für die soziale Integration verantwortlichen Schweizerdeutschen angestrebt. Dadurch zeigt sich eine versteckte Hierarchie der Sprachen (Ellis, Gogolin & Clyne 2010: 442), die die entscheidende Rolle des Standarddeutschen im Bildungserfolg unterstreicht (Krompák 2015: 190).

Abschließend kann festgehalten werden, dass die legitime Sprache der Schule (Standarddeutsch) durch explizite Regeln der Bildungsinstitutionen (wie im Lehrplan) sichtbar wird. Dagegen wird die Sprachverwendung von illegitimen Sprachen (Familiensprache und Schweizerdeutsch) durch implizite sprachliche Vereinbarungen (*hidden rules*) gesteuert. Die beobachtbare Trennung der sprachlichen Welten verunmöglicht den *safe place* (vgl. Conteh & Brock 2011), in dem alle Lernerfahrungen (auch sprachliche) der mehrsprachigen Kinder wahrgenommen und wertgeschätzt werden.

2 „Juan Baba U. räppt uf Uslenderdüütsch, denn so verstoht au jede Uslender Düütsch"[3]

Wenn sich also in der (Vor-)Schule bei mehrsprachigen Kindern eine klare – wenn auch nicht unumstrittene – Trennung zwischen illegitimer Familiensprache einerseits und legitimer Schulsprache anderseits beobachten lässt,[4] so ist mit zunehmendem Alter der Kinder resp. Jugendlichen selbst die Artikulierung und Ausdifferenzierung von eigenen und kraftvollen Jugendkulturen und Jugendsprachen in der Freizeit als einem dritten eher informellen Bereich neben

---

3 Hochdeutsch: „Juan Baba U. [Uslender] rappt auf Ausländerdeutsch, denn so versteht auch jeder Ausländer Deutsch".
4 So sorgte z.B. letzthin die Gemeinde Egerkingen in Solothurn für mediales Aufsehen, da die Gemeindepräsidentin damit drohte, Schüler(innen) (und letztlich auch deren Eltern), die weiterhin untereinander auf dem Pausenplatz eine „ausländische" Sprache (gemeint war Albanisch oder Türkisch) verwenden würden, anstatt Mundart oder Deutsch zu sprechen, mit einem verordneten und selber zu bezahlenden Deutschkurs zu bestrafen. Nach einer schweizweiten Berichterstattung und den geäußerten Bedenken seitens der Schulleitung und der Lehrpersonen, vor allem hinsichtlich der Umsetzung dieser Strafandrohung, kehrte die Gemeindepräsidentin letztlich von ihrem Vorhaben ab (vgl. Schneeberger 2016).

der Schule und der Familie festzustellen. Zugänglich und unmittelbar wird diese jugendkulturelle Mehrsprachigkeit gegenwärtig im Internet artikuliert und erforscht (vgl. Androutsopoulos & Juffermans 2014). Vermehrt spielen dabei Komik und Satire eine eigene und besondere Kommunikationsfunktion (vgl. Leontiy 2017).

Im deutschschweizer Kontext sei diesbezüglich bspw. der Internet-Comedian Bendrit Bajra mit seinen auf Facebook äußerst populären und per Smartphone selbst aufgezeichneten Kurzvideos über den Unterschied von Schweizern und Ausländern in unterschiedlichen Situation (Elterngespräche, Coming-Out usw.) genannt oder auch der ehemalige Pausenclown und heutige Online-Sprücheklopfer Zeki Bulgurcu mit seiner Swissmeme Facebook-Seite, mit welcher er gegenwärtig über eine viertel Million Internetnutzer(innen) und deren nicht genau zu beziffernden digitalen Freunde unterhält. Der Beitrag fokussiert aber vor allem den selbst ernannten „Paten der Ausländer", sprich den Rapper Baba Uslender und seine Crew, die Uslender Production mit den Rappern Ensy und Effe und ihre auf YouTube gesamthaft über vier Million mal angeclickten Musikvideos (vgl. Preite 2016). Für Schweizer Verhältnisse sind diese Rezeptionszahlen bemerkenswert, insbesondere wenn bedacht wird, dass Baba Uslender und seine Uslender Production tatsächlich als „ausländische" *Do-It-Yourself*-Produktion ohne Anbindung an marktrelevante Verlage und Vertriebe entstanden sind und auch heute noch funktionieren. Demnach können sie (vielleicht zusammen mit dem nunmehr etablierten und erwachsenen Musiker und Komiker Müslüm) als so etwas wie der Startpunkt dieser postmigrantischen Online-Jugendkultur in der deutschsprachigen Schweiz gesehen werden.

Was dabei im Internet eigenständig und klein begann, entwickelte sich durch die Weiterverbreitung und Rezeption durch Follower zu einem eigendynamischen Rhizom[5] (Wurzelgeflecht), das nun selbst in etablierten Medien und Politsendungen außerhalb des Internets Einzug hält und für Aufmerksamkeit sorgt. So waren z.B. sowohl Bendrit als auch Zeki als prominente Gäste in der *Primetime Comedy-Show* des Schweizer Fernsehen *Giaccobo/Müller* resp. der Politsendung *Arena* eingeladen, um eingehend ihre Position und Stellungnahmen als Künstler über aktuelle gesellschaftliche und politische Geschehnisse zu diskutieren. Ebenso war Baba Uslender mehrmals Gast in Jugendkultur- und Feuilleton-Sendungen des Nationalen Radio- und Fernsehen SRF wie auch des privaten und nunmehr Konkurs gegangenen Jugend-TV-Senders Joiz TV. Para-

---

5 Die metaphorische Verwendung des Rhizom-Konzeptes bezieht sich ursprünglich auf Deleuze & Guattari (1977) und wird gegenwärtig von verschiedenen Autoren(inn)en in diversen Kontexten wiederentdeckt und weiterentwickelt (Aratnam, Schmid & Preite 2017: 396).

doxerweise wird dabei beim nationalen Radio und Fernsehen zwar viel über seine Musik gesprochen; letztlich schaffte es aber keiner seiner Songs in die Tagesrotation. Es ist beinahe ironisch, wie der verantwortliche Musikredakteur seine Entscheidung, die Songs nicht zu spielen, auf Nachfrage der Musiker begründet: Für ihn haben die Uslender Production einen „zu kleinen Bekanntheitsgrad" (Preite 2016: 388).[6]

Ohne diese Aussage an dieser Stelle weiter zu deuten, sei festgehalten, wie gegenwärtig im Genre *Ethno-Comedy* vermehrt auch postmigrantische Künstler im etablierten Feld der Kulturproduktion für Aufmerksamkeit sorgen, indem sie als Repräsentanten von Migranten und Ausländern mehrheitsgesellschaftliche Ausländer- und Migranten-Stereotypen ad absurdum führen (vgl. Jain 2014; Kotthoff, Jashari & Klingenberg 2013). Der Rapper Ensy fasst dies für die Uslender Production wie folgt zusammen:

> Es zeigte sich, dass die Leute das einfach wirklich „voll geil" fanden, wenn wir uns als „Uslender" über Ausländer lustig machten, beziehungsweise die Vorurteile bestätigen, also indirekt eben nicht bestätigen, indem man sie bestätigt. Indem wir also selber darüber Witze machten und die Leute das auch verstanden. Ich meine, wie willst du darauf reagieren, wenn dir jemand sagt, „du bist ein Wichser" und du ihm antwortest „ja, ich bin einer". (Interview mit dem Rapper Ensy, Februar 2015, in Preite 2016: 383)

Entscheidend an dieser postmigrantischen Jugendkultur ist dabei, dass die Online-Artikulationen erstens in der Freizeit entstehen, zweitens selbstständig und freiwillig von Jugendlichen hervorgebracht werden und sich drittens als „doppelte Artikulation" gegenüber der Herkunftskultur (*parents culture*) und der Mehrheitsgesellschaft (*dominant culture*) positionieren (vgl. Preite 2016). Deutlich und profan bringt dies der Künstler Müslüm auf den Punkt: „Wenn all das, [...], was daheim [*parents culture*] stattfindet, mit der Gesellschaft hier [*dominant culture*] nicht kompatibel ist, dann entwickelst du eine Energie, die

---

6 Für die Künstler ist demgegenüber klar, weshalb ihre Lieder nicht gespielt werden: „So hart es auch tönt, ich sage, es hat auch mit Ausländerfeindlichkeit und Angst zu tun. Weil wir dazu stehen, dass wir Ausländer sind. Wenn man hingegen als Schweizer Ausländer-Comedy macht, ist das hingegen ok. [...] Dabei ist es nicht einmal so, dass sie es nicht verstehen. Sie geben dir aber gar keine Chance und das hat wiederum mit Feindlichkeit zu tun beziehungsweise mit nicht genug offen sein für etwas Neues. [...] Sie bringen uns sozusagen bis zum Brunnen und geben uns dann kein Wasser." (Ensy und Baba Uslender in Preite 2016: 388f.) Mag die Deutung des Ausschlusses im etablierten Kunstfeld mittels Fremdenfeindlichkeit für manche Personen auch weit hergeholt erscheinen (es ist ja „nur" Kunst), ist dem nicht so für die Künstler und ihr Publikum selbst; und diesem Tatbestand wäre Rechnung zu tragen. Genauso wie es dringlich wäre, sich zu fragen, wie es dazu kommen kann, dass sektiererische Organisationen genau aus solchen inländischen Ablehnungen Kapitel zu schlagen versuchen.

wahrscheinlich entweder humoristisch sein kann oder aggressiv oder intelligent oder ... Irgendwie sprengt es einen richtig." (Semih Yavsaner zit. nach Kotthof, Jashari & Klingenberg 2013: 191)

So gesehen verkommen die sprachlich getrennten Welten der postmigrantischen Jugend zu einer fruchtbaren und kreativen Quelle, in der ebendiese Jugendlichen in ihrer *double absence* (vgl. Sayad 1999) gefordert sind, sich einen eigenen „dritten Stuhl" (vgl. Badawia 2002) zu zimmern; oder in den Worten Baba Uslenders: „Juan Baba U. räppt uf Uslenderdüütsch, denn so verstoht au jede Uslender Düütsch." (Baba Uslender, Ensy & Effe 2012a)

Was bleibt ihnen auch anderes übrig, als „Fähigkeiten zur [hybriden] Selbstplatzierung" (Leenen, Grosch & Kreidt 1990: 753) zu entwickeln, um davon ausgehend sowohl über sich als auch darüber hinaus zu sprechen? Nicht von ungefähr sind diese im dominanten pädagogischen Diskurs mit „Sprachproblemen" (Becker & Beck 2012: 139) stereotypisierten Jugendlichen aufgrund der „Nichtberücksichtigung der Erstsprache" (Mecheril 2011: 51) beinahe gezwungen, nach widerständigen und außerschulischen Anerkennungswegen ihrer Mehrfachzugehörigkeit und Mehrsprachigkeit zu suchen. Wenn Baba Uslender demnach auf Ausländerdeutsch rappt, damit auch jeder Ausländer Deutsch versteht, dann bezeugt er damit nicht nur seine Fähigkeit und die seines Publikums, sich einer Sprache selbstständig zu bemächtigen. Ebenso wird ein Bildungssystem kritisiert, welches ebendiesen „Ausländern" und „Jugendlichen mit Migrationshintergrund" die Nicht-„Beherrschung der deutschen Sprache in Wort und Schrift" (Diefenbach 2010: 145) attestiert, ohne dabei nach dem eigenen Systemversagen zu fragen.[7]

Entscheidend bei Baba Uslender ist demnach, *wie* seine Texte als künstlerische Stellungnahme vorgetragen werden; nämlich in einem nicht-aufgelösten und „oszillierenden Spiel zwischen Ernst und Komik" (Preite 2016: 387); oder in

---

[7] Mit der Veröffentlichung der neuesten PISA-Resultate und dem punktemäßigen Absinken bei den Lesekompetenzen im Vergleich zu den letzten Jahren entbrannte in der Schweiz erneut der Streit, wie dieser Leistungsrückgang zu erklären sei. Neben technischen Auswertungsfragen wurde seitens der schweizerischen Bildungsbehörden ebenso die Samplezusammenstellung kritisiert. Konkret gemeint ist damit die Zunahme der „Jugendlichen mit Migrationshintergrund" im aktuellen Sample von ehemals 13 % auf nun 31 %. In gewisser Hinsicht ähnlich wie bei den ersten PISA-Studien im Jahr 2000 wurden die Schuldigen demnach rasch gefunden, nämlich „die Migrantenkinder" (vgl. Meier 2016). Brisant ist in diesem Zusammenhang, wie der Schulpräsident der Thurgauer Gemeinde Sirnach angefangen hat, bei ausländischen Schüler(inne)n, die in der Schweiz aufgewachsen sind, Kostenbeiträge für verordnete Deutschförderkurse in Höhe von 150 Schweizer Franken einzuziehen, weil er sagt, die Kosten hierfür „nicht mehr *alleine* [Hervorhebung L.P.] tragen" zu wollen (vgl. Lenzlinger 2017).

den Worten Baba Uslenders: „Du heure Rotznase muessch bitzli ufpasse, han in Chilbi d Boxchaschte zwei mol kaputt gschlage." (Baba Uslender, Ensy & Effe 2012a) Das Humoristische und die Selbstironie übernehmen dabei eine Verschleierungsfunktion. Sie erlauben Verlegenheitserfahrungen anzusprechen, die bspw. in Form von Pauschalisierungen und Stigmatisierungen so gut wie jedem postmigrantischen Jugendlichen bekannt sind (Kotthoff, Jashari & Klingenberg 2013: 25). Der Artikulationsakt geht damit einher, Handlungsspielräume wiederzuerlangen; und sei es auch nur, wie Jackson & Mulamila (2013: 39) in einer allgemeinen Analyse von Humor und Komik vortragen, dass in einem ersten Schritt überhaupt erst gemeinsam über diese Verlegenheiten gelacht werden kann: „We laugh at a situation that in reality is too close, too real, too tragic to entertain. [...] Though tragedy is suffered in solitude and silence, comedy opens up the possibility of transfiguring the original event by replaying it in such dramatically altered and exaggerated form that it is experienced as ‚other'."

In dieser Hinsicht sind all die witzigen, postmigrantischen und jugendkulturellen Online-Artikulationen eines Baba Uslender, Zeki Bulgurcu und Bendrit Bajra mehr als eine bloße Reaktualisierung des Hall'schen „Spektakel der Anderen" (Jain 2014: 49). Vielmehr handelt es sich um ein „selbstinszeniertes Spektakel des Anderen" (Preite 2016: 384). Die Jugendlichen *spielen* das Ausländersein und bedienen sich einer Differenzherstellung, um diese zur Diskussion zu stellen. Entgegen der Auffassung von Bower (2014) und in Einklang mit Leontiy (2017) hebt Preite (2016) hervor, inwiefern diese jugendkulturellen Artikulationen keinesfalls nur einladend gemeint sind. Denn wie die Beispiele zeigen, bleibt stetig unaufgelöst, wer hier tatsächlich mit wem über wen lacht. So gesehen finden sich darin zwar Techniken der Bewältigung beschädigter Identitäten (vgl. Goffman 2014). Ebenso geht es aber auch um die Ermöglichung der eigenen Grenzaushandlungen und -austarierungen. Diesbezüglich beinhaltet Baba Uslender demnach ein genuin widerständiges Moment: Es ist die symbolische Aneignung (der „Uslender") einer ungleichen und mächtigen Differenzkonstruktion (der „Ausländer") in einem dritten Raum der performativen Ambivalenz (vgl. Bhabha 2011).

3 „Ich bi nid integriert, wird diskriminiert, und red dennoch so, als hät ich Germanistik studiert"[8]

Mehrfach haben wir uns gefragt, ob es denn keinen anderen Weg gab, als in dieser Differenzaffirmation mittels Kunst, Komik und Humor wie vor allem online über die eigene Stellung als „Ausländer" in der Schweiz zu berichten. Oder anders gesagt: Weshalb sorgen postmigrantische Künstler vor allem im Internet und im Genre *Ethno-Comedy* derart für Aufmerksamkeit, indem sie sich selbstironisch der „Sozialfiguren" (Dietrich & Seeliger 2013: 117) ihresgleichen bedienen? Was sagen diese Ausdifferenzierungen der Artikulationen über gesellschaftliche Machtverhältnisse?

Bis anhin konnte keine befriedigende Antwort gefunden werden. Erst kürzlich wurde mir (Luca Preite) aber bewusst, wie sehr ich selbst diese Online-Artikulationen von Baba Uslender und anderen als Projektion für die Verarbeitung von Verlegenheits- und Ohnmachtserfahrungen in hochschulinternen wie forschungsspezifischen Kontexten verwendet habe. Denn wenn Ensy z.B. rappt: „Ich bin nicht integriert, werde diskriminiert und spreche dennoch so, als hätte ich Germanistik studiert" – und ich diese Textstelle als Titel für meinen ersten Peer-reviewed-Artikel zitiere – so bietet sich daraus eine Fülle von Inspirationen an, um davon ausgehend neuartig wie niederschwellig über die (Re-)Produktion sozialer Ungleichheit zu sprechen und zugleich den Kern der Sache – die gesellschaftliche (De-)Konstruktion des Migranten – in den Vordergrund zu rücken.[9]

---

8 Hochdeutsch: „Ich bin nicht integriert, werde diskriminiert, und spreche dennoch so, als hätte ich Germanistik studiert."
9 Letztlich begann dabei alles mehr oder weniger als „Witz"; ebenso lassen sich darin retrospektiv aber auch Resignationen ausmachen: Im Rahmen meiner Anstellung an der Pädagogischen Hochschule der Fachhochschule Nordwestschweiz war und bin ich angehalten, u.a. Lehraufträge mit dem Schwerpunkt Bildungsungleichheit und Migrationshintergrund zu erteilen. Wie es dazu kam, weiß ich nicht mehr genau. Ich glaube mich aber daran erinnern zu können, dass irgendwann in einer Team-Sitzung, in welcher es um die thematische Verteilung der Lehraufträge ging, der Satz fiel: „Das ist doch deine Thematik, nicht wahr? Und bist du nicht auch selber Migrant?" In der Tat hatte ich mich in meiner Masterarbeit mit der hochqualifizierten zweiten Migrant(inn)en-Generation auseinandergesetzt. Nach der Definition des Schweizer Bundesamts für Statistik (2017: 20) verfüge ich aber über keinen Migrationshintergrund, da ich zwar Doppelbürger bin (Italien/Schweiz), meine Mutter aber Schweizerin ist und ich in der Schweiz geboren bin. Wenn überhaupt, war ich „lediglich" ein halbes Jahr lang Auslandschweizer, als die ganze Familie nach Süditalien zog, um nach einem halben Jahr das ganze

So gesehen erlaubte Baba Uslender als künstlerische Stellungnahme das, was Jurt (1995: 101) mit Verweis auf die kunstsoziologischen Schriften Pierre Bourdieus „eine kontrollierte Offenbarung des Verdrängten" nennt. Genau mittels dieses oszillierenden Spiels zwischen Komik und Ernst, sprich mit der künstlerischen Verneinung jeder eindeutigen Intention, ermöglichte Baba Uslender „die begrenzte Äußerung einer Wahrheit, die anders gesagt untragbar wäre" (Bourdieu 2010: 67): „Manchi Schwiizer bruuche e kalti duschi, denn für sie Rassismus ist ein muss [sic!] wie für uns eine Bahnhofrundi." (Baba Uslender, Ensy & Effe 2012b) Letztlich ist es zwar bloß Komik, Musik, Kunst und Kommerz; aber genau deshalb lässt sich davon ausgehend über gesellschaftliche Verhältnisse sprechen.

Und man sollte sich – zumindest was die statistischen Kennzahlen im Schweizer Kontext betrifft – nichts vormachen: Zwar haben Jugendliche mit Migrationshintergrund hinsichtlich der durch PISA gemessenen Bildungsleistung in der Regelschule allgemein betrachtet durchgängig „aufgeholt" (vgl. Meier 2016). Nichtsdestotrotz bleibt, was die Bildungsbeteiligung auf der nachobligatorischen Stufe betrifft, vor allem eine Subgruppe dieser Jugendlichen mit Migrationshintergrund unterrepräsentiert, nämlich die in der Schweiz geborenen Ausländer(innen), sprich die nicht eingebürgerten *Secondos/-as*, die letztlich ihre ganze Schullaufbahn in der Schweiz absolviert haben. Diese Fraktion weist in der Schweiz eine beinahe nur halb so große Chance auf, einen Hochschulabschluss zu erlangen, sowohl im Vergleich zu Schweizer(inne)n als auch den im Ausland geborenen Ausländer(inne)n, also den neu zugewanderten Migrant(inn)en der ersten Generation[10]. Rückzuführen ist dies einerseits auf die

---

(Re-)Migrationsprojekt abzubrechen und in die Schweiz zurückzukehren. Nichtsdestotrotz, oder vielleicht genau deshalb, wurde ich immer wieder als „Ausländer" und „Migrant" beschrieben, insbesondere wenn meine Rechtschreibfehler in Arbeitspapieren seitens von Vorgesetzten und Mitarbeitenden kommentiert resp. gedeutet werden. Mich stört das kaum mehr und dennoch irgendwie schon. Wahrscheinlich ist es mir genau deshalb ein Anliegen, über die soziale Konstruktion des Migrationshintergrunds zu lehren. Umso frustrierter war ich zu sehen, auf welches marginale Interesse die wissenschaftliche Auseinandersetzung mit den Jugendlichen mit Migrationshintergrund als Folge der Omnipräsenz einerseits und des Wiederkäuens andererseits letztendlich bei Studierenden wie auch Forschenden stieß. Und genau hier setze ich sowohl in der Lehre als auch in der Forschung mit Baba Uslender und seiner Uslender Production an. Die Aufmerksamkeit der Studierenden war mir sicher. Ebenso auch ein Interesse der wissenschaftlichen Peers.

10 Bei den jungen Erwachsenen (15–24 Jahre), die in der Schweiz leben, verfügen 6 % aller Schweizer(innen) und 9 % aller im Ausland geborenen Ausländer(innen) über einen Tertiärabschluss, wohingegen dies bei den in der Schweiz geborenen Ausländer(inne)n lediglich 2 % sind; ebenso bei den Erwachsenen (25–34 Jahre): Hier verfügen 47 % aller Schweizer(innen)

sog. verzögerten und nicht stattfindenden Übergänge an der „ersten Schwelle" (vgl. Babel, Laganà & Gaillard 2016), d.h. den Übertritt in die berufliche Grundbildung oder das Gymnasium. Ebenso lassen sich womöglich aber auch seit Ende der 90er-Jahre *Siding*-Effekte (Verdrängungseffekte) durch die Zunahmen von hochqualifizierten Migranten(inn)en und internationalen Studierenden beobachten (vgl. Aratnam 2012).

Wenn demnach der „PISA-Schock" im Jahr 2000 auf die Risikogruppe der Jugendlichen mit Migrationshintergrund allgemein hinzuweisen vermochte und diesbezüglich wertvolle Forschungsbemühungen in Gang brachte, so lassen sich trotzdem und unabhängig davon kaum bis gar keine Verbesserungen hinsichtlich des Zugangs zur nachobligatorischen und höheren (Aus-)Bildung für die nicht eingebürgerten *Secondos/-as*, sprich die in der Schweiz geboren Ausländer(innen), beobachten (vgl. Preite 2012a, 2012b). Mehr denn je bleiben sie „Ausländer" und „bildungsfern" (vgl. Wiezorek & Pardo-Puhlmann 2013), während es hoch qualifizierten Migranten(inn)en gelingt, ihre transnationalen Kapitalien ins Spiel zu bringen (vgl. Aratnam, Schmid & Preite 2017). Ganz zu schweigen davon, dass sich wissenschaftliche Laufbahnen in der Erforschung des Jugendlichen mit Migrationshintergrund etablieren ließen, in denen zwar viel über, kaum aber mit ebendiesen Akteur(inn)en gesprochen wurde (vgl. Stošić 2017).

In ihren postmigrantischen jugendkulturellen Online-Artikulationen spielen Baba Uslender, Bendrit Bajra, Zeki Bulgurcu usw. exakt damit. (Selbst-)Ironie einerseits und subkulturelle Online-Artikulation andererseits fungieren dabei als eine Möglichkeit, um auf die gesellschaftliche Konstruktion des Jugendlichen mit Migrationshintergrund hinzuweisen; oder in den Worten Ensys: „Ich bin nicht integriert, werde diskriminiert und spreche dennoch so, als hätte ich Germanistik studiert." (Baba Uslender, Ensy & Effe 2012a) Insgesamt erfahren diese künstlerischen Stellungnahmen vor allem im kommerziellen Bereich Anerkennung. Mehr noch: Sogar in den Feuilletons, also in den diskursiven Zentren des Bürgertums, werden solche und ähnliche sprachliche Kreationen als Häresie „gefeiert" (Bourdieu 1993: 107ff.), während demgegenüber die Schule an ihrem „Theater der Einsprachigkeit" (Knappik & Thoma 2015: 11) in mehrsprachigen Gesellschaften festhält und dies weiterhin als Selektionskriterium bedient. Weshalb sich also noch wundern, dass ebendiese sog. bildungsfernen (männlichen) Jugendlichen mit Migrationshintergrund nach alternativen, sprich

---

und im Ausland geborenen Ausländer(innen) über einen Tertiärabschluss, wohingegen dies bei den in der Schweiz geborenen Ausländer(inne)n lediglich 28 % sind (Bundesamt für Statistik 2015).

anti-schulischen und anti-beruflichen, Verwirklichungen und sozialen Positionierungen ihrer selbst suchen (Bude 2013: 46ff.)?

4 Fazit

Der Beitrag setzt sich aus einer interdisziplinären Perspektive mit der Frage der Legitimitäts- resp. Illegitimitätskonstruktion von Mehrsprachigkeit im Kindes- und Jugendalter in Migrationsgesellschaften auseinander. Hervorzuheben ist dabei, wie hinsichtlich der Frage der gesellschaftlichen Konstruktion der Mehrsprachigkeit für diesen Beitrag erstmalig unterschiedliche gesellschaftliche Kontexte sowie Akteure untersucht und berücksichtigt sind. Konkret ist damit die (Vor-)Schule einerseits (vgl. Krompák 2014, 2015), ebenso aber auch die postmigrantische Online-Jugendkultur andererseits gemeint (vgl. Preite 2016).

Wenn sich dabei in der (Vor-)Schule die Herstellung von getrennten sprachlichen Welten (vgl. Krompák 2015) auf der Basis expliziter Regeln einerseits und *hidden rules* (vgl. Krompák 2014) andererseits beobachten lässt, so werden diese Trennungen in den postmigrantischen Jugendkulturen kreativ aufgegriffen, be- und verarbeitet, wie auch infrage gestellt. In dieser Hinsicht entwickelt sich die Frage der (Il-)Legitimitätsaushandlung von Mehrsprachigkeit zu einer feldspezifischen, vor allem aber -übergreifenden Angelegenheit, die es genau als solche auch weiterhin zu untersuchen gilt. Oder anders gesagt: Was als Mehrsprachigkeit innerhalb der Schule z.B. in Form des Ethnolekts verpönt bis verboten ist, kann innerhalb der Jugendkultur Ansehen und Prestige verleihen und wird darüber hinaus sogar in der Hochkultur (Feuilleton und Wissenschaft) als Häresie rezipiert und besprochen.

Sich daran anlehnend plädiert der Beitrag für eine Sichtbarmachung der Mehrsprachigkeit in verschiedensten Kontexten. Unabdingbar bleibt, dass postmigrantische Jugendkulturen und ihre mehrsprachlichen Kreationen genauso wie die schulische Herstellung sprachlich getrennter Welten nicht isoliert zu untersuchen und zu besprechen sind. Denn letztlich hat das eine (die Trennung) mit dem anderen (die Jugendkultur) sehr wohl zu tun. Nicht nur zeigen sich hierin Wiederaneignungen von Handlungsspielräumen. Ebenso wird sichtbar, dass diese Wiederaneignungen bis anhin vor allem und in erster Linie außerhalb der Schule und Bildungsforschung geschehen sind.

Spannend wäre es aber, wenn diese sprachliche Wiederaneignung früher und unmittelbarer in der (Vor-)Schule ansetzen würde oder letztlich insofern nicht zu geschehen hätte, als dass die Sprache als Mehrsprachigkeit in der schulischen Sozialisation gar nicht erst beschnitten wäre. Letztlich dürften Mehrsprachigkeit und Migrationshintergrund demnach keine Differenzkategorien darstellen, anhand derer sich Hierarchisierungen praktizieren lassen (vgl. Karakaşoğlu & Doğmuş 2015). Bis dahin aber sind Gegenbewegungen (postmigrantische Jugendkulturen) und ihre Sichtbarmachung im Sinne eines *upgrading ethnicity* (Akbaba 2017: 224) mehr denn je notwendig, um ebendiese ungleichen Differenzherstellungen insofern ad absurdum zu führen, als dass ihnen selbst in einem unaufgelösten Spiel zwischen Komik und Ernst der Spiegel vorgehalten wird. In dieser Hinsicht besteht für uns abschließend neben der Erforschung der Mehrsprachigkeit in Migrationsgesellschaften ebenso auch ein Desiderat an Studien, die Verhältnisse und Formen analysieren, unter welchen Sprachen überhaupt in den Fokus der wissenschaftlichen Untersuchung rücken.

5 Literatur

Akbaba, Yalz (2017): *Lehrer*innen und der Migrationshintergrund. Widerstand im Dispositiv.* Weinheim: Beltz.

Androutsopoulos, Jannis & Juffermans, Kasper (2014): Digital language practices in superdiversity: Introduction. *Discourse, Context & Media* 3 (4-5): 1–6.

Aratnam, Ganga J. (2012): Hochqualifizierte mit Migrationshintergrund: Ressourcen und Hürden. *Tangram* 29: 93–96.

Aratnam, Ganga J.; Schmid, Silke & Preite, Luca (2017): Musikhochschulen und Migration. In Geisen, Thomas; Riegel, Christine & Yildiz, Erol (Hrsg.): *Migration, Stadt und Urbanität: Perspektiven auf die Heterogenität migrantischer Lebenswelten.* Wiesbaden: Springer VS, 381–401.

Baba Uslender; Ensy & Effe (2012a): *Uslender Production.* www.youtube.com/watch?v=BuwpFl4teU (25.05.2018).

Baba Uslender; Ensy & Effe (2012b): *Schwarzi Schoof.* www.youtube.com/watch?v=haTEfVPwx9o&list=RDzz202jJMhus&index=3 (25.05.2018).

Babel, Jacques; Laganà, Francesco & Gaillard, Laurent (2016): *Der Übergang am Ende der obligatorischen Schule* Neuchâtel: Bundesamt für Statistik. www.bfs.admin.ch/bfsstatic/dam/assets/1520326/master (25.05.2018).

Badawia, Tarek (2002): *„Der dritte Stuhl". Eine Grounded-theory-Studie zum kreativen Umgang bildungserfolgreicher Immigrantenjugendlicher mit kultureller Differenz.* Frankfurt a. M.: IKO.

Becker, Rolf (2011): Integration von Migranten durch Bildung und Ausbildung. Theoretische Erklärungen und empirische Befunde. In Becker, Rolf (Hrsg.): *Integration durch Bildung. Bildungserwerb von jungen Migranten in Deutschland.* Wiesbaden: Springer VS, 11–36.

Becker, Rolf & Beck, Michael (2012): Herkunftseffekte oder statistische Diskriminierung von Migrantenkindern in der Primarstufe? In Becker, Rolf & Solga, Heike (Hrsg.): *Soziologische Bildungsforschung.* Wiesbaden: Springer VS, 137–163.

Berger, Peter L. & Luckmann, Thomas (2004): *Die gesellschaftliche Konstruktion der Wirklichkeit. Eine Theorie der Wissenssoziologie.* Frankfurt a. M.: Fischer.

Bhabha, Homi K. (2011): *Die Verortung der Kultur*. Tübingen: Stauffenburg.
Bourdieu, Pierre (1993): *Soziologische Fragen*. Frankfurt a. M.: Suhrkamp.
Bourdieu, Pierre (2010): *Die Regeln der Kunst. Genese und Struktur des literarischen Feldes*. Frankfurt a. M.: Suhrkamp.
Bower, Kathrin (2014): Made in Germany. Integration as Inside Joke in the Ethno-comedy of Kaya Yanar and Bülent Ceylan. *German Studies Review* 37 (2): 357–376.
Bude, Heinz (2013): *Bildungspanik. Was unsere Gesellschaft spaltet*. München: dtv.
Bundesamt für Statistik (2015): *Höchste abgeschlossene Ausbildung, nach Migrationsstatus, verschiedenen soziodemografischen Merkmalen und Grossregion*. www.bfs.admin.ch/bfsstatic/dam/assets/300778/master (25.05.2018).
Bundesamt für Statistik (2017): *Statistischer Bericht zur Integration der Bevölkerung mit Migrationshintergrund*. www.bfs.admin.ch/bfs/de/home/statistiken/bevoelkerung/migration-integration/integrationindikatoren.assetdetail.2546310.html (25.05.2018).
Charmaz, Kathy (2006): *Constructing grounded theory. A practical guide through qualitative analysis*. London: Sage.
Conteh, Jean & Brock, Avril (2011): 'Safe spaces'? Sites of bilingualism for young learners in home, school and community. *International Journal of Bilingual Education and Bilingualism* 14 (3): 347–360.
Deleuze, Gilles & Guattari, Felix (1977): *Rhizom*. Berlin: Merve.
Diefenbach, Heike (2010): *Kinder und Jugendliche aus Migrantenfamilien im deutschen Bildungssystem. Erklärungen und empirische Befunde*. Wiesbaden: Springer VS.
Dietrich, Marc & Seeliger, Martin (2013): Gangsta-Rap als ambivalente Subjektkultur. *Psychologie und Gesellschaftskritik* 37 (3-4): 113–135.
Ellis, Elizabeth; Gogolin, Ingrid & Clyne, Michael (2010): The Janus face of monolingualism: a comparison of German and Australian language education policies. *Current Issues in Language Planning* 11 (4): 439–460.
Emmerich, Marcus & Hormel, Ulrike (2015): Produktion und Legitimation von Bildungsungleichheit in der Migrationsgesellschaft. In Dammayr, Maria; Graß, Doris & Rothmüller, Barbara (Hrsg.): *Legitimität. Gesellschaftliche, politische und wissenschaftliche Bruchlinien der Rechtfertigung*. Bielefeld: Transcript, 227–248.
Esser, Hartmut (2006): *Sprache und Integration: Die sozialen Bedingungen und Folgen des Spracherwerbs von Migranten*. Frankfurt a. M., New York: Campus.
Goffman, Erving (2014): *Stigma über Techniken der Bewältigung beschädigter Identität*. Frankfurt a. M.: Suhrkamp.
Jackson, Michael & Mulamila, Emmanuel (2013): *The wherewithal of life. Ethics, migration, and the question of well-being*. Berkeley: University of California Press.
Jain, Rohit (2014): Das Lachen über die „Anderen". Anti-Political Correctness als Hegemonie. *Tangram* 34: 49–54.
Jurt, Joseph (1995): *Das literarische Feld. Das Konzept Pierre Bourdieus in Theorie und Praxis*. Darmstadt: WBG.
Karakaşoğlu, Yasemin & Doğmuş, Aysun (2015): Lebenswelten von Kindern und Jugendlichen mit Migrationshintergrund als Gegenstand empirischer Forschung. Kontinuitäten und Perspektivenwechsel wissenschaftlicher Diskurse. In Leiprecht, Rudolf & Steinbach, Anja (Hrsg.): *Schule in der Migrationsgesellschaft. Ein Handbuch. Sprache – Rassismus – Professionalität*. Schwalbach: debus Pädagogik, 166–192.
Knappik, Magdalena & Thoma, Nadja (2015): *Sprache und Bildung in Migrationsgesellschaften. Machtkritische Perspektiven auf ein prekarisiertes Verhältnis*. Bielefeld: Transcript.

Kolde, Gottfried (1981): *Sprachkontakte in gemischtsprachigen Städten. Vergleichende Untersuchungen über Voraussetzungen und Formen sprachlicher Interaktion verschiedensprachiger Jugendlicher in den Schweizer Städten Biel/Bienne und Fribourg/Freiburg i. Ue.* Wiesbaden: Steiner.

Kotthoff, Helga; Jashari, Shpresa & Klingenberg, Darja (2013): *Komik (in) der Migrationsgesellschaft.* Konstanz: UVK.

Krompák, Edina (2014): Hidden rules of language use. Ethnographic observation on the transition from kindergarten to primary school in Switzerland. *Netla – Online Journal on Pedagogy and Education.* http://netla.hi.is/serrit/2014/diversity_in_education/003.pdf *(24.05.2018).*

Krompák, Edina (2015): Sprachliche Realität im Schweizer Kindergarten- und Schulalltag. Code-Switching und Sprachentrennung bei mehrsprachigen Kindern. In Schnitzer, Anna & Mörgen, Rebecca (Hrsg.): *Mehrsprachigkeit und (Un)gesagtes. Sprache als soziale Praxis im Kontext von Heterogenität, Differenz und Ungleichheit.* Weinheim: Beltz, 175–193.

Leenen, Wolf R.; Grosch, Harald & Kreidt, Ulrich (1990): Bildungsverständnis, Platzierungsverhalten und Generationenkonflikt in türkischen Migrantenfamilien. *Zeitschrift für Pädagogik* 36: 753–771.

Lenzlinger, Romina (2017): *Sprachmisere an den Schulen: Wer schlecht Deutsch spricht, wird gebüsst. Büffeln oder zahlen. Blick.* www.blick.ch/news/schweiz/sprachmisere-an-den-schulen-wer-schlecht-deutsch-spricht-wird-gebuesst-bueffeln-oder-zahlen-id6047758.html?utm_source=blick_app_ios&utm_medium=social_user&utm_campaign=blick_app_iOS *(24.05.2018).*

Leontiy, Halyna (Hrsg.) (2017): *(Un)Komische Wirklichkeiten. Komik und Satire in (Post-)Migrations- und Kulturkontexten.* Wiesbaden: Springer VS.

Mecheril, Paul (2011): Hybridität, kulturelle Differenz und Zugehörigkeiten als pädagogische Herausforderung. In Marinelli-König, Gertraud & Preisinger, Alexander (Hrsg.): *Zwischenräume der Migration. Über die Entgrenzung von Kulturen und Identitäten.* Bielefeld: Transcript, 37–54.

Meier, Daniel (2016): *Ein Fünftel aller 15-Jährigen kann das kaum verstehen.* www.nzz.ch/nzzas/nzz-am-sonntag/leseschwaeche-fuenftel-aller-15-jaehrigen-koennen-kaum-verstehen-ld.133885 *(24.05.2018).*

Panagiotopoulou, Argyro & Kassis, Maria (2015): Frühkindliche Sprachförderung oder Forderung nach Sprachentrennung? Ergebnisse einer ethnographischen Feldstudie in der deutschsprachigen Schweiz. In Geier, Thomas & Zaborowski, Katrin (Hrsg.): *Migration. Auflösungen und Grenzziehungen – Perspektiven einer erziehungswissenschaftlichen Migrationsforschung.* Wiesbaden: Springer VS, 153–166.

Panagiotopoulou, Argyro & Krompák, Edina (2014): Ritualisierte Mehrsprachigkeit und Umgang mit Schweizerdeutsch in vorschulischen Bildungseinrichtungen. Erste Ergebnisse einer ethnographischen Feldstudie in der Schweiz. In Rühle, Sarah; Müller, Annette; Dylan, Phillip & Knobloch, Thomas (Hrsg.): *Mehrsprachigkeit – Diversität – Internationalität. Hochschule als Bildungsraum.* Münster: Waxmann, 51–70.

Preite, Alessandro (2012a): *Diskriminierung hochqualifizierter Secondos/as: Hochschullaufbahnen.* Universität Basel: Seminar für Soziologie.

Preite, Luca (2012b): *Diskriminierung hochqualifizierter Secondos/as. Von der Universität und Fachhochschule ins Erwerbsleben.* Universität Basel: Seminar für Soziologie.

Preite, Luca (2016): „Mir sagt man, ich sei diskriminiert, nicht integriert; und dennoch spreche ich so, als hätte ich Germanistik studiert." «Uslender Production» als Kulturerzeugnis von Jugendlichen mit Migrationshintergrund. *Swiss Journal of Sociology* 42 (2): 381–395.

Sayad, Abdelmalek (1999): *La double absence des illusions de l'émigré aux souffrances de l'immigré*. Paris: Seuil.

Schneeberger, Valentin (2016): *Egerkingen SO macht Rückzieher im Migranten-Streit. Verhaltens- statt Deutschkurse! Blick am Abend*. www.blickamabend.ch/news/egerkingen-so-macht-rueckzieher-im-migranten-streit-verhaltens-statt-deutschkurse-id4634783.html?ajax=true *(24.05.2018)*.

Stošić, Patricia (2017): Kinder mit ‚Migrationshintergrund'. In Diehm, Isabell; Kuhn, Melanie & Machold, Claudia (Hrsg.): *Differenz – Ungleichheit – Erziehungswissenschaft: Verhältnisbestimmungen im (Inter-)Disziplinären*. Wiesbaden: Springer VS, 81–99.

Strauss, Anselm L. & Corbin, Juliet M. (1996). *Grounded theory. Grundlagen qualitativer Sozialforschung*. Weinheim: Beltz.

Wiezorek, Christine & Pardo-Puhlmann, Margaret (2013): Armut, Bildungsferne, Erziehungsunfähigkeit. In Dietrich, Fabian; Heinrich, Martin & Thieme, Nina (Hrsg.): *Bildungsgerechtigkeit jenseits von Chancengleichheit: Theoretische und empirische Ergänzungen und Alternativen zu 'PISA'*. Wiesbaden: Springer VS, 197–214.

Yildiz, Erol (2014): Postmigrantische Perspektiven. Aufbruch in eine neue Geschichtlichkeit. In Yildiz, Erol & Bukow, Wolf-Dietrich (Hrsg.): *Nach der Migration. Postmigrantische Perspektiven jenseits der Parallelgesellschaft*. Bielefeld: Transcript, 19–36.

Kurzbiographien

Dr. Tanja Angelovska, Jg. 1981, seit 2015 Professorin für englische Sprachwissenschaft und ihre Didaktik an der Paris-Lodron-Universität Salzburg, Österreich. Forschungsschwerpunkte: Zweit- und Drittspracherwerbsforschung, Psycholinguistik, Transferphänomene und Unterrichtsinterventionen.

Prof. Dr. Anja Ballis, Jg. 1969, seit 2013 Professorin für Didaktik der deutschen Sprache und Literatur sowie des Deutschen als Zweitsprache an der Ludwig-Maximilians-Universität München. Forschungsschwerpunkte: Mehrsprachige Kinder und Jugendmedien, Bildungsmedienforschung, Holocaust Education.

Dr. Susanne Becker, Jg. 1981, seit 2016 Wissenschaftliche Mitarbeiterin am Max Planck Institute for the Study of Religious and Ethnic Diversity. Forschungsschwerpunkte: Migrationsforschung, Ungleichheitsforschung.

Dr. Séverine Behra, Jg. 1972, seit 2002 Dozentin an der Universität Lothringen/Pädagogische Hochschule, Forschungslabor ATILF, Nancy, Frankreich. Forschungsschwerpunkte: Fremdsprachen und Mehrsprachigkeitsdidaktik mit Schwerpunkt Frühpädagogik, interkulturelle Kompetenz, Lehrer(innen)aus- und -fortbildung.

Prof. Dr. Monika Angela Budde, Jg. 1962, seit 2016 Professorin für Germanistische Didaktik an der Universität Vechta. Forschungsschwerpunkte: Sprachheterogenität, Sprachbewusstheit, Mehrsprachigkeit im Regelunterricht, Lehrer(innen)professionalisierung.

Prof. Dr. Maike Busker, Jg. 1982, seit 2017 Professorin für Chemie und ihre Didaktik an der Europa-Universität Flensburg. Forschungsschwerpunkte: Sprachbewusstheit, Lehrer(innen)professionalisierung, fachfremd Unterrichtende.

Dr. Rita Carol, Jg. 1951, seit 2001 Dozentin an der Pädagogischen Hochschule Strassburg, Forschungslabor ICAR, Universität Lyon 2. Forschungsschwerpunkte: Fremd- und Zweitsprachenerwerb im schulischen Kontext, Didaktik des bilingualen Unterrichts, Lehrer(innen)aus- und -fortbildung im Primar- und Sekundarbereich.

Dr. Blaise Extermann, Jg. 1963, seit 2009 Lehrbeauftragter am Institut universitaire de formation des enseignants secondaires der Universität Genf. Forschungsschwerpunkte: Geschichte des Fremdsprachenunterrichts.

Prof. Dr. Doris Fetscher, Jg. 1963, seit 2008 Professorin für Interkulturelles Training und Business Administration mit dem Schwerpunkt Romanischer Kulturraum an der Fakultät Angewandte Sprachen und Interkulturelle Kommunikation der Westsächsischen Hochschule Zwickau. Forschungsschwerpunkte: Interkulturelle Lehr- und Lernforschung, Interkulturelle Pragmatik.

Prof. Dr. Doris Grütz, Jg. 1956, seit 2007 Professorin für Deutschdidaktik an der Pädagogischen Hochschule Zürich. Forschungsschwerpunkte: Leseverstehen, Sprachkompetenzen, Filmanalyse.

Prof. Dr. Mark Häberlein, Jg. 1966, seit 2004 Professor für Neuere Geschichte unter Einbeziehung der Landesgeschichte an der Universität Bamberg. Forschungsschwerpunkte: Städtische Eliten, Handelsnetzwerke, Migration, Sprach- und Kulturkontakte in der Frühen Neuzeit.

Dr. Anna Maria Harbig, Jg. 1961, seit 2002 wissenschaftliche Mitarbeiterin der Fakultät für Neuphilologie an der Universität in Białystok und Leiterin des Fremdsprachlehrzentrums. Forschungsschwerpunkte: Didaktik des Faches Deutsch als Fremdsprache im 18. und 19. Jahrhundert.

Prof. Dr. Nazli Hodaie, Jg. 1974, seit 2016 Professorin für Deutsche Literatur und ihre Didaktik an der Pädagogischen Hochschule Schwäbisch Gmünd. Forschungsschwerpunkte: Migrationspädagogik, Heterogenität in Literatur und Literaturunterricht, Mehrsprachigkeit.

Dr. Ute Hofmann, Jg. 1962, seit 2007 wissenschaftliche Angestellte für Germanistische Sprachwissenschaft am Institut für Deutsche Philologie der Ludwig-Maximilians-Universität München. Forschungsschwerpunkte: Syntax, Varietätenlinguistik, Sprachwandel, Sprache in den neuen Medien, Sprache zwischen Information und Kommunikation.

Prof. Dr. Jürgen Joachimsthaler, Jg. 1964, war seit 2014 bis zu seinem Tod am 7. Januar 2018 Inhaber des Lehrstuhls für Neuere und neueste deutsche Literatur und Literaturtheorie an der Philipps-Universität Marburg. Forschungsschwerpunkte: Literatur und literarisches Leben vom 18.–21. Jahrhundert, Interkulturalität deutscher Literatur (insbesondere im Kontakt mit den Literaturen Ostmitteleuropas), Text und Raum, Theorie und Praxis der Übersetzung, Kulturwissenschaft(en) als interdisziplinäres Projekt.

Dr. Christina Keimes, Jg. 1984, seit 2016 wissenschaftliche Mitarbeiterin am Lehr- und Forschungsgebiet Fachdidaktik Bautechnik an der RWTH Aachen University. Forschungsschwerpunkte: Beruf und Sprache, Lesekompetenzförderung in der beruflichen Bildung, inklusive Fachdidaktik.

Dr. des. Nikolas Koch, Jg. 1984, seit 2012 wissenschaftlicher Mitarbeiter am Institut für Deutsch als Fremdsprache der Ludwig-Maximilians-Universität München. Forschungsschwerpunkte: (Bilinguale) Spracherwerbsforschung, Konstruktionsgrammatik.

Dr. Edina Krompák, Jg. 1969, seit 2006 Dozentin an der Pädagogischen Hochschule der Fachhochschule Nordwestschweiz. Forschungsschwerpunkte: Sprache(n) im Kindesalter, sprachliche Identität, Translanguaging, linguistic landscape im Bildungskontext.

Prof. Dr. Dominique Macaire, Jg. 1953, seit 2010 Professorin an der Universität Lothringen/Pädagogische Hochschule, Forschungslabor ATILF, Nancy, Frankreich. Forschungsschwerpunkte: Fremdsprachen- und Mehrsprachigkeitsdidaktik mit Schwerpunkt Frühpädagogik, interkulturelle Kompetenz, Lehrer(innen)aus- und -fortbildung.

Prof. Dr. Thorsten Piske, Jg. 1965, seit 2011 Inhaber des Lehrstuhls für Fremdsprachendidaktik mit Schwerpunkt Didaktik des Englischen an der Friedrich-Alexander-Universität Erlangen-Nürnberg. Forschungsschwerpunkte: Erst- und Zweitspracherwerb, bilingualer Unterricht und bilinguale Betreuung, Umgang mit Heterogenität im Fremdsprachenunterricht.

M.A. Luca Preite, Jg. 1984, seit 2015 Doktorand am Institut für Bildungswissenschaften der Universität Basel; seit 2012 wissenschaftlicher Mitarbeiter an der Pädagogischen Hochschule der Fachhochschule Nordwestschweiz. Forschungsschwerpunkte: Bildungs- und Berufsverläufe, Jugendkultur, soziale Ungleichheit.

Dr. Monika Raml, Jg. 1972, seit 2017 Wissenschaftliche Mitarbeiterin am Lehrstuhl für Didaktik der deutschen Sprache und Literatur an der Otto-Friedrich-Universität Bamberg. Forschungsschwerpunkte: Innere/äußere Mehrsprachigkeit, Varietätenlinguistik, Mündlichkeit und Kommunikation, Mediendidaktik.

Prof. Dr. Volker Rexing, Jg. 1969, seit 2015 Leiter des Lehr- und Forschungsgebiets Fachdidaktik Bautechnik an der RWTH Aachen University. Forschungsschwerpunkte: Inklusive Fachdidaktik, Beruf und Sprache, Lesekompetenzförderung in der beruflichen Bildung.

Prof. Dr. Claudia Maria Riehl, Jg. 1962, seit 2012 Professorin für Germanistische Linguistik mit Schwerpunkt Deutsch als Fremdsprache und Leiterin des Instituts für Deutsch als Fremdsprache an der Ludwig-Maximilians-Universität München. Forschungsschwerpunkte: Soziolinguistische und psycholinguistische Aspekte der Mehrsprachigkeit, Sprachkontakt, Mehrsprachigkeitsdidaktik, Mehrschriftlichkeit.

Prof. Dr. Annemarie Saxalber, Jg. 1953, seit 2010–2017 Professorin für deutsche Sprache und ihre Didaktik an der Fakultät für Bildungswissenschaften der Universität Bozen, seit 01.11.2017 i. R. Forschungsschwerpunkte: Schreibforschung und -didaktik, Bildungssprache Deutsch, Integrierte Sprachdidaktik.

Dr. Wendelin Sroka, Jg. 1952, unabhängiger Wissenschaftler, Essen. Forschungsschwerpunkte: Geschichte von Lehr-Lernmitteln für den Schriftspracherwerb, Geschichte des Erstleseunterrichts unter Bedingungen gesellschaftlicher Mehrsprachigkeit.

Dr. Anja Steinlen, Jg. 1968, seit 2011 Akademische Rätin am Lehrstuhl Fremdsprachendidaktik mit Schwerpunkt Didaktik des Englischen an der Friedrich-Alexander-Universität Erlangen-Nürnberg. Forschungsschwerpunkte: Bilinguales lernen und lehren, Mehrsprachigkeit in Bildungskontexten, Umgang mit Heterogenität.

Dr. Till Woerfel, Jg. 1981, seit 2017 wissenschaftlicher Mitarbeiter am Mercator-Institut für Sprachförderung und Deutsch als Zweitsprache an der Universität zu Köln. Forschungsschwerpunkte: Mehrsprachigkeit, Herkunftssprachenunterricht, Sprachliche Bildung, Wissenssynthese.

www.ingramcontent.com/pod-product-compliance
Lightning Source LLC
Chambersburg PA
CBHW031759220426
43662CB00007B/461